Marketing im liberalisierten Strommarkt

Forschungsergebnisse der Wirtschaftsuniversität Wien

Band 2

PETER LANG
Frankfurt am Main · Berlin · Bern · Bruxelles · New York · Oxford · Wien

Thomas Haller

# Marketing im liberalisierten Strommarkt

## Kommunikation und Produktplanung im Privatkundenmarkt

PETER LANG
Europäischer Verlag der Wissenschaften

**Bibliografische Information Der Deutschen Bibliothek**
Die Deutsche Bibliothek verzeichnet diese Publikation in der Deutschen Nationalbibliografie; detaillierte bibliografische Daten sind im Internet über <http://dnb.ddb.de> abrufbar.

Gefördert durch die
Wirtschaftsuniversität Wien.

ISSN 1613-3056
ISBN 3-631-52979-1



www.peterlang.de

# Geleitwort

Die vorliegende Arbeit ist angesichts der Liberalisierung des Strommarktes von höchster Aktualität. Erstmals werden durch die Beseitigung des Monopols der Anbieter Konsumentenentscheidungen hinsichtlich der Wahl des Stromanbieters möglich. Bereits in den Abschnitten zur theoretisch-konzeptionellen Auseinandersetzung mit den Konstrukten Involvement und Kundennutzen belegt der Autor eindrucksvoll, dass er eine Arbeit mit theoretischer Fundierung und Praxisrelevanz zum Ziel hat. Damit wird unmittelbar die stets neu aufflammende Forschungs-Diskussion bezüglich eines „trade-off" zwischen „rigour" und „relevance" angesprochen. Mit den Termini „rigour" und „relevance" wird implizit und explizit gefordert, dass gleichzeitig der praktischen Verwertung und den Anforderungen der Wissenschaftlichkeit Rechnung getragen werden sollte.

Mit dieser Problematik bzw. mit der Trade-off-Beziehung wird gleichzeitig das Spannungsfeld zwischen interner und externer Validität der Marketingforschung fokussiert. Konkret geht es darum, wie bei empirischen Untersuchungen unter methodisch sauberen Bedingungen wissenschaftlicher Erkenntnisfortschritt entsteht und wie darüber hinaus eine direkte Verwertbarkeit in den Managementwissenschaften möglich wird.

Der empirisch-messtechnische Teil der vorliegenden Arbeit beschäftigt sich mit der Entwicklung einer Statement- bzw. Item-Batterie zur Erfassung des Kunden-Involvements beim Stromkauf. Darauf aufbauend erfolgt mit dem Einsatz der Conjoint-Analyse die Erstellung eines Forschungs-Modells zur nachfrageorientierten Produktgestaltung. Besonders spannend gestaltet sich dabei - sowohl aus theoretischer als auch aus umsetzungsorientierter Sicht - die Kombination qualitativer und quantitativer Forschungsmethoden. So erfolgt eine fundierte Auseinandersetzung zu den Möglichkeiten und Grenzen der Gruppendiskussion als empirischer Forschungszugang.

Anschließend wird ein Instrument in Form einer Statement-Batterie entwickelt, dass sich zur Messung des Involvements von privaten Haushalten im Zusammenhang mit dem Stromeinkauf eignet. Angeschlossen wird ein quantitativ orientierter empirischer Test. Die gewählte „Vorwärtsstrategie" in Richtung „relevance" wird in den Abschnitten zu den marketingpolitischen Handlungsempfehlungen offensichtlich. Dies trifft nicht zuletzt auch auf den Einsatz und die (selbst-)kritische Diskussion von Conjoint-Analysen zu. Haller weist dabei auf die vielfach feststellbare Schwäche empirischer Forschung hin, der es häufig an Messlatten in Form von Außenkriterien fehle.

Was bedeuten diese Überlegungen für die Qualität der vorgelegten Arbeit?

Letztendlich ist diese ein Plädoyer im Sinne eines „sowohl als auch". Geradezu lehrbuchmäßig werden qualitative und quantitative Forschungsmethoden, multivariate und univariate Auswertungsverfahren, und komponierende bzw. dekomponierende Forschungszugänge vorgestellt.

Dem Autor ist bei seiner selbstkritischen Reflexion aber auch klar, dass Handlungsempfehlungen in Richtung einer stärkeren Orientierung am Angebots- und Leistungsprogramm im liberalisierten Strommarkt der Gefahr ausgesetzt sind, angesichts des starken Preiswettbewerbs nur eine Wunschvorstellung des Marketingforschers zu bleiben.

Letztendlich wird allerdings ein fundierter und stilistisch brillanter Nachweis erbracht, dass eine nachfragegestützte Produktplanung in einem liberalisierten Strommarkt einen Paradigmenwechsel bei allen beteiligten Gruppen notwendig machen wird.

Wien, im August 2004 o.Univ.-Prof. Dr. Peter Schnedlitz

# Vorbemerkung

Die vorliegende Arbeit wurde im Sommer 2003 an den Abteilungen Handel und Marketing sowie Werbewissenschaft und Marktforschung an der Wirtschaftsuniversität Wien als Dissertation eingereicht. Meinem Betreuer und Erstgutachter, Herrn o. Univ.-Prof. Dr. Peter Schnedlitz, gilt mein besonderer Dank, sowohl für die Unterstützung und den eingeräumten Freiraum in der Bearbeitung im Allgemeinen als auch für die zahlreichen Anregungen und die Diskussionsbereitschaft im Besonderen. Für die Übernahme des Zweitgutachtens zu meiner Arbeit gilt mein Dank Herrn o. Univ.-Prof. Dr. Günter Schweiger.

Darüber hinaus verbleibt die angenehme Pflicht, mich bei jenen zu bedanken, die mich bei diesem Vorhaben in vielfältiger Weise unterstützt und motiviert haben. Besonders hervorheben möchte ich Frau Dr. Renate Buber, die mein Interesse an qualitativen Methoden der Feldforschung weckte und mir durch ihre nimmermüde Diskussionsbereitschaft und fachliche Kompetenz tatkräftig zur Seite stand und so wesentlich zur Qualität der Arbeit beigetragen hat. Einen dazu kongenialen Gegenpol fand ich in Dr. Thomas Reutterer, dessen Expertise auf dem Gebiet der quantitativen Auswertungsmethoden ich zu schätzen lernte und für seinen dahingehenden Beistand ich ihm Dank schulde.

Weiters möchte ich mich an dieser Stelle recht herzlich für die finanzielle, aber auch inhaltliche Unterstützung bei den Sponsoren dieser Arbeit bedanken. Der Dank geht an Mag. Dr. Paul Jankowitsch, Geschäftsführer der Energie Allianz Austria GmbH sowie an Prof. Dr. Hermann Simon, Geschäftsführer von Simon, Kucher & Partners, Strategy & Marketing Consultants GmbH.

Den letzten Absatz widme ich meinen Lieben. Meinen Eltern und meinem Bruder, die stets hinter mir standen und mich beharrlich darin gestärkt und ermutigt haben meinen Weg zu gehen. Vor allem jedoch meiner Frau Silvia. Sie musste alle Höhen und Tiefen, die ich während der Erstellung dieser Arbeit durchmachte hautnah miterleben und ihre Interessen oftmals hinter meine zurückstellen. Mein ausdrücklicher Dank sei ihnen hiermit zum Ausdruck gebracht.

Wien, im August 2004 Dr. Thomas Haller

# Inhaltsübersicht

**Abbildungen** .......... **xv**

**Tabellen** .......... **xvii**

**Abkürzungen** .......... **xix**

**Symbole** .......... **xxi**

**1 Einleitung** .......... **1**

1.1 Problemstellung .......... 2
1.2 Zielsetzung .......... 5
1.3 Wissenschaftstheoretische Einordnung der Arbeit .......... 7
1.4 Gang der Untersuchung .......... 10

**2 Theoretisch-konzeptioneller Teil** .......... **13**

2.1 Liberalisierter Strommarkt – Einführung .......... 13
2.2 Involvement .......... 53
2.3 Kundennutzen .......... 83

**3 Empirisch-messtechnischer Teil** .......... **159**

3.1 Entwicklung einer Statementbatterie zur Erfassung des Involvments mit Strom .......... 159
3.2 Einsatz der Conjoint-Analyse zur nachfrage-orientierten Produktgestaltung .......... 221

**4 Schlussbetrachtung** .......... **263**

4.1 Zusammenschau und kritische Reflexion der Untersuchungsergebnisse .......... 263
4.2 Implikationen für Theorie und Praxis .......... 269

**Literaturquellen** .......... **273**

**Rechtsquellen** .......... **310**

**Anhang** .......... **313**

# Inhaltsverzeichnis

**Abbildungen** .......... xv

**Tabellen** .......... xvii

**Abkürzungen** .......... xix

**Symbole** .......... xxi

**1 Einleitung** .......... 1
1.1 Problemstellung .......... 2
1.2 Zielsetzung .......... 5
1.3 Wissenschaftstheoretische Einordnung der Arbeit .......... 7
1.4 Gang der Untersuchung .......... 10

**2 Theoretisch-konzeptioneller Teil** .......... 13
2.1 Liberalisierter Strommarkt – Einführung .......... 13
2.1.1 Merkmale der Elektrizitätswirtschaft .......... 13
2.1.2 Rechtsrahmen der EU - Elektrizitätswirtschaft .......... 15
2.1.2.1 Allgemeine Betrachtung – Ausgangssituation .......... 15
2.1.2.2 Binnenmarkt für Energie – KOM (88) 238 .......... 17
2.1.2.3 Ausweitung innergemeinschaftlicher Stromlieferungen – KOM (89) 336 .......... 20
2.1.2.4 Transit-Richtlinie – (RL 90/547/EWG) .......... 21
2.1.2.5 Preistransparenz-Richtlinie – (RL 90/377/EWG) .......... 22
2.1.2.6 Gemeinsame Vorschriften für den Elektrizitäts-binnenmarkt – KOM (91) 548 .......... 23
2.1.3 Elektrizitätsbinnenmarkt-Richtlinie – (RL 96/92/EG) .......... 24
2.1.3.1 Allgemeine Betrachtung – Ausgangssituation .......... 24
2.1.3.2 Erzeugung .......... 26
2.1.3.3 Betrieb von Übertragungsnetzen .......... 27
2.1.3.4 Betrieb von Verteilernetzen .......... 27
2.1.3.5 Entflechtung und Transparenz der Buchführung .......... 28
2.1.3.6 Organisation des Netzzugangs .......... 30
2.1.3.6.1 Allgemeine Betrachtung – Ausgangssituation .......... 30
2.1.3.6.2 Third Party Access (TPA) .......... 31
2.1.3.6.3 Alleinabnehmersystem (Single Buyer) .......... 31
2.1.3.7 Marktöffnung .......... 34
2.1.3.8 Sonstige Bestimmungen .......... 35
2.1.4 Rechtliche Rahmenbedingungen – Österreich .......... 36
2.1.4.1 Österreichs Elektrizitätswirtschaft vor der Liberalsierung .......... 37

2.1.4.2 Neuordnung des energierechtlichen Rahmens ... 39
2.1.4.2.1 Europarechtliche Vorgaben ... 40
2.1.4.2.2 Neuregelung der Organisation auf dem Gebiet der österreichischen Elektrizitätswirtschaft (Elektrizitäts-wirtschafts- und –organisationsgesetz – ElWOG) ... 42
2.1.4.2.3 Regelungsschwerpunkte der ElWOG-Novelle im Einzelnen ... 46
2.1.5 Zusammenfassung und Konzeption der weiteren Vorgangsweise .. 48
2.2 Involvement ... 53
2.2.1 Aktivierungstheoretische Grundlagen ... 53
2.2.2 Definition und Beschreibung des Involvementkonstrukts ... 55
2.2.2.1 Involvement: Prozess versus Zustand ... 60
2.2.2.2 Involvement: situativ versus dauerhaft ... 61
2.2.2.3 Involvement: kontinuierlich versus dichotom ... 62
2.2.3 Ausgewählte Involvement-Modelle ... 62
2.2.3.1 Lavidge/Steiner (1961) und Krugman (1965) ... 63
2.2.3.2 ELM-Modell von Petty/Cacioppo (1983, 1986) ... 64
2.2.3.3 ARI-Modell von Buck/Chaudhuri/Georgson/Kowta (1995) ... 66
2.2.4 Determinanten des Involvement-Konstrukts ... 67
2.2.5 Messung von Involvement ... 71
2.2.5.1 Personal Involvement Inventory (PII) von Zaichkowsky (1985, 1994) ... 72
2.2.5.2 Consumer Involvement Profiles (CIP) von Laurent/ Kapferer (1985) ... 74
2.2.5.3 Exkurs: Kritik an PII und CIP ... 76
2.2.5.4 Communication via Syncretic and Analytic Cognition (CASC) von Chaudhuri/Buck (1994) ... 78
2.2.6 Zusammenfassung und Konzeption der weiteren Vorgangsweise .. 80
2.3 Kundennutzen ... 83
2.3.1 Nutzen als Ausgangspunkt ... 84
2.3.1.1 Definition des Präferenzkonstruktes ... 85
2.3.1.2 Präferenz als Determinante zur Bestimmung des Kaufverhaltens .. 87
2.3.1.3 Nutzenkonstrukt in der Mikroökonomie ... 92
2.3.1.4 Nutzenkonstrukt in der Verhaltenswissenschaft ... 100
2.3.2 Conjoint-Analyse als Verfahren der empirischen Präferenzerhebung ... 108
2.3.2.1 Begriff und Leitgedanke der Conjoint-Analyse ... 109
2.3.2.2 Präferenzmodellierung ... 112
2.3.2.2.1 Auswahl der Bewertungsfunktion ... 113
2.3.2.2.2 Auswahl der Verknüpfungsfunktion ... 116
2.3.2.3 Organisation einer Conjoint-Analyse ... 117
2.3.2.3.1 Identifikation relevanter Merkmale und ihrer Ausprägungen ... 119
2.3.2.3.2 Auswahl des Erhebungsdesigns ... 120

2.3.2.3.3 Ermittlung der Präferenzurteile ... 126
2.3.2.3.4 Auswahl des Verfahrens zur Schätzung der Parameter ... 129
2.3.2.3.4.1 Metrische Schätzverfahren ... 131
2.3.2.3.4.2 Nicht-metrische Schätzverfahren ... 132
2.3.2.3.4.3 Aggregation der Parameter ... 135
2.3.2.3.5 Beurteilung der Ergebnisgüte ... 137
2.3.2.4 Limitationen der Conjoint-Analyse ... 147
2.3.2.4.1 Erörterung häufiger Kritikpunkte ... 148
2.3.2.4.2 Spezielle Probleme bei steigenden Merkmalszahlen ... 152
2.3.2.4.2.1 Linearitätsprobleme ... 152
2.3.2.4.2.2 Effekt individuell unbedeutender Merkmale ... 154
2.3.2.4.2.3 Effekt von K.O.-Ausprägungen ... 155
2.3.3 Zusammenfassung und Konzeption der weiteren Vorgangsweise 155
**3 Empirisch-messtechnischer Teil ... 159**
3.1 Entwicklung einer Statementbatterie zur Erfassung des Involvments mit Strom ... 159
3.1.1 Forschungsziel und Gang der Untersuchung ... 159
3.1.2 Theoretische und methodische Überlegungen ... 160
3.1.2.1 Explorationsstrategien ... 160
3.1.2.2 Gruppendiskussion ... 163
3.1.3 Empirisch-qualitative Entwicklung einer Item-batterie zur Ermittlung des Involvements mit dem Produkt Strom ... 171
3.1.3.1 Vorgehensweise und gewähltes Studiendesign ... 172
3.1.3.2 Beschreibung der Stimuli ... 174
3.1.3.3 Entwicklung der Itembatterie ... 176
3.1.4 Empirisch-quantitative Beurteilung der Güte der entwickelten Items ... 190
3.1.4.1 Itemhomogenität ... 191
3.1.4.2 Itemschwierigkeit ... 192
3.1.4.3 Itemtrennschärfe ... 193
3.1.4.4 Alpha-Koeffizient nach Cronbach ... 195
3.1.4.5 Involvement mit Strom ... 196
3.1.4.5.1 Auswertung der Statements zur Messung des Involvements mit Strom ... 197
3.1.4.5.2 Auswertung personenspezifischer Merkmale nach dem Involvementgrad ... 202
3.1.5 Ableitung marketingpolitischer Handlungs-empfehlungen ... 211
3.1.5.1 Kommunikative Maßnahmen bei geringem Involvement der Konsumenten ... 213
3.1.5.2 Kommunikative Maßnahmen bei hohem Involvement der Konsumenten ... 217
3.1.6 Kritische Würdigung der gewählten Vorgehens-weise ... 219

3.2 Einsatz der Conjoint-Analyse zur nachfrage-orientierten Produktgestaltung ... 221
3.2.1 Identifikation relevanter Merkmale und ihrer Ausprägungen ... 221
3.2.2 Auswahl des Erhebungsdesigns ... 226
3.2.3 Präferenzmodellierung ... 227
3.2.3.1 Auswahl der Bewertungsfunktion ... 227
3.2.3.2 Auswahl der Verknüpfungsfunktion ... 228
3.2.4 Ermittlung der Präferenzurteile ... 228
3.2.4.1 Methodischer Steckbrief ... 228
3.2.4.2 Präsentationsformat und Datenerhebungsverfahren ... 230
3.2.5 Parametrisierung der Präferenzmodelle ... 230
3.2.6 Untersuchungsergebnisse und marketing-politische Handlungsempfehlungen ... 238
3.2.6.1 Bestimmung der Teilnutzenfunktion für die Merkmale ... 239
3.2.6.2 Bestimmung der relativen Wichtigkeiten der Merkmale ... 244
3.2.6.3 Identifikation von Nutzensegmenten zur Minimierung von Streuverlusten marketingpolitischer Maßnahmen ... 246
3.2.6.3.1 Identifikation von Nutzensegmenten anhand der Merkmalswichtigkeiten ... 246
3.2.6.3.2 Beschreibung der identifizierten Nutzensegmente ... 250
3.2.6.3.3 Diskriminanzanalytische Überprüfung der Nutzensegmente ... 252
3.2.6.3.4 Beschreibung der Nutzensegmente anhand soziodemografischer Merkmale ... 254
3.2.6.4 Zusammenfassende Empfehlungen für eine nachfragegestützte Produktplanung ... 257
3.2.7 Kritische Reflexion der gewählten Vorgehensweise ... 259
**4 Schlussbetrachtung ... 263**
4.1 Zusammenschau und kritische Reflexion der Untersuchungsergebnisse ... 263
4.2 Implikationen für Theorie und Praxis ... 269
**Literaturquellen ... 273**
**Rechtsquellen ... 310**
**Anhang ... 313**

# Abbildungen


Abbildung 1: Elementе realtheoretischen Wissens (Quelle: vgl. Franke 2002, S. 12). 8
Abbildung 2: Phasen der empirischen Untersuchung. 12
Abbildung 3: Netzzugang – Überblick (Quelle: vgl. BMwA 1997, S. 24). 30
Abbildung 4: Alleinabnehmer mit Abnahmeverpflicht. – Var. 1 (Quelle: BMwA 1997, S. 29) 33
Abbildung 5: Alleinabnehmer mit Abnahmeverpflicht. – Var. 2 (Quelle: BMwA 1997, S. 31) 33
Abbildung 6: Informationsaufnahme- und –verarbeitungsverhalten während eines Werbekontaktes in Abhängigkeit von Produktart-, Kauf- und Markeninvolvement (Quelle: vgl. Mühlbacher 1988, S. 91). 70
Abbildung 7: Ausgewählte Meilensteine der Nutzenforschung und Modellierungsmethoden (Quelle: in Anlehnung an Teichert 2001, S. 22). 83
Abbildung 8: Einfaches Prozessmodell der Kaufentscheidung eines Individuums (Quelle: vgl. Böcker 1986a, S. 552). 91
Abbildung 9: ‚means-end'-Modell nach Gutman mit fiktivem Beispiel. 107
Abbildung 10: Typische Ablaufschritte einer Conjoint-Analyse (Quellen: in Anlehnung an Green/Srinivasan 1978 und 1990, S. 5; Schweikl 1985; S. 43ff.; Gustafsson/Herrmann/Huber 2000, S. 9). 111
Abbildung 11: Alternative Bewertungsfunktionen von Präferenzmodellen bei der Conjoint-Analyse (Quelle: vgl. bspw. Green/Srinivasan 1978, S. 106). 115
Abbildung 12: Überblick zu gängigen Untersuchungsansätzen der Conjoint-Analyse (Quelle: Carroll/Green 1995, S. 386). 118
Abbildung 13: Beispiel Profil- und Zwei-Faktor-Methode. 122
Abbildung 14: Übersicht gängiger Formen der Kriteriumsvalidität. 142
Abbildung 15: Forschungsziele im Zusammenhang mit der Entwicklung einer Statementbatterie zur Erfassung des Involvements mit Strom bei Privatkunden. 159
Abbildung 16: Überblick gängiger Explorationsstrategien (Quelle: vgl. Bortz/Döring 2002, S. 362ff.). 161
Abbildung 17: Analyse-Kontinuum zur Auswertung von Gruppendiskussionsergebnissen (Quelle: in Anlehnung an Krueger 1998c, S. 27f.). 169
Abbildung 18: Screeningprozess zur Auswahl der Gruppendiskussionsteilnehmer. 172

Abbildung 19: Schematische Darstellung des Statement-Entwickluns-prozesses. 189
Abbildung 20: Analyse der Items anhand des Trennschärfekoeffizienten. 194
Abbildung 21: Beurteilung der Items anhand des Alpha-Koeffizienten nach Cronbach. 196
Abbildung 22: Einteilung der Probanden nach ihrem PIT-Wert. 198
Abbildung 23: Bewertung der PIT-Statements nach dem Involvementgrad. 200
Abbildung 24: Strukturierung der kundengerichteten Ziele eines Integrierten Kommunikationskonzeptes. 216
Abbildung 25: Strukturierung der unternehmensgerichteten Ziele eines Integrierten Kommunikationskonzeptes. 216
Abbildung 26: In der Untersuchung berücksichtigte kaufrelevante Merkmale und Merkmalsausprägungen. 223
Abbildung 27: Methodischer Steckbrief. 230
Abbildung 28: Begrüßungs- und Einführungstext – ACA-Interview. 231
Abbildung 29: Eingabemaske zum Ranking der bevorzugten Ausprägungen. 233
Abbildung 30: Ermittlung der relativen Wichtigkeiten einzelner Merkmals-ausprägungen. 234
Abbildung 31: Erläuterungen zu den Paarvergleichen, Trade-Off zwischen zwei und drei Merkmalsausprägungen. 236
Abbildung 32: Teilnutzenfunktion für das Merkmal ‚Art der Strom-erzeugung'. 239
Abbildung 33: Teilnutzenfunktion für das Merkmal ‚Preisniveau'. 240
Abbildung 34: Teilnutzenfunktion für das Merkmal ‚Zusatzangebote'. 241
Abbildung 35: Teilnutzenfunktion für das Merkmal ‚Tarifsystematik'. 241
Abbildung 36: Teilnutzenfunktion für das Merkmal ‚Erstvertragslaufzeit'. 242
Abbildung 37: Teilnutzenfunktion für das Merkmal ‚Treue- und Bonus-programme'. 243
Abbildung 38: Teilnutzenfunktion für das Merkmal ‚Zahlungsbedingungen'. 244
Abbildung 39: Relative Wichtigkeit der untersuchten Merkmale. 245
Abbildung 40: Überprüfung der relativen Wichtigkeiten auf Ausreißer. 247
Abbildung 41: Bestimmung der optimalen Clusterzahl mittels Elbow-Kriterium. 250
Abbildung 42: Ergebnis der Nutzensegmentierung. 252

# Tabellen

Tabelle 1: Öffnung des Elektrizitätsmarktes in der Europäischen Union (Quelle: zit. nach Pauger 2001, S. 9). 35
Tabelle 2: Entwicklung der Strompreise für private Haushalte (Quellen: vgl. Eurostat, Statistik kurz gefasst – Umwelt und Energie, Thema 8 – 3/2001; Thema 8 – 24/2001; Thema 8 – 16/2002). 50
Tabelle 3: Kognitiv-basierte Involvement-Definitionen. 57
Tabelle 4: Involvement-Definitionen auf Basis des individuellen Geisteszustandes. 57
Tabelle 5: Reaktions- bzw. wirkungsbasierte Involvement-Definitionen. 58
Tabelle 6: Operationalisierung der Teststimuli. 176
Tabelle 7: Teilnehmerkreis nach Alterskategorie und Geschlecht. 178
Tabelle 8: Teilnehmerkreis nach Schulbildung und Geschlecht. 179
Tabelle 9: Teilnehmerkreis nach derzeitigem Beruf und Geschlecht. 179
Tabelle 10: Item- und Gesamttesthomogenität des vollständigen PITs. 191
Tabelle 11: Item- und Gesamttesthomogenität des reduzierten PITs. 192
Tabelle 12: Itemschwierigkeit der 16 PIT-Statements. 193
Tabelle 13: Statements des 8 Item umfassenden PIT (*reverse scaled). 197
Tabelle 14: Skala zur Ermittlung der personenspezifischen PIT-Werte. 197
Tabelle 15: Einteilung der Probanden nach ihrem PIT-Wert. 199
Tabelle 16: Mittelwertvergleich der PIT-Statements insgesamt und in den gebildeten Gruppen. 201
Tabelle 17: Verteilung Merkmal Geschlecht nach dem Involvementgrad. 202
Tabelle 18: Ergebnisse T-Test bei unabhängigen Stichproben – Involvement. 203
Tabelle 19: Verteilung Merkmal Alter nach dem Involvementgrad. 204
Tabelle 20: Verteilung Merkmal Schulbildung nach dem Involvementgrad. 205
Tabelle 21: Verteilung Merkmal Haushaltsnettoeinkommen nach dem Involvementgrad. 205
Tabelle 22: Verteilung Merkmal Haushaltsgröße nach dem Involvementgrad. 206
Tabelle 23: Verteilung Merkmal Bundesland nach dem Involvementgrad. 207
Tabelle 24: Verteilung Merkmal Art der Kaufentscheidung nach dem Involvementgrad. 207
Tabelle 25: Ergebnisse T-Test bei unabhängigen Stichproben – Involvement. 208
Tabelle 26: Verteilung Merkmal Zufriedenheit mit Produkt- und Angebotspalette nach dem Involvementgrad. 208
Tabelle 27: Verteilung Merkmal Zufriedenheit mit Service nach dem Involvementgrad. 209

Tabelle 28: Verteilung Merkmal Weiterempfehlung nach dem Involvementgrad. .... 210
Tabelle 29: Verteilung Merkmal Anbieterwechsel nach dem Involvementgrad. .... 210
Tabelle 30: Analyse unterschiedlicher Variablen in Abhängigkeit vom Involvementniveau der Probanden. .... 211
Tabelle 31: Anzahl der Interviews nach Bundesländern. .... 228
Tabelle 32: Anzahl Interviews nach Geschlecht und Alterskategorie. .... 229
Tabelle 33: Korrelationsmatrix – Test auf Mulitkollinearität der relativen Wichtigkeiten. .... 248
Tabelle 34: Zuordnungsübersicht bei Clusterung der relativen Wichtigkeiten nach dem Ward-Verfahren. .... 249
Tabelle 35: Klassifizierungsergebnisse der diskriminanzanalytischen Überprüfung der Nutzensegmente. .... 254
Tabelle 36: Beschreibung der Nutzensegmente anhand zentraler soziodemografischer Merkmale. .... 255

# Abkürzungen

| | |
|---|---|
| Abb. | = Abbildung |
| Abs. | = Absatz |
| ACA | = Adaptive Conjoint Analysis |
| AE | = Absolute Error |
| AG | = Aktiengesellschaft |
| ANOVA | = ANalysis Of VAriance |
| ARI-Modell | = Affect-Reason-Involvement-Modell |
| Art. | = Artikel |
| ATS | = österreichische Schilling |
| BGBl | = Bundesgesetzblatt |
| BMwA | = Bundesministerium für wirtschaftliche Angelegenheiten |
| bspw. | = beispielsweise |
| bzw. | = beziehungsweise |
| c.p. | = ceteris paribus |
| CA | = Conjoint Analyse |
| CASC-Skala | = Communication via Syncretic and Analytic Cognition-Skala |
| CASEMAP | = Computer-Assisted Self-Explication of Multiattributed Preferences |
| CBC | = Choice-Based Conjoint Analysis |
| CIGRE | = Conseil Int. des Grande Reseaux Electrique a Haute Tension |
| CIP | = Consumer Involvement Profiles |
| d.h. | = das heißt |
| DIA | = Dependence of Irrelevant Attributes |
| EB-RL | = Elektrizitätsbinnenmarkt-Richtlinie |
| EEG | = Elektroenzephalogramm |
| EG | = Europäische Gemeinschaft |
| ELG | = Elektrizitätsgesetz |
| ELM-Modell | = Elaborations-Wahrscheinlichkeits-Modell |
| ElWG | = Elektrizitätswirtschaftsgesetz |
| ElWOG | = Elektrizitätswirtschafts- und Organisationsgesetz, BGBl I 1998/143 |
| et.al. | = et alii |
| etc. | = et cetera |
| EU | = Europäische Union |
| EVU | = Energieversorgungsunternehmen |
| EWG | = Europäische Wirtschaftsgemeinschaft |
| EWR | = Europäischer Wirtschaftsraum |
| f. | = folgende (Seite) |
| ff. | = fortfolgende (Seiten) |
| G | = Gesetz |
| GE | = Geldeinheiten |
| GmbH | = Gesellschaft mit beschränkter Haftung |
| GWh | = Gigawattstunde |
| HCA | = Hybride Conjoint-Analyse |
| HILCA | = Hierarchische individualisierte Limit-Conjoint Analyse |
| idF. | = in der Fassung |
| idR. | = in der Regel |

| | |
|---|---|
| IIA | = Independence of Irrelevant Alternatives |
| insb. | = insbesondere |
| k.A. | = keine Angabe |
| Kap. | = Kapitel |
| KOM | = Kommission der EU |
| kV | = Kilovolt |
| kWh | = Kilowattstunde |
| LI | = Level of Involvement |
| LINMAP | = LINear MAPping |
| LISREL | = LInear Structural RELationships |
| lit. | = litera (-ae) |
| MAE | = Mean Absolute Error |
| MAU | = multiattributive Nutzenmodelle |
| MBA | = Master of Business Administration |
| MONANOVA | = MONotonic ANalysis Of VAriance |
| MSE | = Mean Squared Error |
| MWh | = Megawattstunde |
| n | = Stichprobenumfang |
| nTPA | = negotiated Third Party Access |
| o.V. | = ohne Verfasserangabe |
| OLS | = Ordinary Least Squares |
| p.a. | = per annum |
| PII | = Personal Involvement Inventory |
| Pkt. | = Punkt |
| PREFMAP | = PREFerence MAPing |
| RL | = Richtlinie |
| RMSE | = Root Mean-Square Error |
| RPII | = Revised Personal Involvement Inventory |
| rTPA | = regulated Third Party Access |
| S. | = Seite |
| SE | = Squared Error |
| SEC | = Bei SEC-Dokumenten handelt es sich um Dokumente, die die Kommission (Generalsekretariat) an den Rat und andere Gemeinschaftsorgane als Bestandteil des Entscheidungsfindungs- und Gesetzgebungsprozesses der Gemeinschaft schickt. |
| sog. | = sogenannt, -e, -er, -es |
| Tab. | = Tabelle |
| u.a. | = und andere (Autoren oder Verlagsorte) bzw. unter anderem |
| u.ä. | = und ähnliches |
| UCPTE - heute UCTE | = Union pour la Coordination de la Production et du Transport de Electricité |
| usf. | = und so fort |
| vgl. | = vergleiche |
| z.B. | = zum Beispiel |
| z.T. | = zum Teil |
| Zi. | = Ziffer |
| zit. nach | = zitiert nach |
| % SP | = spaltenweise Prozentwerte (SP = Spalte) |
| % ZE | = zeilenweise Prozentwerte (ZE = Zeile) |

# Symbole

| | |
|---|---|
| $g_k$ | = Vektor der Eigenschaftsausprägungen des Gutes $k$ |
| $i$ | = Index zur Bezeichnung der Ausprägungen |
| $I_j$ | = Anzahl der Ausprägungen des Attributs $j$ |
| $j$ | = Index zur Bezeichnung der Attribute |
| $J$ | = Anzahl der Attribute |
| $e_{ij}$ | = Ausprägung $i$ des Attributs $j$ |
| $u(\cdot)$ | = Bewertungsfunktion, die Eigenschaftsausprägungen in Teilnutzenwerte überführt |
| $u(e_{ij})$ | = Teilnutzenwert der Ausprägung $i$ des Attributs $j$ |
| $u_k$ | = Vektor der Teilnutzenwerte des Gutes $k$ |
| $u_n$ | = Vektor aller Teilnutzenwerte nach $n$ Beobachtungen |
| $U(g_k)$ | = Gesamtnutzen des Gutes $k$ |
| $k,l$ | = Indizes zur Bezeichnung der Güter |
| $f(\cdot)$ | = Verknüpfungsfunktion, die den Gesamtnutzen aus den Teilnutzenwerten synthetisiert |
| $w_j$ | = (relative) Wichtigkeit des Attributs $j$ |
| $\prod_{j=1}^{J} I_j$ | = Produkt der Ausprägungskombinationen des Attributs $j$ |
| $\binom{J}{2} = \frac{J(J-1)}{2}$ | = Binomialkoeffizient (lies: $J$ über $2$) |
| $\Sigma$ | = Summe |

# 1 Einleitung

Mit der vollständigen Liberalisierung des österreichischen Strommarktes am 1. Oktober 2001 wurden die Weichen für eine neue Ära in Österreichs Stromwirtschaft gestellt. Die Stromwirtschaft galt bislang als ‚natürliches Monopol' und unterlag besonderer staatlicher Aufsicht. Im neuen Wettbewerbssystem bestimmen aber nicht mehr die Kosten den Preis, sondern die Marktpreise bestimmen, welche Kosten noch verkraftbar sind. Österreichs Stromwirtschaft befindet sich auf dem Weg von der Stromversorgung hin zum Strommarkt. Eine Entwicklung, die alleine durch das in Kraft treten von Gesetzen noch lange nicht abgeschlossen scheint (vgl. bspw. Brauner 2002, S. 151ff.; Lacina 2002, S. V-VII).

Waren es vor der Liberalisierung die gemeinwirtschaftlich organisierten Gebietsmonopolisten, die die Stromversorgung der Verbraucher sicherten, so kann inzwischen jeder Kunde aus einem Kreis von Anbietern frei wählen und ist nicht mehr zwangsläufig an seinen alten Regionalversorger gebunden. Historisch betrachtet war es vor allem die Einführung von Wettbewerb bei anderen leitungsgebundenen Netzen, wie der Telekommunikation, wodurch die Debatte über die Deregulierung des Strommarktes Dynamik gewinnen konnte. Der Grundstein für die Öffnung des Strommarktes wurde sodann mit der Verabschiedung der europäischen Elektrizitäts-Binnenmarkt-Richtlinie 96/92/EG gelegt. Ziel dieser Richtlinie ist u.a. die Ausdehnung des europäischen Binnenmarktes auf dem Elektrizitätssektor (vgl. EB-RL 96/92/EG (1996), Einleitung, 2. Grund). Österreich setzte diese Richtlinie durch das Bundesgesetz, mit dem die Organisation auf dem Gebiet der Elektrizitätswirtschaft neu geregelt wird, dem Elektrizitätswirtschafts- und –organisationsgesetz – ElWOG, in nationales Recht um. Mit dem ElWOG öffnet sich die österreichische Elektrizitätswirtschaft dem Wettbewerb und integriert sie in den europäischen Binnenmarkt. Als zentrales Wettbewerbselement des Gesetzes gilt der freie Netzzugang, der es Großkunden und bestimmten Verteilerunternehmen gestattet, Strom auf dem europäischen Markt einzukaufen und durch fremde Netze bis hin zum Endkunden durchzuleiten (vgl. Pauger/Pichler 2000, S. 14).

De jure ist die Öffnung des österreichischen Energiemarktes abgeschlossen, de facto funktioniert der Markt bislang lediglich auf der Ebene der Großverbraucher. Im Bereich der privaten Endverbraucher hält sich im zweiten Jahr nach der vollständigen Liberalisierung, trotz intensiven Bemühens der Marketingabteilungen von Energieversorgungsunternehmen (EVU), der Anbieterwechsel in bescheidenem Rahmen. Es handelt sich dabei keineswegs um ein rein österreichisches Phänomen. Auch in Deutschland, wo der Markt bereits im Sommer 1999 vollständig für den Wettbewerb geöffnet wurde, gewinnt der Privatkundenmarkt nur sehr schleppend an Dynamik. Erhoffte Wechselraten blieben weit hinter den Erwartungen und Prognosen der Unternehmen und Marktforscher zurück. Die Gründe dafür sind mannigfaltig. ‚Prohibitive' Netzgebühren, Entwicklung oligopolisitscher Marktstrukturen, Desinteresse auf Kundenseite und mangelndes Wissen über die tatsächlichen Kundenbedürfnisse bei den Energieversorgern sind nur einige der Indikatoren, die der neuen Marktordnung nur zaghaft zum Durchbruch verhelfen (vgl. bspw. Kirchner 2002; Becker/Held/Riedel/Theobald 2001; Beutin/Paul/Schröder 2001; Balzereit/Kassebohm 2000; Fritz/König 2000).

Die Auswirkungen der Wettbewerbsöffnung sind für den Konsumenten vielfach schon vor der eigentlichen Marktöffnung durch Preissenkungen und verstärkter Kundenorientierung seitens der regionalen Energieversorger offensichtlich geworden. Mit dem Tag der vollständigen Marktöffnung und der bereits Wochen zuvor gestarteten Kommunikationsoffensive der Branche wurden auch in Österreich erste Aktivitäten zur Kundengewinnung und -bindung unternommen. Im Zuge dessen wurden u.a. neue Unternehmen gegründet, moderne Strommarken entworfen, Mitarbeiter auf Freundlichkeit gedrillt. Kurzum: wirksame Ansätze für die Kundenbindung und –gewinnung waren gefragt und sind es nach wie vor (vgl. Kirchner 2002, S. 218ff.).

Eine Branche, die über viele Jahre hinweg als Lehrbuchbeispiel eines natürlichen Monopols galt, musste gewissermaßen über Nacht Wettbewerb lernen (vgl. Laker 2000, S. 11). Die Akteure von gestern müssen im Zuge einer Neuordnung der Branche zahlreiche neue Aufgaben in Angriff nehmen, um den Anforderungen im freien Markt gerecht zu werden, um auch morgen noch bestehen zu können. Das Zusammenspiel von Marktkräften und neuen (informations-)technologischen Möglichkeiten führt zu einem entscheidenden Wandel der Gesamtorganisation, d.h. Einkauf, Vertrieb, Risikomanagement, Kraftwerksparkmanagement, Netzmanagement, Kundenmanagement, Billing, Personalmanagement, Marketing bis hin zur Neuproduktentwicklung müssen an die geänderten Rahmenbedingungen angepasst werden. Mit anderen Worten, die Energiewirtschaft ist nicht mehr das, was sie einmal war (vgl. Laker 2001b, S. 99ff.; Bergschneider/Karasz/Schumacher 2001; Bloemers/Magnani/Peters 2001).

## 1.1 Problemstellung

Im Mittelpunkt der hier untersuchten Problemstellung steht der weit reichende Wandlungsprozess der österreichischen Stromwirtschaft aus der Sicht des Produktmarketings für Privatkunden. Auslöser dieses Prozesses ist die Liberalisierung und Privatisierung des ehemals monopolistisch organisierten österreichischen Stromsektors und ein damit einhergehendes Einsetzen von Wettbewerb, was den Beginn einer neuen Ära im Marketing der Energieversorger zur Folge hatte. Die EVU befinden sich in einer Phase des Übergangs. Über Jahrzehnte geprägte Traditionen und Strukturen, die sich als Folge der relativ stabilen Rahmenbedingungen herausgebildet hatten, brechen allmählich auf. Österreichs Energieversorger werden mit dem neuen Regime der Liberalisierung der Absatz- und Beschaffungsmärkte, der Internationalisierung von Geschäftsbeziehungen, der fortschreitenden Privatisierung und neuen Geschäftsmodellen konfrontiert. Dabei hat die Liberalisierung des Großhandelsmarktes eine Vorreiterrolle eingenommen. Das in dieser Arbeit betrachtete Segment des Privatkundenmarktes folgt erst schrittweise nach, da wegen der zum Teil deutlich anders gelagerten Verhältnisse auch nicht von einem unbedingt deckungsgleichen Prozess der Marktöffnung sowie Reaktionen der Marktteilnehmer ausgegangen werden kann (vgl. Brauner 2002, S. 153ff; Hujber 2002, S. 164ff.).

Die Energiewirtschaft hat einerseits unmittelbar auf die fundamentalen Änderungen gesetzlicher Rahmenbedingungen und der andererseits dadurch bedingten Wandlung des Marktumfeldes mit der Konzipierung und Umsetzung von zum Teil weit reichenden Anpassungsstrategien reagiert. Unternehmensziele von gestern waren nicht mehr gültig und mussten völlig neu auf den Dienst am Kunden ausgerichtet werden. Die Zeit der Versorgung von Abnehmern hatte ihr Ende gefunden. Tarife wurden durch Produkte[1] abgelöst. Mit Produkt- und Preisdifferenzierung, sowie der Erweiterung des Angebots um andere Energieträger, energienahe und energiefremde Dienstleistungen und Produkte (Stichwort Multi Utility) reagierten die - verständlicherweise wenig wettbewerbserprobten - Marketingabteilungen der einzelnen Energieversorger zur Demonstration der eigenen Problemlösungskompetenz (vgl. Hujber 2002, S. 174ff.; Kirchner 2002, S. 220f.; Laker/Herr 2000b, S. 120ff.).

Die Sicherung und der Ausbau der Geschäftstätigkeit über alle Wertschöpfungsstufen hinweg, die Diversifizierung der Kernaktivitäten im nationalen wie auch im internationalen Zusammenhang stellt neben der Entwicklung neuer Geschäftsmodelle und –felder, insbesondere Handel und Risikomanagement, einen entscheidenden Schritt in Richtung langfristiger und nachhaltiger Ertragssiche-

1 Der gegenwärtige betriebswirtschaftliche Diskurs qualifiziert die Ware Strom als Dienstleistung (vgl. Kap. 2.1.1). Kotler/Bliemel (2001) folgend wird in der vorliegenden Arbeit Strom als Produkt bezeichnet, da „auch Dienstleistungen, wie ein Haarschnitt, ein Konzert oder eine Urlaubsreise, Produkte [sind]“ (Kotler/Bliemel 2001, S. 716; vgl. auch: Scharitzer 1993, S. 94ff.). Der Produktbegriff hat sich auch in der Unternehmenspraxis durchgesetzt, wie eine Untersuchung der Homepages führender österreichischer und internationaler Energieanbieter deutlich machte.

rung dar. Nicht minder bedeutend ist in diesem Zusammenhang auch die treffsichere Bearbeitung des Marktes zu beurteilen, hier im konkreten des Privatkundenmarktes (vgl. Hujber 2002, S. 174ff.; Laker/Herr 2000, S. 17ff.).

Unter den geschilderten Rahmenbedingungen scheint für Energieversorgungsunternehmen eine erfolgreiche Produktplanung und Kommunikation im Zuge der Neuprodukteinführung eine besonders anspruchsvolle Herausforderung zu sein.

An diesem Punkt setzt auch die vorliegende Arbeit an. Die entscheidende Begründung für eine wissenschaftliche Auseinandersetzung mit dem Thema lässt sich durch den Aufriss der folgenden Problemkreise fundieren:

1. Die weit reichenden Änderungen des rechtlichen Rahmens im Bereich der Stromwirtschaft haben einen Wandel der althergebrachten Marktbearbeitungsstrategien nach sich gezogen.
2. Die darauf basierenden Änderungen in der Unternehmenspraxis änderten auch das bis dato geltende Verhältnis zur betriebswirtschaftlichen Theorie. Die Festlegung des Verhältnisses zwischen Theorie und Praxis ist jedoch regelmäßig Gegenstand wissenschaftlicher Auseinandersetzung und folglich sollten theoretische Beschreibungen, die für die Praxis hilfreich sein wollen, Entwicklungen in der Realität berücksichtigen und widerspiegeln. Im bearbeiteten Problemkontext scheint ersteres unvollständig und eine wissenschaftliche Auseinandersetzung somit vertretbar.

Auf Basis der umrissenen Problemkreise wird ein Satz an Forschungsfragen formuliert, der in der Folge für die weitere Erarbeitung grundlegender Arbeitshypothesen herangezogen wird. Die zentralen Forschungsfragen lauten:

1. Welche Merkmale sind bei der Produktplanung im Privatkundenmarkt für Strom zu berücksichtigen und wie hoch ist deren nutzenstiftendes Potenzial?
2. Welche Merkmals- und –ausprägungskombinationen sind im Sinne einer kundenorientierten Produkt- und Programmplanung erfolgversprechend?
3. Welcher Grad an persönlichem Engagement (Involvement) liegt bei Konsumenten des betrachteten Kundensegments gegenüber Strom im Allgemeinen vor?
4. Wie hoch ist der Anteil an Konsumenten, die ein hohes Involvement gegenüber Strom aufweisen?

Die ersten beiden Fragen haben zentrale Aspekte im Zusammenhang mit der Produktplanung im betrachteten Marktsegment im Fokus. Die beiden letzteren stellen auf die Ermittlung des Involvements mit Strom ab. Damit soll erstmals eine Bestimmung des Anteils der Konsumenten nach dem Grad des Involvements ermöglicht werden. Die daraus abgeleitenen Ergebnisse sollen in erster Linie Hinweise für die werbliche Kommunikation, aber auch im Rahmen der Produkt- und Programmplanung wertvolle und unterstützende Erkenntnisse liefern.

Aus praxeologischer Sicht soll im Rahmen dieser Arbeit die Frage geklärt werden, wie ein Commodity, dessen Primärleistung nahezu keinen Raum zur Heterogenisierung aufweist als Produkt, dessen nutzenstiftende Gesamtleistung eine nachhaltige Differenzierung im Wettbewerb ermöglicht, gestaltet und vermarktet werden kann.

In weiterer Konsequenz wird die eigentliche Zielsetzung sowie die damit verbundenen Subziele der Arbeit abgeleitet, wobei das Kernziel der Arbeit die Beantwortung der untersuchungsleitenden Forschungsfragen darstellt.

## 1.2 Zielsetzung

Seit dem 1. Oktober 2001 sind nun erstmals Österreichs Energieversorger im Wettbewerb um Privatkunden den Regeln des Marktes unterworfen. Die vorliegende Dissertation hat zum Ziel, die Voraussetzungen und Möglichkeiten einer optimalen Produktplanung im Strommarkt näher zu beleuchten.

Ziel jedes erfolgreichen Marketing muss es sein, ein in den Augen des Konsumenten attraktives und im Umfeld von Konkurrenzangeboten wettbewerbsfähiges Produkt zu schaffen. Zahlreiche empirische Studien zur Ursachenforschung von Produkterfolgen bzw. –misserfolgen vermögen eindrucksvoll zu belegen, welchen zentralen Stellenwert eine sorgfältige Produktplanung und -entwicklung für den späteren Markterfolg der Produkte einnehmen (vgl. u.a. Henard/Szymanski 2001; DeBrentani 1989; Maidique/Zirger 1984; Cooper 1981; Davidson 1976).

Die Einbeziehung von Käuferpräferenzen einerseits und die Berücksichtigung des Wettbewerbsumfeldes andererseits stellen im Rahmen des Produktentwicklungsprozesses die wesentlichen Determinanten für eine nachhaltig erfolgversprechende Produktentwicklung dar (vgl. u.a. Brockhoff 1999; Urban/Hauser 1993). Entscheidend für den ökonomischen Erfolg eines Produktes ist letztendlich die Perzeption durch den potenziellen Nachfrager, die einen Kaufakt zur Folge hat. Für das Produktmanagement leitet sich daraus die klare Forderung ab, ein auf Basis von Käufer- und Wettbewerbsanalyse konzipiertes, technisch und wirtschaftlich realisierbares Produkt zu entwickeln und auch so im Wahrnehmungsraum der Abnehmer zu verankern, dass tatsächlich ein Kaufakt ausgelöst wird. Darüber hinaus liegt eine für die gegenständliche Untersuchung nicht unbedeutende Erkenntnis der Konsumentenverhaltensforschung darin, dass die Abnehmer nicht zwingend die physischen Eigenschaften und damit die objektive Beschaffenheit eines Gutes, sondern subjektiv wahrgenommene und als kaufrelevant erachtete Eigenschaften zur Produktbeurteilung und Präferenzbildung heranziehen (vgl. Kroeber-Riel/Weinberg 2003, S. 270; Albers 1989, S. 188).

Die Produktplanung und –durchsetzung als eigentlicher Untersuchungsgegenstand birgt im hier behandelten Kontext Aspekte, die einer näheren Beleuchtung würdig erscheinen. Alle bislang in Marketingforschung und –praxis entwickelten Methoden zur Produktplanung und –durchsetzung basieren dem Grunde nach auf Überlegungen, die für das Marketing von Konsumgütern in wettbewerblich organisierten Märkten gelten. Dies trifft zwar seit kurzem auch auf den Strommarkt zu, doch ließe sich darauf hinweisen, dass das Erkennen von Kundenbedürfnissen in der Vergangenheit aufgrund der damals gültigen Marktorganisation keine Notwendigkeit darstellte und die Versorgung mit Strom, nicht der Dienst am Kunden, an oberster Stelle standen. Inhaltlich neue Fragen bzw. Problemstellungen machen aber nicht in jedem Falle eine neue Theorie und daraus abgeleitet neue wissenschaftliche Methoden und Konzepte erforderlich, wenn diese von den herkömmlichen Theorien bereits erfasst sind. Über die entscheidungsorientierte Anwendung von bereits in der Wissenschaft erprobten, aber in der Praxis noch nicht in wünschenswertem Maße genutzten Methoden und Konzepte wird im Rahmen dieser Arbeit anhand des österreichischen Strommarktes ein Beitrag zur gewinn- und kundenorientierten Produktgestaltung angestrebt.[2] Darüber hinaus soll erstmals das Involvement mit Strom ermittelt werden, um so wissenschaftlich fundierte Erkenntnisse für eine zielgerichtete und effiziente Kommunikation des Produktprogrammes von EVU gewinnen zu können.

Zusammenfassend werden die folgenden Subziele formuliert:

Ziel 1: Bestandsaufnahme der rechtlichen und wirtschaftlichen Rahmenbedingungen.

Ziel 2: Aufarbeitung forschungsleitender Basiskonstrukte im Zusammenhang mit der Produktplanung und der Kommunikation im Strommarkt.

---

[2] So weisen etwa auchWind und Mahajan in ihren 1992/1997 erschienenen Beiträgen darauf hin, dass die in der Literatur dargestellten Methoden nur sehr verhalten Eingang in die Marketingpraxis gefunden haben (vgl. Mahajan/Wind 1992, S. 132ff.; Wind/Mahajan 1997, S. 1).

Ziel 3: Untersuchung von Entscheidungsmerkmalen im Zusammenhang mit der Produktwahl im Strommarkt in Hinblick einer optimierten und an den Bedürfnissen der Kunden ausgerichteten Neuproduktentwicklung.

Ziel 4: Entwicklung und Validierung einer Statementbatterie zur Ermittlung des Involvements von Konsumenten (Privatkunden) mit Strom.

Bevor nun auf den Gang der Untersuchung und das damit verbundene methodische Vorgehen eingegangen wird, soll im Folgenden Abschnitt eine hinreichende wissenschaftstheoretische Einordnung der vorliegenden Arbeit vorgenommen werden.

## 1.3 Wissenschaftstheoretische Einordnung der Arbeit

Auf den folgenden Seiten geht es darum, den Standpunkt festzumachen, von dem aus sich der Autor dieser Arbeit mit der gegebenen Problemstellung auseinander zu setzen versucht. Die wissenschaftstheoretische Verankerung der Arbeit soll dabei anhand gängiger „methodologischer Leitlinien" (Schanz 1988, S. 1) vorgenommen werden. Von einer umfangreichen Darstellung der einzelnen wissenschaftstheoretischen Positionen und Konzepte wird aber in Hinblick und unter Verweis auf den umfangreichen Literaturbestand Abstand genommen.[3]

Die in den vorhergehenden Abschnitten bereits unternommene Problemeingrenzung im Rahmen der Problemformulierung und Zielsetzung, motivieren den Autor der vorliegenden Arbeit eine realtheoretische Wissenschaftssicht einzunehmen (vgl. u.a. Chmielewicz 1994, S. 30ff.; Schanz 1988, S. 9-11; vertiefend: Franke 2002, Franke 2000).

Witte (1998) folgend wird das realtheoretische Wissenschaftsziel in der Erlangung von Wissen über die Realität verstanden, „[d]enn Wissenschaft kommt von Wissen" (Witte 1998, S. 742). Das realtheoretische Wissenschaftsverständnis - also den hehren Erkenntnisgewinn mit praktischer Verwertbarkeit zu verbinden - hat in der Marketingwissenschaft einen bedeutenden Stellenwert eingenommen (vgl. Franke 2000, S. 416).

---

3 In diesem Zusammenhang sei der Leser insbesondere auf die Publikationen folgender Autoren verwiesen: Backhaus 2000; Witte 1998; Raffée 1993; Schanz 1988; Friedrichs 1985; Schneider 1981; Schanz 1975.

Wenn aktuelle Entwicklungen in der realen Welt zu konkreten Fragestellungen bzw. Problemen führen und diese unter Nutzung allgemein falsifizierbarer Aussagensysteme, also unter Zuhilfenahme von Theorien formalisiert werden und die darauf fußenden Hypothesen wiederum mittels empirischer Befunde bestätigt werden können, dann entsteht realtheoretisches Wissen (vgl. Franke 2002, S. 11). Die Elemente Problem, Theorie und Empirie stellen demnach die zentralen Säulen realtheoretischer Wissensgenerierung dar (vgl. Abb. 1).

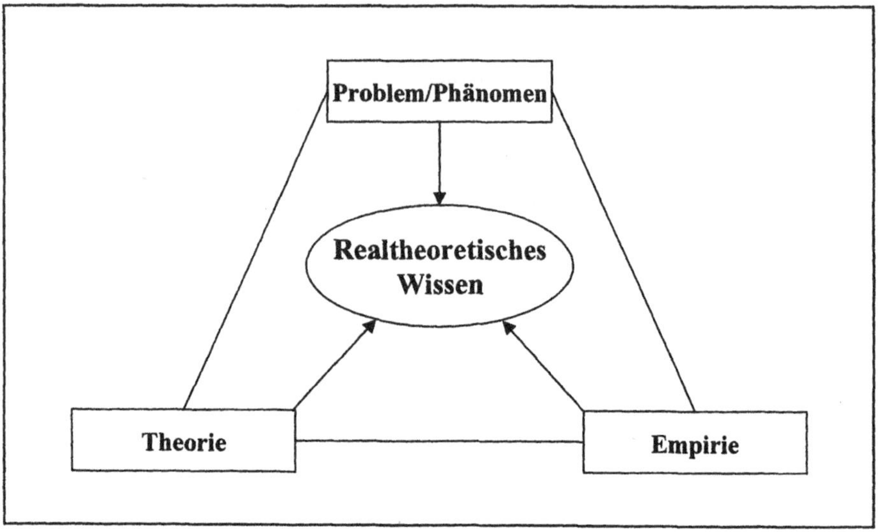


Abbildung 1: Elemente realtheoretischen Wissens (Quelle: vgl. Franke 2002, S. 12).

Zu Beginn gilt es zu klären, ob die Vorraussetzung eines realwissenschaftlichen Forschungszutrittes, nämlich das Vorliegen eines realen Problems auf das vorliegende Forschungsvorhaben zutrifft (vgl. Franke 2002, S. 12). Die unter Kapitel 1.1 formulierte Problemstellung bezieht sich weniger auf formale Systeme[4] als vielmehr auf das konkrete Wirtschaften in einer von weit reichenden Änderungen der rechtlichen und politischen Rahmenbedingungen geprägten Branche. Der Verfasser ist daher der Meinung, dass es sich hierbei um ein reales Problem handelt, das konkrete Fragestellungen im Marketing nach sich zieht.

Im Zusammenhang mit der Problemformulierung ist aus realtheoretischer Sicht sowohl theoretische als auch praktische Relevanz der Problemstellung zu fordern (vgl. Franke 2002, S. 14). Im gegenständlichen Falle ergibt sich aufgrund

4 Formale Probleme sind mit Hilfe der Logik ohne empirische Untersuchung lösbar (vgl. Chmielewicz 1994, S. 90ff.).

des bereits angesprochenen Bedarfes der Festlegung des Verhältnisses zwischen Theorie und Praxis konkreter Handlungsbedarf und daraus abgeleitet eine Relevanz der Problembehandlung sowohl in theoretischer wie auch in praxeologischer Hinsicht.

Die Problemerfassung und –lösung erfolgt im realwissenschaftlichen Forschungszutritt unter der Verwendung und/oder der Bildung einer Theorie (vgl. Franke 2002, S. 14). Unter einer Theorie wird im sozialwissenschaftlichen Kontext - hierunter fällt auch die realwissenschaftliche Perspektive – „eine[.] Vernetzung von gut bewährten Hypothesen bzw. anerkannten empirischen, Gesetzmäßigkeiten'" (Bortz/Döring 2002, S. 17) verstanden. Die theoretische Fundierung der vorliegenden Arbeit kann weistestgehend mit Theorien und Hypothesensystemen vorgenommen werden, die dem neobehavioristischen Paradigma zuzordnen sind (vgl. Kroeber-Riel/Weinberg 2003, S. 8-46; Kaas 2000, S. 63-65).

Insbesondere sind es einerseits die in der Literatur genannten Stärken des neobehavioristischen Paradigmas und andererseits der durch die Problemstellung aufgeworfene Kontext der eine derartige Zuordnung als adäquat erscheinen lässt. Zu den angesprochenen Stärken des neobehavioristischen Paradigmas zählen insbesondere die hohe „Erklärungskraft für zahlreiche Facetten des Konsumentenverhaltens, etwa der Werbewirkung oder Produktwahrnehmung und –bewertung" (Kaas 2000, S. 64).

Die auf Basis des neobehavioristischen Paradigmas formulierten theoretischen Aussagen bedürfen einer empirischen Überprüfung, um im Sinne einer realtheoretischen Sichtweise realtheoretisches Wissen zu generieren (vgl. Franke 2002, S. 16f.). Im Rahmen der vorliegenden Arbeit gilt es zunächst die Forschungsfragen und die dahinterliegenden Konzepte in eine Beobachtungssprache zu überführen.[5] Dabei werden die Forschungsfragen, die sowohl im Zusammenhang mit der Produktplanung als auch in Verbindung mit dem Involvement im Privatkundenmarkt für Strom entwickelt wurden anhand theoretisch fundierter und empirisch erprobter Methoden und Messkonzepte operationalisiert.

Vor dem Hintergrund der vorangegangenen Erörterungen bleibt noch die Beschreibung der weiteren Vorgehensweise, die den theoretischen Forschungsprozess und die Struktur des Untersuchungsablaufes skizziert.

---

[5] Die hier angesprochene Operationalisierung erfolgt nach genauen Regeln, „die zur Erfassung des durch den Begriff bezeichneten Sachverhaltes [...], oder durch Angabe von meßbaren Ereignissen, die das vorliegen dieses Sachverhaltes anzeigen (Indikatoren) [notwendig sind]" (Bortz/Döring 2002, S. 67).

## 1.4 Gang der Untersuchung

Die Arbeit gliedert sich in zwei Teilbereiche, einen theoretisch-konzeptionellen und einen empirisch-messtechnischen Teil. Der theoretisch-konzeptionelle Teil umfasst dabei insbesondere die Systematisierung der Besonderheiten des Gutes Strom aus Sicht des Marketings, sowie eine konzise Beschreibung des ordnungspolitischen Rahmens anhand des überwiegend juristisch geprägten Literaturbestandes.

Diese umfangreiche Aufarbeitung scheint geboten, da die Kenntnis der rechtlichen Bestimmungen für die Behandlung der gegenständlichen Problemstellung unerläßlich scheint. Denn erst die rechtlichen Maßnahmen zur Herstellung webewerblicher Rahmenbedingungen zogen einen konkreten Handlungsbedarf im Marketing nach sich.

Im Anschluss daran werden auf Basis der marketing-wissenschaftlichen Literatur die theoretischen Fundamente der Involvementforschung diskutiert. Ausgehend von den physischen und psychischen Ursachen sowie den Wirkungen von Involvement wird eine Systematisierung gängiger Involvementkonzepte und eine Definition von Involvement für den weiteren Gebrauch in der vorliegenden Arbeit vorgenommen. In einem weiteren Schritt werden sodann die bedeutendsten Determinanten von Involvement erörtert. Die Besprechung der Messung des Involvementkonstruktes mittels verbaler Verfahren erfolgt unter kritischer Aufarbeitung einschlägiger Konzepte. Eine Zusammenfassung und der Entwurf für die weitere Vorgehensweise im Rahmen der empirischen Aufarbeitung beschließen dieses Kapitel.

Der Kundennutzen und seine Messung stellt neben dem Rechtsrahmen und dem Involvement den dritten inhaltlichen Schwerpunkt des theoretisch-konzeptionellen Teils dar. Zu Beginn dieses Abschnittes werden die Antezedenzien der Nutzen- und Präferenzforschung sowohl aus mikroökonomischer als auch aus verhaltenswissenschaftlicher Perspektive diskutiert. Im Zentrum der Erörterungen steht jedoch die Methode der Conjoint-Analyse, die sich als Verfahren der empirischen Präferenzerhebung sowohl in der Wissenschaft als auch in der Praxis etablieren konnte (vgl. Wittink/Vriens/Burhenne 1994, S. 41-44). Anhand der typischen Ablaufschritte einer Conjoint-Analyse erfolgt eine umfangreiche Aufarbeitung entsprechender Publikationen, wobei das Hauptaugenmerk auf den Einsatz der Ergebnisse zur nachfrageorientierten Produktgestaltung gelegt wird. Eine Diskussion der Limitationen der Conjoint-Analyse sowie eine kritische Würdigung des gegenständlichen Verfahrens bilden den Schluss dieses Kapitels.

Der empirisch-messtechnische Teil der vorliegenden Arbeit teilt sich in zwei Unterkapitel, die sowohl empirisch-qualitative als auch empirisch-quantitative Elemente enthalten. Den Hauptgegenstand des ersten Unterkapitels bildet die Beschreibung der empirisch-qualitativen Entwicklung einer Itembatterie zur Messung des Involvements mit Strom bei Privatkunden anhand von Gruppendiskussionsergebnissen. Zu diesem Zweck wurden zwei Gruppendiskussionen durchgeführt deren Konzeption, Durchführung und Auswertung ausführlich besprochen wird. Einen weiteren zentralen Bestandteil des empirisch-qualitativen Teils bildet die Ermittlung von relevanten Merkmalen und Merkmalsausprägungen die im Rahmen einer Conjoint-Analyse zur Anwendung gelangen und im zweiten Unterkapitel dargestellt werden.

Im Zentrum des empirisch-quantitativen Teils steht einerseits die Validierung der entwickelten Itembatterie zur Messung von Involvement mit Strom bei Privatkunden (Kapitel 3.1.4) und andererseits wird eine empirische Anwendung des conjoint-analytischen Ansatzes auf das Produkt Strom für Privatkunden in Kapitel 3.2.4 gezeigt.

Schematisch lässt sich der Ablauf des empirischen Projektes in zwei Phasen untergliedern, eine empirisch-qualitative und eine empirisch-quantitative Phase (vgl. Abb. 2). Zu Beginn steht die empirisch-qualitative Phase. Sie umfasst in einem ersten Schritt die Formulierung und Festlegung der einzelnen Untersuchungsziele. Im Folgenden werden die Programm- und Testfragen für die empirisch-qualitative Exploration festgelegt (vgl. Kap. 3.1.3.2). Die Durchführung sowie Auswertung und Interpretation der im Rahmen der empirisch-qualitativen Untersuchung generierten Informationen markiert gleichzeitig den Schlusspunkt dieser Phase (vgl. Kap. 3.1.3.3) und den Beginn der empirisch-quanitativen Untersuchungsphase.

Basierend auf den explorativen Ergebnissen der empirisch-qualitativen Untersuchung wird zu Beginn der empirisch-quantitativen Phase ein Untersuchungsdesign erstellt. In einem Pre-Test werden spezielle untersuchungstechnische Fragen geprüft. Insbesondere sollen die Funktionsfähigkeit der Untersuchungsgeräte und der damit verbundene Untersuchungsablauf überprüft werden (vgl. Bortz/Döring 2002, S. 359). Die Erhebung der Daten und deren Aufbereitung sowie Auswertung und Interpretation bilden sowohl den Schlusspunkt der empirisch-quanitativen Phase als auch der gesamten empirischen Untersuchung im Rahmen dieser Arbeit. Die empirische Untersuchung fand im Zeitraum von Jänner 2002 bis Mai 2002 statt.

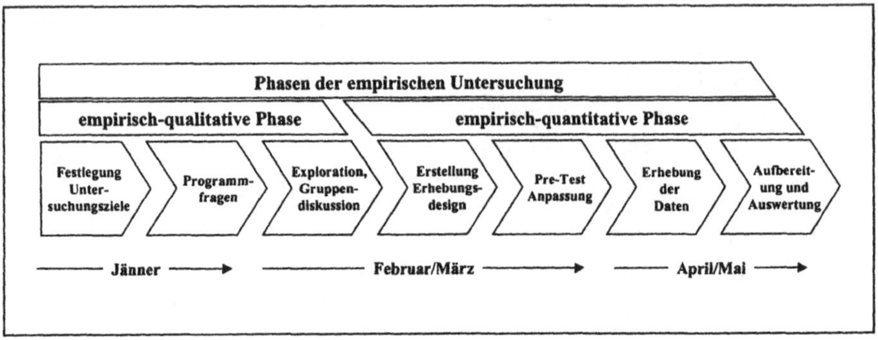


Abbildung 2: Phasen der empirischen Untersuchung.

Die abschließende Diskussion in Kapitel 4 dient einer knappen Aufbereitung der im Rahmen dieser Arbeit präsentierten Ergebnisse sowie deren kritischer Reflexion vor dem Hintergrund möglicher Implikationen für Marketingforschung und –praxis. In diesem letzten Abschnitt sollen auch mögliche Ansatzpunkte für künftige Forschungstätigkeiten angeregt werden.

# 2 Theoretisch-konzeptioneller Teil

## 2.1 Liberalisierter Strommarkt – Einführung

### 2.1.1 Merkmale der Elektrizitätswirtschaft

Die Elektrizitätswirtschaft unterliegt einer Reihe von technisch-physikalischen Eigenheiten, die sich unmittelbar auf die ökonomischen Bedingungen der Elektrizitätsversorgung auswirken. Als besondere Charakteristika gelten die folgenden Merkmale:

1. Nichtspeicherbarkeit

Die mangelnde Speicherbarkeit des Gutes Strom unterscheidet Strom von allen anderen Primärrohstoffen (vgl. Müller 1998, S. 25). Zwar ist mit Hilfe von Pumpspeicherkraftwerken eine Vorratehaltung denkbar, doch diese Möglichkeit bleibt aus wirtschaftlichen Überlegungen heraus in der Regel auf die Deckung von Spitzenlasten beschränkt. Lediglich die Speicherung von Gleichstrom in Batterien ist derzeit technisch möglich, jedoch ist an einen Einsatz im Sinne einer Reservehaltung für größere Versorgungsgebiete sowohl aus ökonomischen als auch technischen Gründen nicht zu denken. Die beschriebene Nichtspeicherbarkeit hat zur Folge, dass sich die Kapazität der Erzeugungs- und Verteilungsanlagen an der höchsten zu erwartenden Belastung, der sogenannten Spitzenbelastung, zuzüglich einer notwendigen Reserve für den Fall ungeplanter Kapazitätsausfälle, orientiert (vgl. Gerke/Hennies/Schäffner 2000, S. 13).

Darüber hinaus müssen in Wechselstromnetzen Produktion und Konsum zeitgleich erfolgen, da schon geringfügige Überlastungen des Netzes eine Gefahr für die Systemintegrität des Stromnetzes darstellen können. Zur Gewährleistung der Systemintegrität des Netzes existiert in der Regel ein Steuerungsmechanismus, der in Überlastsituationen sicherstellt, dass entweder den im Netz aktiven Generatoren mehr Energie zugeführt wird oder mehr Generatoren ans Netz geschaltet werden. Das Lastmanagement eines Netzbetreibers steuert diesen Prozess, indem es Stromspannung und –frequenz im Netz auf einem vorher festgelegtem Niveau durch ein gezieltes Kraftwerksparkmanagement und den Kauf bzw. Verkauf von Strom der jeweiligen Nachfrage an Strom anpasst (vgl. Egger 1997, S. 15 f.).

2. Leitungsgebundenheit
Als ein weiteres Merkmal der Elektrizitätswirtschaft kann die Leitungsgebundenheit von elektrischer Energie festgehalten werden. Elektrische Energie kann nur über ein festes, in sich geschlossenes Netz zielgerichtet übertragen werden. Die Kapazität der Netze muss auf eine mögliche Spitzenbelastung einschließlich einer Reserve ausgelegt sein (vgl. Müller 1998, S. 26). Einmal in das Netz eingespeist, wählt der Strom dem Kirchhoff'schen Gesetz folgend den Weg des geringsten Widerstands und entzieht sich damit einer weiteren Steuerung. Eine Steuerung der Stromflüsse ist insofern nur über die gezielte Ein- und Ausschaltung von einzelnen Netzleitungen möglich (vgl. Egger 1997, S. 15).

3. Qualifizierung von Strom
Die spezifischen Eigenheiten von elektrischer Energie werfen auch im marketingtechnischen Kontext die zentrale Frage auf, ob Strom nun eine Dienstleistung oder eine Ware ist. Betrachtet man die maßgeblichen Regelungen der Elektrizitäts-Binnenmarktrichtlinie (96/92/EG), dann kann daraus unmissverständlich abgeleitet werden, dass Elektrizität grundsätzlich als Ware definiert und die Lieferung von Elektrizität unter der Grundfreiheit des freien Warenverkehrs subsumiert wird. Dies geht unter anderem daraus hervor, dass die Kommission als eines der Ziele eines gemeinsamen Binnenmarktes für Energie den freien Verkehr von Waren festlegt (vgl. KOM (91) 548 A 2.1.1).

Diese Auffassung findet jedoch im einschlägigen, mehrheitlich juristisch geprägtem Fachschrifttum, keine ungeteilte Meinung. Vielmehr wird hier die Meinung vertreten, dass es sich hierbei um eine Dienstleistung handelt und die Lieferung von Strom folglich auch unter die Grundfreiheit des freien Dienstleistungsverkehrs einzuordnen sei (vgl. u.a. Rabl/Thurnher 2001; Purtscher 1999; Kuhnt 1989).

In der Betriebswirtschaftslehre wurden bislang vielfältige Versuche unternommen eine allgemein akzeptierte und präzise Definition[6] sowie Abgrenzung anhand von z.B. Enumerationen, Typologien oder aber auch konstitutiver Merkmale herbeizuführen (vgl. Kleinaltenkamp 1998, S. 31ff.). Trotz der Fortschritte, die die betriebswirtschaftliche Forschung auf diesem Gebiet erzielt hat, entzieht sich der Begriff aufgrund seines Facettenreichtums einer genauen Definition. Trommsdorff, Bleicker und Hildebrandt (1980) folgend kann darunter auch ein theoretisches Konstrukt verstanden werden, das sich auf einen empirisch beobachtbaren Sachverhalt bezieht. Demnach handelt es sich um einen Vorstellungsinhalt, den man mit einem Begriff verbinden möchte. Eine entsprechende

[6] Siehe in diesem Zusammenhang die Arbeiten u.a. von: Meffert/Bruhn 2003; Meyer 1994; Hilke 1989; Corsten 1985; Berekoven 1974.

begriffliche Definition kann nur zweckmäßig oder unzweckmäßig sein und nicht richtig oder falsch (vgl. Trommsdorff/Bleicker/Hildebrandt 1980, S. 270).

Viele Autoren sehen jedoch in der Immaterialität, der mangelnden Lagerfähigkeit und der Simultanität von Erzeugung und Verbrauch, die erst durch das Hinzutreten eines externen Faktors (Nachfrager bzw. Kunde) ausgelöst wird, konstitutive Faktoren von Dienstleistungen (vgl. bspw. Meffert/Bruhn 2003, S. 27ff.; Scheuch 2002, S. 12; Maleri 2001, S. 125ff.; Scharitzer 1993, S. 94f.). Der gegenwärtige betriebswirtschaftliche Diskurs legt demnach nahe - wenn von Elektrizität gesprochen wird - sie als Dienstleistung und nicht als Ware zu qualifizieren.

## 2.1.2 Rechtsrahmen der EU - Elektrizitätswirtschaft

### 2.1.2.1 Allgemeine Betrachtung – Ausgangssituation

In den meisten Mitgliedstaaten der Europäischen Union war bis vor der Liberalisierung des Elektrizitätsmarktes das System des ‚Alleinversorgers' vorherrschend, welcher auf der Grundlage gesetzlicher Regelungen ein bestimmtes Gebiet unter Ausschluss jeglicher Konkurrenz zu versorgen hatte. Im Verlaufe der 80er-Jahre konnte aber ein Aufbrechen des Alleinversorgungsregimes beobachtet werden und einige europäische Staaten begannen mit einer zumindest teilweisen Aufhebung der bis dato bestehenden Versorgungsmonopole. Industrieunternehmen, mit energieintensiven Produktionsverfahren, errichteten auf ihrem Betriebsgelände Anlagen zur Eigenstromversorgung und somit kam es schon vor der eigentlichen Liberalisierung zu einem Ausscheren aus dem staatlichen Versorgungsmonopol (vgl. Teufelsberger 1997, S. 109).

In den 80er-Jahren wurde weltweit eine Debatte über die Deregulierung von verschiedenen Bereichen der Wirtschaft geführt. Im Mittelpunkt der Debatte standen neoliberale Überlegungen, die eine Rücknahme des Staatseinflusses, eine weitgehende Eliminierung wettbewerbsbeschränkender Normen und die Privatisierung von Staatsunternehmen vorsahen. Die beiden prominentesten Vertreter dieser Ära waren Margaret Thatcher und Ronald Reagan. Doch weist die Elektrizitätswirtschaft einige Besonderheiten auf, die eine geordnete Vorgehensweise im Zuge der Deregulierung auf Basis eines umfangreichen rechtlichen Rahmens notwendig macht (vgl. u.a KOM/85/310, S. 17ff.).

Die Ausgangssituation der Organisation der Elektrizitätswirtschaft in den einzelnen Mitgliedsstaaten der Europäischen Union kann vereinfachend wie nachstehend beschrieben charakterisiert werden:[7]

- Die Elektrizitätsversorgungsunternehmen haben für ein räumlich begrenztes Gebiet einen sogenannten ‚Versorgungsauftrag' zu erfüllen. Dieser gesetzliche Versorgungsauftrag normiert die Pflicht, jeden Nachfrager in dem den Energieversorgungsunternehmen zugewiesenem Gebiet, so dies wirtschaftlich zumutbar ist, mit elektrischer Energie zu versorgen.
- Im Ausgleich dafür steht den EVU dafür ein entsprechendes ‚Gebietsmonopol' zu, das das ausschließliche Recht begründet, in diesem Gebiet als alleiniger Anbieter von elektrischer Energie tätig zu werden.

Schon in den 20er-Jahren des vorangegangenen Jahrhunderts wurden erste Verbindungen zwischen den mitteleuropäischen Stromnetzen durch die Gründung der CIGRE[8] hergestellt. Es handelt sich dabei um eine der bedeutendsten internationalen technisch-wissenschaftlichen Organisationen auf dem Gebiet der Hochspannungstechnik. Die beiden wesentlichen Ziele der auch als Hochspannungsrat bezeichneten Vereinigung sind:[9]

- technische und wissenschaftliche Erkenntnisse auf dem Gebiet der elektrischen Energieerzeugung und –übertragung zu fördern, sowie
- den weltweiten Informationsaustausch unter Fachleuten zu intensivieren.

Eine weitere Vereinigung auf europäischer Ebene bildete sich nach dem zweiten Weltkrieg mit der Gründung des UCPTE[10]-Netzverbundes heraus. Neben den Benelux-Ländern, Frankreich, Deutschland, Italien und der Schweiz zählte auch Österreich zu den Gründungsmitgliedern. Der Stromaustausch über nationale Grenzen hinweg geschah jedoch ausschließlich zwischen einzelnen Gesellschaften, und diente zumeist zur Überbrückung von Produktionsengpässen in Spitzenlastzeiten (vgl. Hermann 1997, S. 75).

---

7 In diesem Zusammenhang sei zur weiteren Vertiefung u.a. auf die Ausführungen folgender Autoren verwiesen: Palinkas 1989, S. 5ff.; Pfaffenberger/Scheele/Salge 1999, S. 13ff..

8 CIGRE – Conseil Internationale des Grande Reseaux Electrique a Haute Tension.

9 Vgl. http://www.cigre.ch/d/1cig.htm (Abfrage: 04.07.2002)

10 UCPTE (heute UCTE) – Union pour la Coordination de la Production et du Transport de Electricité.

Bei unwillkürlich, physikalisch bedingten Leistungsflüssen über die Grenzen der Verbundpartner hinweg wurde bisher auf eine Bezahlung dieser Leistungsflüsse verzichtet und stattdessen die sich ergebenden Austauschsaldi mit Hilfe eines Korrektur-Austauschprogramms „in natura" abgetragen. Voraussetzung dafür ist, dass jeder Verbundpartner den Stromfluss über seine Grenzleitungen misst und registriert (vgl. Tiberini 1996).

Diese Strukturen haben sich über Jahre entwickelt und bewährt, doch wurden sie unter den sich ändernden wirtschaftlichen Rahmenbedingungen (Stichwort Globalisierung) immer mehr in Frage gestellt. Durch das Aufbrechen der alten Systeme sollten vorhandene Synergie- und Einsparungspotenziale gehoben und somit Wettbewerbsvorteile für die Wirtschaft geschaffen werden (vgl. Hujber 2002, S. 163-165).

Besonders Industriezweige mit stromintensiver Produktion sahen in den europaweit extrem unterschiedlichen Energiepreisen eine massive Beeinträchtigung der Wettbewerbsstruktur und versuchten der Abhängigkeit von öffentlichen Versorgungsunternehmen entgegenzuwirken (vgl. Laker/Herr 2000a, S. 18ff.).

Auch die Kommission der Europäischen Gemeinschaften sah in den herrschenden Strukturen der nationalen Versorgungswirtschaften Spielraum für Einsparungen und Effizienzsteigerungen und Begann die Regeln für einen funktionierenden Binnenmarkt für diesen Sektor zu entwickeln.

#### 2.1.2.2 Binnenmarkt für Energie – KOM (88) 238

Die Europäische Kommission wurde Mitte der 80er-Jahre beauftragt, einen Bericht zu den bestehenden Hindernissen für einen gemeinsamen Binnenmarkt auf dem Sektor der Elektrizitätswirtschaft zu erarbeiten. Der Bericht „Der Binnenmarkt für Energie", KOM (88) 238, stellt diese Bestandsaufnahme der verschiedenen tatsächlichen und potenziellen Handelshemmnisse dar, die einer gemeinsamen Energiepolitik im Wege standen (vgl. KOM (88) 238, S. 6).

Die Organisationsstruktur in der Elektrizitätswirtschaft der einzelnen Mitgliedsstaaten war mit Gebietsschutz für das EVU und der Versorgungspflicht für die Abnehmer vergleichbar. Dennoch wiesen die Länder unterschiedliche rechtliche Rahmenbedingungen (Steuern, Bilanzierungspraktiken, Beihilfen, Genehmigungen, Kontrollmechanismen), unterschiedliche Umweltschutznormen und Sicherheitsauflagen, sowie verschiedene Formen des Zugangs, bzw. Einsatzes von Primärenergie und nicht zu vergessen auch eine unterschiedliche Beschäftigungspolitik auf. Die unterschiedliche Art und Bedeutung dieser Hemmnisse nährte seitens der Kommission die Hoffnung, dass zumindest einige unter dem allgemeinen Druck der Dynamik des ständigen Wachstums und der zunehmenden Harmonisierung des Binnenmarktes zurückgehen oder gänzlich überwunden werden können (vgl. Durach 1996, S. 173f.).

Aufgrund der unterschiedlichen Ursachen und Rechtfertigungen dieser Hemmnisse standen zur Schaffung des Binnenmarktes für Energie vier Aktionsrahmen zur Verfügung (vgl. KOM (88) 238, S. 12ff.):

1. Die Umsetzung der Vorgaben des Weißbuchs 1985, die den Energiesektor betreffen. Insbesondere ging es dabei um die Harmonisierung von Bestimmungen und technischen Normen, sowie um eine Öffnung des öffentlichen Beschaffungswesen, um so auch den Energiesektor in die Bestimmungen für die Vergabe öffentlicher Aufträge miteinzubeziehen (vgl. KOM (85) 310).
2. Die entschlossene Anwendung des Gemeinschaftsrechts durch die Kommission; Eine wesentliche Rolle in der Erhaltung und Verstärkung eines gemeinsamen Binnenmarktes spielt die Umsetzung einer konsequenten Wettbewerbspolitik, die insbesondere einen freien Verkehr von Waren, Dienstleistungen, Kapital und Personen gewährleisten soll. Jegliche Maßnahmen von Mitgliedstaaten, die in irgendeiner Weise ungerechtfertigte Handelshemmnisse darstellen, sind demnach zu unterlassen. Insbesondere die Bereiche der Verteilung und des Transports von Strom (und auch Gas) warfen hier einige Probleme auf.
3. Die Verwirklichung eines zufriedenstellenden Gleichgewichts zwischen Energie und Umwelt. Insbesondere sind in diesem Zusammenhang die oftmals gegensätzlichen Ziele von Energiepolitik einerseits und Umweltpolitik andererseits, Gründe für ein mögliches Scheitern von Harmonisierungsbestrebungen.
4. Die Definition geeigneter Bereiche, die ganz spezifisch von der Energiepolitik abhängen, um wahre Kosten ohne verzerrende Eingriffe der öffentlichen Hand und objektive Tarife für alle Energienutzer festzulegen und um durch ein einheitliches, europaweites Verbundnetz einen unbehinderten Warenaustausch und Handelsverkehr sicherzustellen.

Die von der Kommission in ihrem Bericht aufgelisteten Hemmnisse bei der Errichtung eines gemeinsamen Binnenmarktes wurden im Sektor der Energiewirtschaft und hier insbesondere die Elektrizität betreffend wie folgt zusammengefasst (vgl. KOM (88) 238, S. 51ff.):

- Unterschiedliche rechtliche Rahmenbedingungen und Ausgangsbasen, die sich vor allem in Unterschieden der steuerlichen Behandlung von Elektrizitätsversorgungsunternehmen, den Zugangskriterien zu Kapitalmärkten, in Anlagenbewertungs- und Abschreibungsregeln, staatlichen Beihilfen sowie in unterschiedlichen Verfahren der Zulassung von Kraftwerksneubauten darlegen.
- Länderspezifische Formen des Einsatzes (Zugang) von Primärenergieträgern zur Stromerzeugung.[11]
- Unterschiedliche Umweltschutznormen und Sicherheitsauflagen, die Wartungs-, Betriebs- und Kapitalkosten und damit unter Umständen auch Einfluss auf die Produktionskapazität haben.
- Unterschiede in Höhe und Abzugsfähigkeit der Mehrwertsteuer und anderer spezifischer Steuern innerhalb der Gemeinschaft, die das Preisniveau unabhängig von der Struktur der Elektrizitätserzeugung und des –transports verzerren.

In ihrer abschließenden Stellungnahme kam die Kommission zu dem Ergebnis, dass das Stromverbundnetz bis zum damaligen Zeitpunkt hauptsächlich innerhalb der Landesgrenzen als Bindeglied zwischen Erzeuger und Verteiler benutzt wurde und weniger um grenzüberschreitend ein optimales System zur Verbindung aller Verteiler mit den kostengünstigsten Produzenten zu schaffen. Eine Ausweitung der Funktion von Stromverbundnetzen über Landesgrenzen hinweg hätte aber neben Kosteneinsparungen auch weiter positive Effekte auf die Versorgungssicherheit sowie auf die Optimierung von Produktionskapazitäten in Spitzenlastzeiten und die Reservehaltung (vgl. KOM (88) 238, S. 52).

Als ein möglicher Ausweg wurde die Änderung des Betriebssystems vorgeschlagen. Insbesondere wurde die Verwendung aller Verbundsysteme auf einer ‚common carrier'-Basis, die nicht genauer definiert wurde, anempfohlen (vgl. u.a. Kumkar 2000, S. 233ff.).

---

[11] Hierunter ist insbesondere die in Deutschland praktizierte Verstromung von heimischer Steinkohle bzw. die Verstromung inländischer Braunkohle im österreichischen Kraftwerk Donawitz anzuführen. Auflagen dieser Art sind meist die Folge einzelstaatlicher Energie- und Beschäftigungspolitik (vgl. KOM (88) 238, S. 51ff.; RL (96/92/EG) Art. 8).

### 2.1.2.3 Ausweitung innergemeinschaftlicher Stromlieferungen – KOM (89) 336

Diese Mitteilung der Kommission behandelt insbesondere Fragen der Öffnung des Strommarktes bis hin zu wettbewerbsfreundlicheren Strukturen und bezieht sich auf den vorangegangenen Bericht (KOM (88) 238).

Der Strommarkt innerhalb der Gemeinschaft war bislang durch eine weitgehende Abschottung der nationalen Märkte geprägt. Auch der Umstand, dass die Kosten der Stromerzeugung länderweise zum Teil stark differierten, zog im Allgemeinen keinen nennenswerten Handel nach sich. Die lokalen Verteilungsgesellschaften, hierzu zählen insbesondere kleinere Stadtwerke und kleine regionale Versorgungsunternehmen deckten ihren Strombedarf von den regionalen Stromerzeugern, die aber ohnehin meist alle Funktionen in sich vereinten und in ihrem eigenen Versorgungsgebiet Erzeugung, Transport und Verteilung bewerkstelligten. Die Letztverbraucher waren allerdings immer auf die für sie zuständigen Verteiler angewiesen. Lediglich größere Verbraucher genossen mehr Freiheitsgrade in der Auswahl ihrer Versorger, doch blieb diese meist auf einige ausgewählte EVU begrenzt (vgl. Brauner 2002, S. 151ff.).

Die vertikale Integration vieler Energieversorger hatte zur Folge, dass sich das Interesse an einer Öffnung ihrer Transport- und Verteilnetze für den Wettbewerb in bescheidenen Grenzen hielt. Der grenzüberschreitende Stromaustausch geschah bislang ausschließlich zwischen einzelnen Gesellschaften auf einer kollegialen Basis im Rahmen des UCPTE-Netzverbundes (vgl. KOM (89) 336, Pkt. 20). Er diente wie schon oben erwähnt lediglich der Überbrückung von Produktionsengpässen in Spitzenlastzeiten sowie der Reservehaltung und der Optimierung von Kraftwerkparks.

Einen Ausweg aus dieser Situation sah die Kommission in privatrechtlich zu gestaltenden Transitverträgen, welche Dritten einen freien Zugang zu den Transportnetzen gewähren sollten. Dies sollte in einem ersten Schritt großen industriellen Verbrauchern und Verteilunternehmen die Möglichkeit geben, ihren Strombedarf unabhängig vom regional zuständigen Versorger vom jeweiligen Best- oder auch Billigstbieter zu decken (vgl. KOM (89) 336).

Durch diese Maßnahmen wurde erwartet, dass eine zunehmende europaweite Integration der Strommärkte Europas zu einem wachsenden Austausch von grenzüberschreitenden Stromlieferungen und somit zu Einsparungen sowohl auf Seiten der Produzenten als auch auf Seiten der Konsumenten führen wird. Die Produzenten würden durch mögliche Einsparungen in den Bereichen der Reservehaltung und durch verbesserte Ausgleichsmöglichkeiten in Spitzenlastzeiten profitieren und die Stromabnehmer kämen in den Genuss von wettbewerbs- oder durchleitungsbedingt sinkenden Strompreisen (vgl. KOM (89) 336, Pkt. 53).

Der Zugang Dritter zum Netz sollte jedoch in keinem Falle zu Lasten der Versorgungssicherheit und der Servicequalität von Endverbrauchern erfolgen. Umfangreiche Überlegungen und Überprüfungen, wie der Zugang bzw. die Integration organisiert werden sollte wurden angestellt. Das Ergebnis dieser Überlegungen findet sich im Anhang 3 dieser Mitteilung der Kommission, die einen Vorschlag für eine Richtlinie des Rates über den Transit von Elektrizitätslieferungen über große Netze umfasst, die nur wenig später in leicht abgewandelter Form als Richtlinie veröffentlicht wurde (vgl. Kap. 2.1.2.4; Transit-Richtlinie (RL 90/547/EWG)).

### 2.1.2.4 Transit-Richtlinie – (RL 90/547/EWG)

Aufgabe der Richtlinie des Rates vom 29. Oktober 1990, die am 13. November im Amtsblatt der Europäischen Gemeinschaft L 313 veröffentlicht wurde, über den Transit von Elektrizitätslieferungen über große Netze ist die Schaffung einer einheitlichen, geregelten Basis, anhand derer grenzüberschreitende Elektrizitätslieferungen organisiert werden können (vgl. RL (90/547/EWG) Einleitung).

Eine stärkere Integration der Netze und eine damit verbundene Steigerung des Elektrizitätsaustausches soll zu dem gewünschten Effekt der Senkung von Investitionskosten und Kosten der Stromgewinnung und zu einer optimalen Nutzung bzw. Verwendung der zur Verfügung stehenden Ressourcen führen. Sicherheit und Qualität der Versorgung sollten jedoch dabei keine Beeinträchtigung erfahren (vgl. RL (90/547/EWG) Einleitung).

Durch diese Richtlinie wollte die Kommission alle Hindernisse beseitigen, die dem Stromtransit entgegenstehen könnten. Dadurch sollte ein verstärkter Elektrizitätsaustausch über große Hochspannungsnetze bewirkt werden, der letztendlich zu der gewünschten besseren Nutzung der Produktionsmittel und Infrastrukturen führen sollte (vgl. RL (90/547/EWG) Einleitung; Pauger/Pichler 2002, S. 94-96).

Die Mitgliedstaaten hatten bis 1. Juli 1991 Zeit, um die notwendigen Bestimmungen zu erlassen, die den Elektrizitätstransit über Hochspannungsnetze in ihrem Hoheitsgebiet ermöglichten (vgl. RL (90/547/EWG) Art. 1). Die Verträge über den Elektrizitätstransit sind privatrechtlicher Natur und werden zwischen den unter diese Richtlinie fallenden Gesellschaften ausgehandelt (vgl. dazu RL

(90/547/EWG) und den Anhang zu der Entscheidung der Kommission (95/162/EG)). Die geschlossenen Verträge dürfen keine diskriminierenden, unangemessenen oder missbräuchlichen Bedingungen enthalten (vgl. RL (90/547/EWG) Art. 3 Abs. 4.)

In Österreich wurde die Transit-Richtlinie durch den Beitritt zum EWR und einer damit zusammenhängenden Novellierung des 2. VerstaatlichungsG (vgl. BGBl. 762/1992, insb. § 11) innerstaatlich umgesetzt. Allerdings wurde die dort angesprochene Verordnung mit entsprechenden Anordnungen zur detaillierten Umsetzung der Transitrichtlinie nie erlassen. Anstelle dessen finden sich die innerstaatlichen Durchführungsvorschriften nunmehr in den Bestimmungen des § 16 ElWOG „Verpflichtung zum Elektrizitätstransit". Unter den Geltungsbereich dieser Richtlinie fallen in Österreich derzeit die Österreichische Elektrizitätswirtschafts AG (Verbundgesellschaft), die Vorarlberger Illwerke AG, die Tiroler Wasserkraftwerke AG und die Vorarlberger Kraftwerke AG (vgl. § 16 (1) ElWOG).

Die genannten Gesellschaften sind nunmehr verpflichtet, auf Antrag unverzüglich in Vertragsverhandlungen einzutreten und der Kommission der Europäischen Gemeinschaften und dem BMwA jeden Antrag auf Elektrizitätstransit, dem ein Vertrag mit einer Mindestdauer von einem Jahr zu Grunde liegt, mitzuteilen und Verhandlungen über die Bedingungen des beantragten Elektrizitätstransits aufzunehmen (vgl. § 16 Abs. 2 und 3 ElWOG).

#### 2.1.2.5 Preistransparenz-Richtlinie – (RL 90/377/EWG)

Als eines der wesentlichen Hemmnisse bei der Integration in einen einheitlichen Binnenmarkt wurde die mangelnde Transparenz bei der Bildung von Industriestrompreisen von der Kommission genannt (vgl. KOM (88) 238, S. 54). Dieses Manko wurde versucht mittels der Richtlinie des Rates vom 29. Juni 1990 zur Einführung eines gemeinschaftlichen Verfahrens zur Gewährleistung der Transparenz der vom industriellen Endverbraucher zu zahlenden Gas- und Strompreise (90/377/EWG) zu reglementieren. Veröffentlicht wurde die Richtlinie im Amtsblatt der Europäischen Gemeinschaft L 185 vom 17. Juli 1990.

Besonders die von Großkunden zu zahlenden Strompreise galten als ein gut gehütetes Geheimnis und sorgten für Unmut in stromintensiven Industriezweigen. Die Industrie selbst hatte naturgemäß wenig bzw. gar kein Interesse daran, ihre Strombezugspreise, die oft einen wesentlichen Anteil an den Gesamtproduktionskosten ausmachen und somit entscheidend die Wettbewerbsfähigkeit beeinflussen, einer breiten Öffentlichkeit und dadurch Konkurrenten mitzuteilen. Verschlossenheit war auch auf Seiten der Versorgungsunternehmen groß geschrieben. Oft sind bei der Ermittlung der Preise andere Überlegungen und Faktoren ausschlaggebend als bei der Ermittlung der Preise für Kleinverbraucher und Haushalte. Um aber ein mögliches Aufkeimen von Unzufriedenheit und Unruhe auf Seiten der Tarifabnehmer zu vermeiden wurde diese Vorgehensweise für lange Zeit als opportun erachtet (vgl. Purtscher 1999, S. 45f.).

Die Preistransparenz-Richtlinie sieht nun vor, dass die Stromversorgungsunternehmen der industriellen Endverbraucher die Preise und Bedingungen, zu denen Strom verkauft wird, das geltende Preissystem und die Verteilung der Verbraucher auf die verschiedenen, im Anhang II der Richtlinie angeführten Verbrauchskategorien, dem Statistischen Amt der Europäischen Gemeinschaft mitzuteilen haben (vgl. RL (90/377/EWG) Art. 1).

Das Statistische Amt der Europäischen Gemeinschaft ist zwar verpflichtet, diese Daten streng vertraulich zu behandeln, kann diese allerdings in aggregierter Form veröffentlichen. Es sollen damit Rückschlüsse auf individuelle Handelsgeschäfte unterbunden werden (vgl. RL (90/377/EWG) Art. 4).

Mit der Offenlegung der Energiepreise wurde die Voraussetzung für einen unverfälschten Wettbewerb geschaffen, der ein wesentliches Element für die Verwirklichung eines gemeinsamen Binnenmarktes für Energie darstellt (vgl. RL (90/377/EWG) Einleitung). In Österreich wurde diese Richtlinie mit dem Bundesgesetz über die Transparenz von Preisen für Erdöl, Mineralölerzeugnisse, Gas, Strom und Arzneimittel sowie der Preisauszeichnungsvorschriften (PreistransparenzG) 1992 umgesetzt (siehe insb. BGBl. 761/1992, novelliert durch BGBl. 174/1995 und BGBl. 231/1995).

#### 2.1.2.6 Gemeinsame Vorschriften für den Elektrizitätsbinnenmarkt – KOM (91) 548

Erste Schritte zur Verwirklichung eines integrierten Energiebinnenmarktes waren bereits getan, doch war man zu diesem Zeitpunkt noch weit vom angestrebten Ziel entfernt. Die bislang getroffenen Maßnahmen mussten durch ergänzende und oft weit reichende Bestimmungen ausgeweitet werden, die rasch zu den gewünschten Ergebnissen führen sollten (vgl. KOM (91) 548, A 4.2).

Der von der Kommission erarbeitete Vorschlag sieht diesbezüglich ein drei Phasen umfassendes Modell vor (vgl. KOM (91) 548, A 6):

- Die erste Phase hat die Umsetzung der bereits beschriebenen Transit-Richtlinie und der Preistransparenz-Richtlinie zum Inhalt (vgl. RL (90/377/EWG) und RL (90/547/EWG); vgl. Kap. 2.1.2.4 und 2.1.2.5).
- In der zweiten Phase können drei Schwerpunkte voneinander unterschieden werden (vgl. KOM (91) 548, A 6.3):
    1. Schaffung eines transparenten und nichtdiskriminierenden Bewilligungs-Systems, für die Elektrizitätserzeugung und den Bau von Leitungen.
    2. Die Entflechtung vertikal integrierter EVU, in den Bereichen Erzeugung, Transport und Verteilung. D.h. Management und Rechnungsführung sind zur Gewährleistung der Transparenz der Tätigkeiten für diese Bereiche voneinander zu trennen.
    3. Die begrenzte Einführung eines Zugangs[12] Dritter zum Netz sollte die für den Transport und die Verteilung zuständigen Unternehmen verpflichten, unter bestimmten Voraussetzungen (freie Kapazitäten und angemessene Vergütung) bestimmten Unternehmen und Verteilgesellschaften Zugang zu ihrem Netz zu gewähren, ohne dabei jedoch die Zuverlässigkeit und die Versorgungssicherheit zu beeinträchtigen.
- Die dritte Phase dient der Vollendung eines gemeinsamen Binnenmarktes für Elektrizität und wird aufbauend auf den Erkenntnissen von Phase zwei normiert.

Der beschriebene Vorschlag der Kommission wurde 1996 als Richtlinie (96/92/EG) des Europäischen Parlaments und des Rates vom 19. Dezember 1996 betreffend gemeinsame Vorschriften für den Elektrizitätsbinnenmarkt erlassen.

## 2.1.3 Elektrizitätsbinnenmarkt-Richtlinie – (RL 96/92/EG)

### 2.1.3.1 Allgemeine Betrachtung – Ausgangssituation

Im Weißbuch zur Industriepolitik wurde vom damaligen Kommissionspräsidenten Jaques Delors die Forderung aufgestellt, nach Wegen zu suchen, um die europäische Wirtschaft mit kostengünstigerer Energie zu versorgen, damit die Wettbewerbsfähigkeit europäischer Unternehmen auf den Weltmärkten gesi-

12 Vgl. insbesondere KOM (91) 548, B 4.4.

chert bzw. gesteigert wird. Über die Einführung von Wettbewerbselementen im geschützten Energiebereich sollte dieses Ziel erreicht werden. Für die Umsetzung dieser Ziele wurde aus politischen Gründen das Instrument der Richtlinie, da sie den einzelnen Mitgliedstaaten einen größeren Handlungsspielraum offenbart, einer Verordnung vorgezogen (vgl. bspw. Görs/Rein/Reuter 2000, S. 121-124).

Gestützt auf die bereits zuvor erlassenen und in diesem Zusammenhang bereits erläuterten Richtlinien und Kommissionsvorschläge wurde Ende 1996 die Richtlinie (96/92/EG) des Europäischen Parlaments und des Rates vom 19. Dezember 1996 betreffend gemeinsame Vorschriften für den Elektrizitätsbinnenmarkt, veröffentlicht im Amtsblatt der Europäischen Gemeinschaft L 27 vom 30. Jänner 1997, und mit einer Frist von zwei Jahren zur Umsetzung in nationales Recht verabschiedet (vgl. RL (96/92/EG); Amtsblatt Nr. L027 vom 30.01.1997). Treibende Kraft im Zusammenhang mit der Entstehung und der Verabschiedung der Richtlinie war der Wunsch, einen Kompromiss zwischen den allzu oft divergierenden Interessen der Betroffenen zu finden und somit einerseits eine tragfähige Lösung und andererseits zu einem Ende der Debatte zu gelangen (vgl. Heinemann 1996, S. 55ff; Draxler 1997, S. 145f.).

Die Richtlinie selbst wird von Rechtsexperten nicht gerade zu den legistischen Meisterleistungen gezählt, da sie übersät ist mit unklaren Aussagen, Übersetzungsfehlern und sich zum Teil auch als schwer verständlich erweist (vgl. bspw. Raschauer 2001; S. 3f.; Thurnher 1997, S. 510).

Unabhängig von den angesprochenen Unschärfen interessiert jedoch in diesem Zusammenhang der materielle Gehalt der Richtlinie. So finden sich die maßgeblichen Motive zu ihrer Erlassung sowie deren Instrumente und Regelungsmechanismen in den der Richtlinie vorangestellten ‚Erwägungsgründen'. Die wichtigsten seien hier nochmals kurz angeführt (vgl. RL (96/92/EG) Einleitung; Teufelsbauer 1997, S. 115f.):

- Die Verwirklichung des Elektrizitätsbinnenmarktes muss schrittweise erfolgen, damit sich die Elektrizitätsindustrie dem neuen Umfeld flexibel anpassen kann. Dabei ist zu berücksichtigen, dass die Elektrizitätssysteme in den diversen Ländern gegenwärtig unterschiedlich aufgebaut sind.
- Die Öffnung des Marktes darf die Erfüllung „national definierter öffentlicher Aufgaben" durch die EVU nicht gefährden. Die langfristige Planung kann eines der Mittel sein, um diese gemeinschaftlichen Verpflichtungen zu erfüllen.

- Die Richtlinie stellt nur einen Rahmen für die innerstaatliche Regelung der Marktöffnung dar, der sicherstellen soll, dass die nationalen Märkte im gleichen Ausmaß geöffnet werden, und dass in jedem Mitgliedstaat ein gleichwertiger Zugang zum Elektrizitätsmarkt geschaffen wird. Dem Subsidaritätsprinzip entsprechend bleibt die Detailregelung den Mitgliedstaaten überlassen.
- Falls das Einhalten der gemeinschaftlichen Verpflichtungen durch den Wettbewerb unmöglich gemacht würde, wäre eine Einschränkung des Wettbewerbs erlaubt. Eine solche Einschränkung dürfte allerdings den Interessen der Gemeinschaft am Freihandel und am Wettbewerb nicht zuwiderlaufen. Die vorgeschriebene Marktöffnung ist dennoch zu garantieren.

### 2.1.3.2 Erzeugung

Die Mitgliedstaaten haben bezüglich neuer Produktionskapazitäten ein Wahlrecht zwischen einem Genehmigungs- oder einem Ausschreibungsverfahren. Welches Verfahren angewendet wird, bleibt den Mitgliedstaaten überlassen. Bei beiden Verfahren sind jedoch gemäß Art. 4 „objektive , transparente und nichtdiskriminierende Kriterien" anzuwenden. Damit soll ein „Wettbewerb um neue Produktionskapazitäten" erzielt werden (RL (96/92/EG) Art. 4).

Entscheidet sich ein Mitgliedstaat für das Genehmigungsverfahren, so sind im vorhinein Kriterien und Bedingungen festzulegen, unter welchen der Bau von Erzeugungsanlagen zu genehmigen ist. Einem Bewerber steht somit grundsätzlich ein Rechtsanspruch für den Bau einer Erzeugungsanlage zu, soweit er den Kriterien entspricht (vgl. RL (96/92/EG) Art. 4-6; Thurnher 1997, S. 510).

Im Ausschreibungsverfahren werden benötigte Kapazitäten von einer dazu berechtigten unabhängigen Stelle öffentlich ausgeschrieben. Langfristig gesicherte Lieferungen aus bestehenden Kapazitäten sind dabei jenen durch neue Kraftwerke gleichgestellt. Unabhängige Erzeuger und Eigenerzeuger haben jedenfalls einen Rechtsanspruch auf den Bau einer Erzeugungsanlage nach den Kriterien des Genehmigungsverfahrens (vgl. RL (96/92/EG) Art. 4-6; Teufelsbauer 1997, S. 116f.).

#### 2.1.3.3 Betrieb von Übertragungsnetzen

Unter Übertragung versteht die Richtlinie in Art. 1 den Transport von Elektrizität über ein Hochspannungsverbundnetz zum Zwecke der Stromversorgung von Endverbrauchern oder Verteilern (vgl. RL (96/92/EG) Art. 1).

In den allgemeinen Vorschriften über den Betrieb des Übertragungsnetzes (Hochspannungsnetzes) wird den Mitgliedstaaten explizit die Möglichkeit eingeräumt, dem Betreiber des Übertragungsnetzes Auflagen zu machen, vorrangig Erzeugungsanlagen einzusetzen, in denen Elektrizität aus erneuerbaren Energieträgern bzw. mittels Kraft-Wärme-Kopplungen erzeugt wird. Weiters ist vorgesehen, dass bis zu 15 % des gesamten Elektrizitätsverbrauchs aus der Erzeugung aus heimischen Brennstoffen (z.B. Verstromung heimischer Braunkohle) bevorzugt abgerufen werden kann (vgl. RL (96/92/EG) Art. 8).

Die Mitgliedstaaten haben dafür Sorge zu tragen, dass der Betreiber des Übertragungsnetzes zumindest verwaltungsmäßig von den anderen Tätigkeiten unabhängig ist, die im Zusammenhang mit dem Übertragungssystem anfallen. Für eine generelle Unabhängigkeit, wie dies bisweilen angenommen wird, liefert die Richtlinie keinen Anhaltspunkt. Auch eine Vorschrift zur Änderung der Eigentumsverhältnisse der Gesellschaften lässt sich der Richtlinie nichts entnehmen (vgl. RL (96/92/EG) Art. 7 Abs. 6).

#### 2.1.3.4 Betrieb von Verteilernetzen

Die Vorschriften der Richtlinie zur Verteilung von Elektrizität, also zum Transport von Elektrizität mit mittlerer oder niedriger Spannung über Verteilernetze zum Zwecke der Stromversorgung von Kunden, sind im Unterschied zu den Bestimmungen zur Übertragung von Strom weniger rigoros gestaltet.

Den Mitgliedstaaten bleibt es aus Gründen der Gleichbehandlung überlassen, den Verteilerunternehmen die Verpflichtung aufzuerlegen, Kunden in einem bestimmten Gebiet zu beliefern und für diese Lieferungen den Tarif festzusetzen. Damit soll die Gefahr des ‚Rosinenpickens‘ zu Lasten von Kleinkunden in schwer erschließbaren Gebieten unterbunden werden können (vgl. RL (96/92/EG) Art. 10).

In organisatorischer Hinsicht sieht die Richtlinie die Ernennung eines Netzbetreibers vor, dem ähnliche Aufgaben zukommen, wie dies beim Übertragungsnetzbetreiber der Fall ist. Eine verwaltungsmäßige Funktionentrennung wurde im Hinblick auf die Verteilung allerdings nicht vorgesehen (vgl. Jarass 1996, S. 43f.).

#### 2.1.3.5 Entflechtung und Transparenz der Buchführung

Die Elektrizitätsbinnenmarktrichtlinie verpflichtet vertikal integrierte Unternehmen, zur Vermeidung von Diskriminierungen, Wettbewerbsverzerrungen und Quersubventionen in ihren internen Buchführungen getrennte Konten für ihre Erzeugungs-, Übertragungs- und Verteilungsaktivitäten zu führen und für jede Aktivität eine Bilanz sowie eine Ergebnisberechnung in den Anhang ihres Jahresabschlusses aufzunehmen (Stichwort: Unbundling[13]) (vgl. RL (96/92/EG) Art. 13-15).

Unter Unbundling wird ganz allgemein die Entflechtung vertikal integrierter Elektrizitätsversorgungsunternehmen in die drei Teilbereiche Erzeugung, Transport und Verteilung verstanden. Dies soll vor allem der Transparenz und somit mögliche Diskriminierungen, Quersubventionen und Wettbewerbsverzerrungen unterbinden (vgl. Pauger/Pichler 2002, S. 36).

Unter einem vertikal integrierten Unternehmen versteht man im Bereich der Elektrizitätswirtschaft ein Elektrizitätsversorgungsunternehmen, das zumindest zwei der drei Tätigkeitsbereiche Erzeugung (generation), Übertragung (transmission) und Verteilung (distribution) betreibt (vgl. Hujber 2002, S. 164f.).

Zur Vermeidung der angesprochenen Punkte der Diskriminierung, Quersubvention und Wettbewerbsverzerrung ist zumindest eine rechnerische, nur auf Bilanz- und Gewinn- und Verlustrechnungsbasis beruhende Aufsplittung der einzelnen Positionen auf die Tätigkeitsbereiche vorzunehmen. Abhängig von der Tiefe bzw. der Auswirkung auf das Unternehmen können folgende Arten des Unbundlings unterschieden werden (vgl. BMwA 1997, S. 21f.):

---

13 Der hier verwendete Unbundling-Begriff ist nicht mit dem im Marketing gebräuchlichen Bundling-Begriff zu verwechseln. Im Marketing versteht man unter Bundling die Bündelung von Leistungsangeboten zu Paketen, die zu einem Gesamtpreis angeboten werden. Neben dem Bundling können die Leistungen auch weiterhin noch einzeln angeboten werden. Dadurch sollen verschiedene Zielgruppen (Marktsegmentierung) mit differenzierten Bedürfnissen angesprochen werden. Überdies ist dadurch auch eine Preisdifferenzierung möglich, die das Preisimage der Einzelleistungen nicht berührt (vgl. Simon/Wuebker 1999, S. 7; Wübker 1998).

- funktionelles Unbundling: bezeichnet die rein buchhalterische Trennung der einzelnen Geschäftsfelder auf Basis eigener Bilanzen und Gewinn- und Verlustrechungen;
- kalkulatorisches Unbundling: bezeichnet eine auf der Kostenrechnung basierende Trennung der einzelnen Geschäftsfelder;
- organisatorisches Unbundling: bezeichnet eine vollständige Trennung der sich in einem Unternehmen befindlichen Geschäftsfelder in rechtlich eigenständige Unternehmen (Management Unbundling).

Die ursprünglich im Vorschlag der Kommission vorgesehene Version eines verpflichtenden organisatorischen Unbundlings hätte derart massive Auswirkungen auf die gewachsenen Strukturen der EVU gehabt, dass sie politisch nicht durchsetzbar war und daher in weiterer Folge in dieser Strenge fallen gelassen wurde. Eine organisatorische Trennung der einzelnen Geschäftsfelder kann, muss aber nicht mehr durchgeführt werden (vgl. KOM (91) 548, A 6.3 ii).

Die Regelungen über den Netzzugang (siehe dazu Kapitel 2.1.3.6) sehen aber zumindest ein funktionelles Unbundling vor. Eine Auftrennung der einzelnen Geschäftsfelder in unabhängige Unternehmen kann durchgeführt werden, ist aufgrund der Richtlinie allerdings nicht verbindlich. Die zuständigen Behörden eines Mitgliedslandes haben das Recht, die entsprechenden Unterlagen der Elektrizitätsunternehmen einzusehen. Darüber hinaus werden getrennte Abrechnungen bzw. Buchführungen für die einzelnen Geschäftsaktivitäten (Erzeugung, Übertragung und Verteilung) verlangt, sowie deren Veröffentlichung in der Jahresbilanz festgelegt. Außerdem sind sämtliche Elektrizitätsunternehmen unabhängig von ihrer Rechtsform und Größe dazu verpflichtet, ihre Jahresabschlüsse prüfen zu lassen und zu veröffentlichen (vgl. RL (96/92/EG) Art. 13-15).

Wird allerdings in einem Mitgliedstaat ein vertikal integriertes Elektrizitätsunternehmen als Alleinabnehmer (Single Buyer) benannt, so müssen dessen Tätigkeiten getrennt von den Erzeugungs- und Verteilungstätigkeiten des integrierten Unternehmens verwaltet werden (vgl. RL (96/92/EG) Art. 15 (1)). Darüber hinaus sieht Art. 15 (2) vor, dass keine Informationen zwischen den Tätigkeiten des vertikal integrierten Unternehmens als Alleinabnehmer und seinen Erzeugungs- und Verteilungstätigkeiten übermittelt werden dürfen, was in der Unternehmenspraxis einige Probleme aufwirft (vgl. Thurnher 1997, S. 511).

Die österreichischen Bestimmungen sehen vor, dass integrierte Elektrizitätsunternehmen doch zumindest die verwaltungsmäßigen Maßnahmen zu treffen haben, dass ihre Tätigkeit als Betreiber eines Übertragungsnetzes getrennt von der Erzeugungs- und Verteiltätigkeit erfolgt (vgl. ElWOG § 9).

## 2.1.3.6 Organisation des Netzzugangs

### 2.1.3.6.1 Allgemeine Betrachtung – Ausgangssituation

In Kapitel VII der Richtlinie 96/92/EG (Art. 16-22) ist die Organisation des Netzzugangs geregelt, die das zentrale Wettbewerbselement darstellt. Die Richtlinie stößt in den einzelnen Mitgliedsstaaten auf unterschiedliche Organisationsstrukturen der Elektrizitätswirtschaft. Es spannt sich dabei ein Bogen der von der Versorgung durch eine einzige staatliche Gesellschaft (Frankreich), über dezentrale, abgegrenzte Gebiete in Ausschließlichkeit versorgende Gesellschaften (Österreich, Deutschland) bis hin zu einer in einem Pool organisierten Elektrizitätswirtschaft (Großbritannien) reicht. Die Umsetzung der Richtlinie ist somit mit enormen Umstrukturierungsmaßnahmen der nationalen Wirtschaften verbunden, wobei die möglicherweise damit verbundenen Anpassungsschwierigkeiten durch eine stufenweise erfolgende Öffnung des Marktes Berücksichtigung finden (vgl. Baur 1996, S. 474).

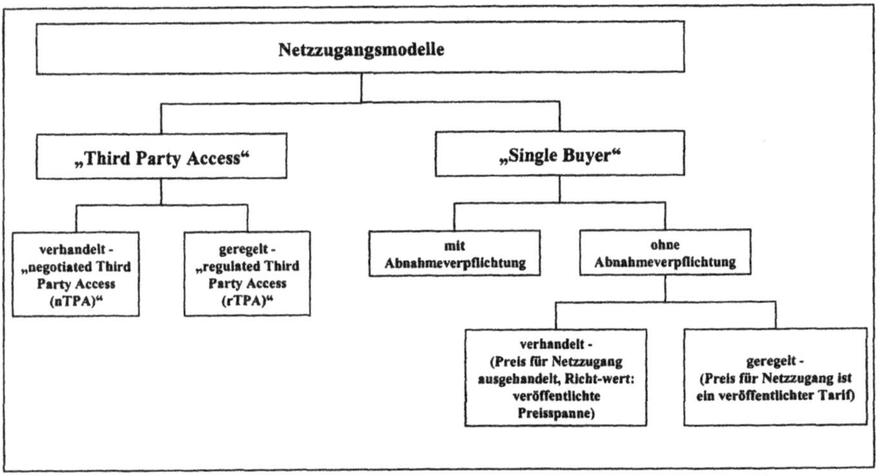


Abbildung 3: Netzzugang – Überblick (Quelle: vgl. BMwA 1997, S. 24).

Es bleibt den Mitgliedstaaten überlassen, wie der Netzzugang in ihrem Versorgungsgebiet organisiert werden soll. Dazu sieht die Richtlinie zwei Modelle mit insgesamt fünf Varianten vor, die eine bestimmte Marktöffnung ermöglichen müssen. Die beiden Netzzugangsmodelle „Third Party Access" und „Single Buyer" sollten grundsätzlich zu gleichen wirtschaftlichen Ergebnissen und damit zu einem direkt vergleichbaren Zugang zu den Elektrizitätsmärkten führen. Die

Mitgliedstaaten können zwischen den beiden Modellen wählen, doch müssen beide gemäß Art. 16 aufgrund objektiver, transparenter und nichtdiskriminierender Kriterien angewendet werden (vgl. RL (96/92/EG) Art. 16). Die beiden Systeme sind in Abbildung 3 schematisch dargestellt:

#### 2.1.3.6.2 Third Party Access (TPA)

In der RL (96/92/EG) finden sich zwei Modelle, wie der Netzzugang Dritter zu organisieren ist. Es handelt sich dabei einerseits um das Modell des sogenannten ‚verhandelten Netzzuganges‘ (negotiated TPA, kurz: nTPA), in dem der zugelassene Kunde mit dem/den Betreiber(n) des/der Verteil- und Übertragungsnetz(e) einen Netzzugang aushandelt und untereinander Lieferverträge auf Basis freiwilliger kommerzieller Vereinbarungen abgeschlossen werden. Die für die Nutzung des Übertragungs- bzw. Verteilungsnetzes zu bezahlende Gebühr ist ebenfalls zwischen den Vertragspartnern auszuhandeln (vgl. RL (96/92/EG) Art. 17 (1) – (3)). Im Interesse erhöhter Transparenz und zur Erleichterung der Netzzugangsverhandlungen haben die Netzbetreiber ‚indikative Preisspannen‘ für die Netzbenutzung zu veröffentlichen (vgl. BMwA 1997, S. 25).

Andererseits gibt es die Variante eines ‚geregelten Netzzuganges‘ (regulated TPA, kurz: rTPA). Dieses Modell sieht die Festlegung und Veröffentlichung von Tarifen für die Nutzung von Übertragungs- und Verteilnetzen durch eine Behörde vor. Im Falle von Kapazitätsengpässen kann der Netzbetreiber den Zugang verweigern. Die Beweislast liegt für diesen Fall beim Netzbetreiber, dieser hat den Verweigerungstatbestand nachzuweisen Liegt hingegen kein Kapazitätsengpass vor, sind die Betreiber zur Durchleitung verpflichtet (vgl. RL (96/92/EG) Art. 17 bzw. ElWOG § 20 (1) Zi. 2).

#### 2.1.3.6.3 Alleinabnehmersystem (Single Buyer)

Im Alleinabnehmersystem haben die Mitgliedstaaten eine juristische Person als Alleinabnehmer innerhalb des vom Netzbetreiber abgedeckten Gebiets zu benennen (vgl. RL (96/92/EG) Art. 18 (1)). Aufgabe des Alleinabnehmers ist es, die zwischen zugelassenem Kunden und den Erzeuger vertraglich vereinbarten Strommengen vom Erzeuger gegen Entgelt abzunehmen und an den zugelassenen Kunden zu liefern. Der Kunde wird somit vom Alleinabnehmer beliefert. Zudem haben die Mitgliedstaaten bei der Wahl des Alleinabnehmersystems folgendes sicherzustellen (vgl. Thurnher 1997, S. 511):

- Veröffentlichung eines nichtdiskriminierenden Tarifs für die Nutzung des Übertragungs- und Verteilersystems;

- Möglichkeit für zugelassene Kunden zum Abschluss von Lieferverträgen innerhalb des Systems zur Deckung ihres Eigenbedarfs;
- Möglichkeit für zugelassene Kunden zum Abschluss von Lieferverträgen außerhalb des Systems zur Deckung ihres Eigenbedarfs;
- Möglichkeit für unabhängige Erzeuger, den Zugang zum System mit Netzbetreibern auszuhandeln, um mit zugelassenen Kunden Lieferverträge außerhalb des Systems abschließen zu können.

Das Alleinabnehmersystem kann mit oder ohne Ankaufszwang versehen werden. Im Falle des Single Buyer-Modells mit Abnahmeverpflichtung ergeben sich zwei Ausgestaltungsvarianten (vgl. RL(96/92/EG) Art. 18):

1. Bislang hatte der nunmehr zugelassene Kunde Strom über seinen Gebietsversorger (nunmehr Alleinabnehmer) zu einem bestimmten Verkaufspreis bezogen. Ein in den Markt eintretender Erzeuger schließt mit diesem zugelassenen Kunden einen Vertrag über die Belieferung mit elektrischer Energie zu einem bestimmten Preis ab, der dem Alleinabnehmer nicht bekannt gemacht werden muss. Der Erzeuger speist nun die vereinbarte Menge in das Netz des Alleinabnehmers ein, der den Kunden auch weiterhin mit Strom versorgt. Der Erzeuger erhält dafür vom Alleinabnehmer dem vom Alleinabnehmer dem zugelassenen Kunden angebotenen Verkaufspreis abzüglich des Netzbenutzungstarifes. Der Kunde bezahlt auch weiterhin den vereinbarten Verkaufspreis an den Alleinabnehmer. Der Differenzbetrag zwischen dem, mit dem Erzeuger vereinbarten Preis und jenem Preis, den der Erzeuger vom Alleinabnehmer erhält, wird dem Kunden vom Erzeuger refundiert. Der Preis zwischen Kunde und Erzeuger wird dem Alleinabnehmer nicht bekannt, der Erzeuger erfährt allerdings jenen Preis, zu dem der Kunde vom Alleinabnehmer beliefert wird (siehe Abb. 4).
2. Wie schon in Variante 1 speist der Erzeuger Strom in das Netz des Alleinabnehmers, der weiterhin den Kunden beliefert. Für diese Lieferung zahlt der Kunde den zwischen Alleinabnehmer und Kunden vereinbarten Preis an den Alleinabnehmer. Der Unterschied zum vorhergehenden Modell besteht darin, dass der Alleinabnehmer hier die Netzgebühr einbehält und dem Kunden den Differenzbetrag rückerstattet, mit dem nun der Kunde seinen Erzeuger bezahlen kann. In Variante 2 wird also weder der bisherige Preis zwischen Alleinabnehmer und Kunden bekannt noch der verhandelte Preis zwischen Kunden und Erzeuger. Der Kunde erhält dadurch eine stärkere Verhandlungsposition in Preisverhandlungen. Darüber hinaus kann ein konzertiertes Vorgehen von Alleinabnehmer und Erzeuger zum Nachteil des Kunden bei dieser Variante weitgehend ausgeschlossen werden (siehe Abb. 5).

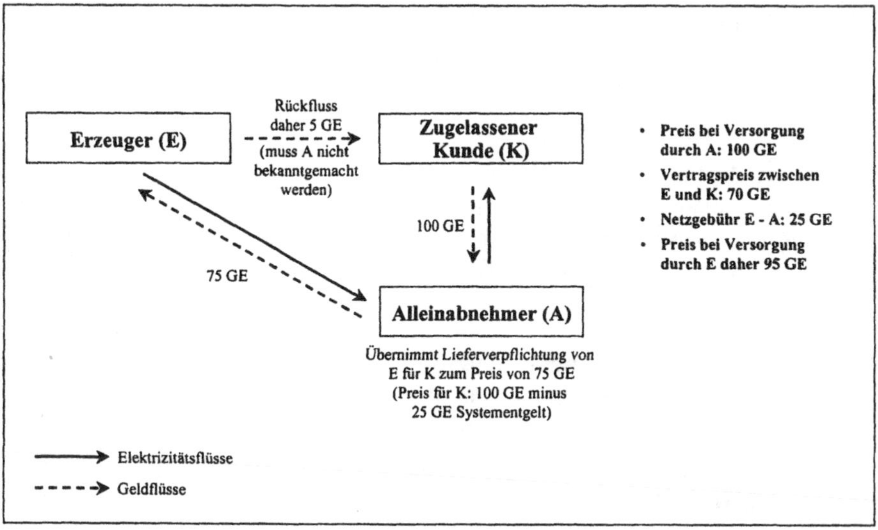


Abbildung 4: Alleinabnehmer mit Abnahmeverpflicht. – Var. 1 (Quelle: BMwA 1997, S. 29).

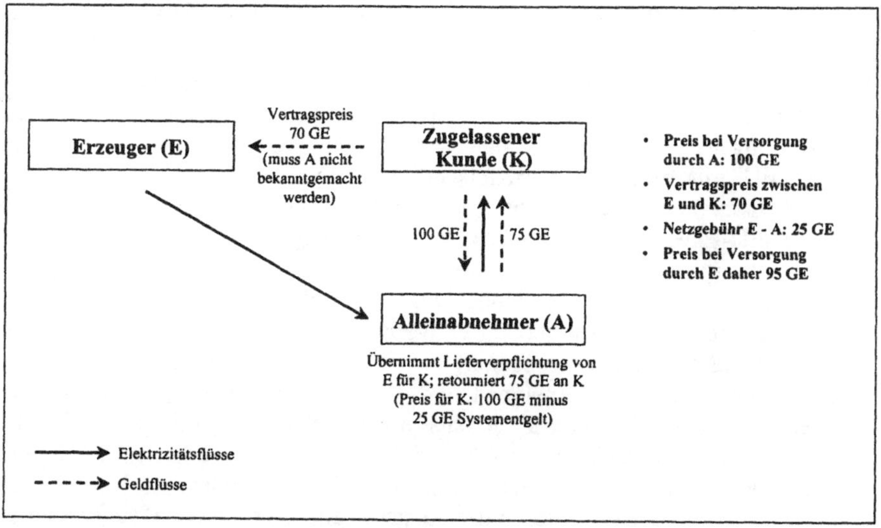


Abbildung 5: Alleinabnehmer mit Abnahmeverpflicht. – Var. 2 (Quelle: BMwA 1997, S. 31).

Wird dem Alleinabnehmer die Abnahmepflicht nicht auferlegt, so haben die Mitgliedstaaten die erforderlichen Maßnahmen zu treffen, dass Stromlieferverträge entweder auf Basis eines geregelten Netzzuganges (rTPA) oder auf Basis eines verhandelten Netzzuganges (nTPA) ausgeführt werden können (siehe Abb. 3).

#### 2.1.3.7 Marktöffnung

Im Zusammenhang mit der Marktöffnung sieht die Richtlinie einen dreistufigen Öffnungsprozess vor. Die Marktöffnung wird jeweils durch die Gemeinschaftsquote des Stromverbrauchs von Endverbrauchern oberhalb eines bestimmten Schwellenwertes definiert (vgl. RL (96/92/EG) Art. (1) – (3)):

- **1. Stufe (19.02.1999):** Marktöffnung gemäß des Stromverbrauchs von Endverbrauchern mit einem Jahresverbrauch von mehr als 40 GWh; dies entspricht einem Marktöffnungsgrad von 25,4 %.
- **2. Stufe (19.2.2000):** Absenken des Schwellenwertes von 40 GWh pro Jahr auf 20 GWh; dies entspricht einem Marktöffnungsgrad von 28,4 %.
- **3. Stufe (19.2.2003):** Absenken des Schwellenwertes von 20 GWh auf 9 GWh pro Jahr; dies entspricht einem Marktöffnungsgrad von 33 %.

Den Mitgliedstaaten ist es allerdings freigestellt, eine weitergehende Marktöffnung durchzuführen. Die nationale Marktöffnungsquote wird am Beginn der Liberalisierung aufgrund des Verbrauchsanteils von Endverbrauchern in der gesamten EU mit einem Elektrizitätsverbrauch von mehr als 40 GWh p.a. (Schwellenwert) errechnet. Binnen sechs Jahren soll der Öffnungsgrad auf rund 33 % des EU-Elektrizitätsverbrauchs automatisch angehoben werden.

Die Mitgliedstaaten können im Sinne der Subsidiarität die zugelassenen Kunden selbst definieren; es müssen jedoch Endverbraucher mit mehr als 100 GWh (je Verbrauchsstätte, inkl. Eigenerzeugung) Jahresverbrauch jedenfalls Zugang zum Markt haben. Verteilerunternehmen, die nicht bereits danach als zugelassene Kunden benannt sind, kommt die Rechts- und Geschäftsfähigkeit gemäß Art. 19 Abs. 3 zu, um Lieferverträge nach den Regeln des Netzzugangs über jene Strommenge abzuschließen, die ihre Kunden (die als zugelassene Kunden benannt wurden) innerhalb ihres Verteilungssystems verbrauchen (vgl. Pauger 2001, S. 6-8).

Der derzeitige Stand der Liberalisierung in den einzelnen Staaten der Europäischen Union kann der nachstehenden Tabelle 1 entnommen werden:

| | Öffnung des Elektrizitätsmarkets der EU in Prozent des Gesamtmarktes | | |
|---|---|---|---|
| *Jahr* | *2000* | *2003* | *Später* |
| Belgien | 35 | 50 | 100 (2007) |
| Dänemark | 90 | 100 | 100 |
| Deutschland | 100 | 100 | 100 |
| Finnland | 100 | 100 | 100 |
| Frankreich | 30 | 35 | n.z. |
| Griechenland | 30 | 35 | n.z. |
| Irland | 30 | 40 | 100 (2005) |
| Italien | 30 | 70 | 70 |
| Luxemburg | 40 | + 56 | 75 (2005) |
| Niederlande | 33 | 100 | 100 |
| Österreich | 32 | 100 (2001) | 100 |
| Portugal | 30 | 35 | n.z. |
| Schweden | 100 | 100 | 100 |
| Spanien | 54 | 100 | 100 |
| Vereinigtes Königreich | 100 | 100 | 100 |
| EU | 66 | 75 | 83 |

Tabelle 1: Öffnung des Elektrizitätsmarktes in der Europäischen Union (Quelle[14]: zit. nach Pauger 2001, S. 9).

### 2.1.3.8 Sonstige Bestimmungen

Zur Vermeidung von Ungleichgewichten bei der Öffnung von Elektrizitätsmärkten sind eine Reihe von Schutzmechanismen vorgesehen (sog. Reziprozitätsklausel; vgl. RL (96/92/EG) Art. 19 (5)):

- Elektrizitätslieferverträge mit einem zugelassenen Kunden aus dem System eines anderen Mitgliedsstaates dürfen nicht untersagt werden, wenn der Kunde in den beiden betreffenden Systemen als zugelassener Kunde gilt.
- In jenen Fällen, in denen solche Geschäfte mit der Begründung abgelehnt werden, dass der Kunde nur in einem der beiden Systeme als zugelassener Kunde gilt, kann die Kommission auf Antrag des Mitgliedstaates, in dem der zugelassene Kunde ansässig ist, unter Berücksichtigung der Situation des Marktes und der Interessen der Allgemeinheit, die Abwicklung eines solchen Geschäftes durchsetzen.

[14] Quelle: Arbeitsdokument der Kommissionsdienstellen „Vollendung des Energiebinnenmarktes", SEC (2001) 438 vom 12.03.2001, S. 6.

Artikel 20, in dem der Netzzugang von unabhängigen Erzeugern und Eigenerzeugern geregelt wird, sieht vor, dass:

- unabhängige Erzeuger und Eigenerzeuger einen Zugang zum Netz aushandeln können, um ihre eigenen Betriebsstätten und Tochterunternehmen im selben oder einen anderen Mitgliedstaat durch die Nutzung des Verbundsystems zu versorgen.
- Erzeuger außerhalb des Netzgebietes einen Liefervertrag abschließen können, der nach einer Ausschreibung für neue Erzeugungskapazitäten entstanden ist, und Zugang zum Netz haben, um diesen Vertrag erfüllen zu können.

Artikel 21 (1) – (5) - betreffend den Bau von Direktleitungen - sieht folgendes vor:

- Die Kriterien für die Erteilung von Genehmigungen für den Bau von Direktleitungen sind vom jeweiligen Mitgliedstaat festzulegen. Diese Kriterien müssen objektiv und nicht diskriminierend sein.
- Alle Elektrizitätserzeuger und –versorger können ihre eigenen Betriebsstätten, Tochterunternehmen und zugelassene Kunden über Direktleitungen beliefern.
- Eine Ablehnung des Netzzugangs oder der Beginn eines Streitschlichtungsverfahrens können Vorbedingungen für den Bau von Direktleitungen sein.

Die Schlussbestimmungen sehen Schutzklauseln, Übergangsregelungen sowie einen Überprüfungsmechanismus der Richtlinie durch die Kommission vor. Die Mitgliedstaaten sind demnach befugt, Schutzmaßnahmen zu treffen, falls plötzliche Marktkrisen im Energiesektor auftreten oder Menschen, Geräte oder Anlagen gefährdet sind (vgl. RL (96/92/EG) Art. 23 - 29). Die Übergangsbestimmungen betreffen bestehende Verpflichtungen oder Betriebsgarantien, deren Erfüllung aufgrund der neuen gesetzlichen Rahmenbedingungen gefährdet sind. Darunter fallen beispielsweise die Meldung von gestrandeten Investitionen (stranded investments), für die von den Elektrizitätsunternehmen Ausgleichszahlungen und Übergangsregelungen verlangt werden (vgl. RL (96/92/EG) Art. 24).

### 2.1.4 Rechtliche Rahmenbedingungen – Österreich

„Es war einmal ein Bäcker, der war stolz darauf, die besten Semmeln weit und breit zu backen. Damit er die Semmeln auch direkt zustellen konnte, legte er sich einen Lieferwagen zu. Über Nacht änderte sich für ihn alles. Das Lieferregime wurde nämlich ‚liberalisiert'. Plötzlich war es nicht mehr wichtig, daß er überhaupt Semmeln herstellte. Interessant war auf einmal nur sein Lieferwagen, und der wurde in den Dienst der Allgemeinheit gestellt. Fortan mußte er irgendwelche Semmeln, sogar Gebäck aus gentechnisch behandelten Stoffen, von anderen Bäckern übernehmen und mittransportieren. Überdies wurde er verpflichtet, seinen Semmeln 3 % Sonnenblumenkerne beizumischen, obwohl das überhaupt nicht in seine Rezeptur paßte. Und das nicht etwa, weil jeder Bäcker Sonnenblumenkerne beimischen muß, sondern allein deshalb, weil er ein Bäcker mit Lieferwagen war. Letztlich wurde ihm aufgetragen, die Semmelproduktion aufzugeben und sich auf den sicheren Betrieb seines Lieferwagens zu beschränken" (Raschauer 2001, S. 3).

Raschauer (2001) beschreibt in der oben zitierten Geschichte nichts anderes als die im Elektrizitätsmarkt vollzogene Liberalisierung unter Zuhilfenahme einer weniger abstrakten Analogie aus dem täglichen Leben. Trotz dieser verharmlosenden Beschreibung steht im Zentrum dieser Äußerung die Kritik an der Elektrizitätsbinnenmarktrichtlinie 96/92/EG. Konkret äußert sie sich darin, dass durch die Übertragung bestehender Übertragungs- und Verteilnetze der Elektrizitätsunternehmen in den Dienst der Allgemeinheit insbesondere industrielle Großverbraucher Nutznießer dieser Regelung wurden. Die Versorgung der Allgemeinheit sicherzustellen stellt zwar auch ein Ziel der Richtlinie dar, doch im Zentrum der Überlegungen steht die Steigerung der Wettbewerbsfähigkeit der europäischen Wirtschaft durch Senkung der Produktionskosten (vgl. Raschauer 2001, S. 3f.).

Auf den folgenden Seiten wird zunächst eine kurze Beschreibung der Organisation auf dem Gebiet der österreichischen Elektrizitätsversorgung vor der Liberalisierung geboten, um darauf aufbauend die Liberalisierungsschübe durch das ElWOG und seiner bereits zwei Jahre später erfolgten Novellierung zu skizzieren.

#### 2.1.4.1 Österreichs Elektrizitätswirtschaft vor der Liberalsierung

Die bisherige Ordnung der österreichischen Elektrizitätswirtschaft beruhte bis zu ihrer grundlegenden Neuordnung durch das ElWOG im wesentlichen auf zwei Gesetzen. Es war dies einerseits das 2. Verstaatlichtengesetz aus dem Jahr 1947,[15] mit dem die Eigentumsverhältnisse der bereits vor dem zweiten Welt-

[15] BGBl. Nr. 81 vom 26. März 1947 über die Verstaatlichung der Elektrizitätswirtschaft (2. VerstaatlichungsG) idF. BGBl. 917/1993. Vor allem unter Berücksichtigung der

krieg weitgehend im Eigentum der öffentlichen Hand stehenden österreichische Elektrizitätswirtschaft wieder neu geregelt wurde.[16] Andererseits beruhte sie auf dem Elektrizitätswirtschaftsgesetz (ElWG) aus dem Jahre 1975, das als Grundsatzgesetz des Bundes erlassen und mit den entsprechenden Ausführungsgesetzen der Länder die Elektrizitätswirtschaft regelte.[17]

Das Ziel des 2. Verstaatlichtengesetzes war es, eine grundsätzliche Einteilung und Trennung der Verteilung einerseits, die durch Landesgesellschaften und Städtische Versorgungsunternehmen erfolgen sollte, und der Erzeugung bzw. des Transports durch die Verbundgesellschaft andererseits zu erreichen. Im Einzelnen sah die grundsätzlich bis heute gültige Organisation der österreichischen Elektrizitätswirtschaft wie folgt aus (vgl. u.a. Koren 1964, S. 271f.; Kok 1991, S. 26ff.):

- Alle Unternehmungen, Anlagen und Einrichtungen zur Erzeugung und Verteilung elektrischer Energie in einem betreffenden Bundesland sind Eigentum der neun Landesgesellschaften, deren Funktion in der Verteilung der elektrischen Energie an den Verbraucher besteht. Die Aufgabe der Landesgesellschaften ist es, die Allgemeinversorgung der jeweiligen Bundesländer mit elektrischer Energie sicherzustellen sowie die Verbundwirtschaft im Landesgebiet zu besorgen und Energie mit benachbarten Gesellschaften auszutauschen (vgl. auch § 3 (1) 2. VerstaatlichungsG.)
- Davon ausgenommen sind die Anlagen der sogenannten Sondergesellschaften,[18] sowie die Übertragungsanlagen des 110-kV- und 220-kV-Netzes mit den dazugehörigen Umspann- und Schaltanlagen, die im Besitz der Österreichischen Elektrizitätswirtschafts AG (im Allgemeinen als Verbundgesellschaft bezeichnet) stehen, deren Funktion die Führung des Verbundbetriebes

---

Novelle zum 2. VerstaatlichungsG, BGBl. 321/1987, mit der die Besitzverhältnisse an Verbund-, Sonder- und Landesgesellschaften neu geregelt wurden.

16 Die während des zweiten Weltkrieges im Eigentum der Nationalsozialisten befindliche Elektrizitätswirtschaft Österreichs wurde durch das 2. VerstaatlichungsG wieder „renationalisiert" (vgl. Kok 1991, S. 27).

17 BGBl. Nr. 260 vom 11. April 1975 über die Elektrizitätswirtschaft idF. BGBl. 131/1979.

18 Zu den Sondergesellschaften zählten mit Stand Herbst 1998: die Österreichische Donaukraftwerke AG (DoKW), die Ennskraftwerke AG (EKW), die Österreichische Draukraftwerke AG (ÖDK), die Tauernkraftwerke AG (TKW), die Verbundkraft GesmbH (VKG), die Österreichisch-Bayerische Kraftwerke AG (ÖBK), die Donaukraftwerke Jochenstein AG (DKJ), die Vorarlberger Illwerke AG (VIW) und die Osttiroler Kraftwerke GesmbH (OKG) (vgl. Bundesministerium für wirtschaftliche Angelegenheiten Sektion VIII-Energie (Elektrizitätswirtschaft): Die Österreichische Elektrizitätswirtschaft, Beilage 6 (akualisiert), Wien 1999).

und der Ausgleich zwischen Erzeugung und Bedarf nach elektrischer Energie ist.

Im 2. VerstaatlichungsG wurden ursprünglich zwei zentrale Aufgabenbereiche für die Verbundgesellschaft determiniert. Es war dies einerseits die Verpflichtung zur treuhändigen Verwaltung der Bundesbeteiligungen an den Landesgesellschaften, die allerdings mit der Novelle zum 2. VerstaatlichungsG, die den Übergang aller Bundesbeteiligungen (Ausnahme: Vorarlberger Illwerke AG) gegen ein Entgelt von sechs Milliarden ATS in das Eigentum der Verbundgesellschaft vorsah, endete.[19] Andererseits sah das 2. VerstaatlichungsG folgende Aufgaben für die Verbundgesellschaft vor: Ermittlung des gegenwärtigen und des künftigen Strombedarfs und der Stromerzeugung, Ausgleich zwischen Erzeugung und Bedarf im Verbundnetz unter günstiger wirtschaftlicher Verwendung des zur Verfügung stehenden Stromes, Betrieb und Errichtung/Ausbau der Verbundleitungen, Abschluss von Transport- und Stromlieferungsverträgen, Betrieb und Bau von Großkraftwerken durch bestehende bzw. zu diesem Zwecke zu errichtende Sondergesellschaften und Prüfung von Stromlieferungsverträgen von mehr als 1.000 MWh im Monat.[20] Die so geschaffenen Sondergesellschaften hatten ihrerseits die Verpflichtung, ihr gesamtes Stromaufkommen gegen vollen Kostenersatz in das Verbundnetz einzuspeisen (vgl. BGBl 321/1987).[21]

### 2.1.4.2 Neuordnung des energierechtlichen Rahmens

In Art. 14 Abs. 2 des EG-Vertrages wird der Binnenmarkt als ein Raum ohne Binnengrenzen, in dem der freie Verkehr von Waren, Personen, Dienstleistungen und Kapital zu gewährleisten ist, beschrieben. Die Mitgliedstaaten und die Gemeinschaft richten ihre wirtschaftspolitischen Aktivitäten nach dem Grundsatz einer offenen Marktwirtschaft mit freiem Wettbewerb aus, wodurch der effiziente Einsatz von Ressourcen sichergestellt werden soll (vgl. Art. 98 EG-Vertrag).

Die unübersehbare Botschaft dieser Bestimmungen des EG-Vertrages lautet Wettbewerb. Wettbewerb, der auch für den Sektor der Elektrizitätswirtschaft gilt.

---

19 Vgl. § 5 (1) 2. VerstaatlichungsG idF. 1947 und Art. II (1) BGBl. 321/1987.

20 Vgl. § 5 (4) lit. a bis e 2. VerstaatlichungsG.

21 Vgl. § 5 (6) lit. e 2. VerstaatlichungsG. Die Einführung dieser Bestimmung erfolgte jedoch erst mit der Novelle zum 2. VerstaatlichungsG, BGBl. 321/1987.

Der in den EG-Verträgen beschriebene Wettbewerbsgedanke stößt speziell in Sektoren der Wirtschaft, die einen sogenannten gemeinwohlorientierten Versorgungsauftrag zu erfüllen haben, auf verhaltenes Interesse. Hierunter fallen vor allem Branchen wie Telekommunikation, Schienenverkehr, Postversand sowie Gas- und Elektrizitätsversorgung. Durch die Zugänglichmachung der bestehenden Infrastruktur wird eine Öffnung der Märkte für andere Marktteilnehmer angestrebt. Betrachtet man die Elektrizitätswirtschaft, so kann festgehalten werden, dass der Zugang zu den Übertragungs- und Verteilungsnetzen das zentrale Element der Marktöffnung darstellt. Der Netzzugang steht somit im Mittelpunkt aller Liberalisierungsbemühungen (vgl. Kap. 2.1.3.6.1). Über ein sogenanntes Netzzugangsrecht erhält der Kunde, dies kann z.B. ein neuer Stromanbieter sein, das Recht, Strom über das bestehende Stromnetz zu seinen Kunden zu transportieren (vgl. Kap. 2.1.3.6). Die Kunden haben dadurch die Möglichkeit, Strom bei einem Produzenten ihrer Wahl einzukaufen und von diesem in ihren Haushalt über bestehende Leitungen durchleiten zu lassen (vgl. Pauger/Pichler 2002, S. 37; Teufelsbauer 1997, S. 109ff.).

Der Begriff Durchleitung ist allerdings irreführend und ist keinesfalls im wörtlichen Sinne zu verstehen. Die physikalischen Eigenschaften von Strom lassen eine ‚Verschickung' von Punkt zu Punkt nicht zu, sondern er verteilt sich sobald er in das für die Übertragung und Verteilung vorgesehene Netz eingespeist wird. Daraus leitet sich ab, dass das Recht auf die Stromdurchleitung durch ein fremdes Netz darin besteht, eine bestimmte Menge Strom, die ein Erzeuger an anderer Stelle in das Netz eingespeist hat, an einem bestimmten Punkt dem Netz zu entnehmen (vgl. Pauger 2001, S. 6f.; Raschauer 2001, S. 20ff.).

Die neue Marktordnung sieht eine Entkoppelung von Produktion, Übertragung bzw. Verteilung und dem Handel und Vertrieb von Strom vor. Nicht von der Liberalisierung betroffen sind jedoch die Netze, die damit weiterhin als Monopol betrieben werden (vgl. Hujber 2002, S. 164f.).

#### 2.1.4.2.1 Europarechtliche Vorgaben

Über Jahrzehnte hinweg wurde der ordnungspolitische Rahmen für die Energiewirtschaften in den Mitgliedsstaaten der Europäischen Union durch ein staatliches Regelwerk geordnet, das den Wettbewerb im Bereich leitungsgebundener Energieversorgung einer Reihe erheblicher Einschränkungen unterworfen oder auch gänzlich ausgeschlossen hatte (vgl. Kap. 2.1.2).

Steigende Energiekosten haben vor dem Hintergrund des Zusammenwachsens der relevanten Absatzmärkte stetig an Bedeutung als Wettbewerbsfaktor gewonnen. Dem bis dato in allen industrialisierten Staaten vorherrschenden Paradigma folgend, dass durch die Schaffung größerer und stärker integrierter Märkte einerseits die Energiegewinnung, der -transport und die –verteilung effizienter gestaltet und andererseits die Wahlmöglichkeiten der Kunden erweitert werden können, hat sich die Kommission der EU schon 1988 dazu entschlossen, in die ursprünglich bis zum 31.12.1992 beabsichtigte Vollendung des Binnenmarktes auch die Energien Erdgas und Strom einzubeziehen (vgl. Thurnher 1999, S. 3f.).

Wesentliche Zielsetzung der Elektrizitätsbinnenmarktrichtlinie ist es, die existierenden nicht-tarifären Handelshemmnisse zu beseitigen und dem traditionell mit dem Phänomen natürlicher Monopole begründeten Ausschluss alternativer Kontrahierungsmöglichkeiten ein Ende zu bereiten und einen marktorientierten Wettbewerb hinsichtlich der Stromaufbringung zu verwirklichen (vgl. Schanda 2000, S. 5).

Es wurde dabei ein mehrstufiger Prozess durchlaufen, der den Weg zum Binnenmarkt für leitungsgebundene Energien ebnen sollte. Die Richtlinie 90/377/EWG des Rates vom 29.06.1990 über die Preistransparenz regelt die Veröffentlichungspflicht der Preisstellung für definierte Abnahmefälle und sorgt so für mehr Markttransparenz auf den nationalen Strommärkten der Mitgliedsstaaten der Europäischen Union (vgl. Kap. 2.1.2.5; Heidinger/Wolf/Schneider 1998, S. 188).

Die Richtlinie verpflichtet EVU, deren industrielle Endverbraucher betreffende, Tarifsysteme und Daten dem Statistischen Amt der Europäischen Gemeinschaft mitzuteilen (vgl. RL 90/377/EWG Art. 1-4). Die Richtlinie des Rates 90/547/EWG vom 29.10.1990 über den Transit von Elektrizitätslieferungen und jene über den Transit von Erdgaslieferungen (91/296/EWG) vom 31.05.1991 stellten die Voraussetzungen für einen stärkeren grenzüberschreitenden Austausch zwischen den Netzen und den Unternehmen der Mitgliedstaaten dar. Darüber hinaus dient die Offenlegung der Preise als eine Voraussetzung für einen unverfälschten Wettbewerb und als Wegbereiter für die Verwirklichung eines gemeinsamen Binnenmarktes. Österreich setzte die Richtlinie durch den Erlass des Preistransparenzgesetzes[22] um. Der darauf folgende Schritt wurde Anfang 1992 mit der Formulierung gemeinsamer Vorschriften für den Elektrizitätsbinnenmarkt gesetzt. Es wurde darin festgelegt, dass vertikal integrierte Unternehmen eine getrennte Abrechnung bzw. Buchführung für die einzelnen Geschäftsaktivitäten (Erzeugung, Übertragung und Verteilung elektrischer Energie)

[22] Bundesgesetz über die Transparenz von Preisen für Erdöl, Mineralölerzeugnisse, Gas, Strom und Arzneimittel sowie der Preisauszeichnungsvorschriften (Preistransparenzgesetz); BGBl. 761/1992 idF. BGBl. 174/1995.

vorzunehmen haben (sog. Unbundling) (vgl. Kap. 2.1.2 und 2.1.3; Heidinger/Wolf/Schneider 1998, S. 91ff.).

Die Elektrizitätsbinnenmarktrichtlinie (96/92/EG) wurde am 30.01.1997 im Amtsblatt der Europäischen Gemeinschaften veröffentlicht, und ist am 19.02 1997, mit einer Frist von zwei Jahren zur Umsetzung in nationales Recht, in Kraft getreten. Nach den Richtlinien zur Preistransparenz (90/377/EG) und zum Transit von elektrischer Energie (90/547/EG) bedeutete dies den vorläufig letzten Schritt zur Liberalisierung des Stromsektors in der Europäischen Union.

Oberste Zielsetzung der Elektrizitätsbinnenmarktrichtlinie ist es, ausschließliche Rechte der Elektrizitätserzeugung zu beseitigen und eine an wettbewerblichen Regeln orientierte Marktorganisation hinsichtlich der Stromaufbringung sicherzustellen. Entscheidend ist in diesem Zusammenhang die Regelung des Netzzuganges, dessen rechtlich und technische Ausgestaltung für die Schaffung eines gesamteuropäischen Strommarktes (Binnenmarkt) entscheidend ist. Die Verpflichtung der Mitgliedstaaten besteht darin, die nationalen Elektrizitätsmärkte in einem bestimmten Mindestausmaß zu öffnen, ohne dass die Richtlinie vorgibt, welche Kategorie von Verbrauchern Objekt des Wettbewerbs im Europäischen Strombinnenmarkt sind und welchen Kundenkategorien Netzzugang zu gewähren ist (vgl. Schanda 2000, S. 5).

Bezüglich des Zeitrahmens, in dem die Verwirklichung des Elektrizitätsbinnenmarktes erfolgen soll, geht die Richtlinie von einer schrittweisen Verwirklichung aus. Die einzelnen Mitgliedsstaaten sind ihren Verpflichtungen zur Marktöffnung dann nachgekommen, wenn sie durch die erforderlichen Rechtsvorschriften sicherstellen, dass der nationale Marktöffnungsgrad erreicht wird (vgl. Heidinger/Wolf/Schneider 1998, S. 134ff.).

In Österreich wurde die Elektrizitätsbinnenmarktrichtlinie durch das Elektrizitätswirtschafts- und –organisationsgesetz – kurz ElWOG umgesetzt, das am 19.08.1998 in Kraft getreten ist (vgl. Schanda 2000, S. 6).

#### 2.1.4.2.2 Neuregelung der Organisation auf dem Gebiet der österreichischen Elektrizitätswirtschaft (Elektrizitätswirtschafts- und –organisationsgesetz – ElWOG)

Mit der Verabschiedung des ElWOGs per 19.08.1998 wurde die österreichische Elektrizitätswirtschaft einerseits für den Wettbewerb geöffnet und andererseits in den europäischen Binnenmarkt integriert. Im Zentrum der Neuregelung steht der freie Netzzugang, der es Großkunden und bestimmten Verteilunternehmen gestattet, Strom auf dem europäischen Markt einzukaufen. Die Netzbetreiber ihrerseits sind dazu verpflichtet, die hierfür erforderlichen Leitungen zur Verfügung zu stellen. Die bis zu diesem Zeitpunkt geltenden Bestimmungen des Elektrizitätswirtschaftsgesetzes (ElWG) und des 2. Verstaatlichungsgesetzes wurden damit aufgehoben. Die die Elektrizität betreffenden Bestimmungen des Preisgesetzes wurden in das ElWOG integriert und das PreisG selbst so novelliert, dass es auf die Elektrizitätswirtschaft nicht mehr anwendbar ist. Im Gegenzug wurde allerdings der Anwendungsbereich des Kartellgesetzes durch eine entsprechende Novelle mit Wirkung ab 19.02.1999 auf die Elektrizitätswirtschaft ausgedehnt (vgl. Pauger/Pichler 2000, S. 14; Heidinger/Wolf/Schneider 1998, S. 31).

Die Gliederung des neuen 11 Teile umfassenden ElWOG spiegelt in groben Zügen den Aufbau der Elektrizitätsbinnenmarkt-Richtlinie 96/92/EG wider.[23]

Die Teile im Einzelnen:[24]

| | |
|---|---|
| Teil 1: | Grundsätze |
| Teil 2: | Rechnungslegung, innere Organisation, Entflechtung und Transparenz der Buchführung von Elektrizitätsunternehmen |
| Teil 3: | Stromerzeugungsanlagen und Stromlieferverträge |
| Teil 4: | Der Betrieb von Netzen |
| Teil 5: | Erzeuger |
| Teil 6: | Konzernunternehmen und eigene Betriebsstätten |
| Teil 7: | Zugelassene Kunden |
| Teil 8. | Behörden |
| Teil 9: | Besondere organisatorische Bestimmungen |
| Teil 10: | Strafbestimmungen |
| Teil 11: | Übergangs- und Schlußbestimmungen |

Im Gegensatz zur Stromaufbringung ist der Betrieb von Stromnetzen und damit der Transport und die Verteilung von Strom weiterhin regulativen Elementen unterworfen und somit der Liberalisierung nicht zugänglich. Eine besondere Bedeutung in der Umsetzung des Elektrizitätsbinnenmarktes kommt deshalb der Aufsichts- und Regulierungstätigkeit bei der Entgeltregelung für die Benutzung der Netze zu (vgl. Pauger/Pichler 2002, S. 37; Pichler 2001, S. 121ff.).

23 Eine übersichtliche Darstellung zum Inhalt der Elektrizitätsbinnenmarkt-richtlinie findet sich u.a. in Thurnher, ecolex 1997, S. 510ff.

24 Erläuterungen zu den einzelnen Teilen des ElWOGs finden sich im einschlägigen Fachschrifttum, auf welches an dieser Stelle verwiesen wird (vgl. u.a. Heidinger/Wolf/Schneider 1998, Thurnher 1999, Pauger/Pichler 2000).

Die Elektrizitätsbinnenmarktrichtlinie sieht eine stufenweise Erhöhung des Marktöffnungsgrades binnen sechs Jahren für Verbraucher mit einem Jahresverbrauch von mehr als 9 GWh vor. Wie in der Richtlinie vorgeschlagen, sollte somit auch in Österreich, mit Inkrafttreten der Bestimmungen des ElWOG, eine schrittweise Liberalisierung, von Februar 1999 bis 2009, für Endverbraucher und Verteilunternehmen erfolgen. Die langen Übergangsfristen sollten den Unternehmen eine optimale Anpassung an die neue Marktordnung ermöglichen (vgl. Pauger 2001, S. 6ff.). Die Elektrizitätsbinnenmarktrichtlinie verpflichtet die Mitgliedsstaaten durch die Gewährung von Netzzugang ihre nationalen Elektrizitätsmärkte in drei Stufen zu öffnen und so bis zum Jahre 2003 eine Marktöffnung von etwa 33 % zu erreichen (vgl. Pauger 2001, S. 7). Bislang hat die Richtlinie in zwei Liberalisierungsstufen die folgenden Mindestmarktöffnungsgrade vorgesehen:

1. Stufe – 19.02.1999:
   Für das Jahr 1999 wurde durch die Kommission ein Marktöffnungsgrad von mindestens 26,48 % festgelegt. Endverbrauchern mit einem Jahresverbrauch von mehr als 40 GWh (je Verbrauchsstätte und einschließlich der Eigenerzeugung) galten als zugelassene Kunden und es musste ihnen Netzzugang im Ausmaß von 26,48 % eingeräumt werden. Dieser Prozentsatz entspricht dem Anteil von Endverbrauchern mit einem Jahresverbrauch von mehr als 40 GWh am Gesamtverbrauch der EU (vgl. Pauger/Pichler 2000, S. 107; Schanda 2000, S. 6f.).
2. Stufe – 19.02.2000:
   In der zweiten Welle der Liberalisierung ist ein Mindestmarktöffnungsgrad der Mitgliedstaaten von 28,4 % bzw. 30,27 % zu erreichen. In diesem Ausmaß ist Endverbrauchern der Netzzugang einzuräumen. Dieser Prozentsatz ergibt sich aus dem Anteil von Endverbrauchern mit einem Jahresverbrauch von mehr als 20 GWh am Gesamtverbrauch der EU (vgl. Pauger/Pichler 2000, S. 107; Schanda 2000, S. 7).
3. Stufe – 19.02.2003
   In der dritten Stufe der Marktöffnung sieht die Elektrizitätsbinnenmarktrichtlinie vor, dass ein Marktöffnungsgrad zu erreichen ist, der einer Gemeinschaftsquote aller Verbraucher mit mehr als 9 GWh Jahresverbrauch entspricht (vgl. Schanda 2000, S. 8).

Ab 2006 sieht die Elektrizitätsbinnenmarktrichtlinie die Prüfung der Marktöffnung durch die europäische Kommission und die Erstattung eines Vorschlages für eine weitere Marktöffnung vor (vgl. Schanda 2000, S. 8).

Die Europäische Kommission hat jedoch in ihrem Beitrag zum Europäischen Rat in Lissabon vom 23. und 24. März 2000 deutlich zum Ausdruck gebracht, dass sie gegenüber den in der Elektrizitätsbinnenmarktrichtlinie vorgesehenen Mindestmarktöffnungsbestimmungen eine deutliche Beschleunigung der Marktöffnung für wünschenswert hält (vgl. Schanda 2000, S. 8).

Die österreichische Marktöffnung wurde durch das ElWOG zunächst in den folgenden Schritten festgelegt:

1. Stufe – 19.02.1999:
   In einem ersten Schritt wurden Endverbraucher mit einem Jahresverbrauch von mehr als 40 GWh, sowie Verteilnetzbetreiber, die auch Übertragungsnetzbetreiber und Betreiber von Verteilnetzen über die Strommenge, die zugelassene Kunden innerhalb ihres Verteilnetzes verbrauchen, mit dem Recht auf Netzzugang und somit freier Anbieterwahl ausgestattet. Die erste Stufe brachte eine Marktöffnung von etwa 28 %, faktisch liegt sie aber aufgrund des hohen Eigenerzeugungsanteils der zugelassenen Kunden bei etwa 15,7 % (vgl. Pauger/Pichler 2000, S. 107).
2. Stufe – 19.02.2000:
   Als zugelassene Kunden gelten jene Endverbraucher, deren Verbrauch 20 GWh im vorangegangenen Kalenderjahr überschritten hat. Diesen Abnehmern von elektrischer Energie ist nun analog zu jenen, die in der ersten Stufe zugelassen wurden, die Möglichkeit zum Abschluss von Stromlieferverträgen mit Vertragspartnern einzuräumen. Damit konnte ein Marktöffnungsgrad von 31,9 % erreicht werden (vgl. Pauger/Pichler 2000, S. 108; Schanda 2000, S. 7).

Bevor noch die dritte Stufe in Kraft treten konnte wurde am 5.07.2000 vom Nationalrat das Energieliberalisierungsgesetz (ELG[25]) beschlossen. Die wesentlichen Neuerungen des ELG liegen in der kompletten Öffnung des österreichischen Strom- und Gasmarktes. Das mit dem ElWOG 1998 neu geschaffene Elektrizitätswirtschaftsrecht wurde durch das ELG grundlegend weiterentwickelt. Das ELG umfasst drei, den Elektrizitätsmarkt betreffende Gesetze:

1. Die Novelle zum ElWOG, welche als zentrales Anliegen die vollständige Liberalisierung des Strommarktes per 1.10.2001 vorsieht (Art. 7 ELG).
2. Das Bundesgesetz,[26] das die Einrichtung einer unabhängigen Aufsichtsbehörde über die Elektrizitätswirtschaft nach dem Vorbild des Telekommunikationsrechts vorsieht (Art. 8 ELG).

25 Energieliberalisierungsgesetz BGBl. I 121/2000.

26 Bundesgesetz über die Aufgaben der Regulierungsbehörden im Elektrizitätsbereich und die Errichtung der Elektrizitäts-Control GmbH und Elektrizitäts-Control Kommission.

3. Das Bundesgesetz,[27] das die Tätigkeit und Organisation der Verrechnungsstellen für Transaktionen und Preisbildung für die Ausgleichsenergie regelt (Art. 9 ELG).

### 2.1.4.2.3 Regelungsschwerpunkte der ElWOG-Novelle im Einzelnen

Zentrales Anliegen der Novelle des ElWOG idF. 1998 ist die 100-prozentige Öffnung des österreichischen Strommarktes. Darüber hinaus wurden Bereiche, wie jener der sogenannten Ausgleichsenergie,[28] geregelt und einem marktwirtschaftlichen Mechanismus unterworfen. In diesem Zusammenhang wurden mit der ElWOG-Novelle das System der Bilanzgruppen sowie die Vorschriften für die für die Verrechnung verantwortlichen Bilanzgruppenverantwortlichen und Bilanzgruppenkoordinatoren neu geschaffen. Dieses System dient einer verursachungsgerechten Zurechnung der Ausgleichsenergie und ist in Anlehnung an das skandinavische System entstanden. Unter einer Bilanzgruppe versteht man eine virtuelle Gruppe, die einen Zusammenschluss über mehrere Netzbereiche darstellt (vgl. Derler 2001, S. 81ff.).

Durch die vollständige Liberalisierung des Marktes ergeben sich für die Abrechnung von Haushalts- und kleineren Gewerbekunden gesteigerte Anforderungen. Dies hängt damit zusammen, dass von diesen Kundengruppen Zähleranlagen im Allgemeinen nur einmal jährlich abgelesen werden und das auch noch zu unterschiedlichen Zeitpunkten, sodass ein geeigneter Mechanismus gefunden werden muss, der es den Bilanzgruppen erlaubt, dennoch Prognosen über den wahrscheinlichen Verbrauch pro Zeiteinheit zu machen. Der Verbrauch pro Zeiteinheit ist deshalb entscheidend, da der Bezug von Ausgleichsenergie in viertelstündlichen Intervallen gemessen und bepreist wird. Die Erfahrungen am skandinavischen Markt zeigten jedoch, dass der Einbau von Zählern mit Viertelstundenmessung unwirtschaftlich ist. Es wurden stattdessen sogenannte Standardlastprofile entwickelt, die für die durchschnittlichen Kleinverbraucherkategorien die typischen Verbrauchsverläufe darstellen (vgl. Mayer 2002, S. 190).
In Österreich hat man sich diesem Weg angeschlossen und bislang Standardlastprofile für Haushalt, Landwirtschaft, Gewerbe, unterbrechbare Lieferung und Einspeisung ins öffentliche Netz entwickelt (vgl. Mayer 2002, S. 190).

---

27 Bundesgesetz, mit dem die Ausübungsvoraussetzungen, die Aufgaben und die Befugnisse der Verrechnungsstellen für Transaktionen und Preisbildung für die Ausgleichsenergie geregelt werden.

28 Unter Ausgleichsenergie versteht man jene Energie, die notwendig ist, um die Differenz zwischen einem vereinbarten Fahrplanwert und dem tatsächlichen Bezug oder der tatsächlichen Lieferung der Bilanzgruppe je definierter Messperiode auszugleichen (vgl. ElWOG-Novelle § 7 (1)).

Die Organisation auf dem Gebiet der Elektrizitätswirtschaft ist grundsätzlich im ElWOG 2000 geregelt. Daneben existieren vielfältige Detailregelungen, die in den sogenannten Marktregeln festgehalten sind. Sie umfassen Allgemeine Geschäftsbedingungen für Netzbetreiber, Bilanzgruppenkoordinatoren und Bilanzgruppenverantwortliche, welche wiederum auf einem technischen und organisatorischen Regelwerk sowie den sogenannten sonstigen Marktregeln beruhen (vgl. Mayer 2002, S. 190).

Die entscheidende Neuerung, die das Energieliberalisierungsgesetz für die Aufsicht im Elektrizitätsbereich gebracht hat, ist zweifellos die Einrichtung einer Regulierungsbehörde. Insgesamt wurden zwei Einrichtungen geschaffen, um den österreichischen Stromsektor zu regulieren, die Elektrizitäts-Control Kommission und die Elektrizitäts-Control GmbH. Die Elektrizitäts-Control Kommission stellt eine unabhängige Kollegialbehörde dar, wohingegen es sich bei der Elektrizitäts-Control GmbH um ein beliehenes Unternehmen im Eigentum des Bundes handelt. Letztere ist auch die Geschäftsstelle der Kommission und übernimmt maßgebliche Regulierungsfunktionen. Aufsichts- und Grundsatzkompetenz obliegt dem Bundesminister für Wirtschaft und Arbeit als oberste Elektrizitätsbehörde, dem ein Elektrizitätsbeirat im Rahmen seiner Richtlinienkompetenz beratend zur Seite steht (vgl. Holoubek 2001, S. 55ff.).

Die wichtigsten Aufgaben der Elektrizitäts-Control GmbH (vgl. Pauger/Pichler 2002, S. 232-239):

- Überwachungs- und Aufsichtsfunktion (Wettbewerbsaufsicht, Veröffentlichung von Strompreisvergleichen für Endverbraucher, Überwachung der Entflechtung, Aufsicht über die Verrechnungsstellen, Überwachung der Einfuhr elektrischer Energie aus Nichtmitgliedstaaten der EU);
- Regulierungsfunktion (Vorschläge über Marktregeln, Bedingungen betreffend die Reziprozität, Verordnung gemäß ElWOG § 13 betreffend Stromlieferverträge aus Drittstaaten);
- Ökostrom und Kleinwasserkraftzertifikate (Feststellung, in welchem Ausmaß die einzelnen Netzbetreiber elektrische Energie aus Ökoanlagen abnehmen, Aufbau und Verwaltung eines Kleinwasserkraftwerkregisters mit landesgesetzlicher Basis);
- Abwicklung von Ausgleichszahlungen zwischen Netzbetreibern;
- Vollziehung der Bestimmungen über Stranded Costs;
- statistische Arbeiten;
- Energielenkungsmaßnahmen gemäß Energielenkungsgesetz.

Die wichtigsten Aufgaben der Elektrizitäts-Control Kommission (vgl. Pauger/Pichler 2002, S. 240-242):

- Genehmigung der allgemeinen Geschäftsbedingungen der Netzbetreiber;
- Bestimmung der Systemnutzungstarife;
- Untersagung der Anwendung von Bedingungen, die auf Endverbraucher Anwendung finden und gegen ein gesetzliches Verbot oder die guten Sitten verstoßen;
- Entscheidungen über Netzzugangsverweigerungen;
- Schlichtung von Streitigkeiten;
- Berufungsbehörde gegen Entscheidungen der E-Control GmbH.

Allgemein wird jedoch im einschlägigen Fachschrifttum das Fehlen eines stimmigen Konzeptes für die Aufgaben- und Verantwortungszuweisung der beiden Behörden bemängelt. So ist z.B. nicht ersichtlich, nach welchen Gesichtspunkten die Aufgabenverteilung vorgenommen wurde (vgl. Holoubek 2001, S. 61ff.).

### 2.1.5 Zusammenfassung und Konzeption der weiteren Vorgangsweise

Eine Zusammenfassung der bisherigen Ausführungen kann aus unterschiedlichen Perspektiven heraus erfolgen. Stellt man sich auf die Seite der Liberalisierungsbefürworter, so kann die Liberalisierung des österreichischen Elektrizitätsmarktes als mit Erfolg abgeschlossen beurteilt werden. Dennoch werden immer mehr Stimmen laut, die auf Schwächen der gegenwärtigen Gesetzgebung und die damit verbundenen Folgen für die einzelnen Marktteilnehmer hinweisen. Die Kritik richtet sich insbesondere auf den mit der Marktöffnung verbundenen hohen Regulierungsbedarf, der im Zuge der Neuordnung der Elektrizitätswirtschaft entstand (vgl. bspw. Raschauer 2001, S. 30f.). Ein vor kurzem von Fremuth und Parak (2002) veröffentlichter Sammelband beschäftigt sich bereits mit den unterschiedlichen Auswirkungen der Liberalisierung von Infrastrukturmärkten und trägt den bezeichnenden Titel „Regulierung der Deregulierung“ (siehe Fremuth/Parak 2002).

Aus der Perspektive des Marketing betrachtet, eröffnen sich zahlreiche strategische Herausforderungen für die Energieversorgungsunternehmen. Die wesentlichen Eckpunkte der Liberalisierung der österreichischen Elektrizitätswirtschaft im Hinblick auf das Marketing der Energieversorger lassen sich grob wie folgt zusammenfassen:

1. Die vollständige Öffnung des österreichischen Elektrizitätsmarktes mit 01.10.2001 ermöglicht allen Kleinverbrauchern die freie Wahl ihres Stromlieferanten.
2. Die erwarteten Preisreduktionen infolge des erhöhten Rationalisierungsdruckes durch die Liberalisierung sind in den einzelnen EU-Ländern nur zum Teil eingetreten. Eine Erhebung des Statistischen Amtes der Europäischen Gemeinschaften (Eurostat) zur Strompreisentwicklung von privaten Haushalten in Österreich weist für einen durchschnittlichen Haushalt eine Brutto-Strompreisreduktion von rund 13 % für den Zeitraum Juli 2001 (vor der vollständigen Marktöffnung) bis Juli 2002 aus (vgl. Tab. 2). Auffällig ist jedoch die große Heterogenität der Strompreise zwischen den einzelnen EU-Ländern. Sie können aber im Wesentlichen auf vier Faktoren zurückgeführt werden:[29] (1) In den einzelnen Mitgliedsländern gibt es aufgrund des in mancher Hinsicht sehr unterschiedlichen Kraftwerksparkes starke Differenzen bei den Produktionskosten.[30] (2) Die Differenzen zwischen besteuertem und nicht besteuertem Strompreis sind weiters auf die unterschiedlichen Abgabenregelungen der einzelnen EU-Mitgliedsstaaten zurück zu führen.[31] (3) Zwischen den einzelnen Ländern gibt es zum Teil erhebliche Margenunter-

---

29 An dieser Stelle sei Herrn Dipl.-Wirtsch.-Ing. Stefan-Jörg Göbel von der Statkraft Markets GmbH, Düsseldorf gedankt, der in einem Expertengespräch Auskunft über die heterogene Preislandschaft zwischen den EU-Ländern zu geben bereit war (Expertengespräch am 15. Juli 2003).

30 So stellt bspw. Italien ein typisches Hochpreisland dar, da Strom vorwiegend in Öl- und Gaskraftwerken, sowie in wenigen Flusskraftwerken erzeugt wird. Ein erheblicher Teil des Stroms muss auch aus der benachbarten Schweiz und anderen Nachbarstaaten importiert werden. Darüber hinaus ist der Kraftwerkspark in Italien überaltet, was zur Folge hat, dass große Ersatzinvestitionen in den nächsten Jahren anstehen, deren Finanzierung z.T. durch höhere Endverbraucherpreise bereits jetzt erfolgt. Anders ist die Situation hingegen in Skandinavien. Der skandinavische Markt zählt mit zu den kompetitivsten. Preisschwankungen werden ähnlich wie in der Mineralölbranche rasch an die Endverbraucher weiter gegeben. Das Jahr 2000 war ein sehr wasserreiches Jahr, was sich allgemein positiv auf Preise auswirkt. Dies spiegelt sich auch in den Haushaltspreisen im Jahr 2000 von Norwegen, Schweden, Finnland und Dänemark deutlich wider (vgl. Tab. 2) (Quelle: Expertengespräch Göbel 2003).

31 So werden Subventionen für erneuerbare Energien teilweise über Steuern, Abgaben, Umlagen und andere Konstruktionen erhoben. Darüber hinaus ist auch die Besteuerung der Erzeugung unterschiedlich (insbesondere durch die länderweise unterschiedliche Abgabenbelastung der Primärrohstoffe Wasser, Gas, Kohle, Mineralöl etc.) und damit auch die Gestehungskosten schon unterschiedlich mit Steuern belastet (Quelle: Expertengespräch Göbel 2003).

schiede im Vertriebsgeschäft.[32] (4) Unterschiedliche Kosten für den Transport und die Verteilung von Strom sind ein weiterer Grund für die unterschiedlichen Strompreise in den einzelnen EU-Ländern.[33]

**Strompreise für die privaten Haushalte[34] in der EU in EURO/100 kWh**

| | Juli 2000 | | Juli 2001 | | Juli 2002 | |
|---|---|---|---|---|---|---|
| | Steuern inbegriffen | Ohne Steuern | Steuern inbegriffen | Ohne Steuern | Steuern inbegriffen | Ohne Steuern |
| Belgien | 14,29 | 11,68 | 14,51 | 11,84 | 13,47 | 10,99 |
| Dänemark | 19,59 | 7,15 | 21,06 | 8,13 | 17,90 | 6,94 |
| Deutschland - West | 13,85 | 10,66 | 14,79 | 11,21 | 15,51 | 11,62 |
| Deutschland - Süd | 16,13 | 12,63 | k.A. | k.A. | 16,06 | 12,11 |
| Griechenland | 5,98 | 5,54 | 6,29 | 5,83 | 8,29 | 7,63 |
| Spanien | 10,91 | 8,95 | 10,48 | 8,59 | 12,44 | 10,21 |
| Frankreich | 11,71 | 9,12 | 11,70 | 9,11 | 11,51 | 8,95 |
| Irland | 8,94 | 7,95 | 8,94 | 7,95 | 9,04 | 8,04 |
| Italien | 21,10 | 16,13 | 19,74 | 14,72 | 22,13 | 16,06 |
| Luxemburg | 11,11 | 10,48 | 12,59 | 11,38 | 12,04 | 10,70 |
| Niederlande | k.A. | k.A. | 15,91 | 8,87 | 17,09 | 9,69 |
| **Österreich** | **13,23** | **9,52** | **13,25** | **9,47** | **11,49** | **7,65** |
| Portugal | 12,56 | 11,95 | 12,63 | 12,00 | 17,87 | 17,00 |
| Finnland | 8,70 | 6,43 | 8,98 | 6,66 | 8,58 | 6,39 |
| Schweden | 10,43 | 6,52 | 10,88 | 6,84 | 9,82 | 6,06 |
| Vereinigtes Königreich | 10,75 | 10,24 | 11,01 | 10,48 | 9,35 | 8,89 |
| Norwegen | 9,36 | 6,56 | 12,60 | 8,75 | 8,65 | 6,10 |

Tabelle 2: Entwicklung der Strompreise für private Haushalte
(Quellen: vgl. Eurostat, Statistik kurz gefasst – Umwelt und Energie, Thema 8 – 3/2001; Thema 8 – 24/2001; Thema 8 – 16/2002).

3. Die Liberalisierung macht Fusionen von Unternehmen notwendig, um als regionaler Anbieter auch weiterhin im internationalen Wettbewerb bestehen zu

32 Quelle: Expertengespräch Göbel 2003.

33 Die Durchleitungsgebühren - die sog. Netzkosten - stellen einen fixen, teilweise – wie in Österreich - regulierten Bestandteil des Strompreises dar (vgl. Kap. 2.1.3.3f.; Kap. 2.1.3.6). Abhängig von der Netzqualität (Störungsausfälle) und den Investitionskosten für die Errichtung und Instandhaltung des Netzes ergeben sich unterschiedliche Kosten für die Netzbenutzung. Diese Kosten hängen sehr stark von der Topografie eines Landes, aber auch von der Art der Verkabelung (frei verkabelt vs. erdverlegt) ab (Quelle: Expertengespräch Göbel 2003).

34 Die Angaben beziehen sich auf einen durchschnittlichen Verbrauchertyp, der einen Jahresverbrauch von 3.500 kWh aufweist. Darin enthalten sind 1.300 kWh Nachtstrom zu einem reduzierten Tarif.

können (vgl. Laker 2000a, S. 18). Gleichzeitig müssen aber wettbewerbsschädigende Blockbildungen begrenzt werden, da der volkswirtschaftliche Nutzen aus dem Effizienzgewinn größerer Unternehmenseinheiten durch deren marktbeherrschende Stellung mitunter kontakariert werden kann (vgl. Skyba/Grüneis 2002, S. 211ff.). Größere Unternehmenseinheiten führen im Strommarkt aber nicht zwangsläufig zu einem höheren Shareholder Value, wie etwa Allas und Leslie (2001) in ihrer Studie zeigen können (vgl. Allas/Leslie 2001, S. 138ff.; Laker 2001a, S. 1ff.).

4. Die skizzierten Änderungen der allgemeinen Wettbewerbsbedingungen eröffnen Chancen und Herausforderungen für die Energieversorger. Der erhöhte Wettbewerbsdruck führte zu den bereits unter Punkt drei angesprochenen Kooperations- und Fusionsbestrebungen. Eine langfristige Unternehmenspolitik sollte aber neben notwendigen Effizienzsteigerungsprogrammen die Kunden nicht aus dem Fokus verlieren.
5. Das zentrale Anliegen im strategischen Marketing von Energieversorgern ist das Halten bestehender Kunden und idealerweise die Gewinnung neuer Kunden (vgl. Laker/Tillmann 2000, S. 66ff.). Alle taktisch-operativen Maßnahmen und Instrumente sind demnach zur Erreichung dieser Ziele möglichst koordiniert und effizient einzusetzen (vgl. Becker 1998, S. 140). Davon sind gleichermaßen die alteingesessenen wie auch die neuen Anbieter betroffen.
6. Gerade für regionale Anbieter, die vor dem Hintergrund voranschreitender Unternehmensverflechtungen und der Internationalisierung der Branche wenig entgegenzusetzen haben, sind strategische Überlegungen im Zusammenhang mit einer kundenorientierten Kommunikations- und Produktpolitik empfehlenswert.
7. Das Involvement mit einem Produkt oder einer Dienstleistung stellt ein zentrales Konstrukt der Konsumentenforschung dar, dessen Bestimmung wiederum die Basis einer effizienten Kommunikationspolitik bildet (vgl. bspw. Kroeber-Riel/Weinberg 2003; Trommsdorff 2002; Nieschlag/Dichtl/Hörschgen 2002; Blackwell/Miniard/Engel 2001). Das Involvement mit Strom wird im Allgemeinen als gering betrachtet. Empirische Befunde über die Messung von Involvement im Strommarkt liegen nach Kenntnis des Autors allerdings bislang noch nicht vor. Dennoch wird in dieser Arbeit die These formuliert, dass es im betracheten Markt unterschiedliche Zielgruppen mit jeweils unterschiedlichen Involvement-Profilen gibt. Dies hätte zur Folge, dass unterschiedliche Formen der werblichen Kommunikation zielführend und effizient eingesetzt werden könnten. Im Anschluss an dieses Kapitel wird deshalb das Konstrukt Involvement näher beleuchtet. Darüber hinaus werden ausgewählte Modelle der Involvement-Messung und deren Operationalisierung kritisch diskutiert. Im empirisch-messtechnischen Teil der Arbeit wird anhand eines empirisch-qualitativen Zutritts eine Itembatterie zur Ermittlung des Involvements mit Strom bei Privatkunden entwickelt. Die entwickelte I-

tembatterie wird im Anschluss einem empirisch-quanitativen Test unterzogen.

8. Ähnlich wichtig wie das Wissen um das Involvement der Kunden für die Kommunikation ist auch das Wissen über deren Bedürfnisse und Präferenzen im Hinblick auf die optimale Gestaltung des Produkt- und Leistungsprogrammes (vgl. bspw. Kotler/Bliemel 2001; Urban/Hauser 1993). Die Entwicklung von Produkten und Dienstleistungen, die konsequent an den Bedürfnissen der Kunden ausgerichtet sind, dient einerseits der Differenzierung im Wettbewerb und stellt andererseits eine Alternative zum reinen Preiswettbewerb dar (vgl. Laker/Herr 2000b, S. 129). Mit der Conjoint-Analyse steht ein leistungsfähiges Verfahren zur Unterstützung der Produktplanung zur Verfügung, dass aus empirisch erhobenen globalen Urteilen den jeweiligen Beitrag einzelner Merkmale zum Gesamturteil erlaubt (dekompositioneller Ansatz) (vgl. bspw. Gustafsson/Herrmann/Huber 2001; Green/Krieger/Wind 2001; Weiber/Rosendahl 1997; Green/Srinivasan 1978). Im Anschluss an die Ausführungen zum Involvement wird deshalb die Conjoint-Analyse unter Aufarbeitung des umfangreichen Literaturbestandes dargestellt. Im empirisch-messtechnischen Teil wird darauf aufbauend ein Untersuchungsdesign zur Beantwortung der vorliegenden Problemstellung entwickelt und im Rahmen einer Feldstudie getestet.

## 2.2 Involvement

Das Involvementkonstrukt hat in der verhaltenswissenschaftlichen Forschung bereits seit längerem einen zentralen Stellenwert eingenommen. Trommsdorff (2002) bezeichnet es sogar als „das elementarste Konstrukt" der Theorie des Konsumentenverhaltens (Trommsdorff 2002, S. 47).

Standen am Beginn der Involvementforschung vor allem Fragen in Zusammenhang mit der Informationsaufnahme, -verarbeitung und –speicherung im Vordergrund, so richtete sich alsbald der Forschungsschwerpunkt auf die Operationalisierung und empirische Erfassung des Involvementkonstrukts, um daraus „vermehrte Einsicht in das Verhalten gegenüber Werbung und deren Wirkungen auf die Beworbenen zu gewinnen" (Mühlbacher 1988, S. 85).

Den Ausgangspunkt der nachfolgenden Erörterungen stellen zunächst die physischen und psychischen Ursachen und Wirkungen des Involvements dar, die im Rahmen einer Aufarbeitung grundlegender aktivierungstheoretischer Elemente gezeigt werden. Im darauf folgenden Abschnitt wird auf Involvement im engeren Sinne eingegangen. Hierunter fällt auch eine Systematisierung gängiger Involvementkonzepte und eine Definition von Involvement für den weiteren Gebrauch in der vorliegenden Arbeit. Im Anschluss daran werden die bedeutendsten Determinanten (Produkt, Person, Medium, Botschaft, Situation bzw. Verwendungsart) von Involvement besprochen. Die Messung des Involvementkonstruktes mittels verbaler Verfahren ist Gegenstand des vorletzten Abschnittes. Es existieren daneben auch Methoden der Involvementmessung, die mittels physiologischer (apparativer) Techniken Involvement zu messen versuchen. Letztere werden im Rahmen der vorliegenden Ausführungen aufgrund der im empirisch-qualitativen Teil erfolgenden Entwicklung eines verbalen Messzutrittes hier nicht betrachtet. Die Zusammenfassung und der Aufriss für die weitere Vorgehensweise in Hinblick auf die Involvementmessung in der vorliegenden Arbeit beschließen dieses Kapitel.

### 2.2.1 Aktivierungstheoretische Grundlagen

Aktivierung[35] bezeichnet die Intensität der physiologischen Erregung des Zentralnervensystem und ist demzufolge ein Maß für die Leistungsbereitschaft des Organismus. Die Steuerung der Aktivierung erfolgt durch die Formatio Reticularis im Stammhirn, die durch ihre Verbindung zu den verschiedenen funktional

[35] Als andere Begriffe für Aktivierung gelten Aktivation, Erregung oder innere Spannung (vgl. Kroeber-Riel/Weinberg 2003, S. 58).

spezialisierten Bereichen der Großhirnrinde[36] die Verbreitung von Antriebskräften auf alle physischen und motorischen Aktivitäten steuert und koordiniert. Aktiviertheit beinhaltet keinerlei Kognition, sondern bezeichnet einen physiologischen Zustand, der die Grundlage der Reaktionsbereitschaft des Organismus darstellt (vgl. Kroeber-Riel/Weinberg 2003, S. 58ff.; Trommsdorff 2002, S. 48).

Grundsätzlich wird bei der Aktivierung zwischen einer allgemeinen, sich nur langsam verändernden tonischen Aktiviertheit und einer phasischen Aktiviertheit unterschieden, die als Reaktion auf einen spezifischen aktivierenden Stimulus hervortritt. Das jeweilige Aktivierungsniveau bestimmt die Bewusstseinslage (z.B. Wachheit, Schläfrigkeit) und in der Folge auch die generelle Leistungsbereitschaft des Individuums. Durch das Zusammenwirken von tonischer und phasischer Aktivierung passt sich die Leistungsbereitschaft des Organismus an die jeweilige Reizsituation an. Die Intensität der Aktivierung wird als Maß für Leistungsfähigkeit und Reaktionsbereitschaft des Organismus verstanden. Sie ist maßgeblich für die Aufnahme und Weiterverarbeitung von Informationen (vgl. Kroeber-Riel/Weinberg 2003, S. 60; Trommsdorff 2002, S. 48f.; Neibecker 1990, S. 114f.).

Neben der Intensität interessiert auch die Richtung der Aktivierung. Die zunächst ungerichtete Energie wird durch das retikuläre Aktivierungssystem auf bestimmte Funktionen und Reize ausgerichtet. Die Bereitschaft eines Individuums, spezifische Reize aus einer Umwelt aufzunehmen, wird als Aufmerksamkeit bezeichnet (vgl. bspw. Felser 2001). Aufmerksamkeit wird auch als das Erleben der Aktivierung von Wahrnehmung, Gedächtnis und Denken umschrieben. Herbeigeführt wird diese Aktivierung entweder durch starke Sinnesreize (z.B. auffällige Werbung) oder durch Triebe, Interessen oder Willensakte (z.B. Kaufabsicht). Man spricht deshalb auch nicht von einem eigenen psychischen Faktor, sondern Aufmerksamkeit ist immer die Wirkung eines anderen Vorganges (Ursache) (vgl. Rohracher 1988, S. 531ff.). Die Aufmerksamkeit wirkt aber auch wie ein Filter, indem sie eine Auswahl der einwirkenden Reize vornimmt. Die Ausrichtung der Aktivierung auf ‚relevante' Reize führt infolge der begrenzten menschlichen Verarbeitungskapazität zu einer verminderten Verarbeitungsbereitschaft gegenüber anderen, miteinander konkurrierenden Reizen. Nur Reize, denen es gelingt, Aufmerksamkeit und damit eine Erhöhung der Aktivierung zu erzielen, haben eine Chance, vom Organismus weiterverarbeitet zu werden (vgl. Kroeber-Riel 1993, S. 121-128).

---

36 Die Großhirnrinde wird auch als Kortex bezeichnet und durch Impulse, die vom Stammhirn ausgehen befeuert. Dieser Vorgang wird als „aufsteigendes retikuläres Aktivierungssyssem" (ARAS) bezeichnet (vgl. Kroeber-Riel/Weinberg 2003, S. 59).

Im Zusammenhang mit der Aktivierung ist auch die so genannte Orientierungsreaktion zu nennen, die eine unmittelbar reflexartig verlaufende Zuwendung zu einem Reiz bezeichnet. Im Unterschied zur Aufmerksamkeit handelt es sich bei der Orientierungsreaktion allerdings um eine kurzzeitige Reaktion, die auch als Beginn der gegebenenfalls längeranhaltenden Aufmerksamkeit verstanden wird (vgl. Kroeber-Riel/Weinberg 2003, S. 62).

Zusammenfassend lässt sich Aufmerksamkeit als eine vorübergehende Erhöhung der Aktivierung bezeichnen, die sowohl durch innere Beweggründe (Motive, Absichten, Einstellungen) als auch äußere Reize ausgelöst werden kann (vgl. Zimbardo/Gerrig 1999, S. 166-172).

Für die Konsumentenverhaltensforschung ist von großem Interesse zu wissen, welche Faktoren Aufmerksamkeit erregen bzw. beeinflussen und wie die Aktivierung auf das Verhalten wirkt. Beide Fragen sind regelmäßig Gegenstand werbepsychologischer Untersuchungen.[37] Einschlägige Forschungen konnten dabei wertvolle Hinweise für den systematischen Einsatz spezifischer Reize für die Gestaltung von Werbebotschaften erbringen.

### 2.2.2 Definition und Beschreibung des Involvementkonstrukts

Viele mikroökonomisch fundierte Ansätze zur Erklärung des Konsumentenverhaltens betrachten den Konsumenten als einen aktiven, vollständig informierten und sich mit unendlicher Reaktionsgeschwindigkeit an sich ändernde Rahmenbedingungen anpassenden Marktteilnehmer (siehe Kap. 2.3.1.3). Diesen Prämissen folgend unterstellen die Modelle, dass Konsumenten Informationen mit hohem kognitiven Aufwand suchen, aufnehmen, verarbeiten und abspeichern. Diese modellhafte Betrachtungsweise hat jedoch relativ wenig mit dem tatsächlichen Verhalten der Konsumenten zu tun. Das Verhalten der Konsumenten hängt zunächst von vielen unterschiedlichen Faktoren ab und läuft in vielen Fällen mit nur geringer gedanklicher Kontrolle ohne aktive Informationssuche und gründlicher Bewertung der Alternativen ab (vgl. Trommsdorff 2002, S. 54f.). Als mögliche Einflussgröße tritt dabei auch das Involvement hinzu. Eine allgemein gültige bzw. anerkannte Definition hat sich nur im Ansatz herausgebildet, trotz des oft inflationär anmutenden Gebrauchs dieses Begriffes in der Marketingliteratur. Mayer/Illmann (2000) verorten diesbezüglich auch eine Gleichsetzung des Involvementkonstruktes mit anderen Konstrukten, „wie persönliche Relevanz, be-

37 Vgl. hierzu insb.: Felser 2001; von Rosenstiel/Kirsch 1996; Kroeber-Riel 1993; von Rosenstiel/Neumann 1991; Neibecker 1990; Jeck-Schlottmann 1988.

sonderes Interesse, Wichtigkeit und ähnlichen" (Mayer/Illmann 2000, S. 147). Auch Laaksonen (1994) hält diesbezüglich fest, dass „[a]t present there is no agreement on the basic nature of involvement" (Laaksonen 1994, S. 6).

Higie und Feik (1989) kommen nach Durchsicht mehrerer Definitionen von Involvement zu der Erkenntnis, dass „the crux of involvement is personal relevance" (Higie/Feik 1989, S. 690). Anders lautend, aber auch einen vermeintlichen gemeinsamen Nenner gefunden zu haben schreibt Mittal (1989): „Despite differences in nuances there does seem to be a common thread. This common thread may be constructed as ‚motivational state that has been activated' by a stimulus, situation, or a decision task" (Mittal 1989, S. 699).

Einen weiteren Vorschlag liefert Mühlbacher (1988) in Anlehnung an die Arbeiten von Cohen (1983), Mitchell (1981), Burnkrant/Sawyer (1983) und Mühlbacher (1986) indem er das Involvement einer Person „als einen auf einen bestimmten Teil ihres psychologischen Feldes gerichteten Aktivierungszustand zu einem bestimmten Zeitpunkt" betrachtet (Mühlbacher 1988, S. 86). Den Zustand der Aktivierung als Definitionskern beibehaltend aber die zeitliche Komponente vernachlässigend definieren Kroeber-Riel/Weinberg (2003) Involvement als „einen Zustand der Aktiviertheit [...], von dem das gedankliche Entscheidungsengagement abhängt" (Kroeber-Riel/Weinberg 2003, S. 371).

Laaksonen (1994) versucht die einzelnen Definitionsversuche von Involvement anhand eines Klassifikationsschemas zu systematisieren, um so ein besseres Verständnis für den Involvementbegriff zu erlangen. Er unterscheidet dabei die folgenden Kategorien:

1. **Definitionen, die einen kognitiv-basierten Definitionskern aufweisen.** Diese Art der Involvement-Definitionen verfügen derart über eine gemeinsame allgemeine Eigenschaft, als dass sie „involvement as referring to *the perceived personal relevance of an object to an individual*" betrachten (Laaksonen 1994, S. 25). Involvement-Definitionen, die sich dieser Kategorie zuordnen lassen, reflektieren den Grad der Ich-Beteiligung einer Person an einem Stimulus. Als Ich-Beteiligung wird dabei das Ausmaß der psychologischen Bindung zwischen dem Stimulus und dem Individuum verstanden. Kognitiv basierte Involvement-Definitionen wurden u.a. von den folgenden Autoren vorgelegt (siehe Tab. 3):

| Autor(en) | Involvement-Definition | Bezeichnung |
|---|---|---|
| Slama/Tashchian (1985) | "the self-relevance of purchasing activities to the individual" (Slama/Tashchian 1985, S. 73). | Purchasing involvement |
| Tyebjee (1979a) | "depends on the number of values engaged by a product, the centrality of these values, and the product's relatedness to these values" (Tyebjee 1979a, S. 99) | Involvement in a product |
| Lastovicka/Gardner (1979) | "how connected or engaged a product is to an individual's values" (Lastovicka/Gardner 1979, S. 68) | Normative importance |

Tabelle 3: Kognitiv-basierte Involvement-Definitionen.

2. **Definitionen, die auf den individuellen Geisteszustand als Definitionskern abstellen.** Laaksonen (1994) fasst sie unter dem Begriff der „individuall-state approach definitions“ zusammen. Diese Art von Involvement-Definitionen konzentrieren sich auf den Geisteszustand eines Individuums, der durch einen bestimmten Stimulus hervorgerufen wird. Im Unterschied zu kognitiv-basierten Involvement-Definitionen „these determinations do not require personal relevance or the arousal of central values as a necessary prerequisite for involvement to exist“ (Laaksonen 1994, S. 37). Hierunter fallen all jene Involvement-Definitionen, die Involvement als „the amount of state of perceived importance, interest, (emotional) attachment, arousal, drive, activation and/or motivation“ spezifizieren, wobei als deren kleinster gemeinsamer Nenner „the motivational state of an individual“ extrahiert werden kann (Laaksonen 1994, S. 37f.). Definitionen, die sich dieser Kategorie zuordnen lassen wurden u.a. von folgenden Autoren veröffentlicht (siehe Tab. 4):

| Autor(en) | Involvement-Definition | Bezeichnung |
|---|---|---|
| Higie/Feik (1989) | "an individual difference variable representing an arousal potential of a product or activity that causes personal relevance" (Higie/Feik 1989, S. 690) | Enduring involvement |
| Mittal (1989) | "a motivational state that has been activated by a stimulus, situation, or a decision task" (Mittal 1989, S. 699) | Involvement |
| Ratchford/Vaughn (1989) | "interest level or motivational intensity" (Ratchford/Vaughn 1989, S. 293) | Involvement |

Tabelle 4: Involvement-Definitionen auf Basis des individuellen Geisteszustandes.

3. **Definitionen, die auf eine Beschreibung individuell unterschiedlicher Reaktionsverhaltens- bzw. Wirkungsmuster (statisch vs. dynamisch) auf bestimmte Stimuli abstellen.** Diese Kategorie ist angelehnt an die Arbeit von Krugman (1965), der beobachtete, dass Konsumenten nach Fernsehwerbung (Stimuli) zwar kaum rational Lernerfolge aufwiesen, aber dennoch unbewusst einzelne Informationen abspeicherten (Reaktion) (vgl. Krugman 1965, S. 349ff.). Im Unterschied zu den beiden vorhergehenden Kategorien, die „involvement as a mediator influencing specific responses“ betrachten, wird im gegenständlichen Fall Involvement „perhaps more as a characteristic of a response pattern“ betrachtet (Laaksonen 1994, S. 53). Beispiele hierfür liefern folgende Autoren (siehe Tab. 5):

| Autor(en) | Involvement-Definition | Bezeichnung |
|---|---|---|
| Greenwald/Leavitt (1984) | "is the allocation of attentional capacity to a message source, as needed to analyze the message at one of a series of increasingly abstract representational levels" (Greenwald/Leavitt 1984, S. 591) | Audience involvement |
| Stone (1984) | "time and/or intensity of effort expended in the undertaking of behaviors" (Stone 1984, S. 591) | Behavioral involvement |
| Calder (1979) | "might best be described by the order behavior, where the initial behavior may be produced by a prior chain of cognition, affect, or more likely, by other variables" (Calder 1979, S. 33) | Low involvement |

Tabelle 5: Reaktions- bzw. wirkungsbasierte Involvement-Definitionen.

Zuvor hatte bereits Costley (1988) in ihrer Meta-Analyse vier Kriterien herausgearbeitet anhand derer eine Systematisierung der vorhandenen Involvement-Definitionen vorgenommen werden kann. Es handelt sich dabei um die Kriterien (1) Inhalt, (2) Objekt, (3) Art und (4) Intensität (vgl. Costley 1988, S. 554f.).[38]

1. Nach inhaltlichen Gesichtspunkten werden die Involvement-Ansätze nach dem jeweiligen Ausgangspunkt ihrer Erklärungsbemühungen unterschieden. Costley (1988) unterscheidet hierbei drei Gruppen von Ansätzen: prozessuale (kognitive), situationale (Zustands-) und Wirkungs- (Response-) Ansätze (vgl. Costley 1988, S. 554f.).
2. Mitchell (1979) hielt bereits fest, dass Involvement nicht unabhängig von einem Stimulus oder einer bestimmten Situation hervorgerufen werden kann

[38] Die von Costley (1988) getroffene Unterscheidung entspricht weitgehend einer zuvor bereits von Houston und Rothschild (1978) entwickelten Involvement-Typologie (vgl. Houston/Rothschild 1978, S. 184ff.).

(vgl. Mitchell 1979, S. 194). Darauf aufbauend konstatierte Costley (1988), dass „[t]he object of involvement may be a product, an ad, or a situation“ (Costley 1988, S. 554). Weitgehend ungelöst bleibt hingegen die Frage, welche Bedeutung dem Produkt-, Werbemittel und situationsabhängigen Involvement in einer spezifischen Kaufsituation zukommen. Die Vernachlässigung der angesprochenen Interdependenz wirkt sich allerdings auch limitierend auf die Aussagekraft isolierter Untersuchungen von Involvement-Ansätzen aus.

3. Ging man zu Beginn der Involvementforschung noch davon aus, dass ein hohes Involvement stets mit dem Ablauf intensiver kognitiver Prozesse einhergeht, so ist spätestens seit der Veröffentlichung von Park und Young (1983) herrschende Meinung, dass Involvement sowohl affektiver als auch kognitiver Natur sein kann und hohes bzw. niedriges Involvement gleichermaßen bei hohem bzw. niedrigem kognitiven und/oder emotionalen Engagement vorliegen kann (vgl. Park/Young 1983, S. 321f.; Park/McClung 1986, S. 545). Die hier vorgeschlagene Zweiteilung des Involvement-Konstruktes in eine emotionale und eine kognitiv-funktionale[39] Dimension ermöglicht eine Betrachtung von Involvement als ein mehrdimensionales Konstrukt (vgl. Laurent/Kapferer 1985).
4. Schon unter Punkt 3 wurde die Einteilung von Involvement nach seiner Intensität („low involvement“ und „high involvement“) angesprochen. Z.T. finden sich in der Literatur auch differenziertere Unterscheidungen (vgl. etwa Zaichkowsky 1985; Laurent/Kapferer 1985; Antil 1984).

Der Beitrag unterschiedlicher Systematisierungs- und Klassifizierungsversuche zur Erarbeitung eines allgemein gebräuchlichen Begriffsverständnisses scheint angesichts der dadurch zwar aufgezeigten Heterogenität von Involvement-Konzepten im Ergebnis dennoch bescheiden zu sein. Deutlich wurde dadurch hingegen, dass das Fehlen einer allgemeinen Theorie nach wie vor eine genaue Unterscheidung zwischen Involvement und seinen Voraussetzungen sowie seinen Konsequenzen unterbindet (vgl. Mayer/Illmann 2000, S. 148; Andrews/Durvasula/Akther 1990, S. 27f.).

Schon zu Beginn des Booms im Zusammenhang mit der Erforschung des Involvement-Konstruktes warnte Mitchell (1979) eindringlich vor einem zu raschen Übergang hin zur empirischen Erforschung von Involvement ohne vorher ein allgemein anerkanntes theoretisches Begriffsverständnis geschaffen zu haben (vgl. Mitchell 1979, S. 191). Es konnte zwar durch die Bemühungen von Autoren wie etwa Costley (1988) oder Laaksonen (1994) ein besseres allgemeines

39 Den funktionalen Charakter im Zusammenhang mit dem Involvement-Konstrukt prägten Petty, Cacioppo und Schumann (1983) (vgl. Petty/Cacioppo/Schumann 1983, S. 135ff.; Petty/Cacioppo 1984, S. 668ff.).

Verständnis über das Konstrukt Involvement gewonnen werden, dennoch scheint die Forderung Mitchells' nichts von ihrer Aktualität eingebüßt zu haben. Er formulierte: „Although ‚involvement' has the potential of being an important mediator of consumer behavior, our current understanding of its effects are limited. The primary reason for this seems to be our general failure to develop a publicly acceptable conceptual definition of ‚involvement', valid measures of it and procedures for manipulating it in the labratory. Until this is accomplished the quality and quantity of empirical research in this area will be limited" (Mitchell 1979, S. 191).

Basierend auf den bisherigen Ausführungen soll im Folgenden eine Abgrenzung des Involvement-Konstruktes für die weitere Verwendung im Rahmen der vorliegenden Arbeit vorgenommen werden.

#### 2.2.2.1 Involvement: Prozess versus Zustand

Die u.a. von Greenwald und Leavitt (1984) gezeigte prozessorientierte Konzeptualisierung des Involvement-Konstruktes unterstellt, dass kognitive Aktivitäten von Konsumenten deren Involvement verursachen (vgl. Greenwald/Leavitt 1984, S. 581ff.). Involvement wird hiernach als eine Funktion verstanden, die die kognitive Verarbeitungstiefe einer Person zu einem bestimmten Zeitpunkt ausdrückt. Ein hohes Maß an Informationsverarbeitung stellt demnach einen Indikator für hohes Involvement und vice versa dar.

Die Ursache-Wirkungs-Relation ist hingegen bei einer zustandsbasierten Konzeptualisierung von Involvement genau umgekehrt. Im Unterschied zum vorhergehenden Verständnis bestimmt hier nicht das Ausmaß der Informationsverarbeitung die Höhe des Involvements, sondern die Höhe des Involvement bestimmt die Verarbeitungstiefe der Informationen (vgl. Antil 1984, S. 205).

Für das weitere Vorgehen im Rahmen dieser Arbeit wird in Übereinstimmung mit Antil (1984), der seine Ausführungen auf den empirischen Erkenntnissen von Tyebjee (1979b) und Sherrell und Shimp (1982) basiert, ein zustandsorientiertes Involvement-Konstrukt unterstellt, da „heightened cognitive processing should be considered a possible *result of* high involvement, not the cause of it. In other words, one does not become highly involved *because of* increased information acquisition and a more complex decision process, but alternately, high involvement will be one variable which may influence the extent and form of information processing" (Antil 1984, S. 205).

### 2.2.2.2 Involvement: situativ versus dauerhaft

Wie schon aus den bisherigen Ausführungen ersichtlich, kann zwischen einem situativen Involvement, das nur für eine bestimmte Situation[40] (z.B. Produktkauf) besteht und einem dauerhaften[41] Involvement, wo sich das Interesse für z.B. eine bestimmte Produktart über einen längeren Zeitraum erstreckt differenziert werden. Ursachen für ein hohes situatives Involvement werden in einem hohen wahrgenommenen Kaufrisiko vermutet. Konsumenten mit niedrigem Produktinvolvement verhalten sich in dieser Situation wie hoch involvierte Kunden (vgl. Richins/Bloch 1986, S. 283).

Im Unterschied dazu ist das dauerhafte Involvement mit einer Produktart unabhängig von bestimmten Situationen und bezieht sich auf das Ausmaß der wahrgenommenen Beziehung bzw. Affinität der Person zu dieser Produktart. Bloch und Richins (1983) halten diesbezüglich fest, dass „[a] product may be perceived as having enduring importance even when a specific purchase or usage goal is not operative, [...] importance perceptions here are based on the product's ability to satisfy intrinsically consumers' enduring needs" (Bloch/Richins 1983, S. 72),[42] um daraus zu folgern, dass „the emphasis is on the product itself and the inherent satisfaction its usage provides, rather than on some outside goal such as purchase optimality" (Bloch/Richins 1983, S. 72).

Richins und Bloch (1986) bestätigen in ihrer empirischen Studie die Effekte von situativen und dauerhaften Involvement und schlagen eine strikte Trennung der beiden unterschiedlichen Konstrukte vor. Sowohl theoretische als auch empirische Arbeiten im Zusammenhang mit dem Produktinvolvement sollten klar festlegen, welches der beiden Involvement-Konstrukte Gegenstand der Untersuchung ist (vgl. Richins/Bloch 1986, S. 283).

Zusammenfassend kann festgehalten werden, dass die Voraussetzung für dauerhaftes Involvement eine hohe wahrgenommene Wichtigkeit des Produktes aus Sicht der Konsumenten ist. Darüber hinaus sollte das Produkt ein kontinuierliches Interesse und eine emotionale Anziehungskraft beim Konsumenten stimulieren. Im Unterschied dazu geht ein hohes situatives Involvement mit einem

---

40 Vgl. hierzu insb.: Belk 1981; Bloch/Richins 1983; sowie Antil 1984.

41 Der in der englischsprachigen Literatur verwendete Begriff des „enduring involvement" (vgl. bspw. Higie/Feick 1989, S. 690ff.; Richins/Bloch 1986, S. 280ff.; Houston/Rothschild 1978, S. 148ff.) wird hier mit ‚dauerhaft' übersetzt.

42 Bloch und Richins (1983) nennen in diesem Zusammenhang beispielhaft den Fall eines modebewussten Konsumenten, der generell über ein dauerhaftes Interesse an Mode verfügt und nicht nur im Falle eines spezifischen Kaufaktes (vgl. Bloch/Richins 1983, S. 72).

hohen wahrgenommenen Kaufrisiko einher. Beide Arten von Involvement führen aber regelmäßig zu einer intensiveren Informationsverarbeitung (vgl. Richins/Bloch 1986, S. 283f.).

Für die Ermittlung des Involvements mit Strom bei Privatkunden scheint es nahe liegend zu sein, auf ein situatives Involvement-Konstrukt abzustellen. Da vermutet werden kann, dass Konsumenten nur im Falle eines Anbieterwechsels ein gesteigertes Interesse zeigen und nach einer erfolgten Anbieterwahl das Involvement wieder nachlässt und auf das Ausgangsniveau zurückkehrt.

#### 2.2.2.3 Involvement: kontinuierlich versus dichotom

Zahlreiche Publikationen, die sich mit dem Thema Involvement auseinandersetzen betrachten das Involvement als eine dichotome Variable, die lediglich über die Ausprägungen „high" und „low" verfügt. Antil (1984) urgiert jedoch betont kritisch, „[t]here is no reason to believe nor any research results to support the notion that involvement consists of two mutually exclusive and exhaustive states, one being ‚high' and the other ‚low'" (Antil 1984, S. 205).

Antil (1984) spricht damit explizit die Problematik der mitunter sehr willkürlich anmutenden Festlegung einer imaginären Grenze an, die zur Separation der beiden Zustände notwendig ist. Ein sich daraus ergebendes Problem liegt nicht nur in einer möglichen Fehlklassifikation, sondern viel schwerwiegender scheint, dass „the relationship between involvement and susceptibility to persuasive attempts is not linear but monotonic or perhaps the relationship between repeat purchase behavior and involvement is also not linear but monotonically decreasing" (Antil 1984, S. 205). Das Auffinden derartiger Beziehungen ist allerdings nur möglich, wenn Involvement als ein kontinuierliches Konstrukt definiert und operationalisiert wird und dazu übergegangen wird, „high" und „low"-Involvement als die beiden Endpunkte eines Kontinuums zu verstehen.

In Übereinstimmung mit Antil (1984) wird für die weiteren Überlegungen Involvement als ein Kontinuum mit den beiden Endpunkten „high" und „low" verstanden.

### 2.2.3 Ausgewählte Involvement-Modelle

Im Folgenden Abschnitt werden ausgewählte Modelle der Involvementforschung kurz erläutert. Als erstes werden die Modelle von Lavidge und Steiner (1961) und Krugman (1965) gegenübergestellt. Das von Petty und Cacioppo (1983, 1986) vorgestellte Elaborations-Wahrscheinlichkeits-Modell (ELM-

Modell) kann als eine Kombination der beiden vorhergehenden Modelle interpretiert werden und wird somit im Anschluss diskutiert. Einen jüngeren Ansatz stellt dann das von Buck, Chaudhuri, Georgson und Kowta (1995) vorgestellte Affect-Reason-Involvement-Modell (ARI-Modell) dar. Das Ziel dieser überblicksartigen Vorstellung einzelner Modelle liegt in der Darstellung der Vielfältigkeit der Perspektiven aus denen heraus Involvement bislang untersucht wird und wurde.

#### 2.2.3.1 Lavidge/Steiner (1961) und Krugman (1965)

Das Modell von Lavidge und Steiner (1961) – auch als ‚Hierarchie der Effekte-Modell' bezeichnet – geht davon aus, dass aus uninformierten und desinteressierten Konsumenten im Rahmen eines mehrstufigen Prozesses Käufer erst überzeugt werden müssen, bevor eine tatsächliche Kaufhandlung eintreten kann (vgl. Lavidge/Steiner 1961, S. 59f.). Dieses Modell stammt aus den Anfängen der Involvement-Forschung und unterstellt noch ein hohes Involvement der Individuen. Schematisch gehorchen die einzelnen Stufen[43] der Folge Kognition – Affekt – Handlung (vgl. Mayer/Illmann 2000, S. 152).

Dieses Modell beschränkt sich auf den selten anzutreffenden „Extremfall des Konsumentenverhaltens" (Trommsdorff 2002, S. 55), bei dem eine besonders intensive Beteiligung der Konsumenten angenommen wird. Potentielle passive Konsumenten finden in diesem Modell keine Berücksichtigung (vgl. Trommsdorff 2002, S. 55; Mayer/Illmann 2000, S. 152).

Diesen Sachverhalt greift erstmals Krugman (1965) in seinem Low-Involvement-Modell auf. Krugman (1965) geht zunächst davon aus, dass durch Fernsehen es eher möglich ist eine passive Seherschaft zu erreichen als durch Print-Medien (vgl. Krugman 1965, S. 349f.). Empirische Befunde stützten diese Annahme. Es gelang ihm Parallelen zwischen dem Lernen von Fernsehwerbung und dem von sinnlosen Silben aufzufinden. Darauf aufbauend leitete er die Erkenntnis ab, dass mangelndes Involvement dennoch die unbewusste Verarbeitung einzelner Informationen erlaubt, worauf er die Vorstellung vom Lernen ohne Involvement entwickelte. Die beiläufig und ohne großen kognitiven Aufwand verarbeiteten Informationen führen zwar nicht zu einem unmittelbaren Einstellungswandel können aber bei mehrmaliger Wiederholung verarbeitet und zu gegebener Zeit durchaus zu Kaufakten führen (vgl. Trommsdorff 2002, S. 55).

---

43 Es handelt sich dabei um: Aufmerksamkeit, Wissen, Sympathie, Präferenz, Überzeugung und Kauf (vgl. Lavidge/Steiner 1961, S. 59ff.).

Krugmans‘ (1965) Modell entsprechend ergibt sich die Folge Kognition – Handlung – Affekt. Durch ständiges wiederholen einer z.B. Werbebotschaft ändern sich die kognitiven Strukturen eines Konsumenten. Diese Änderung hat zur Folge, dass der Konsument das beworbene Produkt erwirbt und erst im Anschluss daran eine affektive Verbindung zu dem Produkt entwickelt, d.h. die Einstellungsbildung erfolgt erst nach Produktkauf und –verwendung (vgl. Mayer/Illmann 2000, S. 152f.).

Beide Modelle untersuchen lediglich eine Ausprägung von Involvement. Steht beim Modell von Lavidge und Steiner (1961) ein hohes Involvement der Konsumenten im Vordergrund, so geht Krugman (1965) nur auf das geringe Involvement der Konsumenten ein. Erst spätere Modelle versuchten die beiden Extrempunkte in einem Modell zu integrieren.

### 2.2.3.2 ELM-Modell von Petty/Cacioppo (1983, 1986)

Zu den angesprochenen späteren Modellen zählt jenes vor allem mit Petty und Cacioppo (1983) assoziierte ELM-Modell (vgl. Petty/Cacioppo 1983, S. 3ff.). Darin werden zwei grundsätzliche Strategien bzw. Wege der Informationsverarbeitung unterschieden, die vom jeweiligen Ausmaß des Involvements abhängen und auf einem Kontinuum anzusiedeln sind. Als modellbegleitende Einflussfaktoren gelten die Motivation (Bereitschaft zur Auseinandersetzung mit einer Botschaft) einerseits und die persönliche Relevanz (Produkterfahrung) andererseits (vgl. Petty/Cacioppo 1986; Cacioppo/Petty 1984, S. 673f.; Petty/Cacioppo/Schumann 1983, S. 135f.).

Im ELM-Modell wird bei Vorliegen einer hohen Bereitschaft zur intensiven Auseinandersetzung und ausgeprägter Relevanz des betreffenden Sachverhalts (Vorliegen von Produkterfahrung) von einer hohen Elaborationswahrscheinlichkeit gesprochen. Die Informationsverarbeitung erfolgt dabei modellgemäß über die so genannte zentrale Route (Pfad), die eine Extremposition innerhalb des Kontinuums darstellt. Durch eine intensive kognitive Verarbeitung und die Berücksichtigung von Produkt- und Werbeaussagen wird eine einstellungsbildende bzw. –ändernde Wirkung erreicht. Cacioppo und Petty (1984) folgern daraus, dass „the resultant attitude is expected to be relatively enduring since the thoughts and associations upon which it is derived are central to the attitude object“ (Cacioppo/Petty 1984, S. 673). Weiter folgern sie, dass es sich dabei zumeist um relativ stabile Einstellungen handelt, die eine gute Verhaltensprognose liefern können (vgl. Cacioppo/Petty 1984, S. 673; Petty/Cacioppo 1983, S. 3ff.).

Im Unterschied dazu wird von einer niedrigen Elaborationswahrscheinlichkeit gesprochen, wenn nur eine geringe Bereitschaft zur intensiven Auseinandersetzung mit der Information vorhanden ist und der betreffende Sachverhalt persönlich nicht besonders relevant erscheint. Die Auseinandersetzung mit einer Botschaft erfolgt oberflächlich unter zu Hilfenahme einfacher Schemata oder Heuristiken. Die im Modell postulierte Informationsverarbeitung erfolgt sodann über die so genannte periphere Route (Pfad), die die andere Extremposition innerhalb des Kontinuums darstellt. Konkret manifestiert sich dies darin, dass „the acceptance or rejection of the appeal is not based on the careful consideration of issue-relevant information and a consequent restructuring of schemata" (Cacioppo/Petty 1984, S. 673) sondern wegen verschiedener Hinweisreize (cues), seien es die Anzahl der Argumente oder Vorteile, schöne Hintergrundmusik oder die Glaubwürdigkeit und Attraktivität des Kommunikators, weshalb eine Botschaft akzeptiert oder zurückgewiesen wird (vgl. Cacioppo/Petty 1984, S. 673).

Werden als „bestechende Eigenschaften" (Strebinger 2001, S. 37) des ELM-Modells die hohe Sparsamkeit in der Modellformulierung und die in einer Reihe von empirischen Befunden bestätigte Generalisierbarkeit auf unterschiedliche Einstellungsobjekte gesehen, so hat das Modell auch Kritik hervorgerufen (vgl. Strebinger 2001, S. 40-52; Park/Hastak 1995, S. 435; Bitner/Obermiller 1985, S. 421f.).

Bitner und Obermiller (1985) stellen die Brauchbarkeit des ELM-Modells zwar nicht grundsätzlich in Abrede, weisen jedoch auf einige modellinhärente Limitationen hin. Insbesondere richtet sich ihre Kritik gegen die Unterspezifikation des Modells. So weisen sie etwa darauf hin, dass zwar der Einstellungswandel beschrieben werden kann, aber eine Vorhersage der Höhe der Elaborationswahrscheinlichkeit nicht möglich ist. Darüber hinaus merken sie kritisch an, dass die Grenzen zwischen den jeweiligen Routen (Pfaden) nicht eindeutig festgelegt oder dass die Auswirkungen der peripheren Verarbeitung im affektiven Bereich noch ungeklärt sind. Problembehaftet erscheint den Autoren auch die nur rudimentäre Berücksichtigung interaktiver Effekte zwischen den beiden Routen (Pfaden) zu sein (vgl. Bitner/Obermiller 1985, S. 420-422).

Park und Hastak (1995) gehen auf eine oft übersehene, dennoch modellimanente Schwäche ein, die darin besteht, dass „it is assumed in the ELM that all audiences, be they involved or uninvolved with an advertised brand, form brand evaluations *on-line*, i.e., while they are exposed to the ad message" (Park/Hastak 1995, S. 435). Das ELM-Modell erlaubt folglich keine Aussagen über die gedächtnisgestützte Art der Informationsverarbeitung nach der Darbietung der jeweiligen Informationen. Weiter merken sie kritisch an, dass in zahlreichen Studien die auf dem ELM-Modell basierten, den Probanden keine expliziten Hinweise zur Einschätzung der Marke gegeben wurden. Zwar sollte durch die Formulierung anders lautender Instruktionen der eigentliche Zweck der Untersuchung kaschiert werden, allerdings können gerade diese Instruktionen eine adäquate Auseinandersetzung mit der Marke während der Darbietung verzerren bzw. gänzlich unterbinden. Den letztgenannten Punkt greifen die Autoren in ihrer Studie auf, indem sie Probanden eine Instruktion geben die direkt auf den Zweck der Markeneinschätzung hinweist. Die Ergebnisse bestätigten zwar die Annahmen des ELM-Modells, aber „they do not provide unambigious evidence for the casual influence of involvement on on-line evaluation processes" (Park/Hastak 1995, S. 438).

### 2.2.3.3 ARI-Modell von Buck/Chaudhuri/Georgson/Kowta (1995)

Einen Ansatz aus jüngerer Vergangenheit stellt das von Buck et.al. (1995) vorgeschlagene Affect-Reason-Involvement-Modell dar (vgl. Buck/Chaudhuri/Georgson/Kowta 1995). Es beschreibt die Beziehung zwischen Affekt, Vernunft und Involvement und geht davon aus, dass „both affective and rational involvement are important in persuasion" (Buck/Chaudhuri/Georgson/Kowta 1995, S. 440). Beide Dimensionen (Affect und Reason) werden als Kognitionen verstanden, wobei „Reason" eher analytische Kognitionen beinhaltet, die mit der linken Gehirn-Hemisphäre in Verbindung gebracht werden. Wohingegen Affekt als eine „syncretic cognition which is holistic and synthetic and associated with the functioning of the right hemisphere" (Buck/Chaudhuri/Georgson/Kowta 1995, S. 441) definiert wird.

Die Beziehung zwischen Affekt und Vernunft wird im Modell durch das so genannte A/R-Kontinuum (Affect/Reason) dargestellt, worin ‚Affect' und ‚Reason' zwei entgegengesetzte Pole darstellen. Ein Extrempunkt des Kontinuums wird darin vom Affekt dominiert. Die Vernunft hat an diesem Ende des Kontinuums keinen Einfluss. Betrachtet man das andere Ende des Kontinuums so erlangt zwar die Vernunft einen zunehmenden und überwiegenden Einfluss relativ zur Affekt-Komponente, „but the influence of affect never falls to zero" (Buck/Chaudhuri/Georgson/Kowta 1995, S. 441).

Eine weitere Modellkomponente stellt der Grad des Involvements dar (Level of Involvement, LI). Der LI ergibt sich nach Ansicht der Autoren aus dem Mittelwert „of affective and rational involvement" (Buck/Chaudhuri/Georgson/Kowta 1995, S. 442). Grafisch lässt sich das Modell als ein dreidimensionales Gebilde darstellen, wobei eine Seite mittels des A/R-Kontinuums und die andere durch einen geringen bzw. hohen Ausprägungsgrad der Involvement-Dimension dargestellt wird. Als eine weitere Dimension wird die Einschätzung (Evaluation) eines Gegenstandes im Sinne von Gefallen oder Missfallen eingeführt. Erst durch die Kombination dieser drei Dimensionen „[t]he ARI model helps us to conceptualize and measure how objects - advertisements and products - are cognitively processed, and the level of involvement as defined by the depth and quality of this processing“ (Buck/Chaudhuri/Georgson/Kowta 1995, S. 442). Erst dadurch wird eine adäquate Bestimmung der prinzipiellen Grundhaltung gegenüber einem Objekt (Produkt) ermöglicht.

Der formale Aufbau des ARI-Modells ähnelt dem ELM-Modell von Petty und Cacioppo (1983). So verfügt letztgenanntes über die Dimensionen zentrale[44] und periphere[45] Route (Pfad) und das ARI-Modell wird durch eine rationale und eine affektive Dimension bestimmt. Doch stellt die Einbeziehung sowohl affektiver als auch rationaler Komponenten eine Erweiterung der bisherigen Modelle im Bereich der Involvementforschung dar.

Resümierend kann festgehalten werden, dass sich im Bereich der Involvementforschung bislang noch kein allgemeingültiges Modell herausbilden konnte, sondern vielmehr zahlreiche Modelle koexistieren und nicht immer von den gleichen Prämissen ausgegangen wird. Dies wird nicht nur durch den hier gezeigten beispielhaften Modellvergleich evident, sondern dokumentiert sich auch durch die Aussagen von Poiesz und de Bont (1995) die diesbezüglich festhalten, dass „the cumulation of knowledge on involvement is hampered by the lack of conceptual clarity, the seemingly uncontrolled application, the overlap with presumed antecedents and consequences, and the unavoidable lack of consistent operationalisations“ (Poiesz/de Bont 1995, S. 448).

## 2.2.4 Determinanten des Involvement-Konstrukts

Involvement wird im Allgemeinen mit unterschiedlichen Komponenten in Verbindung gebracht, wie z.B.: Produkt bzw. Produktart (vgl. bspw. Smith/Beatty 1984; Cohen 1983; Mitchell 1979), Werbemittel (vgl. bspw. Lord/Burnkrant 1993), Kaufakt (vgl. bspw. Mittal/Lee 1989; Antil 1984).

44 Die zentrale Route (Pfad) beschreibt eine komplexe, kognitive Informationsverarbeitung (vgl. Petty/Cacioppo 1983, S. 3ff.).

45 Die periphere Route (Pfad) beschreibt eine oberflächliche, mit Hilfe einfacher Schemata und Heuristiken erfolgende Informationsverarbeitung (vgl. Petty/Cacioppo 1983, S. 3ff.).

In Übereinstimmung mit Laurent und Kapferer (1985) weist Mühlbacher (1988) in seinem ‚situativen Modell der Motivation zur Informationsaufnahme und – verarbeitung bei Werbekontakten' darauf hin, dass es sich bei Involvement vielmehr um ein mehrdimensionales Konstrukt handle (vgl. Mühlbacher 1988, S. 87; Laurent/Kapferer 1985, S. 41f.).

Konsequenterweise betrachtet Mühlbacher (1988) mehrere Komponenten als Objekte bzw. Auslöser von Involvement. Hierzu zählen die Produktart und Marke, den mit der Produktart verbundenen Kaufentscheidungs- bzw. Konsumprozess, als auch die gestalterischen Elemente des Werbemittels, der Werbeträger bzw. sein Programm (redaktioneller Inhalt) sowie Teile des übrigen situativen Umfeldes. Das Gesamtinvolvement einer Person leitet sich demnach aus den folgenden Komponenten ab:

- **Produktartinvolvement**: hierunter wird die subjektiv wahrgenommene Wichtigkeit der Produktart aus Sicht des Individuums verstanden. Dauerhafte Wichtigkeit wird hier in Anlehnung an die Arbeiten von Bloch und Richins (1983) definiert als die langfristige, über Situationen hinweg stabile Wahrnehmung der Wichtigkeit einer Produktart auf Grundlage der Stärke der Beziehung zwischen dieser und zentralen Bedürfnissen und Werten einer Person (vgl. Mühlbacher 1988, S. 87; Bloch/Richins 1983, S. 69ff.). Nach Mühlbacher (1988) ist „[n]ur diese dauerhafte Wichtigkeit [...] für das Auftreten von Produktinvolvement verantwortlich" (Mühlbacher 1988, S. 87).

- **Kaufinvolvement**: hierunter wird in Anlehnung an Assael (1983) die durch den mit dem Kauf oder dem Konsum der Produktart als verbunden wahrgenommene Risiko hervorgerufene Aktivierung verstanden. Besonders wichtig ist dabei eine klare Trennung zwischen Produktartinvolvement und Kaufinvolvemement. So kann bspw. der Fall vorliegen, dass eine Person zwar über ein niedriges Produktartinvolvement aber gleichzeitig über ein starkes Involvement mit dem Kaufprozess per se verfügt. Dies könnte dann der Fall sein, wenn zum Beispiel ein hohes Risiko wahrgenommen wird, eine falsche Kaufentscheidung zu treffen (vgl. Mühlbacher 1988, S. 88; Antil 1984, S. 206f.).

- **Markeninvolvement**: hierunter wird die bei einer Person durch eine Marke hervorgerufene Aktivierung verstanden. Das Ausmaß der Aktivierung wird von der durch den Wahrnehmungsprozess hervorgerufenen Bindung der Person an die Marke bestimmt, für die vor allem individuelle, soziale und gesellschaftliche Einflussfaktoren eine Rolle spielen (vgl. Mühlbacher 1988, S. 88).

- **Werbemittelinvolvement**: hierunter wird „die von einem Werbemittel durch seine Gestaltung (= gestalterischen Elementen und ihr Zusammenhang) bei einer Person hervorgerufene phasische Aktivierung zum Zeitpunkt des Werbekontakts" verstanden (Mühlbacher 1988, S. 88). Das Ausmaß des Werbemittelinvolvements wird nach Mühlbacher (1988) „von der Wichtigkeit der die Copy ausmachenden Elemente bzw. ihres Zusammenhangs für die kontaktierte Person zum Zeitpunkt des Werbekontakts bestimmt" (Mühlbacher 1988, S. 89).

- **Werbeträgerinvolvement**: hierunter versteht man die durch den Kontakt bzw. bevorstehenden Kontakt mit einem Werbeträger bei einer Person ausgelöste Aktivierung. Das Ausmaß der Aktivierung wird wiederum von der wahrgenommenen Wichtigkeit des Werbeträgers in der Kontaktsituation determiniert (vgl. Mühlbacher 1988, S. 89).

- **Umfeldinvolvement**: hierunter subsumiert Mühlbacher (1988) „[d]ie von externen situationsspezifischen Reizen während einer Werbekontaktsituation bei einer Person hervorgerufene Aktivierung" (Mühlbacher 1988, S. 89). Das Ausmaß der Aktivierung hängt von der wahrgenommenen Wichtigkeit der Stimuli „aus physischem und sozialem Umfeld zum Zeitpunkt des Werbekontakts" ab (Mühlbacher 1988, S. 89).

Bezugnehmend auf das von Belk (1975) vorgestellte psychologische Situationsmodell gelangt Mühlbacher (1988) zu der Ansicht, dass je nach spezifischem Zusammenwirken persönlicher Prädispositionen,[46] situativer[47] und objektspezifischer[48] Stimuli nicht nur das Gesamtinvolvement über Personen hinweg variieren kann sondern auch unterschiedlich aus diesen Komponenten zusammengesetzt sein kann (vgl. Mühlbacher 1988, S. 85f.; Belk 1975, S. 157ff.).

[46] Hierzu zählen bspw.: die wahrgenommene dauerhafte Wichtigkeit der Produktart, die Markenbindung, das in Verbindung mit der Produktart oder/und dem Konsumprozess per se wahrgenommene Risiko (vgl. Mühlbacher 1988, S. 85f.).

[47] Hierzu werden bspw. gezählt: das physische oder soziale Umfeld, der Zeitpunkt, die gestellte Aufgabe und der persönliche Ausgangszustand (vgl. Mühlbacher 1988, S. 85f.).

[48] Hierunter wird bspw. die Produktart oder die Marke subsumiert (vgl. Mühlbacher 1988, S. 85f.).

Daraus leitet sich ab, dass selbst bei vergleichbarem Involvement das Informationsaufnahme und –verarbeitungsverhalten je nach Person und Situation unterschiedlich sein kann. Was zur Folge hat, dass Mühlbacher (1988) im Falle der Erklärung des Informationsverhaltens von Personen in Werbekontaktsituationen die Trennung der einzelnen Komponenten voneinander empfiehlt (vgl. Mühlbacher 1988, S. 87).

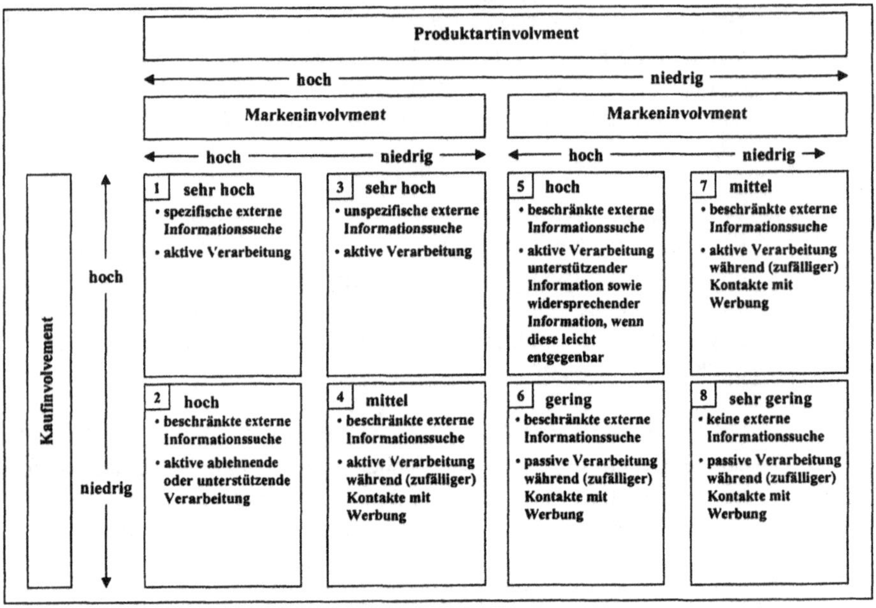


Abbildung 6: Informationsaufnahme- und –verarbeitungsverhalten während eines Werbekontaktes in Abhängigkeit von Produktart-, Kauf- und Markeninvolvement (Quelle: vgl. Mühlbacher 1988, S. 91).

Durch das Zusammenspiel von Produktart-, Kauf- und Markeninvolvement wird das Interesse einer Person sich mit gegenstandsbezogenen Informationen auseinander zusetzen bestimmt (vgl. Petty/Cacioppo/Schumann 1983, S. 136ff.). Mühlbacher (1988) zeigt darauf aufbauend welche Konstellationen durch die Informationsaufnahme- und das Informationsverarbeitungsverhalten während eines Werbekontaktes in Abhängigkeit von den drei Komponenten möglich sind (vgl. Mühlbacher 1988, S. 89-92). Die obenstehende Abbildung 6 zeigt die möglichen Ausprägungen.

Exemplarisch soll das Feld 7 der obigen Matrix hier näher erläutert werden, da vermutet werden kann, dass es sich hierbei um eine Beschreibung handelt die mit hoher Wahrscheinlichkeit auch auf Konsumenten im Strommarkt zutreffen kann. Konsumenten, die diesem Feld zugeordnet werden, verfügen über ein geringes Produktinvolvement, d.h. die Produktart wird im Allgemeinen als wenig wichtig wahrgenommen. Das Markeninvolvement ist schwach, da die Konsumenten „über keine direkten oder übertragenen Erfahrungen mit der Produktart [verfügen] oder die bisherigen Erfahrungen mit Marken aus dieser Produktart nicht völlig zufriedenstellend waren und/oder die Markenentscheidung weder mit sozialen noch mit gesellschaftlichen Normen und Werten in engerer Verbindung steht" (Mühlbacher 1988, S. 91). Darüber hinaus scheint auch plausibel, dass wie in Mühlbachers (1988) Modell beschrieben, von einem hohen wahrgenommenen Kaufrisiko für eine unmittelbar bevorstehende Kaufentscheidung ausgegangen werden kann. In dieser Phase ist mit einer beschränkten externen Suche nach Produktinformationen zur Reduzierung des spezifischen Risikos zu rechnen (z.B. Vergleich der Angebote mehrer Stromanbieter), sowie von einer aktiven Verarbeitung von Werbeinformationen zum Abbau des wahrgenommenen Risikos auszugehen (vgl. Mühlbacher 1988, S. 91).

### 2.2.5 Messung von Involvement

Das Konstrukt Involvement kann nicht direkt beobachtet werden, sondern es bedarf einer geeigneten Operationalisierung (vgl. bspw. Mayer/Illmann 2000, S. 157). Die einschlägige Literatur weist mittlerweile eine Vielzahl von Involvement-Skalen auf, die auf unterschiedliche Art und Weise das Konstrukt Involvement operationalisieren und somit messbar machen wollen. Generell können dabei Skalen unterschieden werden, die mehrere Items umfassen („multiple-item scales") wie bspw. von Lastovicka und Gardner (1979), Bloch (1981) Laurent und Kapferer (1985) oder Zaichkowsky (1985, 1994) und jenen, die zwei („2-item scales"[49]) oder sogar nur ein Item („single-item scale"[50]) umfassen.

Das Involvement-Konstrukt kann nicht nur über die angesprochenen Verfahren der ein- oder mehrdimensionalen Skalierung erhoben werden. In den Anfängen der Involvementforschung wurde auch über die Auswertung retrospektiver Gedankenprotokolle (Protokolle lauten Denkens) versucht Aufschluss über die Höhe der gedanklichen Verbindungen zu einem bestimmten Objekt zu erlangen (vgl. Krugman 1965). Celsi und Olson (1988) schlagen vor, die zu Grunde liegende „kognitive Basis" des Involvements anhand von „means-end" Ketten zu ermitteln (vgl. Celsi/Olson 1988). Erste Untersuchungsergebnisse zur Erforschung der Zusammenhänge zwischen Ziel-Mittel-Kenntnissen und Involvement wurden von Mulvey, Olson, Celsi und Walker (1994) vorgelegt (vgl. Mulvey/Olson/Celsi/Walker 1994).

49 Vgl. Celsi/Olson 1988.
50 Vgl. Donthu/Cherian/Bhargava 1993.

Neben den verbalen Verfahren zur Messung von Involvement werden auch noch physiologische Verfahren zur Involvementmessung herangezogen. Der Aktivierungszustand einer Person kann mit Hilfe apparativer Techniken, wie z.B. dem EEG festgestellt werden (vgl. Kroeber-Riel/Weinberg 2003, S. 67ff.).

Die mit Abstand weiteste Verbreitung genießen jedoch die so genannten ‚multiple-item scales'. Stellvertretend dafür sollen hier das „Personal Involvement Inventory" von Zaichkowsky (1985, 1994) und das „Consumer Involvement Profile" von Laurent und Kapferer (1985) kritisch gegenübergestellt werden. Im Anschluss daran wird ein neueres Messverfahren diskutiert, das von Chaudhuri und Buck (1994) als CASC-Skala (Communication via Syncretic and Analytic Cognition Scale) vorgestellt wurde (vgl. Chaudhuri/Buck 1994).

### 2.2.5.1 Personal Involvement Inventory (PII) von Zaichkowsky (1985, 1994)

Aus zunächst 168 Itempaaren entwickelte Zaichkowsky (1985) in einem mehrstufigen Prozess ein letztendlich 20 Item umfassendes Polaritätenprofil zur Messung von Involvement. Dabei wurde eine 7-stufige Skala verwendet, die von „(1) low involvement [bis] (7) high inolvement" (Zaichkowsky 1985, S. 350) reicht. Die einzelnen Involvement-Werte werden dabei aufaddiert und ergeben den Gesamt-Involvement-Wert für den jeweiligen Probanden, der zwischen einem Mindestwert von 20 und einem Höchstwert von 140 liegen kann (vgl. Zaichkowsky 1985, S. 350).

Involvement wird in Zaichkowskys' PII (1985) als ein eindimensionales Konstrukt behandelt und definiert als „a person's perceived relevance of the object based on inherent needs, values, and interests" (Zaichkowsky 1985, S. 342). Die Eindimensionalität wurde aber alsbald in Frage gestellt. So befand etwa Mittal (1989, 1995), dass „content anaylsis of the PII items shows that it (the PII scale) contains at least 3 distinct constructs" (Mittal 1989, S. 698). Dabei handelt es sich um folgende Konstrukte (vgl. Mittal 1989, S. 698; Schneider/Rodgers 1996, S. 249):

(1) ‚reines' Involvement, auch Produktinvolvement (vgl. Schneider/Rodgers 1996, S. 249): wird durch Items wie z.B. wichtig/unwichtig erhoben,
(2) ‚hedonistisches' Involvement: wird bspw. durch Items wie aufregend/nicht aufregend erhoben und
(3) ‚einstellungsähnliches' Involvement: wird durch Itempaare wie z.B. wertvoll/wertlos operationalisiert.

Dieses, inzwischen als klassisch zu bezeichnende Messverfahren für unterschiedliche Involvement-Niveaus ist auch „the most frequently cited in the literature" (Mittal 1995, S. 663). Seit seiner Einführung blieb es allerdings nicht frei von diversen Modifikationen (vgl. Zaichkowsky 1994; Flynn/Goldsmith 1993; McQuarrie/Munson 1992 u. 1987; Jain/Srinivasan 1990; Celuch/Evans 1989; Mittal 1989). Rifon, Mavis, Tucker und Stöffelmayr (1992) attestieren dem PII zwar eine Generalisierbarkeit über verschiedene Situationen und Objekte hinweg, allerdings nicht über Personen. Darüber hinaus kritisieren sie die teilweise schwer verständlichen Items, die ein überdurchschnittliches Intelligenzniveau voraussetzen, sowie den Umfang des PII. Demzufolge entwickelten sie eine gekürzte PII-Version, bei der schwer verständliche Items eliminiert wurden, „while maintaining the scale's integrity" (Rifon/Mavis/Tucker/Stöffelmayer 1992, S. 680).

Kritik am PII von Zaichkowsky (1985) äußerten auch McQuarrie und Munson (1992). Ähnlich wie Rifon, Mavis, Tucker und Stöffelmayer (1992) kritisieren sie die eingeschränkte Anwendbarkeit des PII aufgrund seiner Länge und seines teilweise komplizierten Vokabulars. Hinsichtlich der Inhaltsvalidität halten die Autoren fest, „that between 20 % and 30 % of the content of the PII represents scale items whose typical use in the social sciences has been to measure a person's favorable or unfavorable evaluation of an object, and not involvment per se" (McQuarrie/Munson 1992, S. 108). Hinsichtlich der kriteriumsbezogenen Validität bzw. der prognostischen Validität stellen sie fest, dass lediglich zwei der insgesamt zwanzig Items des PII adäquate Vorhersageleistungen erbringen. Im Zusammenhang mit der Konstruktvalidität richtet sich die Kritik vornehmlich an die postulierte Eindimensionalität des PII, die keine adäquate Unterscheidung zwischen einzelnen Facetten des „felt involvement" (MaQuarrie/Munson 1992, S. 109), Wichtigkeit und Interesse gestattet (vgl. McQuarrie/Munson 1992, S. 109).

Die aus Sicht von McQuarrie und Munson (1992) vorliegenden Limitationen veranlassten sie ein „Revised Product Involvement Inventory" (RPII) zu entwickeln, mit dem Ziel, ein höheres Maß an Validität und Reliabilität zu gewähren. Die empirischen Befunde bestätigten zunächst, dass es sich bei dem RPII zumindest um ein vergleichbares Messverfahren wie bei der PII-Skala handelt. Der RPII (.95) weist im Vergleich zum PII (.98) eine etwas niedrigere Reliabilität auf. Test-Retest-Reliabilitätswerte fallen ebenfalls zugunsten des PII aus. Zu überzeugen vermag der RPII hingegen durch seine Kürze (nur halb so lang als der PII) und seine dennoch hohe Reliabilität. Positiv anzumerken bleibt noch, dass der RPII „uses mostly short and simple words; is strongly predictive of information search and processing; and is effective at discriminating felt involvement across situations" (McQuarrie/Munson 1992, S. 113). Der RPII eignet sich insbesondere dann, wenn Kürze und Verständlichkeit sowie kriteriumsbezogene Validität eine entscheidende Rolle in der Bestimmung von Produktinvolvement darstellen (vgl. McQuarrie/Munson 1992, S. 111-114).

#### 2.2.5.2 Consumer Involvement Profiles (CIP) von Laurent/ Kapferer (1985)

Weite Verbreitung in der Literatur hat die etwa zeitgleich von Laurent und Kapferer (1985) entwickelte Consumer Involvement Profile-Skala (CIP) erfahren (vgl. Mittal 1995, S. 663). Im Unterschied zum Personal Involvement Inventory (PII) von Zaichkowsky (1985) gehen die beiden Autoren davon aus, dass die Entwicklung von Involvement auf fünf unterschiedliche Determinanten zurückzuführen sei und diese folglich auch in der Operationalisierung berücksichtigt werden müssen (vgl. Laurent/Kapferer 1985, S. 43).

Es handelt sich dabei um folgende Determinanten (vgl. Laurent/Kapferer 1985, S. 43):

(1) Die wahrgenommene Wichtigkeit des Produktes (perceived importance).
(2) Das in Verbindung mit dem Produktkauf wahrgenommene Risiko, welches zwei Facetten aufweist:
    - Die wahrgenommene Wichtigkeit negativer Konsequenzen im Falle eines Fehlkaufes (risk importance).
    - Die wahrgenommene Wahrscheinlichkeit einen Fehlkauf zu begehen (risk probability).
(3) Der symbolische Wert eines Produktes, der ihm durch die Person zugeschrieben wird (sign).
(4) Den hedonistischen Wert und die emotionale Anziehungskraft des Produktes und die Fähigkeit Gefallen und Affekt auszulösen (pleasure).

Zwecks Überprüfung der Unabhängigkeit der fünf Involvement-Dimensionen wurden auf der Basis von Literaturrecherchen, Tiefeninterviews und Experteninterviews Statements zur Messung des Konstrukts eruiert und nach umfangreichen Eichstichproben einer Faktorenanalyse zugeführt, die für jeden der fünf Faktoren einen Eigenwert „superior to one“ (Kapferer/Laurent 1985, S. 291) ausweist. „The five presumed facets do have discriminant validity and seem to empirically tap five distinct aspects of involvement“ (Kapferer/Laurent 1985, S. 291).

Kapferer und Laurent (1985) widmen sich eingehend der Überprüfung der nomologischen Validität des Messinstrumentes, das über einen Vergleich der erhobenen Involvementwerte mit den Folgen (consequences) von Involvement – Dauer des Entscheidungsprozesses, ‚brand commitment', Aufnahme und Verarbeitung von produktrelevanten Informationen – überprüft wurde. Eine lineare Regressionsanalyse auf Basis einer 1568 Probanden umfassenden Stichprobe ergab, dass alle fünf Determinanten des Involvements einen signifikanten Einfluss auf die abhängige Variable – „Consequences of Involvement" (Kapferer/Laurent 1985, S. 292) – hatten (vgl. Kapferer/Laurent 1985, S. 292f.).

Sowohl Mittal und Lee (1988) als auch Jain und Srinivasan (1990) unternahmen umfangreiche Validierungsstudien basierend auf dem Consumer Involvement Profiles von Laurent und Kapferer (1985). Es waren Mittal und Lee (1988) die erstmals in Ermangelung einer Übersetzung des CIP deshalb eine englische Entsprechung des CIP entwickelten, allerdings unter Hinzufügung mehrerer Statements. Streng genommen handelt es sich darum auch nicht um eine Replikation der Arbeit von Kapferer und Laurent (1985), sondern „the Mittal and Lee scale is best described as a measure of involvement loosely based on the CIP" (Rodgers/Schneider 1993, S. 335).

Auch Jain und Srinivasan (1990) nahmen eine Übersetzung der französischsprachigen Consumer Involvement Profile-Skala unter zu Hilfenahme von vier Übersetzern vor, verwandelten aber gleichzeitig die 5-Punkte-Likert-Skala in ein semantisches Differential. Eine Stichprobe mit 375 Studenten führte zu „consistent and encouraging results, both in the factor structures and Cronbach alpha values of the sub scales" (Jain/Srinivasan 1990, S. 596). Dennoch konnten nur vier der ursprünglich fünf Faktoren repliziert werden. ‚Interest' und ‚Pleasure' laden auf eine Dimension. Zusammen erklärten die extrahierten Faktoren 61 % der Varianz (vgl. Jain/Srinivasan 1990, S. 596ff.).

Die aus dem Jahre 1993 stammende Studie von Rodgers und Schneider befasste sich ebenfalls mit der Faktorstruktur des Consumer Involvement Profiles von Kapferer und Laurent (1985). Es gelang ihnen bis auf eine Ausnahme die Ergebnisse von Kapferer und Laurent (1985) zu replizieren, was sie zu dem Schluss führte, dass „the scale [...] a useful measure of several antecedents of involvement [is]" (Rodgers/Schneider 1993, S. 333). Wie auch schon in der zuvor genannten Studie von Jain und Srinivasan (1990) betraf die Ausnahme die Faktoren Interesse und Freude/Spaß, die nicht als getrennte Faktoren identifiziert werden konnten (vgl. Rodgers/Schneider 1993, S. 333ff.).

Schließlich nahmen Kapferer und Laurent (1993) eine Replizierung ihrer aus dem Jahre 1985 stammenden Untersuchung vor. Zu diesem Zwecke führten sie fünf breit angelegte empirische Studien durch.[51] Das Hauptinteresse lag wie in den schon vorher durchgeführten Studien darin, die Faktorstruktur des Konstrukts Involvement bzw. dessen Antezedenzien zu rekonstruieren. Der Auswertung der Ergebnisse wurden die folgenden Arbeitshypothesen zu Grunde gelegt (vgl. Kapferer/Laurent 1993, S. 348):

(1) Jedes Item sollte nur auf einen Faktor laden.
(2) Jene Items, die zur Erfassung eines bestimmten Antezedenten von Involvement vorgesehen waren, sollten jeweils auf den gleichen Faktor laden.
(3) Die postulierten Antezedenzien sollten jeweils auf einen unterschiedlichen Faktor laden.

Die Ergebnisse belegen, dass für drei der fünf Antezedenzien die formulierten Hypothesen bestätigt werden konnten. Probleme ergaben sich - wie schon zuvor von Jain und Srinivasan (1990) und Rodgers und Schneider (1993) gezeigt wurde – bei den Faktoren Interesse (interest) und Freude/Spaß (pleasure), die nur in einer der fünf Studien als getrennte Faktoren identifiziert werden konnten. Auch wenn dieses Ergebnis nahe legt, dass die beiden Faktoren zusammengefasst werden könnten, so warnen Kapferer und Laurent (1993) davor dies voreilig zu tun. Sie begründen dies damit, dass (1) bei verschiedenen Produkten die gegenständlichen Faktoren als unabhängig voneinander identifiziert werden konnten und (2) auch ihre grundsätzliche Konzeption unterschiedlich ist. Sie resümieren folglich: „Our overall conclusion ist that interest and pleasure often occur together (for various reasons: interest may lead to pleasure for a hobby, pleasure may lead to interest for a food product such as wine, etc.), but that they are not identical. We therefore recommend using all five subscales“ (Kapferer/Laurent 1993, S. 354).

### 2.2.5.3 Exkurs: Kritik an PII und CIP

Schneider und Rodgers (1996) führen bei dem Vergleich des PII und des CIP an, dass es sich dabei um zwei „rather disparate involvement scales“ (Schneider/Rodgers 1996, S. 249) handelt und diese das Konstrukt Involvement nicht vollständig zu erfassen vermögen (vgl. Schneider/Rodgers 1996, S. 249f.). Die von Zaichkowsky (1985) propagierte Eindimensionalität hat zur Folge, dass zwar die persönliche Relevanz oder Wichtigkeit erfasst wird, weitere mögliche Determinanten des Involvement jedoch vernachlässigt bzw. nicht berücksichtigt werden. Die Vielzahl möglicher Determinanten wird hingegen im CIP abgebil-

[51] Stichprobenumfänge der einzelnen Untersuchungen: $n_1 = 588$; $n_2 = 2250$; $n_3 = 1000$; $n_4 = 240$; $n_5 = 970$ (vgl. Kapferer/Laurent 1993, S. 347ff.).

det. Die bedeutendste Limitation beider Skalen liegt nach Meinung der beiden Autoren in deren unzureichender Strukturierung, „[s]pecifically, the PII measures personal relevance or importance (ie., product involvement itself), and one of several antecedents (ie., Interest-Pleasure). On the other hand, the CIP measures a richer array of antecedents (ie., Interest-Pleasure, Risk Importance, Risk Probability and Sign), but has no direct measure of personal relevance or importance (ie., product involvement itself)“ (Schneider/Rodgers 1996, S. 250).

Als Lösung schlagen Schneider und Rodgers (1996) eine Kombination beider Skalentypen vor, was allerdings alleine aufgrund der unterschiedlichen Messformate (semantisches Differential versus Likert-Skala) nicht unproblematisch erscheint. Ein weiterer Lösungsvorschlag bestand daraufhin darin, dass CIP durch eine weitere Subskala „designed to measure product importance itself“ (Schneider/Rodgers 1996, S. 250) zu ergänzen (vgl. Schneider/Rodgers 1996, S. 250). Die Autoren führten insgesamt zwei Studien durch, in denen sie die Reliabilität der vorgeschlagenen „Importance subscale“ für das CIP untersuchen und dabei auch vergleichbare Ergebnisse ermitteln. Die Ergebnisse zeigen, dass die neudefinierte Subskala signifikante lineare Beziehungen zu den Subskalen „Interesse-Gefallen“ am Produkt (interest-pleasure), dessen symbolischen Wert (sign) und zur Risikowichtigkeit (risk importance) aufweist. Nur bei der Beziehung zwischen der neudefinierten Subskala und der Risikowahrscheinlichkeit (risk probability) ergibt sich ein negativer, curvilinearer Koeffizient. Konkret äußert sich das darin, dass Konsumenten ein höheres Involvement bei der Wahl eines Finanzinstitutes aufweisen, wenn sie entweder ihrer eigenen Entscheidungsfähigkeit trauen oder sich darauf nicht verlassen und eher unsicher sind. Beide Extremhaltungen haben ein höheres Involvement zur Folge (vgl. Schneider/Rodgers 1996, S. 251f.).

Weitere Forschungen sind notwendig, um die Validität der neudefinierten Subskala zu fundieren. Positiv anzumerken bleibt, dass damit eine weitere Subskala zu den bestehenden CIP-Skalen entwickelt wurde und „the CIP is now capable of measuring product involvement itself (through this new Importance subscale), as well as four crucial antecedents to such involvement“ (Schneider/Rodgers 1996, S. 252).

Mulvey, Olson, Celsi und Walker (1994) attestieren ebenfalls PII und CIP nur eingeschränkte Brauchbarkeit, da es sich nach ihrer Ansicht dabei um kein adäquates Messinstrument zur erschöpfenden Erfassung der grundlegenden Ursachen von Involvement handelt. Insbesondere richtet sich ihre Kritik auf die in den beiden Ansätzen verortete Absenz einer kognitiven Basis von Involvement. Sie unternehmen deshalb den Versuch „to measure the cognitive basis for involvement by measuring the means-end knowledge structures that represent consumers' perceptions of personal relevance" (Mulvey/Olson/Celsi/Walker 1994, S. 51). Durch die Beschreibung so genannter ‚Ziel-Mittel-Ketten' sollen die wahren Beweggründe und Einstellungen der Konsumenten eruiert werden. Dies scheint umso bedeutender zu sein, da manche Konsumenten ein vergleichbares Involvement aufweisen, aber zugleich „perceive the self-relevance of the product in completely different ways" (Mulvey/Olson/Celsi/Walker 1994, S. 57).

#### 2.2.5.4 Communication via Syncretic and Analytic Cognition (CASC) von Chaudhuri/Buck (1994)

Die CASC-Skala stellt ein weiteres Messverfahren für Involvement dar und wurde erstmals von Chaudhuri und Buck (1994) vorgestellt (vgl. Chaudhuri/Buck 1994; siehe auch: Chaudhuri/Buck 1998; Buck/Chaudhuri/Georgson/Kowta 1995).

Ausgangspunkt der Überlegungen bildet die Feststellung, dass Rezipienten auf Werbepräsentationen zur gleichen Zeit sowohl emotional als auch rational reagieren. Einschlägige Forschungsbemühungen vermochten nach Ansicht der Autoren noch kein allgemein akzeptiertes Instrument hervorzubringen, mit dem beide Arten von Reaktionen simultan erfasst werden und das auf einer theoretischen Grundlage basiert. Meist werden Ad-hoc-Instrumente verwendet, die entweder emotionale oder kognitive Reaktionen messen und deren Ergebnisse aufgrund der Vielfalt der eingesetzten Skalen nur schwer vergleichbar bzw. replizierbar sind. Chaudhuri und Buck (1994) versuchen in ihrer Arbeit zu zeigen, dass durch Werbung bestimmte Dimensionen von Gedanken und Gefühlen immer wieder hervorgerufen werden und dass sich diese Dimensionen auf spezifische Funktionsweisen des menschlichen Gehirns zurückführen lassen (vgl. Chaudhuri/Buck 1998, S. 194f.; Buck/Chaudhuri/Georgson/Kowta 1995, S. 440; Chaudhuri/Buck 1994, S. 161).

Zur Entwicklung eines adäquaten Messinstrumentes wurde die auf MacLean (1973) zurückgehende Theorie des ‚Triune Brain' herangezogen. Die ‚Triune Brain'-Theorie postuliert, dass das menschliche Gehirn aus miteinander verbundenen Strukturen besteht, die den Gedanken und Gefühlen von Menschen zu Grunde liegen (vgl. Chaudhuri/Buck 1998, S. 195f):

(1) der ,reptilischen Struktur' (Formatio reticularis, Basalganglien[52] und Mittelhirn), die für grundlegendes Verhalten wie Reproduktion, Aggression usw. verantwortlich ist;
(2) dem limbischen System (,paleomamalian formation')[53], das sowohl mit prosozialen (z.B. mütterliche Fürsorge, Spielen) als auch individualistischen Empfindungen (Angst, Ärger, Selbstschutz und Kampfverhalten) in Verbindung steht sowie
(3) der ,neomammalischen Struktur', die komplexe kognitive Prozesse, wie Sprache, Ideen, Problemlösen, Gedächtnis steuert.

Chaudhuri und Buck (1998) entwickelten basierend auf der Theorie des ,Triune Brain' eine 16 Item umfassende Skala, die die von Werbung erzeugten unterschiedlichen Kognitionen bzw. Emotionen auf vier Dimensionen (,Prosocial-, Individualistic-, Reptilian- und Analytic'-Dimension) erfasst. Dabei wird die ,Prosocial'-Dimension durch Items wie z.B. fröhlich oder stolz beschrieben. Zu den weiteren Dimensionen zählen: die ,Individualistic'-Dimension (repräsentiert durch Items wie z.B. irritiert, ärgerlich), die ,Reptilian'-Dimension (z.B. aggressiv, sexy) und die ,Analytic'-Dimension (z.B. Pro- und Contra-Argumente) (vgl. Chaudhuri/Buck 1998, S. 197-199).

In umfangreichen Eichstichproben mit insgesamt über eintausend Versuchspersonen, die jeweils zehn Fernsehspots und Printanzeigen sahen, konnte die dimensionale Struktur der Skala validiert werden und somit ein empirischer Befund für die Zusammengehörigkeit der verwendeten Items erbracht werden. Bemerkenswert scheint in diesem Zusammenhang, dass die Beurteilung auf den vier genannten Dimensionen durch die jeweiligen Items über sehr unterschiedliche Werbepräsentationen (je 120 Fernsehspots und 120 Printanzeigen aus mehr als 30 Produktkategorien) in einer Folgestudie unter 129 Studenten exakt reproduziert und die gleiche dimensionale Struktur ermittelt werden konnte (vgl. Chaudhuri/Buck 1998, S. 199f.).

Die prognostische Validität der CASC-Skala wurde mittels einer Regressionsanalyse ermittelt. Dabei stellten die vier genannten Dimensionen die Prädiktoren dar. Als abhängige Variablen dienten aggregierte Maße der Werbewirksamkeit,

52 Basalganglien sind eine Gruppe grauer, paariger, dem extrapyramidalmotorischen System zugehöriger Endhirn- und Zwischenhirnkerne mit wichtigen Aufgaben bei der Ausgestaltung des Bewegungsabläufe (o.V. 2003, http://www.gesundheit.de/roche/).

53 Mammalia steht für Säugetier; im Englischen werden die Adjektive ,mammalian', ,paleomammalian' und ,neomammalian' in diesem Zusammenhang verwendet. Diese Adjektive sind zwar nicht Bestandteil des deutschen Vokabulars, werden hier aber in Ermangelung einer adäquaten Entsprechung wie im Englischen verwendet (vgl. Chaudhuri/Buck 1998, S. 195).

die als Wirkungsindizes ermittelt wurden (Überzeugungskraft, Gefallen und Kaufabsicht). Die Analyse zeigte, dass Prosoziale Affekte relativ stark (positiv) mit allen drei Wirkungsindizes zusammenhingen, dass heißt, je stärker eine Werbepräsentation prosoziale Affekte auslöste, desto positiver waren Überzeugungskraft, Gefallen und Kaufabsicht. Der umgekehrte Zusammenhang fand sich für individualistische Affekte. Analytische Kognitionen hingen primär mit Überzeugungskraft und Kaufintention zusammen, nicht aber mit Gefallen. Reptilische Affekte wirkten sich schwach positiv auf Überzeugungskraft und Gefallen aus, weniger hingegen auf Kaufabsicht (vgl. Chaudhuri/Buck 1998, S. 202).

Chaudhuri und Buck (1998) zufolge zeigen die Ergebnisse, dass durch Werbebotschaften die oben beschriebenen Affekte und Kognitionen konsistent und verlässlich hervorgerufen werden können. Diese wiederum stehen mit spezifischen Funktionsweisen des menschlichen Gehirns in Verbindung. Durch Verwendung der CASC-Skala können somit Werbebotschaften hinsichtlich dieser Dimensionen eingeschätzt und relativ unabhängig von Produktkategorie und Zielgruppe miteinander verglichen werden. Gleichzeitig können die auf diesem Wege ermittelten Ergebnisse als Vorhersagewerte für die Größen Überzeugungskraft, Gefallen und Kaufabsicht herangezogen werden (vgl. Chaudhuri/Buck 1998, S. 203f.).

Die vorgestellte CASC-Skala stellt ein relativ neues Messverfahren zur Ermittlung von Affekt im Kontext der Involvement-Forschung dar. Die Andersartigkeit zeigt sich im Besonderen in einem Abgehen von den bislang eher traditionell primär kognitiv orientierten Skalen und Modellen. Sie stellt einerseits einen viel versprechenden Beitrag auf diesem Forschungsgebiet dar und liefert andererseits interessante Ansatzpunkte für weitere Forschungsbemühungen.

### 2.2.6 Zusammenfassung und Konzeption der weiteren Vorgangsweise

Über die Bedeutung und den Stellenwert des Involvement-Konstruktes in der Konsumentenforschung besteht, wie die vorangegangenen Ausführungen gezeigt haben, weitgehend Einigkeit im einschlägigen Fachschrifttum. Ein weniger breiter Konsens liegt jedoch in der Operationalisierung und Interpretation des auch als „eine Art Sammelkonstrukt für die objektbezogene Disposition" (Nieschlag/Dichtl/Hörschgen 2002, S. 1012) von Konsumenten bezeichneten Konstruktes vor.

Widmete sich die Involvementforschung zu Beginn noch der Erörterung grundlegender psychischer Determinanten des Konsumentenverhaltens – Informationsaufnahme, -verarbeitung und –speicherung – so verlagerte sich alsbald der Forschungsschwerpunkt auf die Operationalisierung und empirische Erfassung gegenständlicher Größe (vgl. Mühlbacher 1988). An diesem Punkt knüpft auch die Kritik an der Involvementforschung an. So warnte bereits Mitchell (1979) vor einem zu raschen Übergang auf die empirische Erforschung des Involvement-Konstruktes ohne vorab für ein allgemein anerkanntes Begriffsverständnis gesorgt zu haben. Wie oben gezeigt, ist es vor allem den Arbeiten von Autoren wie etwa Costley (1988) oder Laaksonen (1994) zu verdanken, dass ein besseres allgemeines Verständnis über das Konstrukt Involvement gewonnen werden konnte, dennoch scheint die Forderung Mitchells' nichts von ihrer Aktualität eingebüßt zu haben, wie auch jüngere Kommentare zeigen (vgl. Poiesz/de Bont 1995, S. 448).

Ein zentrales Anliegen der vorliegenden Arbeit ist die Ermittlung des Involvements mit Strom bei Privatkunden. Dazu wird zunächst eine theoriegestützte Abgrenzung des verwendeten Involvement-Begriffes vorgenommen. Als Ergebnis dieses Prozesses wird Involvement für die vorliegende Untersuchung als ein (1) zustandsorientiertes, (2) situatives und (3) kontinuierliches Konstrukt definiert.

Im Anschluss daran werden ausgewählte Modelle der verbalen Involvementmessung und deren Operationalisierung diskutiert sowie kritisch gewürdigt (Kap. 2.2.3 ff.). Auffällig scheint in diesem Zusammenhang, dass der Prozess der Item- bzw. Statemententwicklung meist nur am Rande, wenn überhaupt erwähnt wird. Vielmehr konzentrieren sich die Autoren der diversen Studien auf die ausführliche Dokumentation der für die Entwicklung der Itembatterien notwendigen, meist aber sehr aufwendigen und umfangreichen Eichstichproben. Diese mühselige und auch kostspielige Prozedur scheint allerdings unumgänglich, um ein möglichst reliables und valides Messinstrument erst entwickeln zu können. Es ist deshalb nahe liegend, von einem engen Zusammenhang einerseits umfangreicher und kostspieliger Eichstichproben und andererseits der Qualität der entwickelten Testskala auszugehen.

Da es aber immer wieder in der Praxis wissenschaftlicher Forschung aufgrund mangelnder finanzieller Ressourcen aber auch aufgrund zeitlicher Restriktionen vielfach unterlassen bzw. bewusst darauf verzichtet wird Eichstichproben durchzuführen, wird im empirisch-messtechnischen Teil dieser Arbeit erstmals ein empirisch-qualitativer Weg zur Entwicklung einer Itembatterie zur Messung des Involvements vorgeschlagen. Basierend auf den Transkripten von Gruppendiskussionen wird dabei anhand eines transparenten und intersubjektiv nachvollziehbarem Prozesses die Itementwicklung vorgenommen. Das primäre Forschungsinteresse besteht letztendlich darin, einen alternativen Weg zu beschreiben, der es ermöglicht (1) ressourcenschonend, (2) intersubjektiv nachvollziehbar sowie (3) valide und reliabel Itembatterien zu entwickeln. Darüber hinaus soll der auf diesem Wege entwickelte Test der Beantwortung der eingangs formulierten Forschungsfrage gereichen (vgl. Kap. 1.1).

## 2.3 Kundennutzen

Der Kundennutzen stellt ein zentrales Konstrukt zur Beantwortung der eingangs aufgeworfenen Problemstellung und Zielsetzung dar (vgl. Kap. 1.1 und Kap. 1.2). Die Grundlage für empirische Anwendungen des Nutzenkonzeptes stellen normative Nutzenmodelle aus der Volkswirtschaftslehre und Modelle der Entscheidungstheorie dar. Wobei festzuhalten ist, dass in der Volkswirtschaftslehre das Fundament für das Nutzenkonzept bereitet wurde (vgl. Fishburn 1968, S. 340), der Durchbruch des Nutzenkonzeptes hingegen erst im Zuge der Veröffentlichung der entscheidungstheoretischen Arbeiten von von Neumann und Morgenstern erfolgte (vgl. von Neumann/Morgenstern 1947).

Ein Blick auf die historische Entwicklung von Nutzenmodellen und den daraus abgeleiteten empirischen Modellierungsansätzen spiegelt den interdisziplinären Charakter der Nutzenforschung wider. Dabei wird evident, dass Konzepte in unterschiedlichen Disziplinen teils parallel, teils aufeinander aufbauend zur Theorieentwicklung im Allgemeinen und zur Ableitung praktischer Anwendungen im Speziellen beigetragen haben (vgl. Abb. 7).

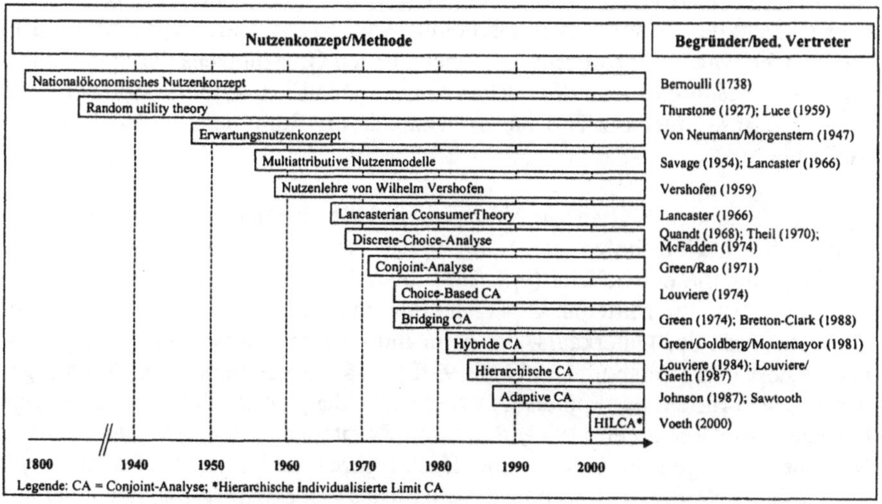


Abbildung 7: Ausgewählte Meilensteine der Nutzenforschung und Modellierungsmethoden (Quelle: in Anlehnung an Teichert 2001, S. 22).

Im Folgenden wird ein kurzer Abriss über die Entwicklung der Nutzenforschung geboten. Die Darstellung erstreckt sich über die Definition des Nutzenkonstruktes bis zu den modelltheoretischen Grundlagen aus der Mikroökonomie und der Verhaltenswissenschaft. Dabei werden nur jene Modelle erörtert, die sich auf eine deterministische Präferenzstruktur beziehen. Stochastische Ansätze der Präferenzforschung, wie sie auf von Neumann/Morgenstern (1947) zurückgehen sind nicht Gegenstand der folgenden Ausführungen. Im Hauptteil dieses Abschnittes wird eine detailliertere Betrachtung der Conjoint-Analyse vorgenommen, die die Grundlage für die empirische Präferenzerhebung in der vorliegenden Untersuchung darstellt. Die Darstellung der Grenzen der vorgestellten Methode und eine kritische Würdigung der vorgestellten Methode, bilden den Schluss dieses Kapitels.

## 2.3.1 Nutzen als Ausgangspunkt

Die Entwicklung des Nutzenkonzeptes in der Nationalökonomie reicht zurück auf einen Artikel von Bernoulli aus dem Jahre 1738, der von Sommer (1954) übersetzt und unter dem Namen des ursprünglichen Autors in der renommierten Zeitschrift Econometrica wiederabgedruckt wurde (vgl. Bernoulli 1954, S. 23-36). Darin beschreibt er exemplarisch, dass menschliche Entscheidungen durch ein strikt nutzenmaximierendes Verhalten gekennzeichnet sind. Nach Bernoulli resultiert der Wert eines Gutes nicht aus seinem Preis, sondern ergibt sich aus dem Nutzen, den es stiftet (vgl. Bernoulli 1954, S. 24). Darüber hinaus wird in dieser Arbeit auch das Konzept des abnehmenden Grenznutzens durch ein empirisch nicht bestätigtes logarithmisches Nutzenmodell[54] eingeführt (vgl. Bernoulli 1954, S. 25f.). Nutzen erfährt hiermit erstmals die Rolle einer wirtschaftlichen Maßeinheit.

Einen bedeutenden Beitrag zur Verbreitung der Nutzenlehre in der Absatzwirtschaft erbrachte Vershofen (1959), der in den fünfziger Jahren eine eigenständige Nutzentheorie entwickelte (vgl. Vershofen 1959, S. 81ff.; sowie Berekoven 1979, S. 2ff.). Im Mittelpunkt Vershofens Nutzentheorie stehen die Bestimmungsfaktoren des Güterkaufs, der beim Individuum unterschiedliche Reaktionen auslöst (vgl. Vershofen 1959, S. 92ff.). Was letztendlich einen Nachfrager bewegt, sich für ein bestimmtes Gut zu entscheiden, hat im Einzelfall unzählige Ursachen, die Vershofen (1959) durch die Zweiteilung der zugrunde liegenden Nutzenerwartungen in Grund- und Zusatznutzen zu erklären versucht (vgl. Vershofen 1959, S. 81ff.). Demnach stiftet jedes Gut einen Grundnutzen, der aus den physikalisch-chemisch-technischen Merkmalen resultiert. Im Unterschied dazu ist der Zusatznutzen für die Funktionsfähigkeit des Produktes nicht zwingend erforderlich, stiftet aber dem Nachfrager einen darüber hinaus gehenden

---

[54] Diese Annahme wurde in der Folge von namhaften Ökonomen aufgegriffen und stark kritisiert, vgl. bspw. Markowitz (1952).

Nutzen (vgl. Vershofen 1959, S. 81ff.; sowie Herrmann/Bauer/Huber 1997, S. 279).

Als eines der bedeutendsten ökonomischen Konstrukte zur Erklärung menschlichen Wahlverhaltens ist der Begriff des Nutzens nur wenig konkret und wurde zur besseren Beschreibung in ein System von Verhaltensaxiomen eingebunden, aus denen sich Aussagen über das Verhalten von Nachfragern ableiten lassen (vgl. Green/Shapiro 1994, S. 14ff. u. 70f.; Lancaster 1991, S. 131ff. u. 252 ff.). Herrmann (1996) führt an, dass „[d]ieser Terminus [...] ein nach subjektiven Maßstäben bewertbares und deshalb intersubjektiv nur schwer überprüfbares Maß an Bedürfnisbefriedigung zum Ausdruck [bringt]" (Herrmann 1996, S. 58). Mit anderen Worten, es fällt schwer die im Einzelfall vielfältigen Ursachen einer bestimmten Wahlhandlung eines Nachfragers zu bestimmen. Ein weiterer Kritikpunkt ist die Vernachlässigung sozialer Normen im Rahmen des Nutzenkonzeptes, welche mitunter erheblichen Einfluss auf das Entscheidungsverhalten von Konsumenten ausüben (vgl. Green/Shapiro 1994, S. 20-30).

Zur Lösung dieses Problems schlägt etwa Teichert (2001) vor, „die Einhaltung sozialer Normen als zusätzliche nutzenstiftende Eigenschaft" zu betrachten (Teichert 2001, S. 24). Eine derart vorgenommene Erweiterung des Nutzenbegriffes wird aber keineswegs unkritisch hingenommen. So sehen u.a. Beed und Beed (2000) aber auch Teichert (2001) eine damit einhergehende Tautologisierung des Konstrukts als schwerwiegendes Problem der Operationalisierung an.

Aber schon beim Versuch der Messung des schwer zu operationalisierenden Nutzenkonstruktes muss ein Umweg gemacht werden. Nutzen, als nicht beobachtbare Größe, wird in der Regel über von Probanden gemachte Präferenzurteile erhoben. „Präferenz stellt somit nicht den Nutzen selbst, sondern das abgeleitete Ergebnis eines Nutzenvergleiches zwischen Alternativen dar" (Teichert 2001, S. 24). Im nachfolgenden wird deshalb der Begriff der Präferenz für die weitere Arbeit näher beschrieben und festgelegt.

#### 2.3.1.1 Definition des Präferenzkonstruktes

Eine maßgebliche Determinante im Entscheidungsverhalten der Konsumenten stellt die Präferenz[55] dar, die als „Maß der Vorziehungswürdigkeit eines Beurteilungsobjektes (Produktes) für eine bestimmte Person" (Mengen 1993, S. 69) definiert und durch einen Nutzenvergleich verschiedener zur Auswahl stehender

[55] Vgl. Schweikl 1985, der für eine synonyme Verwendung der Begriffe Nutzen und Präferenz eintritt.

Alternativen bestimmt wird (vgl. Böcker 1986a, S. 555; Nieschlag/Dichtl/Hörschgen 2002, S. 656). Bei der Präferenz handelt es sich um ein hypothetisches Konstrukt, welches sich einer direkten empirischen Beobachtung entzieht und erst über den Umweg einer sachdienlichen Operationalisierung, im Sinne einer reliablen und validen Konstruktion adäquater Erhebungsinstrumente, messbar gemacht werden kann (vgl. in diesem Zusammenhang u.a. Kroeber-Riel/Weinberg 2003, S. 189ff.; Peter/Churchill 1986, S. 1; Peter 1981, S. 134).

In der gängigen Literatur hat sich die Annahme Lancasters (1966) durchgesetzt, der zufolge Produkte als Eigenschaftsbündel wahrgenommen werden. Daraus abgeleitet entwickelte sich die multiattributive Nutzentheorie, die den Nutzen eines Gutes als die Summe der Ausprägungen seiner Eigenschaften ermittelt (vgl. bspw. Herrmann 1996, S. 211; Herrmann/Gutsche 1994, S. 64; Green/Krieger 1993, S. 467ff.; Louviere/Johnson 1991, S. 139; Schubert 1991, S 117; Tscheulin 1991, S. 1268; Schweikl 1985, S. 27). Formal kann diese Aussage wie folgt ausgedrückt werden:

Ein beliebiges Gut $g_k$ kann entsprechend dem Ansatz der multiattributiven Nutzentheorie als Vektor der Ausprägungen $i=1,...,I_j$ der Attribute[56] $j=1,...,J$, bezeichnet durch $e_{ij}$ beschrieben werden. Dies kann folgendermaßen zusammengefasst werden: $g_k'=(e_{i1},...,e_{iJ})$.[57] In einem weiteren Schritt wird unterstellt, dass den Attributen intersubjektiv unterschiedliche Nutzenwerte[58] $u(e_{ij})$ zugewiesen werden können, die als Teilnutzenwert der Ausprägung $i$ des Attributs $j$ verstanden werden.[59] Abschließend ist eine geeignete Funktion $f(\cdot)$ zu ermitteln, die die Aggregation der einzelnen Teilnutzenwerte zu einem Gesamtnutzen $U(g_k)$ unter der Bedingung gewährleistet, dass $U(g_k)\geq U(g_l)\forall k,l$ gilt, wenn Produkt $l$ dem Produkt $k$ nicht vorgezogen wird.[60]

56 Attribute werden in der gängigen Literatur synonym auch als Merkmale oder Eigenschaften bezeichnet (vgl. bspw. Hüttner/Schwarting 2002, S. 9), im Folgenden soll dieser Begriff allgemein, gemäß dem Definitionsvorschlag von Hwang und Masud (1979) verstanden werden: „Attributes are the characteristics, qualtities or performance parameters of alternatives“ (Hwang/Masud 1979, S. 12).

57 Eine Darstellung dieser Art findet sich u.a. bei: Green/Goldberg/Montemayor 1981, S. 34; Green 1984, S. 156; Schweikl 1985, S. 26f.; Mengen 1993, S. 75; Voeth 2000, S. 11-13.

58 Vgl. Schweikl 1985, S. 27; Voeth 2000, S. 11-13.

59 Siehe bspw. Mengen 1993, S. 77; Backhaus/Erichson/Plinke/Weiber 2000, S. 579.

60 Die Präferenz kann auch verbal zum Ausdruck gebracht und muss nicht zwingend aus dem tatsächlichen Wahlverhalten abgeleitet werden (vgl. Fishburn 1968; Fishburn 1970; Day/Shocker/Srivastava 1979, S. 11; Louviere 1994, S. 230-236).

Zur Lösung der umrissenen Problemstellung kann der Analytiker auf kompositionelle bzw. auf dekompositionelle Präferenzmodelle zurückgreifen, auf die im Rahmen der Erläuterungen zur Conjoint-Analyse noch einzugehen sein wird.

#### 2.3.1.2 Präferenz als Determinante zur Bestimmung des Kaufverhaltens

Die Neuordnung der europäischen Strommärkte führte zu einer zumindest theoretischen Wandlung des bislang monopolistisch organisierten Sektors hin zum Käufermarkt (vgl. Kap. 2.1.2ff.). Auf Käufermärkten besteht definitionsgemäß ein Überangebot an Waren und Dienstleistungen aus denen Käufer diejenigen Alternativen auswählen, die nach deren subjektiven Bewertungsschemata am geeignetsten erscheinen (vgl. bspw. Kroeber-Riel/Weinberg 2003; Bänsch 2002; Trommsdorff 2002; Böcker 1986a).

Die Schaffung einer hohen Präferenz für die jeweils angebotene Leistung stellt daher ein zentrales Anliegen der Absatzpolitik marktorientierter Unternehmen dar. Auch Europas Stromlieferanten sind aufgefordert besondere Anstrengungen zu unternehmen, um einerseits die spezifischen Bedürfnisse ihrer möglichen Abnehmer zu erforschen und andererseits diese zur Wahl der eigenen Produkte und Dienstleistungen zu bewegen. Dazu ist es notwendig Präferenzen der Konsumenten zu erkennen und ihr Zustandekommen erklären zu können (vgl. Hahn 1997, S. 7-11; Schweikl 1985, S. 40-43).

**Definition und Begriffsabgrenzung**
Präferenzen spiegeln ganzheitliche Urteile über die Vorziehungswürdigkeit bestimmter Produkte, Marken, Ideen, Einkaufsstätten oder Dienstleistungen wider. Die Erklärung von Präferenzurteilen stellt dabei das Ziel zahlreicher Forschungsrichtungen dar. So bildet sowohl in der verhaltenswissenschaftlich orientierten Einstellungstheorie als auch in der mikroökonomisch ausgerichteten Nutzentheorie und der axiomatisch ausgerichteten Risikotheorie letztlich die Erforschung und Prognose von Präferenzen den Mittelpunkt aller Forschungsbemühungen (vgl. Böcker 1986a, S 550f.).

Die Präferenz selbst stellt demnach eine eindimensionale Größe dar. Dabei interessiert weniger deren absolute Größe. Im Mittelpunkt der Forschungsbestrebungen steht regelmäßig ihre Struktur. Als zentrale Forschungstatbestände der Präferenzforschung gelten die folgenden Komponenten (vgl. Böcker 1986a, S. 551-556; siehe auch: Kroeber-Riel/Weinberg 2003):

- Das Image des Beurteilungsobjektes, das die mehrdimensionale Vorstellung wiedergibt, die der Beurteiler von dem betreffenden Objekt besitzt.
- Die Merkmalsgewichte, die ein Ausdruck der relativen Bedeutung der einzelnen zur Beurteilung herangezogenen Merkmale sind.
- Der Vorstellung von einem idealen Objekt der betreffenden Produktkategorie, d.h. eines Produktes, das hinsichtlich jedes Merkmals im bestmöglichen Ausmaß ausgeprägt ist; in vielen Fällen ist die Idealvorstellung eine Extremwertvorstellung (z.B. billig, teuer etc.).

Erst wenn die Präferenzstruktur der Zielkunden bekannt ist, können vom Marketing gezielt Maßnahmen zur Verbesserung der Produktentwicklung wahrgenommen werden. Das vorhin erwähnte Image hilft in diesem Zusammenhang festzustellen, wie ein Beurteilungsobjekt tatsächlich wahrgenommen wird und welche Maßnahmen im Rahmen der Werbepolitik ergriffen werden können. Merkmalsgewichte weisen darauf hin, welche Objektmerkmale von Produktentwicklern vorrangig zu berücksichtigen sind. Die Idealausprägung gibt letztendlich an, wie aus Sicht der potentiellen Nachfrager ein ideales Objekt gestaltet werden muss (vgl. Kroeber-Riel/Weinberg 2003, S. 197ff.; Schweiger/Schrattenecker 2001, S. 300ff.; Moore/Pessemier 1993, S. 38).

Folgt man der Definition von Böcker (1986a), so lässt sich Präferenz als ein „eindimensionaler Indikator, der das Ausmaß der Vorziehungswürdigkeit eines Beurteilungsobektes für eine bestimmte Person während eines bestimmten Zeitraumes zum Ausdruck bringt“ beschreiben (Böcker 1986a, S. 556). Präferenzen beziehen sich demnach immer nur auf eine Person und spiegeln somit die individuelle Beurteilung wider. Darüber hinaus setzt die Bildung von Präferenzen das Vorhandensein von Alternativen voraus. Die zeitliche Stabilität von Präferenzen ist allerdings begrenzt, so kann z.B. die Erweiterung des Alternativensets eine Verschiebung der Präferenzen nach sich ziehen. Kritisch anzumerken bleibt, dass Präferenzen aber nicht nur aufgrund der Vorziehenswürdigkeit eines Objektes entstehen, sondern auch soziale Normen oder Budgetrestriktionen Einfluss auf die Präferenzbildung ausüben (vgl. u.a. Nieschlag/Dichtl/Hörschgen 2002, S. 638ff.; Horsky/Sen 1982, S. 337; Trommsdorff/Bleicker/Hildebrandt 1980, S. 270; siehe auch: Kroeber-Riel/Weinberg 2003; Bagozzi/Schnedlitz 1985, S. 370).

**Präferenzbildung**

Dem psychophysische Entstehungsprozess der Perzeption, in dessen Ablauf die physikalischen und chemischen Reize an den Sinnesorganen zu einer Repräsentation der Umwelt verarbeitet werden, ist im einschlägigen Fachschrifttum der Wahrnehmungs- und Wissenspsychologie, sowie auf dem Gebiet der Erkenntnistheorie breiter Raum gewidmet (vgl. u.a. Vollmer 2003; Goldstein 2002, S. 3-11; Irrgang 2001, S. 95ff.; Mayer 2000, S. 32ff.; Popper 1993, 1989, 1979). Evident ist, dass dabei nicht nur die technischen bzw. physikalisch-chemischen Eigenschaften eine Rolle spielen, sondern etwa auch Denotationen wie Namen, Herkunftsbezeichnung u.ä. (vgl. Böcker 1986a, S. 556; siehe auch: Otter 1995).

In weiten Teilen der relevanten Literatur besteht darüber Einigkeit, dass die physikalisch-chemische Beschreibung des Beurteilungsobjektes und seine Wahrnehmung umso mehr divergieren, je unprofessioneller die Entscheidungen vorgenommen werden und je weniger heterogen bzw. je weniger komplex die Produkte oder Dienstleistungen sind. Es ist deshalb naheliegend, dass das Image als kognitive Realität Basis jeder Präferenzbildung ist (vgl. bspw. Kroeber-Riel/Weinberg 2003; Böcker 1986a; Schweikl 1985; Green/Wind 1973).

Für die Erklärung des Kaufverhaltens kommen zahlreiche Konstrukte in Frage. Ziel muss es daher sein, aus der Vielzahl der mit unterschiedlicher Erklärungskraft behafteten determinierenden Variablen jene zu identifizieren, die einerseits eine hohe Korrelation zum tatsächlichen Kaufverhalten aufweisen und andererseits sich einer Operationalisierung durch den Analytiker nicht entziehen. Ein weiteres Qualitätsmerkmal des gewählten Konstruktes stellt die empirische Überprüfbarkeit einerseits und die Beeinflussbarkeit durch den Marketingmanager andererseits dar. Erst durch die Erfüllung der beschriebenen Voraussetzungen kann eine möglichst realitätsnahe Abbildung des Kaufentscheidungsverhaltens erfolgen (vgl. Kroeber-Riel/Weinberg 2003; Bänsch 2002; Trommsdorff 2002; Gutsche 1995, S. 41).

Das Präferenzkonstrukt wird im Lichte der oben diskutierten Anforderungsliste im Allgemeinen als ein besonders geeigneter Indikator für die Bestimmung des Kaufverhaltens beurteilt.[61] Dies liegt mitunter auch darin begründet, dass Präferenzurteile eine Aussage über die Wertschätzung aller Merkmale des zu beurteilenden Produktes zulassen und in den meisten Fällen eine Korrelation zur Kaufentscheidung aufweisen. Darüber hinaus sind es vor allem die vielfältigen Analyseverfahren, die die Erfassung und Verarbeitung empirischer Präferenzurteile und somit die Nutzbarmachung für das Marketing erlauben (vgl. von Thaden 2002; Gustafsson/Herrmann/Huber 2001; Louviere 1994).

Vieles spricht dafür, dass der Prozess der Präferenzbildung nicht einstufig, sondern mehrstufig erfolgt (vgl. Abb. 8). Das nachfolgend dargestellte Prozessmo-

---

61 An dieser Stelle sei auf die zahlreichen Publikationen, in deren Zentrum die Conjoint-Analyse und die Modellierung von Käuferverhalten stand verwiesen (vgl. bspw. Otter 2001; Inderst 2000; Tacke/Heusener 2000; Perrey 1998; Mengen/Tacke 1996; Aust 1996; Stallmeier 1993).

dell[62] zeigt die Stellung des Präferenzkonstruktes innerhalb des Produktwahlprozesses und macht den Zusammenhang zwischen den einzelnen kognitiven Beurteilungsprozessen deutlich. Das gezeigte Prozessmodell basiert auf dem Linsenmodell von Brunswick (1952) und wurde von Böcker (1986a) mit Elementen der vor- und nachgelagerten Prozessstufe erweitert. Böcker (1986a) unterscheidet in ein vor- und nachgelagertes ‚überindividuelles' Makroniveau und einem Individualniveau. Im Zentrum des Modells steht dabei die zunehmende Konkretisierung individueller Kaufentscheidungen im sozialen Kontext (vgl. Böcker 1986a, S. 552).

Im Rahmen der ersten Stufe wird dabei eine Art Vorauswahl getroffen, bei der vor allem Merkmale wie Marke, Preis oder sonstige Schlüsselinformationen herangezogen werden, um die akzeptablen Alternativen von weniger brauchbaren zu unterscheiden. In der zweiten Stufe erfolgt sodann die endgültige Auswahl. Das Ergebnis der ersten Beurteilungsphase ist eine Aufteilung der Gesamtheit der Beurteilungsobjekte in (vgl. Böcker 1986a, S. 568f.):

- diejenigen Objekte, die als akzeptabel eingestuft werden (‚relevant set'),
- diejenigen Objekte, die vom Konsumenten wahrgenommen werden (‚awarness set = evoked set + inept set'),
- diejenigen Beurteilungsobjekte, die als nicht tauglich eingestuft werden (‚inept set') und
- diejenigen Objekte, hinsichtlich deren man nur vage Informationen besitzt (‚inert set').

In zahlreichen Studien konnte nachgewiesen werden, dass in das ‚relevant set' von Konsumenten nur etwa 10 bis 15 % der Alternativen vordringen können (vgl. bspw. Kroeber-Riel/Weinberg 2003, 390ff.; Schweiger/Schrattenecker 2001, S. 178ff.). In vielen Fällen werden von den Konsumenten im Rahmen der Vorselektion 80 bis 90 % aller möglichen Angebote ausgeschieden. Aber erst die Kenntnis der aus Sicht der Kunden wichtigen Merkmale und Anforderungs-

---

62 Im gängigen Fachschrifttum wird häufig zwischen Prozess- und Strukturmodellen unterschieden. Letztere versuchen den Kaufentscheidungsprozeß mit allen wesentlichen Bestimmungsfaktoren möglichst detailgetreu zu rekonstruieren und dabei die nicht-beobachtbaren Strukturen offenzulegen (vgl. insb. Topritzhofer 1974, S. 15f.; Mazanec 1978). Da Kaufverhalten aber nicht statisch sondern einen dynamischen Prozess von der Anregungs- bis hin zur Kontrollphase darstellt, werden auch Modelle benötigt, welche die funktionale Beziehung der das Kaufverhalten beeinflussenden Faktoren im Zeitablauf darzustellen vermögen. Man spricht in diesem Zusammenhang von sogenannten Prozessmodellen (vgl. z.B. Schulz 1972).

werte und die Stellung im Wettbewerbsumfeld erlaubt eine optimale Produktplanung (vgl. Simon 1988, S. 461-467).

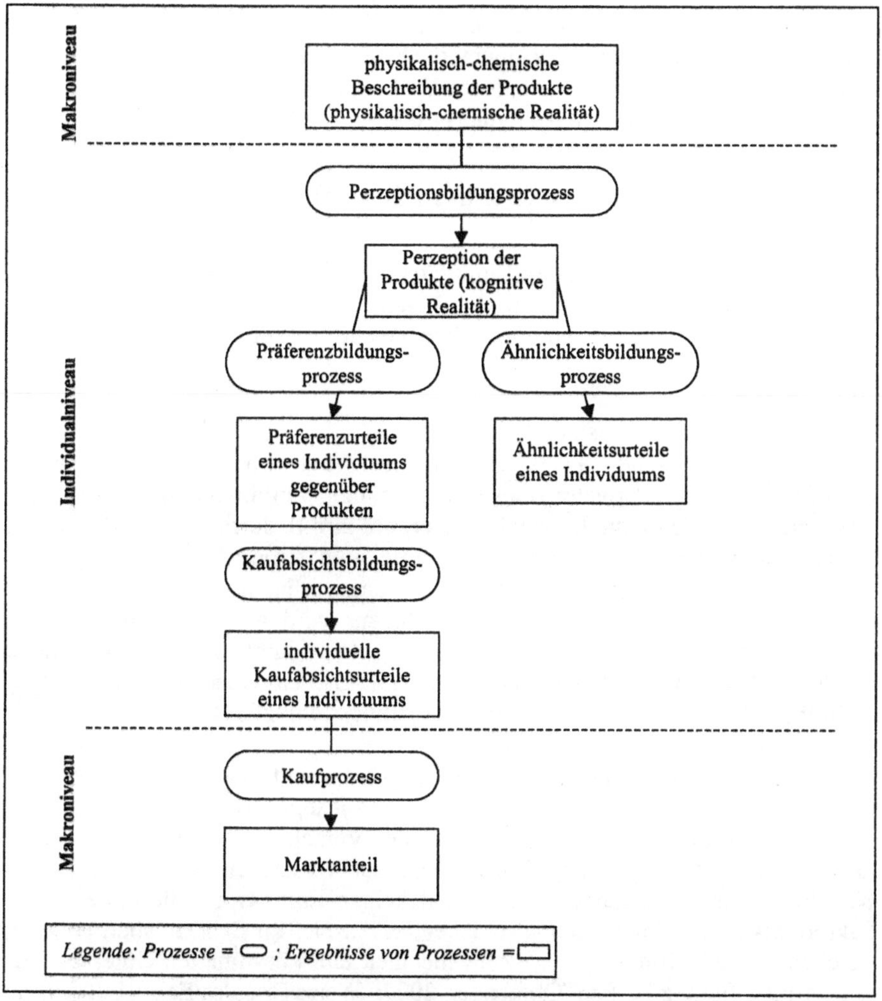


Abbildung 8: Einfaches Prozessmodell der Kaufentscheidung eines Individuums (Quelle: vgl. Böcker 1986a, S. 552).

Zusammenfassend kann festgehalten werden, dass die Präferenz nur als eine Kaufwahrscheinlichkeit für die jeweiligen Alternativen verstanden werden kann, da etwa ein Nachfrager auch Abstand von seiner Kaufentscheidung nehmen kann und sie z.B. verschiebt (vgl. Schweikl 1985, S. 26). Darüber hinaus werden tatsächliche Kaufentscheidungen von einer Reihe an zusätzlichen Faktoren beeinflusst, die aber durch das Konstrukt der Präferenz keine Abbildung erfahren (z.B. Budgetrestriktionen, soziale Normen). Erst durch den Gebrauch, Verbrauch oder die Inanspruchnahme eines Produktes bzw. einer Dienstleistung erwächst der Nutzen beim Konsumenten. Das Präferenzkonstrukt ist somit nicht in der Lage, die tatsächliche Kaufentscheidung exakt zu prognostizieren, dennoch stellt es eine tragfähige Näherungsgröße für Marketingzwecke dar.

### 2.3.1.3 Nutzenkonstrukt in der Mikroökonomie

In diesem Abschnitt werden das Paradigma der mikroökonomischen Haushaltstheorie und neuere mikroökonomische Ansätze betrachtet. Die einzelnen Ansätze werden kurz erläutert und auf ihre Zweckmäßigkeit für das Produktmarketing untersucht.

**Mikroökonomische Haushaltstheorie**
Die mikroökonomische Haushaltstheorie beschäftigt sich mit den wirtschaftlichen Entscheidungen privater Haushalte. Abhängig von ihren individuellen Präferenzen konsumieren die Haushalte Güter, um ihre Bedürfnisse zu befriedigen. In der mikroökonomischen Haushaltstheorie wird ferner davon ausgegangen, dass die Haushalte über eine Präferenzordnung verfügen, die sich durch eine Nutzenfunktion abbilden lässt. Darüber hinaus wird angenommen, dass der Haushalt seine Bedürfnisbefriedigung, also seinen durch den Güterverbrauch gestifteten Nutzen zu maximieren versucht (vgl. Fehl/Oberender 2002; Weise/Brandes/Eger/Kraft 2002; von Böventer/Illing/Knoll 2001).

Über das verfügbare Einkommen sind Angebots- und Nachfragedispositionen des Haushalts stets wechselseitig voneinander abhängig. Bei allen Entscheidungen unterstellt die Haushaltstheorie rationales Verhalten des Haushalts.[63] Haushalte werden als sogenannte Mengenanpasser verstanden, d.h. individuelles Nachfragen- bzw. Angebotsverhalten hat keinen Einfluss auf die Güter- bzw. Faktormarktpreise. Im Nutzen wird dabei das Ausmaß an Bedürfnisbefriedigung gesehen, das der Konsum einer Mengeneinheit eines bestimmten Gutes zu stiften vermag (vgl. z.B. Fehl/Oberender 2002; Weise/Brandes/Eger/Kraft 2002; von Böventer/Illing/Knoll 2001). Nachfolgend wird das Konzept der Nutzenmaximierung am Beispiel des Nachfrageverhaltens eines repräsentativen Haushalts

[63] Man unterstellt, dass ein Haushalt aus mehreren Personen bestehe, die homogene Wünsche und Vor-stellungen bezüglich einer Kaufentscheidung aufweisen. Demnach werden Haushalte wie ein einzelner Nachfrager aufgefasst und „Entscheidungen nur von einer Person getroffen“ (Moritz 1993, S. 3).

formal dargestellt. Die beschriebene Nutzenfunktion ist unter Berücksichtigung der angeführten Nebenbedingungen zu maximieren.[64]

(1) $U = U(x_1, x_2, ..., x_n, ..., x_N) \rightarrow \text{max!}$

unter der Nebenbedingung:
(2) $B \geq (p_1 \cdot x_1 + p_2 \cdot x_2 + ... + p_n \cdot x_n + ... + p_N \cdot x_N)$,
(3) $X \geq 0$.

Dabei haben die verwendeten Notationen folgende Bedeutung:

$X$ = Mengenvektor der Produkte,
$P$ = Vektor der Produktpreise,
$B$ = Budget des Haushalts.

Das skizzierte Konzept der mikroökonomischen Haushaltstheorie wird für die Zwecke der Kaufverhaltensforschung im Marketing aufgrund seiner restriktiven Annahmen nur als wenig brauchbar eingestuft (vgl. Herrmann 1992, S. 86f.; Kaas 1987, S. 230). Als zentrale Schwächen dieses Modells gelten insbesondere die folgenden Annahmen:

- Es wird ein nutzenmaximierendes, vollständig rational handelndes Individuum unterstellt, dem vollkommene Informationen zur Verfügung stehen und dessen Nachfrageverhalten sich mit unendlicher Reaktionsgeschwindigkeit an Veränderungen des Marktangebots anpasst (vgl. Voeth 2000, S. 9; Herrmann 1992, S. 86f.; Kaas 1987, S. 230).
- Kaas (1987) führt an, dass es weniger die Prämissen (vollkommene Information, Güterhomogenität usw.) sind, die den Wert dieses Modells für das Marketing verringern. Ausschlaggebend für den geringen Nutzen im Marketing ist letztendlich die ganzheitliche Bewertung von Warenkörben, die eine Analyse von Substitutionsbeziehungen von zwei Produkten der gleichen Produktgruppe nicht zulässt (vgl. Voeth 2000, S. 9; Kaas 1987, S. 230).

Im Modell der mikroökonomischen Haushaltstheorie werden zwar stark vereinfachende Annahmen getroffen, dennoch scheint die Kritik von Hahn (1997) und Gutsche (1995), die es für Marketingzwecke generell als „kaum geeignet“

[64] Auf eine ausführliche Diskussion der Annahmen bzw. Eigenschaften der Präferenzordnung (Vollständigkeit, Transitivität, Stetigkeit, Nichtsättigung und strenge Konvexität) wird aus Platzgründen verzichtet und es sei an dieser Stelle auf das einschlägige Fachschrifttum verwiesen (siehe bspw. Fehl/Oberender 2002; Weise/Brandes/Eger/Kraft 2002; Herdzina 2002; von Böventer/Illing/Knoll 2001 und Moritz 1993).

(Hahn 1997, S. 18) oder „wenig tauglich“ (Gutsche 1995, S. 27) erachten, wie von Voeth (2000) angemerkt wird, nicht voll zuzutreffen (vgl. Voeth 2000, S. 9). Wie schon Kaas (1987) und vor ihm Riepe (1984) feststellen, eignet sich dieses Modell für preispolitische Fragestellungen sehr wohl (vgl. Kaas 1987, S. 230; Riepe 1984, S. 12). Alle anderen Instrumente des Marketing-Mix können jedoch nicht abgebildet werden, so würde beispielsweise „[d]ie Einführung eines noch so geringfügig veränderten Produktes [...] formal den Übergang zu einem anderen Güterraum und zu einer anderen Nutzenfunktion [bedeuten]“ (Kaas 1987, S. 230). Erkenntnisse über andere Variationen des Marketing-Mix-Instrumentariums als den Preis, wie z.B. Auswirkungen einer Produktvariation oder Erhöhung der Werbeausgaben können im Modell der mikroökonomischen Haushaltstheorie nicht abgebildet werden. Darüber hinaus ist die empirische Überprüfung, aufgrund der komplexen Modelloperationalisierung bedingt durch die Interdependenz der allumfassenden Güterbewertung, praktisch unmöglich (vgl. Voeth 2000, S. 9f.; Hahn 1997, S. 19; Herrmann 1992, S. 87; Kaas 1987, S. 230).

**Theorie der bekundeten Präferenz**

Die Theorie der bekundeten Präferenz (Revealed Preference Theory) geht auf Samuelson (1938) zurück, der darin den abstrakten nutzentheoretischen Erklärungsansatz zu überwinden versuchte. Dazu schlägt er vor, die Nutzenvorstellungen von Individuen aus ihrem tatsächlich beobachtbaren Verhalten abzuleiten (vgl. Fuchs-Seliger 1976, S. 5). Der theoretische Nutzenbegriff wird hier durch den der Präferenz ersetzt.

Nach Samuelson (1938) werden die Präferenzen der Nachfrager erst durch ihre Wahlhandlungen erfahrbar, da er ausschließlich das beobachtete Konsumentenverhalten für den Markt als relevant erachtet (vgl. Fuchs-Seliger 1976, S. 5). Samuelson (1938) verwendet anstatt des Nutzenbegriffes zwar konsequent den Begriff der Präferenz, benötigt ihn aber weiterhin als hypothetisches Konstrukt, um Beurteilungsunterschiede zwischen den Alternativen begründen zu können. Aus dem empirisch beobachteten Vorziehen (Präferenz) eines bestimmten Gutes wird somit auf einen im Vergleich zu anderen Gütern höheren Nutzen geschlossen (vgl. Gutsche 1995, S. 28).

Bekundete Präferenzen werden aber erst durch am Markt tatsächlich erzielbare Entgelte messbar. Es wird dabei unterstellt, dass die ermittelten Preise (kardinale Werte) „die Präferenz der Nachfrager unverzerrt widerspiegeln“ (Nieschlag/ Dichtl/Hörschgen 2002, S. 796). Damit wird - wie Gutsche (1995) feststellt - in Samuelsons‘ Theorie ein Handeln der Konsumenten wider ihrer Präferenzen ausgeschlossen (vgl. Gutsche 1995, S. 28).

Die Theorie der bekundeten Präferenz weist in Hinblick auf marketingspezifische Anwendungen ähnliche Limitationen wie das im vorangegangenen Abschnitt beschriebene Nachfragemodell der mikroökonomischen Haushaltstheorie auf. Insbesondere wird kritisiert, dass in das beobachtete Kaufverhalten vom Marketing nicht beeinflussbare (z.B. situations- und umweltbedingte) Faktoren eingehen, was zur Folge hat, dass die Ausgestaltung des absatzpolitischen Instrumentariums basierend auf bekundeten Präferenzen in Frage gestellt wird (vgl. Gutsche 1995, S. 28f.; Corstjens/Gautschi 1983, S. 34).

**Separierbare Präferenzen und zweistufige Budgetierung**

Wurde bei den zuvor beschriebenen Theorien noch die empirische Fundierung als praktisch unmöglich beurteilt, so kann dieser Kritikpunkt durch die Einführung separierbarer Präferenzen und einer mehrstufigen Budgetierung entschärft werden (vgl. bspw. Voeth 2000, S. 11; Hahn 1997, S. 19; Kaas 1987, S. 230). Erstmals entwickelt wurde diese Erweiterung des Nachfragemodells der mikroökonomischen Haushaltstheorie von Strotz (1957), die in weiterer Folge von Deaton und Muellbauer (1980) aufgegriffen wurde.

Unter separierbaren Präferenzen werden Präferenzen verstanden, die sich in $G$ disjunkte Gruppen zerlegen lassen, so dass sich für jede dieser Gruppen eine eigenständige Nutzenfunktion bilden lässt, die darüber hinaus von den übrigen Nutzenfunktionen unabhängig ist (vgl. Deaton/Muellbauer 1980, S 117ff.; Kaas 1987, S. 230). Formalanalytisch lässt sich dieser Sachverhalt wie nachfolgend dargestellt beschreiben:

$$(4)\ U = U\left[U_1(x_1) + U_2(x_2) + \ldots + U_g(x_g) + \ldots U_G(x_G)\right] \rightarrow \max!$$

$U[.]$ = monotone Transformation,
$U_g$ = Teilnutzenfunktion der Gütergruppe $g$,
$x_g$ = Vektor der Gütermengen in Gruppe $g$,
$G$ = Zahl der Gütergruppen.

Dabei wird das Budget auf die $G$ Gruppen aufgeteilt, wobei für die gruppenbezogene Budgetallokation das jeweilige Preisniveau ausschlaggebend ist. In weiterer Folge werden die Teilbudgets auf die Güter dieser Gruppen verteilt. Die in der zweiten Stufe erfolgende Budgetallokation ist unabhängig von den relativen Preisen und Präferenzen in anderen Gruppen (vgl. bspw. Voeth 2000, S. 12; Kaas 1987, S. 230). Damit wird der im Marketing üblichen und durchaus zweckmäßigen produktgruppenspezifischen Denkweise Rechnung getragen. Vor allem der zweiten Stufe der Allokation, nämlich der Produktwahl, wird in einschlägigen Marketingpublikationen wie von einigen Autoren[65] angemerkt eine große, wenn nicht sogar zu große Bedeutung beigemessen. Vernachlässigt wird hingegen, warum Haushalte einzelne Produktgruppen nachfragen oder weshalb sich Nachfrageänderungen aufgrund veränderter Umwelt- oder Preisbedingungen ergeben. Die Nachfrage nach einer Produktgruppe als Ganzes wird jedoch regelmäßig als gegeben angenommen. Im Lichte immer kürzer werdender Produktlebenszyklen und instabileren Verhaltensmustern auf Seiten der Nachfrager wird diese Vorgehensweise als problembehaftet beurteilt (vgl. Kaas 1987, S. 230).

Das von Hauser und Urban (1986) vorgestellte Modell versucht die Wahl zwischen heterogenen Gebrauchsgütern (durables) zu erklären und zu prognostizieren. Sie gehen davon aus, dass der Nachfrager im Rahmen seiner Beschaffungsplanung für Gebrauchsgüter eine Art Wunschliste aufstellt, mit der zugleich die Preisklasse für die entsprechenden Güter festgelegt wird. Damit unterstellen sie, dass zumindest innerhalb der Gebrauchsgütergruppe die Entscheidung hinsichtlich der Preisklasse gefallen ist und es nur noch darum geht eine Auswahl zu treffen, welche Kaufentscheidung in Hinblick auf die Einkommensrestriktion realisiert wird (vgl. Hauser/Urban 1986, S. 446-448). Formalanalytisch beschreiben sie diesen Sachverhalt wie folgt:

(5) $U = U_1(x_1) + U_2(x_2) + ... + U_g(x_g) + ... U_G(x_G) + U_T(T) \rightarrow \text{max!}$

$X_g$ = Menge des aus der Gebrauchsgütergruppe $g$ gewählten Produktes,
$U_g$ = Teilnutzenfunktion pro Einheit von $g$,
$T$ = Teilbudget für Verbrauchsgüter,
$U_T$ = Teilnutzenfunktion für Verbrauchsgüter.

Darüber hinaus muss die Budgetrestriktion sowie die Nichtnegativitätsbedingung beachtet werden:

(6) $B \geq (p_1 \cdot x_1 + p_2 \cdot x_2 + ... + p_g \cdot x_g + ... p_G \cdot x_G + T)$
(7) $X_g \geq 0$

Die beiden Autoren zeigen hierauf aufbauend, dass die Lösung dieses Maximierungsproblems darin besteht, die einzelnen Gebrauchsgüter in der Reihenfolge ihres Nutzen/Preis-Verhältnisses $(U_g / p_g)$ solange zu berücksichtigen, wie dieses Verhältnis größer als der Grenznutzen einer zusätzlichen Ausgabe für Verbrauchsgüter $(dU_T / dT)$ ist. Hauser und Urban (1986) bezeichnen diese Ent-

[65] Vgl. bspw. Kaas 1987, S. 230; Hahn 1997, S. 20; ähnlich dazu auch Voeth 2000, S. 12f.

scheidungsregel als die „Value Priority Hypothesis". In Ihrem Beitrag zeigen sie erfolgreich - unter zu Hilfenahme des LISREL-Ansatzes[66] - die Schätzung von Nutzenwerten einiger Gebrauchsgüter zur Prognose von Kaufentscheidungen (vgl. Hauser/Urban 1986, S. 452ff.).

Der diskutierte Ansatz von Hauser und Urban (1986) verdeutlicht, dass mit Hilfe der Annahme von separierbaren Präferenzen die Schwierigkeiten einer empirischen Validierung der mikroökonomischen Haushaltstheorie zu überwinden sind. Dennoch bleibt kritisch festzuhalten, dass auch diesen Modellen eine Nutzenvorstellung zu Grunde liegt, bei der die Entstehung des einzelnen Gütereinheiten zugeordneten Nutzens nicht weiter hinterfragt wird. Darüber hinaus bleiben die Annahmen von vollständiger Rationalität, vollkommener Information und unendlicher Reaktionsgeschwindigkeit aufrecht. Ungelöst bleibt auch die Problematik der ganzheitlichen Produktbewertung und somit die für das Marketing so wichtigen Fragen in Hinblick auf Produktvariationen und die daraus resultierenden Konsumentenreaktionen (vgl. Kaas 1987, S. 231). Hahn (1997) und Kaas (1987) regen deshalb die Entwicklung von Modellen an, die direkt an Produktmerkmale geknüpfte Nutzenfunktionen zu berücksichtigen vermögen (vgl. Hahn 1997, S. 22; Kaas 1987, S. 231).

**‚Neue' Nachfragetheorie nach Lancaster**

Ein Modell, welches den oben genannten Kritikpunkt bereits aufgriff, war das erstmals von Lancaster (1966) vorgestellte (vgl. Lancaster 1966; Lancaster 1971).[67] Er überwand darin die Vorstellung, dass Nutzen durch ganze Güter hervorgerufen wird und daher allein von den konsumierten Einheiten der Güter abhängt. Vielmehr geht er in seiner ‚Commodity Characteristics Theory' davon aus, dass der Nutzen von Gütern durch Produkteigenschaften entsteht. Dementsprechend unterstellt er, dass Konsumenten beim Kauf von Produkten eine Summe von Eigenschaften (Nutzenbündel) erwerben. In der Marketingliteratur[68] wurde dieser Ansatz zwar umgehend aufgegriffen, doch hat er nur wenig Aufmerksamkeit gefunden (vgl. Kaas 1987, S. 231). Dies kann mitunter auch daran liegen, dass Lancaster (1966) von den Annahmen[69] der mikroökonomischen Haushaltstheorie nicht abgeht und somit keine Unterschiede zwischen den ob-

66 Der LISREL-Ansatz stellt einen allgemeinen Rahmen zur Abbildung von Strukturgleichungsmodellen mit latenten Variablen dar und erfreut sich seit der Einführung des gleichnamigen Softwarepaketes durch Jöreskog und Sörbom (1978) regen Zuspruchs. Einführend dazu: Bagozzi 1980; Bollen 1989; Bentler 1980; Hayduk 1987; Homburg/Baumgartner 1995.

67 sowie vergleichend dazu den Kommentar von Kürble (1994).

68 Siehe bspw. Meffert 1971; Tarpey 1973; Nicosia 1974; Ratchford 1975 und 1978.

69 Hierzu zählen insbesondere die folgenden Annahmen: Vollständige Rationalität, vollkommene Information und unendliche Reaktionsgeschwindigkeit.

jektiv-physischen und subjektiv-wahrgenommenen Eigenschaften von Produkten berücksichtigt werden (vgl. Voeth 2000, S. 14). Gutsche (1995) hingegen ortet eine weite Verbreitung[70] dieses Modells im Marketing und widmet ihm in seiner Arbeit aufgrund „der großen Bedeutung“ Raum für eine einführende Darstellung (Gutsche 1995, S. 29).

In dem als ‚Neue Nachfragtheorie‘[71] oder als ‚Neue Haushaltstheorie‘[72] in der deutschsprachigen Marketingliteratur diskutierten Modell nach Lancaster maximiert der Haushalt unter den aus dem Grundmodell der mikroökonomischen Haushaltstheorie bekannten Nebenbedingungen wie folgt:

(8) $U = U(z_1, z_2, \ldots z_m, \ldots, z_M) \rightarrow \max!$

mit:
$Z$ = Vektor der erworbenen Eigenschaftsmengen $(z_1, z_2, \ldots z_m, \ldots, z_M)$.

Ferner sei $B$ das fest vorgegebene Budget und $P$ der Vektor der Produktpreise $p_1, p_2, \ldots p_n, \ldots, p_N$. Dann lautet die bei der Haushaltsentscheidung zu berücksichtigende Budgetrestriktion wie folgt:

(9) $B \geq (p_1 \cdot x_1 + p_2 \cdot x_2 + \ldots + p_n \cdot x_n + \ldots p_N \cdot x_N)$

mit:
$X$ = Mengenvektor der Produkte $(x_1, x_2, \ldots x_n, \ldots, x_N)$.

Da die Nutzenfunktion hier in Abhängigkeit vom Eigenschaftsvektor $Z$ formuliert wird, sich die Nebenbedingungen jedoch auf den Mengenvektor der Produkte $X$ beziehen, führt Lancaster (1966) darüber hinaus die sogenannte Konsumtechnologiematrix $K$ ein (vgl. Kürble 1994, S. 25f.; Lancaster 1971, S. 15-19). Sie stellt das Verbindungsstück zwischen der über Eigenschaften definierten Nutzenfunktion und der über Gütermengen definierten Budgetrestriktion dar. Es handelt sich dabei um eine Matrix, deren Koeffizienten angeben, wieviel eine Mengeneinheit eine Produktes $n$ von der Eigenschaft $m$ enthält.

70 Er unterlässt es allerdings an dieser Stelle den notwendigen Beweis in Form von einschlägigen Publikationen beizubringen.
71 So bspw. Kaas 1987, S. 231.
72 So bspw. Gutsche 1995, S. 29.

$$(10)\quad K=[K_{mn}]=\begin{bmatrix} k_{11} & \cdots & k_{1n} & \cdots & k_{1N} \\ \vdots & & \vdots & & \vdots \\ k_{m1} & & k_{mn} & & k_{mN} \\ \vdots & & \vdots & & \vdots \\ k_{M1} & \cdots & k_{Mn} & \cdots & k_{MN} \end{bmatrix}$$

Durch die Multiplikation des Mengenvektors $X$ mit der Konsumtechnologiematrix $K$ erhält man den Eigenschaftsvektor $Z$.

Für die hier im Mittelpunkt stehenden Fragestellungen der Kaufverhaltensforschung stellt das Modell von Lancaster einen wesentlichen Fortschritt dar, da der Nutzen in diesem Modell nicht ausschließlich auf konsumierte Gütereinheiten, sondern zusätzlich auf die Eigenschaften der Güter zurückgeführt wird. Erstmals werden dadurch Analysen von Variationen weiterer Marketing-Mix-Instrumente als dem Preis geschaffen, sowie die Voraussetzungen zur Untersuchung von Marktsegmentierungsmaßnahmen geschaffen (vgl. Voeth 2000, S. 15; Gutsche 1995, S. 30; Kaas 1987, S. 232; Lancaster 1971, S. 50-51 u. 72-93).

Dennoch weist dieser Ansatz einige Nachteile auf, welche die Eignung des Modells für das Marketing in erklärungstheoretischer wie auch prognostischer Hinsicht limitieren. Eine wesentliche Einschränkung erfährt das Modell durch die Prämisse einer linear-additiven Verknüpfung der Konsumtechnologiematrix mit dem Mengenvektor der Produkte. Dies mag zwar auf objektive, technisch-physikalische Merkmale zutreffen, die sich auf Rationiveau messen lassen. Hingegen können subjektiv empfundene Merkmale, wie etwa der Geschmack durch eine linear-additive Konsumtechnologie nicht abgebildet werden. Im ersten Falle würde dies bedeuten, dass beispielsweise der eigenschaftsbezogene Nutzen von zwei Kraftfahrzeugen mit jeweils 90 PS, dem eines Kraftfahrzeuges mit 180 PS entspricht (vgl. Barmish 1994).

Da sich diese in erster Linie bei Gebrauchsgütern nicht immer sinnvolle Konsequenz im Modell von Lancaster dadurch einstellt, dass der Nutzen von Gütern durch Eigenschaftsausprägungen und die jeweilig konsumierten Gütermengen gleichermaßen beeinflusst wird, hat Rosen (1974) ein auf diesem Modell aufbauendes Modell vorgestellt. Im Unterschied zu Lancasters Modell, welches nur das Nachfrageverhalten modelliert, schließt das Modell von Rosen (1974) auch das Anbieterverhalten und Marktreaktionen mit ein. Das Modell von Rosen (1974) ermöglicht die Ermittlung von Nutzenbeiträgen und Preisbereitschaften für Eigenschaften einzelner Gütereinheiten. Rosen (1974) bezeichnet darin die maximale Preisbereitschaft für eine Gütereigenschaft als hedonistischen Preis dieser Eigenschaft (vgl. Rosen 1974, S. 35). In bezug auf die hier zentralen Fragen der Kaufverhaltensforschung und des Marketing bleibt anzumerken, dass auch Rosen an den zentralen Annahmen der mikroökonomischen Haushaltstheorie festhält. Resümierend hält Weber (1986) zu diesem Ansatz fest, dass es zwar recht gut gelingt die monetäre Bewertung von Gütereigenschaften zu erklären, aber die Schätzung individueller Nachfragefunktionen aufgrund der zahlreichen negativ zu beurteilenden Prämissen zu unbefriedigenden Ergebnissen führt (vgl. Weber 1986, S. 38).

#### 2.3.1.4 Nutzenkonstrukt in der Verhaltenswissenschaft

Im Unterschied zu den mikroökonomischen Nutzenmodellen folgen Modelle verhaltenswissenschaftlicher Provenienz nicht der Annahme eines rational handelnden Individuum und berücksichtigen intrapersonale Verhaltensdeterminanten. Dies hat zur Folge, dass individuelle Unterschiede berücksichtigt werden können (vgl. Gutsche 1995, S. 32). Dabei werden die intraindividuellen Verhaltensvorgänge auf physiologische und psychologische Vorgänge innerhalb des menschlichen Organismus zurückgeführt. Diese im inneren der Konsumenten ablaufenden, nicht beobachtbaren Prozesse werden durch intervenierende Variablen[73] dargestellt. Man versteht darunter auch hypothetische Konstrukte[74], die sich einer direkten Messbarkeit entziehen.

Die Auswirkungen dieser Variablen werden in S-R-Modellen (Stimulus-Response) entweder partialanalytisch oder in Totalmodellen untersucht. Modelle zur Kaufverhaltensforschung wurden durch Totalmodelle wie jene von Howard/Sheth (1969) oder Engel/Kollat/Blackwell (1978) nachhaltig geprägt. Ziel dieser Modelle ist, eine Ordnung für die auf das Kaufverhalten einwirkenden Einflussgrößen zu entwickeln und damit das grundsätzliche Zusammenspiel aller Variablen abzubilden sowie einen Beitrag zur Erklärung des Entscheidungsverhaltens von Konsumenten zu leisten. Es handelt sich dabei stets um vereinfachte Abbildungen der Wirklichkeit, die in der Regel nur eine systematische

[73] Als intervenierende Variable bezeichnet man „nicht-beobachtbare Sachverhalte, die „innerhalb" der Person wirksam werden, wie Gefühle oder Gedächtnis." (Kroeber-Riel/Weinberg 2003, S. 29).

[74] Hypothetische Konstrukte bezeichnen wie intervenierende Variablen bestimmte Phänomene und Vorgänge, die als existent angenommen, jedoch nicht direkt beobachtbar sind. Sie besitzen heuristischen Wert und können somit bestimmte Messungen und Untersuchungen stimulieren. Hypothetische Konstrukte werden meist aufwendigen Operationalisierungen zugeführt, denn erst dadurch wird ein theoretisches System zu einer testbaren Theorie mit empirischer Interpretation und Überprüfbarkeit (vgl. Neibecker 1990). Zur Konstruktvalidierung siehe: Bortz/Döring 2002, S. 200f.; Lienert/Raatz 1998, S. 226-228.

Auswahl von Größen umfassen können (vgl. Kroeber-Riel/Weinberg 2003, S. 373; Mazanec 1974).

Der Ansatz der Verhaltenswissenschaft konzentriert sich also im Gegensatz zu dem der Kaufentscheidungstheorie auf den nichtbeobachtbaren Kaufentscheidungsprozess und dessen Modellierung bzw. Erklärung. Das Innere des Nachfragers wird dabei auch als ‚black box' bezeichnet, in die ein Input in Form beobachtbarer Einflussfaktoren einfließt und als Output in Form der tatsächlichen Kaufhandlung heraustritt (vgl. Topritzhofer 1974, S. 13).
Die Vorteile umfassender Totalmodelle liegen in ihrer Integration von z.T. unterschiedlichen verhaltenswissenschaftlichen Konzeptionen und Theorien. Als schwieriges Unterfangen stellt sich hingegen regelmäßig die Operationalisierung und somit empirische Überprüfung von Totalmodellen heraus (vgl. Topritzhofer 1974, S. 42ff.). Kroeber-Riel/Weinberg (2003) merken allerdings positiv an, dass durch den „Versuch, diese Modelle zu präzisieren und empirisch zu testen, noch mögliche Hypothesen und Operationalisierungen sichtbar" werden (Kroeber-Riel/Weinberg 2003, S. 376).

Aus den skizzierten Gründen orientiert sich die Kaufverhaltensforschung an Modellen geringerer und mittlerer Reichweite.[75] Diese von Bagozzi (1979) geäußerte Überlegung hatte zur Folge, dass die Kaufverhaltensforschung sich seit den 70er-Jahren vornehmlich der Entwicklung und Überprüfung von Partialmodellen widmet (vgl. auch Kroeber-Riel/Weinberg 2003, S. 376; Trommsdorff 2002, S. 28-33; Schweikl 1985, S. 26; Bagozzi 1979, S. 177). Vor diesem Hintergrund überrascht es nicht, dass sich der Schwerpunkt der theoretischen und empirischen Forschung eindeutig in Richtung von Partialmodellen verlagert hat. Im Folgenden sollen deshalb Partialmodelle diskutiert werden, die das Nachfrageverhalten von Konsumenten in Hinblick auf die Erklärung und Prognose der zu Grunde liegenden Präferenzstruktur erlauben. Dabei werden mit den multiattributiven Modellen und der ‚means end'-Theorie zwei bedeutende Konzeptionen dieser Forschungsrichtung besprochen.

Die multiattributiven Modelle entwickelten sich parallel in mehreren Disziplinen. Sie wurden sowohl im Bereich verhaltenswissenschaftlicher Forschungs-

[75] Die hier verwendeten Termini geringe und mittlere Reichweite wurde erstmals von Merton (1968) zur Beschreibung des Standes der Theorieentwicklung in der Soziologie verwandt. Sie wurden in der Folge zur Beschreibung und Kategorisierung von Kaufverhaltensmodellen entlehnt (vgl. Bagozzi 1979, S. 177; Kroeber-Riel/Weinberg 2003, S. 376).

richtungen[76] als auch auf dem Gebiet der Mikroökonomie[77] zum Gegenstand wissenschaftlicher Auseinandersetzung. Obwohl die multiattributiven Nutzenmodelle der Mikroökonomie entspringen und deshalb dem vorhergehenden Abschnitt zuzuordnen sind, werden sie aufgrund der methodischen Verwandtschaft zu den multiattributiven Einstellungsmodellen an dieser Stelle diskutiert.

**Multiattributive Nutzenmodelle**

Multiattributive Nutzenmodelle (MAU) sind Entscheidungshilfen. Sie kommen in Situationen zum Tragen, in denen Entscheidungen zwischen Optionen zu fällen sind, bei denen mehrere Ziele eine Rolle spielen bzw. die durch mehrere Attribute beschrieben werden (multiattributive Optionen). Es werden Entscheidungsregeln eingesetzt, um in solchen komplexen Situationen eine Wahl zu treffen. Ziel ist es, einen Gesamtnutzenwert für jede Option zu generieren, damit auf dieser Grundlage eine Entscheidung getroffen werden kann. Multiattributive Nutzenmodelle helfen, Werte (z.B. Werte, die durch die Unternehmenskultur vermittelt werden sollen) und Ziele zu bestimmen, Eigenschaften von Programmen (z.B. von Parteiprogrammen) zu quantifizieren und sie unterstützen die Selektion zwischen alternativen Programmen. Dabei wird ein besonderes Augenmerk auf die Gewichtungen der einzelnen Optionen gelegt, d.h. die Attribute der Optionen werden gewichtet (vgl. Huber 1974, S. 1393ff.).

Das additive multiattributive Nutzenmodell hat kompensatorischen Charakter, d.h. eine schlechte Ausprägung, die eine Option auf einem Attribut aufweist kann durch eine gute Ausprägung auf einem anderen Attribut grundsätzlich kompensiert werden (vgl. Teichert 2001, S. 34; Huber 1974, S. 1394f.). In diesem Modell werden diejenigen Optionen gewählt, deren Partialnutzenwerte auf den einzelnen Attributen, jeweils mit den Gewichten der Attribute multipliziert und aufsummiert, den höchsten Gesamtwert ergeben. Formal kann dies wie folgt dargestellt werden:

(11) $U_i = \sum w_j u_j$

(12) $j = 1,...,n$

$w_j$ = Wichtigkeit von Attribut j

$u_j$ = Partialnutzen der Option auf dem Attribut j

---

76 Hierzu zählen im Allgemeinen Psychologie, Marketing und im Speziellen Arbeiten auf dem Gebiet der Einstellungsforschung (vgl. bspw. Rosenberg 1956; Fishbein/Ajzen 1975; Ajzen/Fishbein 1980 Trommsdorff 1975).

77 Insbesondere im Bereich der Nutzentheorie und Entscheidungsforschung (vgl. bspw. Luce 1959; Fishburn 1968 und 1970).

Für die Anwendung multiattributiver Nutzenmodelle müssen alle Informationen zur Berechnung der Nutzenfunktion vorhanden sein. Darüber hinaus muss die Vergleichbarkeit[78] aller Attribute und die präferentielle Unabhängigkeit[79] zwischen den Attributen gewährleistet sein (vgl. Teichert 2001, S. 33f.; Huber 1974).

**Multiattributive Einstellungsmodelle**

Die multiattributiven Einstellungsmodelle erfreuten sich Anfang der 70er-Jahre einer zunehmenden Bedeutung und haben heute einen bedeutenden Platz in der Präferenzforschung eingenommen (vgl. Kroeber-Riel/Weinberg 2003, S. 200-203; Trommsdorff 2002, S. 150-154; Schnedlitz 1985, S. 60). Grundsätzliches Ziel dieser Modelle ist es, eine strukturelle Beziehung zwischen affektiven und kognitiven Komponenten des Nachfrageverhaltens von Konsumenten zu erfassen (vgl. Kroeber-Riel/Weinberg 2003, S. 200).

Das Fundament multiattributiver Modelle im Marketing wird von zahlreichen Autoren[80] im sozialpsychologischen Ansatz von Rosenberg (1956) gesehen. Nach diesem Modell ergibt sich die Einstellung einer Person zu einem Objekt aus der Multiplikation der Wichtigkeit (affektive Komponente) ihrer Motive und der wahrgenommenen Eignung (kognitive Komponente) des Objektes zur Motiverreichung (vgl. Kroeber-Riel/Weinberg 2003, S. 200; Schnedlitz 1985, S. 61f.). Hiermit erzielt Rosenberg (1956) eine multiattributive Verknüpfung von affektiven und kognitiven Komponenten bei der Einstellungsmessung.

Formal kann folgende Darstellung gewählt werden (vgl. bspw. Schnedlitz 1985, S. 62):

$$(13) \quad A_{ij} = \sum_{k=1}^{n} x_{ik} \cdot y_{ijk}$$

Dabei bedeuten:

$A_{ij}$ = Einstellung der Person $i$ zu Objekt $j$,

$x_{ik}$ = Wichtigkeit des Motives $k$ für die Person $i$,

$y_{ijk}$ = subjektive Meinung der Person $i$ über die Eignung des Objektes $j$ zur Befriedigung des Motives $k$.

78 Notwendige Bedingung für die Kompensierung von Vor- und Nachteilen.

79 Das bedeutet, dass die Präferenzordnung auf einem Attribut nicht davon abhängen darf, welche Ausprägungen die Optionen auf den anderen Attributen haben.

80 Vgl. insb. Kroeber-Riel/Weinberg 2003, S. 200; Teichert 2001, S. 34; Böcker 1986a, S. 550; Gutsche 1985, S. 34.

Die dem Modell zu Grunde liegende Additivität ist problematisch, da sie wie schon im oben beschriebenen MAU-Ansatz eine Unabhängigkeit der Modellkomponenten voraussetzt (vgl. bspw. Kroeber-Riel/Weinberg 2003, S. 200f.). Von Trommsdorff (1975) wird kritisch zum Modell von Rosenberg angemerkt, dass hierin das Entstehen von Einstellung nicht über Produkteigenschaften sondern über Ziele definiert wird (vgl. Trommsdorff 1975, S. 26; siehe auch: Schnedlitz 1985, S. 65). In Zusammenhang mit produktpolitischen Überlegungen ergeben sich noch weitere Kritikpunkte. So lassen sich einerseits nur schwer alle relevanten Motive ermitteln und andererseits geben die Angaben der Befragten kaum Aufschluss darüber, welche produktpolitischen Maßnahmen zur Verbesserung des Leistungsangebotes vorgenommen werden können (vgl. Nieschlag/Dichtl/Hörschgen 2002, S. 646; Hahn 1997, S. 37).

Ein weiteres Modell im Rahmen der multiattributiven Einstellungsmodelle ist jenes von Fishbein, welches an den Kritikpunkten des Rosenberg'schen Modell ansetzt (vgl. Fishbein/Ajzen 1975). Darin wird die Relevanz der Produkteigenschaften für die Einstellungsbildung ins Zentrum gerückt. Dem Fishbein-Modell folgend ergibt sich die Einstellung aus der Multiplikation der subjektiven Kenntnis der Produkteigenschaft (kognitive Komponente) mit der subjektiven Bewertung dieser Eigenschaften (affektive Komponente), wobei unterstellt wird, dass die für den Nachfrager relevanten Eigenschaften überschaubar sind und deshalb eine realistische Beurteilung angenommen werden kann. Formal sieht das Modell von Fishbein folgendermaßen aus (vgl. bspw. Schnedlitz 1985, S. 64):

$$(14)\quad A_{ij} = \sum_{k=1}^{n} B_{ijk} \cdot a_{ijk}$$

Dabei bedeuten:

$A_{ij}$ = Einstellung der Person $i$ zu Objekt $j$,

$B_{ijk}$ = Wahrscheinlichkeit, mit der Person $i$ Eigenschaft $k$ an Objekt $j$ für vorhanden hält,

$a_{ijk}$ = Bewertung von Eigenschaft $k$ an Objekt $j$ durch Person $i$,

Der Term $B_{ijk} \cdot a_{ijk}$ wird als Eindruckswert bezeichnet und stellt einen Indikator für die subjektive Einschätzung einer Produkteigenschaft dar. Die Summe der Eindruckswerte eines Produktes ergibt die Einstellung gegenüber diesem Produkt (vgl. Kroeber-Riel/Weinberg 2003, S. 201). Teichert (2001) zufolge stellt die im Fishbein-Modell erfolgende Eindrucksbewertung eine deutliche Einschränkung des Rosenberg'schen Einstellungsbegriffes dar. Dadurch kommt es zu einer Angleichung des ursprünglich sozialpsychologischen Einstellungsbegriff und dem wirtschaftswissenschaftlichen Nutzenkonstrukt, was zur Folge hat, dass die Übergänge vom multiattributiven Einstellungsmodell zum multiattributiven Nutzenkonzept fließend sind (vgl. Teichert 2001, S. 35). Zuvor wurde diese methodische Übereinstimmung von Einstellungs- und Nutzenmessung bereits von Bass und Talarzyk (1972) festgestellt (vgl. Bass/Talarzyk 1972, S. 93-96).

Eine Weiterentwicklung stellen die Modelle von Lehmann (1971) und Trommsdorff (1975) dar. Es handelt sich dabei um sogenannte Idealpunktmodelle, bei denen das produktbezogene Urteil des Konsumenten um so günstiger ausfällt, je geringer die Gesamtdistanz zum Idealpunkt ist. Trommsdorff (2002) sieht die bessere theoretische Fundierung und die Bewährung im Marketing als Vorteil gegenüber den zuvor genannten Modellen (vgl. Trommsdorff 2002, S. 153). Die formale Struktur des Trommsdorff-Modells nimmt folgende Gestalt an:

(15) $$A_{ij} = \sum_{k=1}^{n} \left| B_{ijk} - I_{ik} \right|$$

Dabei bedeuten:

$A_{ij}$ = Einstellung der Person $i$ zum Objekt $j$,

$B_{ijk}$ = die von Person $i$ wahrgenommene Ausprägung des Merkmals $k$ am Objekt $j$,

$I_{ik}$ = die von Person $i$ an Objekten der gleichen Kategorie als ideal empfundene Ausprägung des Merkmals $k$.

Daraus ist zu entnehmen, dass die Einstellung eines Nachfragers zu einem Produkt umso positiver ist, je geringer die Distanz zwischen Real- und Idealeindruck ist. Die Bewertung erfolgt also nicht wie bei Fishbein direkt, sondern indirekt über die Beziehung zwischen der tatsächlich wahrgenommenen Ausprägung eines Produktmerkmals und dem ideal empfundenen Produkt. Die Differenzbildung wirkt somit auch individuellen Fehlertendenzen bei Beantworten von Ratingskalen entgegen. Daneben wird die Ausrichtung am Idealprodukt als wertvoller Ansatzpunkt für produkt- bzw. kommunikationspolitische Maßnahmen betrachtet (vgl. Trommsdorff 2002, S. 153f.).

Zusammenfassend ist zu den multiattributiven Einstellungsmodellen festzuhalten, dass es ihnen generell gelungen ist, das Zustandekommen der Kaufentscheidung und der Präferenzbildung aufzuzeigen. Bei näherer Betrachtung muss aber auf die Einschränkung hingewiesen werden, dass sich Einstellungen nur auf ein konkretes Produkt beziehen und sich unabhängig von dem Vorhandensein anderer Produkte bilden können. Im Unterschied dazu äußert sich die Präferenz eines Produktes als die Vorziehenswürdigkeit eines bestimmten Produktes aus einem

Set an Alternativen. Konsequenterweise erlaubt die Einstellung alleine keine Aussage über die Vorziehenswürdigkeit eines Produktes gegenüber einem anderen. Dennoch scheint ein Einfluss von Einstellungen auf Präferenzen plausibel zu sein, dies leitet sich auch aus dem Umstand der zum Teil stattfindenden begrifflichen Integration und Gleichstellung beider Konstrukte ab, wenn etwa Trommsdorff (2002) „Präferenzen als relativierte Einstellungen“ bezeichnet (Trommsdorff 2002, S. 150).

Die geäußerte Kritik an den multiattributiven Einstellungsmodellen leitet sich in erster Linie aus der kompensatorischen Einstellungs- bzw. Präferenzerfassung, welche die einzelnen Teilurteile zu einem Gesamturteil zu verdichten versucht ab. Kritisiert wird vor allem die isolierte Bewertung von Produkteigenschaften, die einem realen Bewertungsprozess in einer Kaufentscheidungssituation nur sehr eingeschränkt entspricht. So weist etwa Montgomery (1986) in einer Studie über MBA-Studenten nach, dass bei der Entscheidung für eine Berufstätigkeit das Merkmal Gehalt bei der direkten (isolierten) Abfrage nur an sechster Stelle angeführt wird, während es hingegen bei dekompositioneller Erfassung via Conjoint-Analyse die höchste Bedeutung erlangt (vgl. Montgomery 1986, S. 297ff.). Eine weitere Limitation ergibt sich aus dem Umstand, dass kompositionelle Ansätze keine Entscheidungen zwischen den am Markt konkurrierenden Produkten berücksichtigen. Gutsche (1995) führt darüber hinaus eine unzureichende Berücksichtigung des Preises, das Fehlen einer expliziten Entscheidungsregel und die Annahme der Unabhängigkeit der kognitiven und affektiven Modellkomponenten als Kritikpunkte kompositioneller Verfahren an (vgl. Gutsche 1995, S. 35 und 76).

**Die ‚means end‘-Theorie**

Erst in den letzten Jahren wurde die Präferenzforschung durch die ‚means end‘-Theorie ergänzt (vgl. Herrmann 1996). Ihre Grundidee besteht in der Bestimmung einer hierarchischen Beziehung zwischen den im Produktbeurteilungsprozess intervenierenden Variablen. Dazu zählen Eigenschaften, Nutzenkomponenten und Werthaltungen (vgl. Gutman 1982, S. 60ff.). Der gesamte Komplex lässt sich in Form eines Prozesses darstellen, der zeigt, welche Produkteigenschaften als Mittel (means) über die Nutzenkomponente zu einem gewünschten Ziel (end) führen (vgl. Abb. 9).

Die Operationalisierung der einzelnen Elemente in einer ‚means-end‘-Kette basiert auf dem von Gutman, Olson und Reynolds entwickelten ‚laddering‘-Verfahren (vgl. z.B. Peter/Olson/Grunert 1999; Reynolds/Gutman 1988, S. 12 ff.; Gutman/Alden 1984, S. 99ff.; Gutman/Reynolds 1979, S. 128ff.).

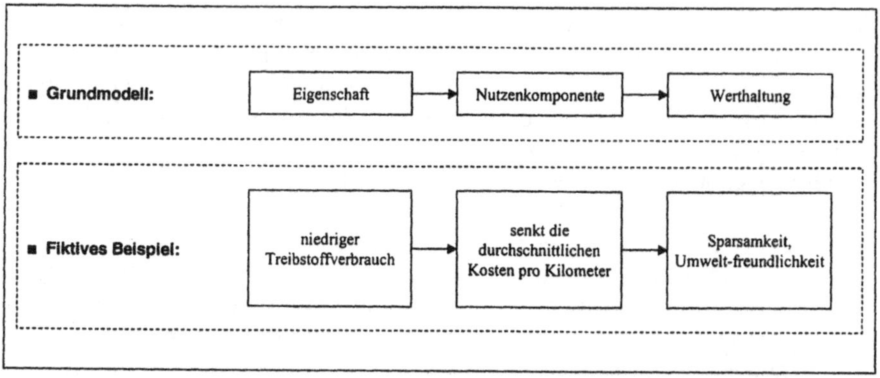


Abbildung 9: ‚means-end'-Modell nach Gutman mit fiktivem Beispiel.

Wie Herrmann (1996) konstatiert, handelt es sich dabei um eine Heuristik, „die auf die Identifikation der von den Probanden besonders häufig genannten „means end"-Elemente abzielt" (Herrmann 1996, S. 106). Die Probanden werden im Rahmen dieses Verfahrens mit mehreren aufeinanderfolgenden Warum-Fragen konfrontiert, die sich zunächst auf konkrete Produktattribute beziehen. Bezeichnet der Proband ein Merkmal als für die Kaufentscheidung relevant, wird der Grund dafür erfragt. Dieser Prozess wird mehrmals wiederholt und die daraus extrahierten Komponenten bilden den Ausgangspunkt für die Rekonstruktion der ‚means end'-Ketten, die einen Blick auf das kognitive Gefüge der Befragten gestatten. Ziel ist es, eine ‚hierarchical value map' aus den vorliegenden Ketten zu generieren. Die in der ‚hierarchical value map' enthaltenen Verknüpfungen verschiedener Komponenten dienen letztendlich der Ableitung marketingpolitischer Handlungsempfehlungen (vgl. Herrmann 1996, S. 106).

Mit Hilfe der ‚means end'-Theorie ist der Forscher in der Lage, Aspekte zu behandeln, denen seitens der herkömmlichen nutzenorientierten Ansätze nur wenig Beachtung geschenkt wird, so z.B. die Auswahlentscheidung zwischen alternativen Produktkategorien. Dies liegt unter anderem daran, dass in der ‚means end'-Theorie weniger die Nutzenkomponenten eines Gutes, sondern die Werthaltung der Konsumenten die Kaufentscheidung determinieren (vgl. Herrmann 1996, S. 114).

Die Datenbeschaffung erfolgt generell mittels qualitativer Verfahren,[81] dies erhöht nicht nur die Komplexität der Datenerhebung sondern erfordert auch einen

[81] Folgende Verfahren werden zur Rekonstruktion von ‚means end'-Ketten eingesetzt: die ‚repertory grid'-Methode, das tiefenpsychologische Interview, die Inhaltsanalyse und die ‚laddering'-Methode (vgl. Herrmann 1996, S. 80-113).

dementsprechend sorgfältigen Umgang in der Auswertung und Interpretation des gewonnenen Materials. In der Folge wurden auch quantitative Verfahren zur Auswertung und zur Überprüfung von Hypothesen vorgelegt. Herrmann (1996) schlägt diesbezüglich loglineare Modelle vor, die eine statistisch fundierte Überprüfung der Assoziationen zwischen den ‚means end'-Elementen und anderen Größen erlauben (vgl. Herrmann 1996, S. 231).

Abschließend zu diesem Abschnitt kann festgehalten werden, dass die multiattributiven Nutzen- und Einstellungsmodelle zwar unterschiedlicher theoretischer Herkunft sind, im Ergebnis aber gleichende Modellspezifikationen aufweisen. So zeigt etwa der Vergleich der formalen Schreibweise des multiattributiven Nutzenmodells mit dem Einstellungsmodell von Fishberg und Rosenberg eine generelle formale Identität der Modelle. Vordergründig bleibt noch die Zielrichtung der Modelle, die eine Differenzierung gestattet, doch auch hier hat mittlerweile eine weitgehende Konvergenz stattgefunden (vgl. Teichert 2001, S. 38). Im Allgemeinen kann den diskutierten kompositionellen Modellen zur Prognostizierung des Kaufverhaltens nur eine bedingte Eignung attestiert werden. Eine Reihe von empirischen Vergleichen zwischen kompositionellen und dekompositionellen Methoden lieferten diesbezüglich hinreichende Beweise (vgl. etwa Green/Krieger/Agarwal 1991; Akaah/Korgaonkar 1983; Neslin 1981). So nimmt es nicht Wunder, dass nicht nur in Wissenschaft und Forschung sondern auch in der Marktforschungspraxis den dekompositionellen Ansätzen zur Präferenzerfassung der Vorzug gegeben wird.

Im Folgenden Abschnitt wird deshalb die Conjoint-Analyse als Verfahren der dekompositionellen Präferenzerhebung näher betrachtet.

### 2.3.2 Conjoint-Analyse als Verfahren der empirischen Präferenzerhebung

Die Conjoint-Analyse[82] als Verfahren der empirischen Präferenzerhebung hat seit geraumer Zeit einen fixen Platz im Methodenrepertoire von Wissenschaftlern und Praktikern eingenommen. Wittink, Vriens und Burhenne (1994) legen mit ihrer Studie „Commercial use of conjoint analysis in Europe: Results and critical reflections" (Wittink/Vriens/Burhenne 1994) einen eindrucksvollen Beweis für die weite Verbreitung der Methode. Für den Zeitraum von 1986 bis

---

82 Eine überblicksartige Einführung findet sich u.a. in Backhaus/Erichson/Plinke/Weiber 2000, S. 564 ff.; weiterführend dazu u.a.: Gustafsson/Herrmann/Huber 2000; Gustafsson/Herrmann/Huber 2001; Weiber/Rosendahl 1997, S. 107-118; Carroll/Green 1995, S. 385-391; Green/Srinivasan 1990, S. 3-19; Green/Srinivasan 1978, S. 103-123).

1991 wurden von den Autoren etwa eintausend Conjoint-Studien registriert, die von Marktforschungsunternehmen in Europa[83] durchgeführt wurden (vgl. Wittink/Vriens/Burhenne 1994, S. 41-44). Diese Zahl dürfte in der Zwischenzeit um ein Vielfaches angestiegen sein. Daneben weist auch die rege Publikationstätigkeit auf eine konstante Anwendung - sowohl in Wissenschaft und Praxis - der Conjoint Analyse und ihrer Derivate hin. Weiber und Rosendahl (1997) führen diese Popularität vor allem auf die Verfügbarkeit von benutzerfreundlichen Softwarepaketen[84] zurück (vgl. Weiber/Rosendahl 1997, S. 107).

Die Conjoint-Analyse hilft dem interessierten Anwender Fragen im Hinblick auf zentrale Marketingherausforderungen zu stellen. So lassen sich etwa mit Hilfe dieser Methode Nachfragepräferenzen bestimmen, darauf aufbauende Segmentierungen[85] vornehmen, Pricing-Entscheidungen[86] fundieren und bei Berücksichtigung alternativer Angebote Erfolgsaussichten alternativer Marketingstratgien[87] ableiten. Aus diesem Grund scheint es angemessen die Conjoint-Analyse in den Mittelpunkt der nachfolgenden Darstellungen zu stellen, da sie den Ausgangspunkt für die in der Folge zahlreich entwickelten methodischen Ableitungen darstellt.

#### 2.3.2.1 Begriff und Leitgedanke der Conjoint-Analyse

Die Conjoint-Analyse ist eine der zahlreichen Techniken zur Abbildung des Entscheidungsverhalten von Konsumenten in Situationen, in denen er simultan zwischen zwei oder mehreren Alternativen wählen kann. In ihrem einschlägigen Artikel definieren Green und Srinivasan (1978) erstmals die Conjoint-Analyse als „any decompositional method that estimates the *structure* of a consumer's preferences [...] given his/her overall evaluations of a set of alternatives that are prespecified in terms of levels of different attributes“ (Green/Srinivasan 1978, S. 104). Neuere Definitionsversuche muten auf den ersten Blick pragmatischer an beschreiben aber im Kern den selben Sachverhalt wie der Vorstoß von Green,

---

83 Zum amerikanischen Markt vgl. die Studien von Cattin/Wittink (1982) und Wittink/Cattin (1989), wo sie von 698 Conjoint-Projekten 17 kommerzieller Marktforschungsunternehmen im Zeitraum von 1971-1980 berichten und 1062 Conjoint-Projekten von insgesamt 66 Unternehmen im Zeitraum von 1981-1985 (vgl. Wittink/Cattin 1989, S. 91f.; Cattin/Wittink 1982, S. 45).

84 Davor haben bereits Green und Srinivasan eine ähnliche Begründung geliefert (vgl. Green/Srinivasan 1990, S. 4).

85 Vgl. insb. Green/Krieger 1991, S. 20-31; Green/Krieger 1989, S. 127-141; Kamakura 1988, S. 157-167; Hagerty 1985, S. 168-184.

86 Vgl. dazu u.a. die Arbeiten von: Kohli/Mahajan 1991, S. 347-354; Mahajan/Green/Goldberg 1982, S. 334-342; Page/Rosenbaum 1987, S. 120-137.

87 Vgl. bspw. Friederes 1997, S. 208; Green/Krieger 1987, S. 21-32.

Krieger und Wind (2001) zeigt. Darin bezeichnen sie die Conjoint-Analyse als eine Technik „for measuring trade-offs for analyzing survey responses concerning preferences and intentions to buy, and it is a method for simulating how consumers might react to changes in current products or to new products introduced into an existing competitive array“ (Green/Krieger/Wind 2001, S. 57.).

Ursprünglich wurde diese Methode von Luce und Tukey (1964) als ‚Simultaneous Conjoint Measurement‘[88] auf dem Gebiet der mathematischen Psychologie eingeführt (vgl. Green/Krieger/Wind 2001, S. 57; Gustafsson/Herrmann/Huber 2000, S. 6; Perrey 1998, S. 65; Mengen 1993, S. 71; Green/Rao 1971, S. 355). Dabei wurde versucht, auf Basis ordinalskalierter Ausgangsdaten ein Verfahren zur simultanen Messung des Gesamteffektes von zwei oder mehreren Variablen auf Intervallskalenniveau darzustellen (vgl. Luce/Tukey 1964, S. 1). Damit war das Fundament für marketingspezifische Anwendungen der Conjoint-Analyse bereitet, derer sich Green und Rao zu Beginn der 70er-Jahre erstmalig bedienten und in der Folge auch ständig weiterentwickelten (vgl. Green/Rao 1971; siehe auch: Gustafsson/Herrmann/Huber 2000, S. 5). Seither wurde die Conjoint-Analyse von Wissenschaftern und Praktikern im Marketing immer häufiger angewandt und entwickelte sich sogleich zu derjenigen Form der Präferenzanalyse mit höchster praktischer Relevanz, wie Böcker (1986a) unter Bezugnahme auf Cattin und Wittink (1982) konstatiert (vgl. Böcker 1986a, S. 564). Jedoch relativiert sich der Stellenwert der Conjoint-Analyse, wenn man das gesamte Spektrum der von Marktforschungsinstituten angewandten Methoden betrachtet (vgl. Mengen 1993, S. 71).

Die Conjoint-Analyse wird den sogenannten dekompositionellen Verfahren der multivariaten Analysemethoden[89] zugeordnet. Es wird dabei unterstellt, dass sich der Gesamtnutzen einer multiattributiven Leistung regelmäßig additiv aus den Teilnutzenwerten der Merkmale bzw. deren Ausprägungen zusammensetzt (vgl.

---

88 Die Begriffe Conjoint-Analyse und Conjoint-Measurement werden häufig synonym verwendet, obwohl sie strenggenommen aufgrund ihrer unterschiedlichen Zielsetzungen unterschieden werden können. Die begriffliche Trennung geht auf die unterschiedlichen Wurzeln beider Verfahren zurück. So verfolgt das axiomatische Conjoint-Measurement eine empirische Überprüfung der Gültigkeit von Präferenzmodellen, wohingegen sich die Zielsetzung bei der Conjoint-Analyse in Richtung der Ermittlung prognostischer Nutzenschätzungen verschiebt (vgl. Teichert 2001, S. 40 und die Arbeit von Krantz/Tversky 1971).

89 Zu den multivariaten Analysemethoden zählen Methoden der statistischen Datenanalyse, die drei oder mehr Variable zum Gegenstand der Untersuchung haben. Die m. A. lassen sich nicht ganz überschneidungsfrei in Verfahren der Dependenzanalyse und der Interdependenzanalyse sowie in exploratorische und konfirmatorische Verfahren gliedern (vgl. Gabler Wirtschaftslexikon 1997).

u.a. Backhaus/Erichson/Plinke/Weiber 2000, S. 565; Weiber/Rosendahl 1997, S. 107).

Einer der wesentlichen Vorzüge ist die realitätsnahe Abbildung von Wahlhandlungen, die vom Nachfrager bezüglich alternativer Objekte in ihrer Gesamtheit getroffen und mittels der Conjoint-Analyse abgebildet werden können (vgl. z.B. Perrey 1998, S. 65).

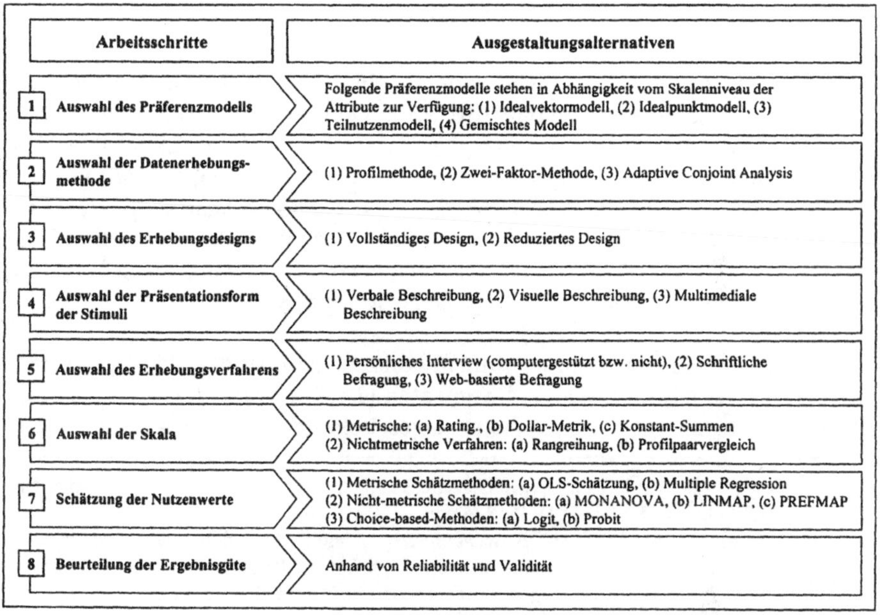


Abbildung 10: Typische Ablaufschritte einer Conjoint-Analyse
(Quellen: in Anlehnung an Green/Srinivasan 1978 und 1990, S. 5; Schweikl 1985; S. 43ff.; Gustafsson/Herrmann/Huber 2000, S. 9).

Für die weitere Vorgehensweise erscheint es zweckmäßig zunächst die Auswahl der Bewertungs- und Verknüpfungsfunktion im Rahmen der Präferenzmodellierung näher zu beleuchten.[90] Im Anschluss daran werden die einzelnen Arbeits-

90 Dieser Aufbau ist angelehnt an die Empfehlung von Gustafsson/Herrmann/Huber 2000, S. 10; andere Autoren empfehlen hingegen die Identifikation relevanter Merkmale und ihrer Ausprägungen als ersten Ablaufschritt einer Conjoint-Analyse vorzunehmen (vgl. z.B. Backhaus/Erichson/Plinke/Weiber 2000, S. 568; Perrey 1998, S. 66; Weiber/Rosendahl 1997, S. 108; Hahn 1997, S. 46). Gutsche (1995) weist auch darauf hin, dass der Eindruck, man könne die einzelnen Arbeitsschritte einer Conjoint-Analyse sequentiell abarbeiten trügt, da die Entscheidungen auf den einzelnen Stufen meist

schritte einer Conjoint-Analyse von der Identifikation relevanter Merkmale und ihrer Ausprägungen bis hin zur Beurteilung der Ergebnisgüte skizziert. Im obenstehenden Schaubild sind die einzelnen Ablaufschritte einer Conjoint-Analyse dargestellt (siehe Abb. 10). Diese Darstellung basiert im wesentlichen auf den Arbeiten von Green und Srinivasan (1978, 1990), sowie Schweikl (1985) und Gustafsson, Herrmann und Huber (2000).

### 2.3.2.2 Präferenzmodellierung

In der gängigen wissenschaftlichen Literatur besteht mittlerweile Einigkeit darüber, dass es sich bei der Conjoint-Analyse um ein Dependenzverfahren handelt, dass den Einfluss mehrerer unabhängiger Variablen[91] auf eine abhängige Variable[92] ermittelt (vgl. Backhaus/Erichson/Plinke/Weiber 2000, S. 566; Gutsche 1995, S. 81). Darüber hinaus grenzt sich die Conjoint-Analyse von anderen multivariaten Verfahren durch die jeweilige Konzeption des Versuchsaufbaus und nicht durch das Messniveau[93] der abhängigen und unabhängigen Variablen oder dem Schätzalgorithmus[94] ab (vgl. Gutsche 1995, S. 81).

Die modellmäßige Verarbeitung von Präferenzdaten bildet den Hauptgegenstand der Conjoint-Analyse. Green und Srinivasan (1978, 1990) folgend beginnt jede Conjoint-Analyse mit a priori-Überlegungen betreffend die Auswahl der jewei-

abhängig voneinander sind (vgl. Gutsche 1995, S. 88, sowie: Gustafsson/Herrmann/Huber 2000, S. 8; Schweikl 1985, S. 43f.).

91 Bei marketingspezifischen Anwendungen handelt es sich dabei meist um Produktmerkmale o.ä., allgemein: exogene Variable, erklärende Variable, unabhängige Variable, Regressor, diejenige Variable eines ökonometrischen oder theoretischen Modells, die nur eine erklärende Rolle hat, selbst aber nicht erklärt wird. Ihre Werte werden als außerhalb des Modellzusammenhangs bestimmt angenommen. Wie endogene Variablen können auch e.V. unverzögert oder verzögert auftreten, je nachdem, welchen Zeitbezug sie haben (vgl. Gabler Wirtschaftslexikon 1997).

92 Die abhängige Variable stellt die Präferenz oder Perzeption dar. Allgemein: endogene Variable, ielvariable, abhängige Variable, erklärte Variable, Regressand, diejenige Variable eines ökonometrischen oder theoretischen Modells, deren Wert innerhalb des Modells erklärt wird. Abhängige Variablen können in Mehr-Gleichungs-Modellen auch zur Erklärung der Werte anderer e. V. herangezogen werden; dabei können sie als unverzögerte e. V. oder verzögerte e. V. auftreten, je nachdem, welchen Zeitbezug sie haben. Zu ihrer Erklärung dienen exogene Variablen (vgl. Gabler Wirtschaftslexikon 1997).

93 Die Variablen können je nach Versuchsaufbau jedes Messniveau annehmen (vgl. Weiber/Rosendahl 1997, S. 108-110).

94 Der Schätzalgorithmus kann einem regressions- und varianzanalytischen Modell folgen oder aber auch auf Basis der Linearen Optimierung bzw. der Gradientenoptimierung durchgeführt werden (vgl. Gutsche 1995, S. 81).

ligen Bewertungsfunktion. Hierbei kommen mehrere Funktionen in Betracht. Die in der Literatur am häufigsten diskutierten Ansätze stellen die nachfolgend dargestellten Modelle dar (siehe z.B. Gustafsson/Herrmann/Huber 2000, S. 10-13; Hahn 1997, S. 50-53; Green/Srinivasan 1990, S. 4; Green/Srinivasan 1978, S. 105-106).

#### 2.3.2.2.1 Auswahl der Bewertungsfunktion

Die jeweilige Bewertungsfunktion „is the basis for determining partial benefit values for the respective attributes that reflect the preferences of the persons interviewed" (Gustafsson/Herrmann/Huber 2000, S. 10). In der Regel werden dabei

- das Idealvektormodell,
- das Idealpunktmodell und
- das Teilnutzenwertmodell

unterschieden.

Das Idealvektormodell geht von einem proportionalen positiven oder negativen Verhältnis zwischen dem eigenschaftsspezifischem Nutzen und der jeweiligen Merkmalsausprägung aus. Das bedeutet, dass sich mit abnehmender oder zunehmender Ausprägungsstufe der Nutzen für das betrachtete Merkmal negativ oder positiv verändert. Die Nutzenänderung ist somit proportional zur Änderung der Merkmalsausprägung (vgl. Schweikl 1985, S. 28; Green/Srinivasan 1978, S. 105).

Formal kann diese Beziehung wie folgt beschrieben werden:

(16) $u_i(X_{ijk}) = \alpha_{ij} \cdot X_{ijk}$

mit:

$u_i$ = Nutzenfunktion für die Eigenschaft $i$,

$\alpha_{ij} = \begin{cases} > 0 \text{ bei positiv steigendem Nutzen,} \\ \bullet\ 0 \text{ bei negativ steigendem Nutzen,} \end{cases}$

$\alpha_{ij}$ = relative Bedeutung der Eigenschaft $i$ für Person $j$,

$X_{ijk}$ = von Person $j$ wahrgenommene Ausprägung der Eigenschaft $i$ bei Produkt $k$.

Das Idealpunktmodell basiert auf der Annahme, dass eine ideale Ausprägung eines Merkmals existiert, dessen Unter- oder Überschreitung zu niedrigeren Teilnutzenwerten führt. In diesem Modell wird, im Unterschied zum Vorhergehenden, eine quadratische Wechselbeziehung zwischen dem Nutzen und den jeweiligen Merkmalsausprägungen unterstellt. Eine wichtige Voraussetzung für dieses Modell ist, dass die befragten Personen eine Vorstellung von ihrem idealen Produkt haben (vgl. Gustafsson/Herrmann/Huber 2000, S. 10; Böcker 1986a, S. 557; Green/Srinivasan 1978, S. 105). Formalanalytisch lässt sich diese Funktion wie folgt beschreiben:

(17) $u_i(X_{ijk}) = \beta_{ij} - \alpha_{ij}\left|X_{ijk} - X_{ij}^{ideal}\right|^r$

zu den bereits bekannten Parametern treten hinzu:

$X_{ij}^{ideal}$ = die vom Nachfrager $j$ gewünschte Idealausprägung der Eigenschaft $i$,

$\beta_{ij}$ = der vom Nachfrager $j$ beurteilte Idealwert der Eigenschaft $i$, wobei gilt:

$\beta_{ij} \geq \max_k \left\{\alpha_{ij}\left|X_{ijk} - X_{ij}^{ideal}\right|^r\right\}$,

$r$ = Minkowski-Parameter (für $r = 2$ ergibt sich das euklidsche Idealpunktmodell).

Das Idealpunktmodell stellt einen Spezialfall des Idealvektormodells[95] dar, wobei bei ersterem zusätzlich pro Merkmal auch der Idealpunkt erhoben werden muss, was einen erhöhten erhebungstechnischen sowie Schätzaufwand zur Folge hat (vgl. Gutsche 1995, S. 84).

Die häufigste Anwendung in der Marketingpraxis findet schließlich das Teilnutzenwertmodell. Im Unterschied zu den bisher besprochenen Funktionen gestattet es auch die Verwendung nicht-metrisch skalierter Daten und ist darin auch den beiden vorhergehenden Modellen überlegen (vgl. Perrey 1998, S. 69; Aust 1996, S. 25). Das Teilnutzenmodell nimmt keinen bestimmten Funktionsverlauf zwischen Merkmalsausprägung und Teilnutzenwert an, sondern ist völlig flexibel aufgebaut. Für jede mögliche Ausprägung wird ein individueller Teilnutzen ermittelt, wodurch sich dieses Modell besonders für nominal-skalierte Variablen eignet (vgl. Hahn 1997, S. 52).

Formalanalytisch kann dieses Modell wie folgt dargestellt werden:

---

95 Siehe hierzu auch Bauer (1989), der den Zusammenhang zwischen Ähnlichkeit und Präferenz für zwei Produkte im Idealpunkt- und Idealvektormodell darstellt (vgl. Bauer 1989, S. 134).

(18) $u_i(X_{a_iijk}) = \alpha_{a_iij} \cdot X_{a_iijk}$

mit:

$a_i$ = Ausprägung $a$ der Eigenschaft $i$

$\alpha_{a_iij}$ = Teilnutzenwert des Nachfragers $j$ für die Ausprägung $a$ der Eigenschaft $i$,

$X_{a_iijk} = \begin{cases} 1, & \text{wenn Produkt } k \text{ die Ausprägung } a \text{ der Eigenschaft } i \text{ aufweist,} \\ 0, & \text{sonst.} \end{cases}$

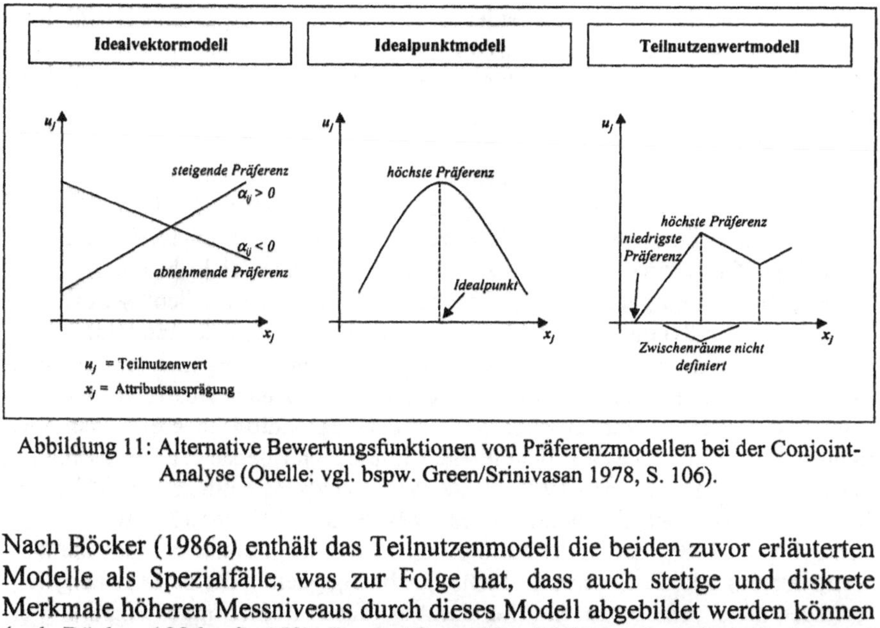


Abbildung 11: Alternative Bewertungsfunktionen von Präferenzmodellen bei der Conjoint-Analyse (Quelle: vgl. bspw. Green/Srinivasan 1978, S. 106).

Nach Böcker (1986a) enthält das Teilnutzenmodell die beiden zuvor erläuterten Modelle als Spezialfälle, was zur Folge hat, dass auch stetige und diskrete Merkmale höheren Messniveaus durch dieses Modell abgebildet werden können (vgl. Böcker 1986a, S. 558). Der größeren Flexibilität steht jedoch limitierend gegenüber, dass die Anzahl der zu schätzenden Parameter wesentlich höher ist als in den anderen Modellen (vgl. Gustafsson/Herrmann/Huber 2000, S. 12). Dennoch wird aufgrund der höheren Flexibilität in der Literatur empfohlen,[96]

96 Allerdings ist dabei grundsätzlich, wie oben bereits erwähnt, für jede Ausprägung ein Teilnutzenwert zu schätzen (vgl. Gutsche 1995, S. 85; Green/Srinivasan 1990, S. 4; Green/Srinivasan 1978, S. 106), während die Annahmen über den Verlauf der Bewertungsfunktion in den beiden anderen Modellen den Schluss auf beliebige Ausprägungen zulassen. Wird jedoch bei metrischen Attributen die Approximation des Funktionsverlaufes durch abschnittsweise Linearität akzeptiert, so können weitere Teilnutzen durch lineare Interpolation gewonnen werden (vgl. Mengen 1993, S. 77; Schweikl 1985, S. 30; Green/Srinivasan 1978, S. 106; Thomas 1979, S. 200).

das Teilnutzenwertmodell bei Conjoint-Studien zu Grunde zu legen (vgl. Mengen 1993, S. 78; Schweikl 1985, S. 115).

In Abbildung 11 sind die typischen Funktionsverläufe[97] der einzelnen Präferenzmodelle der Conjoint-Analyse zusammengefasst und grafisch aufbereitet.

#### 2.3.2.2.2 Auswahl der Verknüpfungsfunktion

In einem weiteren Schritt gilt es Funktionen zu bestimmen, die für die Verknüpfung der Teilnutzenwerte zu einem Gesamtnutzenwert herangezogen werden können. Grundsätzlich unterscheidet man zwischen kompensatorischen[98] und nicht-kompensatorischen Verknüpfungsfunktionen (vgl. z.B. Gutsche 1995, S. 85-88; Mengen 1993, S. 78-80; Böcker 1986a, S. 558f.; Schweikl 1985, S. 30f.; Green/Srinivasan 1978, S. 107).

**Kompensatorische Verknüpfungsfunktionen**
Den kompensatorischen Verknüpfungsfunktionen werden in der Literatur additiv-lineare und polynomiale Modelle zugeordnet (vgl. Gutsche 1995, S. 87f.; Böcker 1986a, S. 558; Thomas 1979, S. 201). In einer Vielzahl einschlägiger Veröffentlichungen gelangen die jeweiligen Autoren zu dem Schluss, dass der Übergang auf polynomiale Modelle, etwa zur Modellierung der Interaktion zwischen Attributen und zur Abkehr von der im Zusammenhang mit der Unabhängigkeitsprämisse erwähnten alleinigen Schätzung der Haupteffekte,[99] mit nur geringen zusätzlichem Nutzen verbunden ist und das additiv-lineare Modell auch nicht-kompensatorische Wahlhandlungen hinreichend genau zu approximieren vermag (vgl. z.B. Gutsche 1995, S. 88; Wittink/Vriens/Burhenne 1994, S. 50; Mengen 1993, S. 80; Darmon/Rouziès 1991, S. 315ff.; Wittink/Cattin 1989, S. 93; Schweikl 1985, S. 44). Voeth (2000) merkt dazu kritisch an, dass die Verwendung des additiv-linearen Modells Unabhängigkeit[100] der zu Grunde gelegten Merkmale voraussetzt und das darüber hinaus ebenso multiplikative Verknüpfungsmodelle vorstellbar wären (vgl. Voeth 2000, S. 37).

---

97 Die gezeigten Funktionsverläufe sind angelehnt an Darstellungen in: Green/Krieger/Wind 2001, S. 59; Gustafsson/Herrmann/Huber 2000, S. 11-12; Green/Srinivasan 1978, S. 106.

98 Eine kompensatorische Verknüpfung liegt dann vor, wenn hinsichtlich der Gesamtbewertung eines Produktes schlechte durch gute Beurteilungen ausgeglichen werden können und vice versa (vgl. Gutsche 1995, S. 85; Kap. 1.1).

99 Vgl. bspw. Thomas 1979, S. 200.

100 So auch Perrey 1998, S. 67 und Hahn 1997, S. 49.

**Nicht-kompensatorische Verknüpfungsfunktionen**

Obwohl die Conjoint-Analyse ein kompensatorisches Verknüpfungsmodell unterstellt, werden an dieser Stelle auch die nicht-kompensatorischen Verknüpfungsfunktionen angesprochen, da grundsätzlich „je eine Bewertungsfunktion und eine Verknüpfungsfunktion beliebig kombiniert werden“ können (Böcker 1986a, S. 559).

In der Literatur häufig besprochene nicht-kompensatorische Verfahrensvarianten sind die

- konjunktive,
- disjunktive und
- lexikographische

Verknüpfungsfunktion (vgl. z.B. Gutsche 1995, S. 84f.; Mengen 1993, S. 78f.; Lilien/Kotler/Moorthy 1992, S. 93-97 u. 117; Böcker 1986a, S. 558). Im Allgemeinen unterstellen nicht-kompensatorische Modelle, dass sich der Gesamtnutzen nur durch den Teilnutzenwert eines einzigen ‚kritischen‘ Merkmals ergibt. Im konjunktiven Modell ist jenes Merkmal entscheidend, dessen Ausprägung am wenigsten den Wünschen des Entscheiders entspricht. Vorab ist für jedes Produktmerkmal ein kritischer (Minimum-) Nutzenwert zu erheben. In der Folge werden nur Güter, die in den kaufentscheidenden Merkmalen die jeweiligen Schwellenwerte übersteigen als akzeptabel beurteilt. Im Unterschied dazu wird im disjunktiven Ansatz jenes Merkmal herangezogen, welches in seiner Ausprägung dem Entscheider am meisten entgegenkommt. Dieser Ansatz arbeitet ebenfalls mit einem Schwellenwert der beim jeweiligen Attribut überschritten werden muss. Der konjunktive und disjunktive Ansatz ermöglichen eine Trennung der zu bewertenden Stimuli in akzeptable und nicht akzeptable Alternativen. Eine Rangfolge kann daraus nicht abgeleitet werden. Beim lexikographischen Ansatz hingegen ist zunächst nur das für den Käufer wichtigste Merkmal relevant. Erst wenn sich daraus keine eindeutige Präferenz ableiten lässt, wird das zweitwichtigste Merkmal herangezogen und so weiter. Die sequentielle Vorgehensweise bei der Stimulibeurteilung gestattet die Bildung einer Rangfolge (vgl. Gutsche 1995, S. 85f.; Mengen 1993, S. 78f.; Böcker 1986a, S. 558).

## 2.3.2.3 Organisation einer Conjoint-Analyse

Im Folgenden soll nun näher auf die einzelnen Arbeitsschritte, die im Rahmen einer Conjoint-Studie vom Anwender zu berücksichtigen sind, eingegangen werden (vgl. Abb. 10). Es wurde bereits darauf hingewiesen, dass die zu treffenden Entscheidungen in den einzelnen Arbeitsschritten keineswegs unabhängig voneinander sind und insbesondere die Auswahl des conjointanalytischen Untersuchungsansatzes determinieren. So ist bspw. zu berücksichtigen, dass die ermittelten Merkmale und deren Ausprägungen „nicht nur die Validität der Ergebnisse in besonderem Maße, sondern bei hoher Anzahl und/oder Streuung der Merkmale....die Anwendung bestimmter Conjoint-Verfahren“ nicht mehr gestattet (Weiber/Rosendahl 1997, S. 107). Darüber hinaus wird durch die Wahl des Modus zur Bewertung der Stimuli eine wesentliche Vorentscheidung für den zum Einsatz gelangenden Untersuchungsansatz[101] getroffen. Ein weiteres konstituierendes Merkmal des Untersuchungsansatzes stellt die Wahl der Erhebungsform[102] dar, da sie ebenfalls Einfluss auf die Anwendbarkeit einiger Methoden hat.

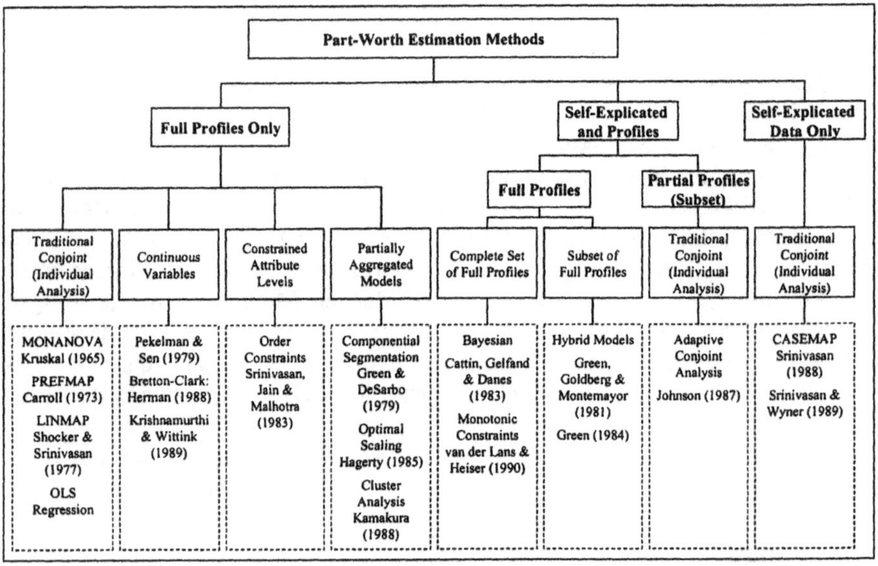


Abbildung 12: Überblick zu gängigen Untersuchungsansätzen der Conjoint-Analyse (Quelle: Carroll/Green 1995, S. 386).

Bevor auf die einzelnen Ablaufschritte näher eingegangen wird sei noch auf die Vielzahl unterschiedlicher Conjoint-Ansätze hingewiesen (vgl. Abb. 12). Zu beachten ist, dass innerhalb der einzelnen Verfahrensderivate noch zahllose Optio-

101 Der Anwender kann hier grundsätzlich zwischen den klassischen Untersuchungsansätzen, wo zwischen der Trade-off- und der Profilmethode differenziert wird, und der Discrete-Choice-Analyse wählen (vgl. Hahn 1997, S. 125-159; Weiber/Rosendahl 1997, S. 108f.).

102 Zu den gebräuchlichsten Erhebungsformen zählen: schriftliche, mündliche, telefonische, computergestützte bzw. kombinierte Formen der Erhebung.

nen im Hinblick auf die Auswahl des Schätzalgorithmus, die Art der verwendeten Skala u.a. bestehen und es sich deshalb um keine erschöpfende Darstellung handelt.

#### 2.3.2.3.1 Identifikation relevanter Merkmale und ihrer Ausprägungen

Breiter Konsens herrscht im einschlägigen Fachschrifttum über die Bedeutung der für die erfolgreiche Konzeption einer Conjoint-Analyse notwendigen Merkmalsauswahl und die Bestimmung der dazugehörigen Merkmalsausprägungen (vgl. bspw. Albers 2000, S. 355ff.; Backhaus/Erichson/Plinke/Weiber 2000, S. 569f.; Gustafsson/Erkdahl/Bergman 1999, S. 331f.; Perrey 1998, S. 67f.; Hahn 1997, S. 47-49; Gutsche 1995, S. 89-91; Theuerkauf 1989, S. 1180). Die Auswahl relevanter Merkmale und ihrer Ausprägungen stellt eine oft unterschätzte Herausforderung für den Untersuchungsleiter dar, wie Hahn (1997) feststellt (vgl. Hahn 1997, S. 47). Dabei stellen sie die Basis für die Präferenzurteile der Probanden dar, womit festgehalten werden kann, dass „[c]hoosing attributes is not trivial and there are many aspects that need to be considered[.]“ (Gustafsson/Erkdahl/Bergman 1999, S. 332), denn "[w]ird ein bedeutendes Merkmal ausgelassen oder falsch oder unvollständig beschrieben, sind die später abgeleiteten Ergebnisse nicht mehr aussagefähig“ (Theuerkauf 1989, S. 1180).

So zeigt Perrey (1996) in einer Untersuchung, dass durch die Aufnahme zusätzlicher Ausprägungsstufen innerhalb einer fest vorgegebenen konstanten Bandbreite eines Merkmals es zu einem signifikanten Anstieg der Wichtigkeit der betrachteten Eigenschaft kam (vgl. Perrey 1996, S. 110f.). Dieser Zusammenhang konnte zuvor bereits in einer anderen Studie von Wittink, Krishnamurthi und Reibstein (1989) beobachtet werden (vgl. Wittink/Krishnamurthi/Reibstein 1989, S. 113ff.; siehe auch: Wittink/Vriens/ Burhenne 1994, S. 50; Green/Srinivasan 1990, S. 7; Cattin/Wittink 1982, S. 51).

Von vielen Autoren wurde deshalb die Auswahl und Definition von Merkmalen und deren Merkmalsausprägungen als einer der wichtigsten Schritte im Rahmen der Conjoint-Analyse bezeichnet (vgl. u.a. Hahn 1997, S. 47; Mengen 1993, S. 85; Laker 1992, S. 43). Zur Gewährleistung einer sinnvollen Merkmals- und Ausprägungsauswahl wurden in der Literatur eine Reihe von Kriterien vorgeschlagen, die im Kern die Kaufverhaltensrelevanz der Merkmale als notwendige Bedingung postulieren und darüber hinaus die grundsätzliche Beeinflussbarkeit, technische Realisierbarkeit und Unabhängigkeit der Merkmale und ihrer Ausprägungen fordern (vgl. Backhaus/Erichson/Plinke/Weiber 2000, S. 569f.; Hahn

1997, S. 48f.; Mengen 1993, S. 84f.).[103] Darüber hinaus erweist sich neben der inhaltlichen Wahl der Merkmale und ihrer Ausprägungen auch die Anzahl der in die Conjoint-Analyse zu integrierenden Merkmale als ein veritables Gestaltungsproblem, da die Anforderungen an die Probanden mit steigender Merkmals- und Ausprägungszahl überproportional wachsen (vgl. u.a. von Thaden 2002, S. 8ff.; Cattin/Wittink 1982, S. 47; Green/Carroll/Goldberg 1981, S. 20).

Für den Anwender stellt sich somit die Frage, wie er die relevanten Attribute herausfiltern kann ohne Gefahr zu laufen entscheidungs- und somit ergebnisrelevante Merkmale zu vernachlässigen. Gustafsson, Erkdahl und Bergman (1999) schlagen deshalb eine Kombination „of an initial study and client input" zur bestmöglichen Gewährleistung der genannten Kriterien vor (Gustafsson/Erkdahl/Bergman 1999, S. 331f.). Auch Hahn (1997) weist auf die Gefahren einer Festlegung relevanter Merkmale am ‚Schreibtisch' des Anwenders hin, weshalb vorgeschlagen wird, die Attribute und ihre Ausprägungen in explorativen Vorerhebungen durch z.B. Expertengespräche oder Fokusgruppen zu generieren (vgl. Hahn 1997, S. 47; sowie: Mengen 1993, S. 173; Tscheulin 1991, S. 1271; Theuerkauf 1989, S. 1180; Schweikl 1985, S. 92f.).

### 2.3.2.3.2 Auswahl des Erhebungsdesigns

Im Zusammenhang mit der Auswahl des Erhebungsdesigns gilt es zu klären, auf welche Art und Weise den Auskunftspersonen die zuvor ermittelten Stimuli zur Beurteilung vorgelegt werden (vgl. Gustafsson/Herrmann/Huber 2000, S. 13). Der Gestaltung des Erhebungsdesigns wird regelmäßig hohe Bedeutung beigemessen, da es durch die gewählte Form der Produktpräsentation zu erheblichen Ergebnisverzerrungen kommen kann und damit die Validität und Reliabilität der Schätzergebnisse gefährdet wird (vgl. insb. Stallmeier 1993, S. 206-295).

Für die Gestaltung des Erhebungsdesigns stehen dem Anwender grundsätzlich drei Techniken mit unterschiedlichen Varianten zur Verfügung. Es handelt sich dabei um die Profil-Methode (Green/Rao 1971), den Zwei-Faktor-Ansatz (Johnson 1974) und um Kombinationen dieser Varianten sowie Verknüpfungen mit kompositionellen Befragungselementen. Hierzu zählen insbesondere die Adaptive Conjoint Analyse (Johnson 1987) sowie die Hybride Conjoint Analyse (Green/Goldberg/Montemayor 1981).

Darüber hinaus ist bei der Konzeption des Erhebungsdesigns auch die zum Einsatz gelangende Datenerhebungsmethode, wie auch das gewählte Präferenzmo-

103 Für eine detailliertere Darstellung und Einführung in diesem Zusammenhang sei auf die angeführte Literatur verwiesen.

dell (vgl. Carmon/Green 1981) und die spezifische Erhebungsskala zu berücksichtigen (vgl. Aust 1996, S. 55f.). Um dieser Anforderung genüge zu tun, werden nach Diskussion der genannten Erhebungsdesigns auch die Aspekte der unterschiedlichen Bewertungsskalen und Möglichkeiten der Stimulipräsentation erörtert.

**Profil-Methode**

Im Rahmen der Profil-Methode enthält jeder Stimulus je eine Ausprägung eines jeden Merkmals (vgl. Gustafsson/Herrmann/Huber 2000, S. 13f.; Gutsche 1995, S. 92-95; Mengen 1993, S. 82; Schweikl 1985, S. 46; Green/Srinivasan 1978, S. 108). Den Auskunftspersonen werden vollständige Produkte - meist handelt es sich dabei um Produktkonzepte – unter Einbeziehung aller beurteilungsrelevanten Produkteigenschaften zur Bewertung vorgelegt. Die so geschaffene Bewertungssituation erlaubt eine simultane Beurteilung eines spezifischen Eigenschaftsbündels, die einer realen Nachfragesituation gerecht zu werden vermag (vgl. Johnson 1987, S. 257; Jain/Acito/Malhotra/Mahajan 1979, S. 320; Johnson 1974, S. 122). Die Limitation der Profil-Methode liegt vor allem im begrenzten menschlichen Informationsverarbeitungsvermögen, wodurch wie Green und Srinivasan (1978) anmerken „the possibility of information overload" der Probanden und damit eine nur geringe Validität und Reliabilität der Ergebnisse zu erwarten ist (Green/Srinivasan 1978, S. 108; sowie u.a.: Johnson 1987, S. S. 257; Schweikl 1985, S. 108). Die Empfehlung zur Lösung dieses Problems liegt in einer Reduktion der einzubeziehenden Attribute, wonach eine Beschränkung auf maximal sechs als sinnvoll erachtet wird (vgl. Mengen 1993, S. 82; Cattin/Wittink 1982, S. 47f.; Green/Srinivasan 1978, S. 108). Wollte man alle möglichen Ausprägungskombinationen abfragen, wären den Probanden zudem $\prod_{j=1}^{J} I_j$ Stimuli vorzulegen; sodass beträchtliche Schwierigkeiten bei der Erhebung die Folge wären, weshalb Methoden entwickelt wurden, derartige Designs geeignet zu reduzieren (vgl. Herrmann/Schmidt-Gallas/Huber 2000, S. 256; Stallmeier 1993, S. 147-203; Carmone/Green/Jain 1978, S. 300).[104]

---

104 Im Speziellen handelt es sich dabei um Verfahren, die aus der Menge aller möglichen Stimuli – auch vollständiges Design – eine Teilmenge auswählen, das sogenannte reduzierte oder fraktionierte faktorielle Design (vgl. z.B. Louviere 1988, S. 35ff.; Green/Srinivasan 1978, S. 109f.). Die Grundidee eines reduzierten Designs besteht dabei darin, eine Teilmenge von fiktiven Produkten zu finden, die das vollständige Design möglichst gut repräsentiert, den Befragungsaufwand minimiert und dennoch eine valide und reliable Berechnung der Teilnutzenwerte erlaubt. Die Unabhängigkeit der Merkmale muss erfüllt sein, da ansonsten die Berechnung der Teilnutzenwerte nicht möglich wäre, da man in der Schätzung die beiden Effekte der Hauptwirkungen sowie der Interaktionswirkungen zwischen den Variablen auf die Nutzenwahrnehmung empirisch nicht trennen könnte (vgl. Teichert 1994, S. 617; Stallmeier 1993, S. 153ff.).

**Zwei-Faktor-Methode**

Vor dem Hintergrund der Schwierigkeiten bei Anwendung der Profil-Methode wurde von Johnson (1974) der Zwei-Faktor-Ansatz entwickelt (vgl. Johnson 1974, S. 121-127). Darin greift er einen Gedanken auf, den bereits Luce und Tukey zur Erläuterung des Conjoint Measurement dargestellt haben (vgl. Luce/Tukey 1964, S. 3). Im Unterschied zur Profil-Methode werden die Stimuli dabei in einem Versuchsplan durch die Kombination von Ausprägungen zweier Merkmale paarweise gebildet. In jeder Zelle des Versuchsplans befindet sich ein Stimulus, der in der Folge von den Probanden gemäß seiner Vorziehenswürdigkeit zu bewerten ist (vgl. Gustafsson/Herrmann/Huber 2000, S. 14; Stallmeier 1993, S. 48-54; Johnson 1987, S. 257; Green/Srinivasan 1978, S. 107; Johnson 1974, S. 122). Durch die skizzierte Vorgehensweise kann zwar das Problem eines ‚information overload' bei den Probanden weitgehend vermieden werden sowie die Anzahl der zu bewertenden Stimuli auf $\binom{J}{2} = \frac{J(J-1)}{2}$ Zwei-Faktor-Matrizen reduziert werden, allerdings erweist sich die Bewertung der gepaarten Eigenschaften als konstruiert und verleitet Probanden zu mechanischem Ausfüllen, was zu Lasten der Realitätsnähe[105] dieses Ansatzes geht (vgl. Gutsche 1995, S. 92; Mengen 1993, S. 81; Wittink/Cattin 1989, S. 93; Thomas 1979, S. 205; Green/Srinivasan 1978, S. 107).

Im nachstehenden Schaubild sind Beispiele für die Profil-Methode und die Zwei-Faktor-Methode gegenübergestellt (siehe Abb. 13).

**Profil-Methode**

| Profil 1 | Profil 2 |
|---|---|
| **Preisniveau:** 95 % des heutigen Niveaus | **Preisniveau:** 105 % des heutigen Niveaus |
| **Erstvertragslaufzeit:** 12 Monate | **Erstvertragslaufzeit:** 6 Monate |
| **Art der Erzeugung:** Atomstrom | **Art der Erzeugung:** Ökostrom |

**Zwei-Faktor-Methode**

Trade-Off-Matrix (Versuchsplan)

| | Erstvertragslaufzeit: | | |
|---|---|---|---|
| **Preisniveau:** | 3 Monate | 6 Monate | 12 Monate |
| 95 % des heutigen Niveaus | | | |
| heutiges Niveau | | | |
| 105 % des heutigen Niveaus | | | |

Abbildung 13: Beispiel Profil- und Zwei-Faktor-Methode.

105 Die geringe Realitätsnähe wird bereits von Johnson (1974) bemängelt, weshalb er später diese Vorgehensweise als „nearly obsolete" bezeichnet (Johnson 1987, S. 258). Die geringe Bedeutung dieses Ansatzes dokumentieren auch die Arbeiten von: Wittink/Vriens/Burhenne 1994, S. 44; Green/Srinivasan 1990, S. 6; Wittink/Cattin 1989, S. 92; Cattin/Wittink 1982, S. 47.

Im Zusammenhang mit der Einordnung dieses Ansatzes kann festgehalten werden, dass er nicht dem realen Produktbewertungsprozess entspricht, den Konsumenten bei der Auswahl von Produkten üblicherweise durchlaufen. Die in empirischen Untersuchungen festgestellte geringe Bedeutung dieser Methode und die angesprochenen erhebungstechnischen Kritikpunkte lassen aus heutiger Sicht keine Anwendungsempfehlung dieser Methode zu.

**Hybride und Adaptive Conjoint-Analyse**

Die in der Folge entwickelten neueren Erhebungsformen der Hybriden Conjoint-Analyse (HCA) und der Adaptiven Conjoint-Analyse (ACA) verfolgen das Ziel eine größere Zahl von Attributen zu berücksichtigen. Der entscheidende Unterschied zu der traditionellen Conjoint-Analyse liegt dabei in der Loslösung vom streng dekompositionellen Charakter durch die Verknüpfung mit kompositionellen Elementen (vgl. Gustafsson/Herrmann/Huber 2000, S. 15; Carroll/Green 1995, S. 386; Green/Srinivasan 1990, S. 9; Schweikl 1985, S. 41; Akaah/Korgaonkar 1983, S. 187; Green/Goldberg/Montemayor 1981, S. 33).

Die Hybride Conjoint-Analyse wurde von Green, Goldberg und Montemayor (1981) vorgestellt. Dabei werden jedem Probanden zunächst kompositionelle self-explication[106] Aufgaben vorgelegt, in denen durch die Bewertung einzelner Attribute ihre individuelle Nutzenfunktion ermittelt wird. Im Anschluss daran erfolgt die Bewertung einiger ausgewählter Full-Profiles (vgl. Mengen 1993, S. 83; Agarwal/Green 1991, S. 141; Green/Goldberg/Montemayor 1981, S. 35). Die zu Beginn ermittelten individuellen Nutzenfunktionen werden zur Bildung von Gruppen von Probanden mit ähnlicher Nutzenstruktur verwendet. Dadurch wird erreicht, dass das Full-Profile-Design von jedem Probanden nur auszugsweise durchlaufen werden muss. Durch diese Vorgehensweise wird erreicht, dass sich die Nutzenfunktion jedes Einzelnen als gewichtete Summe aus den individuellen, durch Komposition, und den auf Segmentebene, durch Dekomposition, ermittelten Teilnutzenwerten ergibt (vgl. Gustafsson/Herrmann/Huber 2000, S. 15; Green/Srinivasan 1990, S. 11; Cattin/Wittink 1982, S. 49).

Ein wesentlicher Vorteil dieses Ansatzes liegt in der erheblich reduzierten Anzahl der von jedem Probanden zu beurteilenden Alternativen, was zu einer erheblichen Vereinfachung der Erhebungsaufgabe führt (vgl. Gutsche 1995, S. 95;

[106] Sattler und Hensel-Börner (2000) beschäftigen sich in ihrem Artikel mit Studien, die die Conjoint-Analyse mit den kompositionellen „Self-Explicated Approaches" vergleichen und kommen zu dem Schluss, dass die Conjoint-Analyse gegenüber letzteren Vorteile in der Vorhersagevalidität aufweist. Dennoch räumen sie den „Self-Explicated Approaches" Vorteile gegenüber der Conjoint-Analyse besonders bei der Anwendung, dem damit verbundenen zeitlichen Aufwand und den Erhebungskosten ein (vgl. Sattler/Hensel-Börner 2000, S. 131).

Mengen 1993, S. 83; Green/Srinivasan 1990, S. 10). Zu beachten bleibt, dass es sich im Ergebnis nicht mehr um strikt individuelle Nutzenfunktionen handelt und die Integration einer größeren Zahl von Attributen auch die Notwendigkeit einer größeren Stichprobe nach sich zieht (vgl. Mengen 1993, S. 83; Green/Srinivasan 1990, S. 10f.).

Im Unterschied zur eben skizzierten Hybriden Conjoint-Analyse[107] behält die Adaptive Conjoint-Analyse, die auf Basis des Zwei-Faktor-Ansatzes ebenfalls von Johnson (1987) entwickelt wurde, den einzelnen Probanden im Mittelpunkt des Interesses. Die Adaptive Conjoint-Analyse ermittelt individuelle Nutzenfunktionen im Zuge eines interaktiven computergestützten Interviews, dessen adaptiver Charakter sich in der Berücksichtigung des individuellen Antwortverhaltens der Befragten zur Steuerung des Untersuchungsablaufs zeigt (vgl. Gustafsson/Herrmann/Huber 2000, S 15f.; Mengen/Simon 1996, S. 232; Gutsche 1995, S. 96; Mengen 1993, S. 83f.; Green/Krieger/Agarwal 1991, S. 215; Johnson 1987, S. 259).

Die Hauptvorteile der Adaptiven Conjoint-Analyse liegen in der computergestützten Datenerfassung, der Integration einer vergleichsweise größeren Merkmalsanzahl und der Möglichkeit die Daten für Individualanalysen zu nutzen (vgl. Weiber/Rosendahl 1997, S. 116; Mengen/Simon 1996, S. 233; Green/ Srinivasan 1990, S. 11). Mitunter wird in der Literatur die Auffassung vertreten, dass diesen Vorteilen Nachteile gegenüberstehen, die in zwei Stoßrichtungen weisen: (1) Die individuellen Schätzergebnisse stellen häufig keine geeignete Basis für anschließende (a posteriori) Segmentierungen dar, da „unakzeptable Eigenschaftsausprägungen aus der Entscheidungsfindung eliminiert" werden (Weiber/Rosendahl 1997, S. 115; siehe auch: Perrey 1998, S. 85); (2) die von der Software angebotenen Skalen (scale of acceptability und importance scale) zur Erfassung der Akzeptanz und der Wichtigkeit von Merkmalen bieten zu wenige Ausprägungsstufen, darüber hinaus wird auch die Sektion der Paarvergleiche als „both difficult an unrealistic“ beschrieben (Green/Krieger/Agarwal 1991, S. 220).

Die unter Punkt (2) angemerkte Kritik von Green, Krieger und Agarwal (1991) bezieht sich auf die Version 2.0 des Programmpaketes ACA des Herstellers Sawtooth Software Inc., die mit einer Reihe von Verbesserungsvorschlägen

107 Strenggenommen könnte die Adaptive Conjoint-Analyse ebenfalls den hybriden Ansätzen zugerechnet werden, da wie bereits erwähnt kompositionelle und dekompositionelle Elemente verbunden werden. Trennungsmerkmal stellt aber die Verbindung von kompositionellen Teilnutzenwerten mit dekompositionellen Segment-werten bei den oben beschriebenen hybriden Ansätzen dar (vgl. Weiber/Rosendahl 1997, S. 110; Carroll/Green 1995, S. 386; Green/Srinivasan 1990, S. 11) .

konstruktiv ergänzt wurde (vgl. Green/Krieger/Agarwal 1991). In der Folge wurde die Kritik von Sawtooth aufgenommen und viele der in der Literatur besprochenen Schwächen konnten daraufhin eliminiert werden, sodass festgehalten werden kann: „Overall, Version 4.0 of ACA is a significant improvement over earlier versions, and it continues to be responsive to new research results and user concerns“ (Carmone/Schaffer 1995, S. 118).

**Limit Conjoint-Analyse**

Eine neuere Variante in der Gestaltung des Erhebungsdesigns stellt die Limit Conjoint-Analyse dar, die auf Arbeiten von Hahn und Voeth (1997) zurückgeht. Hauptanliegen dieses Ansatzes ist es, Auswahl(absichts)informationen direkt in die Conjoint-Analyse zu integrieren.[108] Dies wird dadurch erreicht, dass nicht allein Präferenzurteile bei den Probanden abgefragt werden, sondern die Probanden zudem im Anschluss daran aufgefordert werden, diejenigen der zuvor im Hinblick auf die individuelle Vorziehenswürdigkeit beurteilten Stimuli anzugeben, die die Probanden zu kaufen bereit sind. Im Falle einer zu Grunde gelegten Profilmethode und bei einer Bewertung der Stimuli mit Hilfe des Verfahrens der Rangreihung würde der Proband somit nicht nur die Stimuli wie bei der traditionellen Conjoint-Analyse entsprechend seinen Präferenzen in eine Rangfolge bringen, sondern zugleich auch angeben, bis zu welchem Rangplatz er die vorgelegten Stimuli auszuwählen (kaufen) bereit wäre, hinter welchem zuvor gereihtem Stimulus er also eine imaginäre Limit-Card setzen würde (vgl. Voeth 2000, S. 80f.).

Bislang schränkt jedoch noch eine Vielzahl methodischer und anwendungsbezogener Fragestellungen den Einsatz der Limit Conjoint-Analyse ein. Beispielsweise geben folgende Kritikpunkte noch Raum für weitergehende Forschungen (vgl. Voeth 2000, S. 87-92):

- Die Limit Conjoint-Analyse verknüpft unterschiedlich skalierte Daten innerhalb der Auswertung und behandelt sie wie metrisch skalierte Daten.
- Zu klären bleibt auch, inwieweit z.B. die Simulationsergebnisse von dem innerhalb der Limit Conjoint-Analyse verwendeten reduziertem Design abhängen.[109]

108 Das Prinzip der Erfassung von Auswahl(absichts)informationen kann auch im Rahmen der ACA (Version 4.0) insofern berücksichtigt werden, als dass am Beginn des Conjoint-Interviews die Sektion „Ask Unacceptables“ dem eigentlichen Conjoint-Teil vorgeschalten wird. Darin werden all jene Merkmale vom Befragten aussortiert, die er nicht in eine Auswahlentscheidung integrieren würde (vgl. ACA 4.0 Manual, Sawtooth Software Inc.).

109 Zu Erhebungsdesign-Effekten bei der Conjoint-Analyse siehe auch Perrey 1996.

- Offen bleibt auch, welche Auswirkungen die Eingrenzung der Stimuli über Limit-Cards hat.

**Bewertungsskalen**

Den diskutierten Erhebungsdesigns können unterschiedliche Bewertungsskalen zu Grunde liegen, grob lassen sie sich in metrische und nichtmetrische Skalen unterteilen. Während in der Anfangsphase der Conjoint-Analyse nichtmetrische Bewertungsskalen dominierten, überwiegen seit den 90er-Jahren metrische Bewertungsskalen. Dieser Trend zeichnete sich in den Vereinigten Staaten bereits in den 70er-Jahren ab, wo bereits 55 % und in der ersten Hälfte der 80er-Jahre bereits 61 % aller Conjoint-Studien, mittels metrischer Bewertungsskalen erhoben wurden. Im gleichen Zeitraum ging der Anteil von paarweisen Vergleichen von 11 % auf 9 % zurück, während der Einsatz von Rating-Skalen von 36 % auf 49 % zunahm. Noch stärker ist das Ungleichgewicht in Europa, wo in der zweiten Hälfte der 80er-Jahre Rating-Skalen mit einem Anteil von 70 % dominierten, gefolgt von 22 % für Rangordnungen und 5 % für paarweise Vergleiche. Die in den Studien erhobenen Zahlen lassen sich aber nur schwer, wenn überhaupt vergleichen, da von dem Anteil von 70 % für Rating-Skalen 42 % (bezogen auf die Gesamtstichprobe) auf ACA-Anwendungen entfallen (vgl. Wittink/Vriens/Burhenne 1994, S. 45-47; Wittink/Cattin 1989, S. 92; Cattin/Wittink 1982). Berechtigte Zweifel an der Repräsentativität der Studie sind insofern angebracht, als dass sich mehr als ein Fünftel der Stichprobe aus der Adressdatei des Softwareanbieters Sawtooth rekrutierte (vgl. Wittink/Vriens/Burhenne 1994, S. 42).

Zu den gängigsten metrischen Bewertungsskalen zählen die Rating-Skala, die Dollar-Metrik-Skala und die Konstant-Summen-Skala. Die Rangreihung und der Profilpaarvergleich werden im Allgemeinen zu den nichtmetrischen Bewertungsskalen gezählt (vgl. Gustafsson/Herrmann/Huber 2000, S. 20-22; Green/Krieger 1993, S. 478; siehe auch: Schweikl 1985, S. 55-59).

### 2.3.2.3.3 Ermittlung der Präferenzurteile

Zur Ermittlung der Präferenzurteile bedarf es der Auswahl eines geeigneten Präsentationsformates der konstruierten Stimuli. Darüber hinaus ist auch eine Entscheidung dahingehend zu treffen, welches Verfahren zum Einsatz gelangen soll, um die gewünschten Information zu erheben.

Green und Srinivasan (1978, 1990) folgend werden grundsätzlich die Möglichkeiten einer verbalen Beschreibung der Produkteigenschaften und einer visuellen Repräsentation unterschieden. Als Variante der visuellen Repräsentation gilt auch die Verwendung multimedialer und verwandter Techniken (vgl.

Ernst/Sattler 2000). Der Wahl des Präsentationsformates wird in der Literatur breiter Raum gewidmet, wie dem Beitrag von Strebinger, Hoffmann, Schweiger und Otter (2000) entnommen werden kann. Ausgehend von der zentralen Forderung größtmöglicher Realitätsnähe in der Befragungssituation für die Auskunftspersonen zeigen sie in einem Experiment in der Produktkategorie Fernseher, dass die subjektive Bewertungsaufgabe im Rahmen einer Conjoint-Analyse durch die Probanden „von einem Zusammenspiel von Präsentationsformat, Involvement und dem (chronisch) bevorzugtem Denkstil" abhängt (Strebinger/Hoffmann/Schweiger/Otter 2000, S. 55).

Eine auch für die vorliegende Arbeit wesentliche Erkenntnis für die Wahl des Präsentationsformates ist, „dass ein Bild um des Bildes willen kein geeignetes Motto ist" (Strebinger/Hoffmann/Schweiger/Otter 2000, S. 71). Für das Low-Involvement-Produkt Strom kann die Vermutung eines vorhandenen Informationseffektes möglicher bildlicher Reize nicht aufrechterhalten werden und es ist daher naheliegend, einer rein verbalen Beschreibung den Vorzug zu geben.

Im Unterschied dazu ist bei High-Involvement-Produkten die sich einer bildlichen Darstellung nicht entziehen, z.B. aufgrund ihres materiellen Charakters, auf eine visuelle Repräsentationen in Hinblick auf eine Erhöhung des Involvements zurückzugreifen (vgl. Strebinger/Hoffmann/Schweiger/Otter 2000, S. 71).[110] Die Beliebtheit einer bildlichen Präsentation der Stimuli hat in jüngster Vergangenheit stetig zugenommen und wird insbesondere auf die damit im Bewertungsprozess einhergehende Steigerung der Realitätsnähe zurückgeführt (vgl. Perrey 1998, S. 72). Für Europa ermittelten Wittink, Vriens, Burhenne (1994) im Zeitraum von 1986 – 1991 einen Anteil von 9 % bildlicher Stimuli und in 6 % der Anwendungen gelangten auch physische Repräsentationen der Stimuli zum Einsatz (vgl. Wittink/Vriens/Burhenne 1994, S. 44).[111]

Unmittelbar anknüpfend an Überlegungen betreffend des Präsentationsformat-es gilt es, ein geeignetes Datenerhebungsverfahren auszuwählen. In ihrer Studie aus dem Jahre 1994 dokumentieren Wittink, Vriens und Burhenne, dass in 44 % aller Conjoint-Studien dem persönlichen Interview der Vorzug gegeben wird (Untersuchungszeitraum: Juli 1986 – Juni 1991; Untersuchungsregion: Europa).

110 Zudem kann auf diese Weise die Bereitschaft der Probanden, an der Befragung teilzunehmen, erhöht werden. Im Hinblick auf die Validität der Nutzenschätzung besteht bei der visuellen Darstellungsform allerdings die Gefahr, dass von den Probanden neben den eigentlich zu bewertenden Stimuli sog. versteckte Eigenschaften in die Beurteilung miteinbezogen werden (vgl. Green/Srinivasan 1978, S. 111).

111 Ein Überblick zu empirischen Studien, die einen Vergleich hinsichtlich der Validität verschiedener Produktpräsentationsformen vornehmen, findet sich bei Ernst und Sattler (2000) (vgl. Ernst/Sattler 2000, S. 163).

Dicht gefolgt von computergestützen Erhebungsformen mit 42 %. Der verbleibende Rest verteilt sich zu 7 % auf Telefoninterviews, 3 % werden per Postversand erhoben und 4 % stellen Kombinationsformen dar (vgl. Wittink/Vriens/Burhenne 1994, S. 44). Auch wenn der vorliegende empirische Befund einen vergleichsweise geringen Stellenwert der postalischen und telefonischen Erhebung von Conjoint-Daten ausweist, kann diese Form aufgrund ihrer Vorteile in bezug auf Erhebungskosten, Zeitaufwand und die Möglichkeit einer besseren geografischen/räumlichen Stichprobenausschöpfung nicht per se als weniger geeignet beurteilt werden (vgl. Gustafsson/Herrmann/Huber 2000, S. 19f.; Weiber/Rosendahl 1997, S. 112).

In jüngster Vergangenheit hat das Internet einen immer bedeutenderen Stellenwert in der Umfrageforschung erlangt (vgl. z.B. Schönleitner 2003; Madlberger 2002; Theobald/Dreyer/Starsetzki 2001; Decker 2001). Im Bereich der Produktpräferenzmessung mittels der Conjoint-Analyse[112] sind neben allgemeinen Vorteilen der Datenerhebung im Internet wie z.B. die Verminderung von Interviewereinflüssen, Wegfall von Interviewerkosten und die Vermeidung des Fragereihungseffektes auch mögliche Vorteile durch die multimediale Darbietung der Stimuli zu suchen (vgl. Zerr 2001, S. 12f.; Ernst/Sattler 2000, S. 161).

Eine neuere Untersuchung, die einen empirischen Validitätsvergleich zwischen einer traditionellen Produktpräsentationsform (schriftliche Kurzbeschreibung der Produkteigenschaften) und einer internetfähigen multimedialen Stimulipräsentationen zum Ziel hatte zeigt, dass „[u]nter Kosten-, Zeit-, und Flexibilitätsgesichtspunkten des praktischen Feldeinsatzes der Conjoint-Analyse ... die Verwendung der weniger aufwendig umsetzbaren Paper&Pencil Conjoint[-Analyse]" der Vorzug zu geben ist (Ernst/Sattler 2000, S. 170). Die Autoren räumen aber ein, dass „wenn zwischen multimedial und traditionell dargestellten Eigenschaften erhebliche Wahrnehmungsunterschiede zu erwarten sind", sich der Einsatz einer internetbasierten Conjoint-Analyse empfiehlt (Ernst/Sattler 2000, S. 170).

Für den Anwender ergibt sich daraus, dass bei der Wahl des Präsentationsformates und des Datenerhebungsverfahrens folgende Fragen im Vorfeld zu klären sind:

- Können die zu beurteilenden Stimuli aufgrund ihres spezifischen Leistungscharakters nur verbal beschrieben werden oder ist auch eine grafische bzw. multimediale Darstellung möglich?

112 Für conjointanalytische Anwendungen im Internet siehe: Deal 2002, S. 44f.

- Welches Involvement lösen die zu beurteilenden Stimuli bei den befragten Personen aus?
- Welche Kosten dürfen durch die Art der Präsentation und Erhebung verursacht werden?

Durch die Klärung dieser zentralen Fragen kann sehr rasch eine Eingrenzung der möglichen Kombinationen vorgenommen sowie eine systematische Auswahl eines geeigneten Präsentations- und Datenerhebungsverfahrens unterstützt werden.

### 2.3.2.3.4 Auswahl des Verfahrens zur Schätzung der Parameter

Wurden die beiden wesentlichen Schritte zur Modellierung der empirisch erhobenen Präferenzdaten, Auswahl der Bewertungs- und Verknüpfungsfunktion, vollzogen, gilt es nun einen geeigneten Algorithmus zur Schätzung der Teilnutzenwerte zu bestimmen (vgl. Gustafsson/Herrmann/Huber 2000, S. 22; Perrey 1998, S. 74; Mengen/Simon 1996, S. 233; Mengen 1993, S. 93; Green/Srinivasan 1990, S. 8; Böcker 1986a, S. 560). Dem Anwender stehen dabei eine Reihe von Verfahren zur Verfügung. Welches im Einzelfall angewandt wird, hängt vom Skalenniveau der erhobenen Daten und dem unterstellten Präferenzmodell ab. In den nachstehenden Ausführungen wird eine Einschränkung auf Verfahren vorgenommen, die das additive Teilnutzenwertmodell unterstellen, da „the part-worth function model seems to be the most attractive in terms of being compatible with any arbitrary shape for the preference function" (Green/Srinivasan 1978, S. 106).[113]

Gemäß dem additiven Teilnutzenwertmodell[114] ergibt sich der Gesamtnutzen eines Stimulus durch die Addition der einzelnen Teilnutzenwerte. Formalanalytisch lässt sich das additive Modell der Conjoint-Analyse wie folgt formulieren (vgl. Backhaus/Erichson/Plinke/Weiber 2000, S. 579):

(19) $$U_k = \sum_{a=1}^{A_i} \sum_{i=1}^{I} \alpha_{ai} \cdot X_{ai}$$

mit:

$U_k$ = Geschätzter Gesamtnutzenwert für Stimulus $k$,

$\alpha_{ai}$ = geschätzter Teilnutzenwert für Ausprägung $a$ der Eigenschaft $i$,

113 Vgl. dazu auch Perrey 1998, S. 74; Mengen 1993, S. 93f.; zur empirischen Fundierung der vorgenommenen Einschränkung siehe auch Wittink/Vriens/Burhenne 1994, S. 44.

114 Siehe dazu auch Kapitel 2.3.2.2.1 dieser Arbeit.

$$X_{ai} = \begin{cases} 1, & \text{wenn Produkt } k \text{ die Ausprägung } a \text{ der Eigenschaft } i \text{ aufweist,} \\ 0, & \text{sonst.} \end{cases}$$

Das Ziel besteht nun darin, die erhobenen Teilnutzenwerte $\alpha_{ai}$ der Merkmalsausprägungen so zu schätzen, dass die jeweiligen Gesamtnutzenwerte $U_k$ eine möglichst genaue Wiedergabe der empirisch ermittelten Stimulibewertungen darstellen. In diesem Zusammenhang ist grundsätzlich zwischen einer Schätzung individueller Nutzenfunktionen einerseits und der Ermittlung über mehrere Probanden aggregierter Teilnutzenwerte andererseits zu differenzieren.[115] Den Methoden zur Ermittlung aggregierter Teilnutzenwerte, die eine stabilere Parameterschätzung[116] bei Ermittlung der Nutzenfunktion anstreben (vgl. Allenby/Ginter 1995, S. 392f.; DeSarbo/Wedel/Vriens/Ramaswamy 1992, S. 274; Elrod/Louviere/Davey 1992, S. 369; Reibsten/Bateson/Boulding 1988, S. 282f.), durch die Zusammenfassung von Bewertungen mehrerer Auskunftspersonen (vgl. dazu auch DeSarbo/Wedel/Vriens/Ramaswamy 1992, S. 275; Kamakura 1988, S. 159ff.; Hagerty 1985, S. 170ff.), testieren empirische Studien einen nur mäßigen Erfolg (vgl. Green/Srinivasan 1990, S. 8; Green/Helsen 1989, S. 349). Dieser ist auch nicht in der Lage den methodeninhärenten Nachteil einer fehlenden Identifikationsmöglichkeit heterogener Präferenzen auf Individualniveau aufzuheben, weshalb in der gängigen Literatur vielfach die Schätzung individueller Nutzenfunktionen empfohlen wird (vgl. Simon 1992, S. 118; Green/Srinivasan 1990, S. 4; Green/Carroll/Goldberg 1981, S. 20).

In diesem Zusammenhang wurde eine Vielzahl an Verfahren diskutiert, die sich grundsätzlich in metrische (z.B. OLS-Ansatz), nicht-metrische (z.B. MONANOVA = MONotonic ANalysis Of VAriance, PREFMAP = PREFerence MAPing), Ansätze der linearen Programmierung (z.B. LINMAP = LINear MAPping) sowie logistische (z.B. LOGIT) und probabilistische Ansätze (z.B. PROBIT) einteilen lassen.[117]

---

115 Im Vorhergehenden Abschnitt wurde bereits auf den Kompromiss hingewiesen, der im Rahmen der Hybrid-Ansätze gefunden wurde.

116 Insbesondere richtet sich dabei die Kritik auf die Problematik instabiler Parameterschätzungen auf Individualniveau, infolge der Verwendung reduzierter Designs, die keine hinreichenden Informationen einzelner Auskunftspersonen bereitstellen (vgl. die oben angegebene Literatur).

117 Siehe dazu u.a. Mengen/Simon 1996, S. 234; Aust 1996, S. 64-69; Carroll/Green 1995, S. 386. Jain/Acito/Malhotra/Mahajan 1979, S. 313, führen auch noch die stochastischen Ansätze auf, die aber aufgrund ihrer untergeordneten empirischen Bedeutung (vgl. Wittink/Vriens/Burhenne 1994, S. 44; Wittink/Cattin 1989, S. 92), wie auch jene Verfahren der linearen Programmierung, hier nicht weiter behandelt werden sollen. Von einigen Autoren wird die Logit-Analyse unter den Schätzverfahren der Conjoint-Analyse subsumiert (vgl. z.B. Aust 1996, S. 69, Stallmeier 1993, S. 107-113; Schweikl 1985, S. 68), deshalb wurde sie auch an obiger Stelle angeführt. Strenggenommen ist

### 2.3.2.3.4.1 Metrische Schätzverfahren

Die mit Abstand größte empirische Bedeutung unter den Schätzverfahren genießt der OLS-Ansatz (Ordinary Least Squares). Wittink und Cattin (1989) berichten für die Vereinigten Staaten im Beobachtungszeitraum 1981-1985 einen 54-prozentigen Anteil der OLS-Schätzprozedur (Wittink/Cattin 1989, S. 92), wohingegen Wittink, Vriens und Burhenne (1994) für Europa, im Beobachtungszeitraum 1986-1991, bereits eine 59-prozentige Verbreitung des OLS-Ansatzes beobachten konnten (vgl. Wittink/Vriens/Burhenne 1994, S. 44). Dieser Erfolg ist mitunter darauf zurückzuführen, dass einige Autoren bereits sehr früh auf Basis der Erkenntnis, dass metrische Verfahren auch auf nichtmetrische Ausgangsdaten anwendbar sind (vgl. Reibstein/Bateson/Boulding 1988, S. 278; Böcker 1986a, S. 564; Schweikl 1985, S. 90; Akaah/Korgaonkar 1983, S. 190; Cattin/Wittink 1982, S. 49; Wittink/Cattin 1981, S. 104; Green/Goldberg/Montemayor 1981, S. 35; Carmone/Green/Jain 1978, S. 302), die metrischen Verfahren propagierten und den anderen Ansätzen als überlegen darstellten.

Formal kann die Parameterschätzung grundsätzlich als Regressionsgleichung der folgenden Gestalt formuliert werden (vgl. u.a. Bachaus/Erichson/Plinke/Weiber 2000, S. 580-582; Aust 1996, S. 64-65; Schweikl 1985, S. 61-65):

(20) $$\hat{U}_k = \hat{\alpha}_0 + \sum_{a=1}^{A_i-1} \sum_{i=1}^{I} \hat{\alpha}_{ai} \cdot X_{ai}$$

mit:

$\hat{U}_k$ = Geschätzter Gesamtnutzenwert für Produkt $k$,

$\hat{\alpha}_0$ = geschätzter Basisnutzen,

$\hat{\alpha}_{ai}$ = geschätzter Teilnutzenwert für Ausprägung $a$ der Eigenschaft $i$,

$$X_{ai} = \begin{cases} 1, & \text{wenn Produkt } k \text{ die Ausprägung } a \text{ der Eigenschaft } i \text{ aufweist,} \\ 0, & \text{sonst.} \end{cases}$$

---

die Logit-Analyse aber nicht den Conjoint-Verfahren zuzuordnen, da das Logit-Modell unterstellt, dass die Probanden aus einem gegebenen Set an Alternativen eine oder mehrere auswählen müssen. Die Entscheidungen stellen aber regelmäßig nominale Größen dar. Im Unterschied dazu weist bei der Conjoint-Analyse die abhängige Variable (Gesamtnutzen für einen Stimuli) aber mindestens ordinales Messniveau auf. Dies stellt im übrigen ein zentrales Unterscheidungsmerkmal hin zur Discrete Choice-Analyse dar, die auf Arbeiten von Quandt (1968), Theil (1970) und McFadden (1974) zurückgeht (vgl. Hahn 1997, S. 83ff.; Louviere 1992, S. 89ff.). Für die weiteren Betrachtungen in dieser Arbeit bleiben die probabilistischen und logistischen Ansätze aufgrund ihres eigenständigen Charakters ausgeklammert.

Für die Schätzung der unbekannten Teilnutzenwerte sowie des Basisnutzens kann unter Kenntnis der empirisch ermittelten wahren Nutzenwerte $U_k$ die Methode der Kleinsten Quadrate (OLS) angewandt werden. Ziel dabei ist die Minimierung der Summe der Quadrate der unerklärten Abweichungen zwischen den empirisch erhobenen Präferenzwerten $U_k$ und den rechnerisch zu schätzenden Nutzenwerten $\hat{U}_k$. Formal kann die Funktion zu schätzender Parameter wie folgt dargestellt werden (vgl. Backhaus/Erichson/Plinke/Weiber 2000, S. 582; Aust 1996, S. 65; Agarwal/Green 1991, S. 143; Jain/Acito/Malhotra/Mahajan 1979, S. 314):

$$(21) \quad \sum_{k=1}^{K}\left(U_k - \hat{U}_k\right)^2 = \sum_{k=1}^{K}\left(U_k - \left(\hat{\alpha}_0 + \sum_{a=1}^{A_i-1}\sum_{i=1}^{1}\hat{\alpha}_{ai} \cdot X_{ai}\right)\right)^2 \rightarrow \min!$$

### 2.3.2.3.4.2 Nicht-metrische Schätzverfahren

Die nicht-metrischen Schätzverfahren verfolgen nach Stallmeier (1993) das Ziel, die Reihenfolge der empirisch ermittelten Teilnutzenwerte zu schätzen, wobei „[D]as Ausmaß, in dem dieses Vorhaben gelingt, ... der Kern des Gütemaßes für die Schätzung [ist]" (Stallmeier 1993, S. 100).

Das von Kruskal (1964a, 1964b, 1965) entwickelte MONANOVA-Verfahren (MONotonic ANalysis Of VAriance) stellte diesbezüglich die klassische Schätzprozedur in Conjoint-Analysen dar. So stellen etwa Wittink und Cattin (1989) eine Anwendungshäufigkeit in den Vereinigten Staaten zwischen 1971 und 1980 von 24 % fest. Im genannten Beobachtungszeitraum liegt es damit noch deutlich vor dem OLS-Schätzverfahren, das eine Verbreitung von 16 % aufweist. Doch mit Beginn der 80er-Jahre verliert es seinen Stellenwert für conjointanalytische Auswertungen und fällt sowohl in den Vereinigten Staaten mit 11 % in der ersten Hälfte der 80er-Jahre, als auch in Europa mit 15 % der Anwendungen in der zweiten Hälfte der 80er-Jahre, deutlich hinter die OLS-Methode zurück (vgl. Wittink/Vriens/Burhenne 1994, S. 44; Wittink/Cattin 1989, S. 92). Aust (1996) hält allerdings fest, dass „gerade für die nichtmetrische Parameterschätzung bei Rangordnungsdaten" (Aust 1996, S. 68) MONANOVA ein nach wie vor beliebtes und in zahlreichen einschlägigen Anwendungen verwandtes Schätzverfahren darstellt (vgl. Aust 1996, S. 68).

Formal überprüft die MONANOVA nicht die Anpassung der geschätzten Gesamtnutzenwerte $\hat{U}_k$ an die wahren empirisch vorgegebenen Rangwerte $P_k$, sondern indirekt über monoton angepasste Rangwerte $Z_k$. Das dabei zu Grunde liegende Prinzip der monotonen Varianzanalyse kann wie folgt dargestellt werden (vgl. Backhaus/Erichson/Plinke/Weiber 2000, S. 582; Gutsche 1995, S. 99f.):

(22) $P_k \xrightarrow{f_M} Z_k \cong \hat{U}_k = \sum_{a=1}^{A_i} \sum_{i=1}^{1} \hat{\alpha}_{ai} \cdot X_{ai}$

mit:

$P_k$ = empirische Rangwerte (Präferenzwert) für Stimuli $k$,

$Z_k$ = durch monotone Transformation bezogen auf $P_k$ angepasste Rangwerte,

$\hat{U}_k$ = metrischer Gesamtnutzenwert für Stimuli $k$, der mittels des zu Grunde liegenden Messmodells (meist additives Modell) geschätzt wurde,

$\xrightarrow{f_M}$ = monotone Transformation zur Anpassung der $Z_k$- an die $\hat{U}_k$-Werte,

$\cong$ = möglichst gute Anpassung im Sinne der Kleinsten-Quadrate-Schätzung.

Die metrischen Gesamtnutzenwerte $\hat{U}_k$ werden, wie schon oben angesprochen, indirekt über die $Z_k$-Werte gemäß der nachstehenden Monotoniebedingung angepasst:

(23) $Z_k \leq Z_{k'}$ für $P_k < P_{k'}$ (schwache Monotonie)

Das Zielkriterium der monotonen Varianzanalyse besteht nunmehr darin, die quadrierten Abweichungen zwischen den $Z_k$-Werten und den geschätzten Gesamtnutzenwerten $\hat{U}_k$ zu minimieren. Das Zielkriterium der monotonen Varianzanalyse strebt somit eine Minimierung des sogenannten $STRESS$-Wertes bzw. -Maßes wie folgt an (vgl. Backhaus/Erichson/Plinke/Weiber 2000, S. 583; Gutsche 1995, S. 100f.; Mengen 1993, S. 95):

(24) $$\underset{f_M}{Min}\,\underset{\alpha}{Min}\,STRESS = \sqrt{\frac{\sum_{k=1}^{K}\left(Z_k - \left(\sum_{a=1}^{A_i}\sum_{i=1}^{1}\hat{\alpha}_{ai} \cdot X_{ai}\right)\right)^2}{\sum_{k=1}^{K}\left(\left(\sum_{a=1}^{A_i}\sum_{i=1}^{1}\hat{\alpha}_{ai} \cdot X_{ai}\right) - \overline{U}\right)^2}}$$

Der Nenner bewirkt lediglich, dass die Transformation der $Z$-Werte keinen Einfluss auf die Größe $STRESS$ hat, da er lediglich als Skalierungsfaktor herangezogen wird. Es sind insgesamt zwei Optimierungen durchzuführen. Zum einen müssen die Teilnutzenwerte gefunden werden, die eine optimale Anpassung der geschätzten Gesamtnutzenwerte an die $Z$-Werte ermöglichen. Diesbezüglich wird das Gradientenverfahren herangezogen. Zum anderen gilt es, eine monotone Transformationsfunktion zu finden, die eine optimale Anpassung der $Z$-Werte and die geschätzten Gesamtnutzenwerte $\hat{U}_k$ gewährleistet. Hierzu bedient man sich der oben erwähnten Monotoniebedingung (monotone Regression) (vgl. Backhaus/Erichson/Plinke/Weiber 2000, S. 583f.; Gutsche 1995, S. 100f.).

Im Zuge des iterativen Gradientenverfahrens sind zunächst die Gesamtnutzenwerte $\hat{U}_k$ zu errechnen. Im Anschluss daran sind die $Z_k$-Werte durch monotone Regression zu optimieren. Diese Werte dienen in der Folge zur Ermittlung des *STRESS*-Wertes. Das Verfahren der monotonen Varianzanalyse gilt als abgeschlossen, wenn ein *STRESS*-Wert[118] kleiner 0,2 ermittelt wurde (vgl. Thomas 1979, S. 208; Kruskal 1964a, S. 3).

Das oft auch heute noch angeführte Argument des hohen Rechenaufwandes des iterativen MONANOVA-Ansatzes (vgl. Backhaus/Erichson/Plinke/Weiber 2000, S. 582) entbehrt längst jeder Grundlage, wie Gaul und Both (1990) bereits zu Beginn der 90er-Jahre, unter Bezugnahme auf die enormen Fortschritte in der Entwicklung leistungsfähiger Rechner, festhalten (vgl. Gaul/Both 1990, S. 20-25). Ein bislang unbefriedigt gelöstes Problem stellt hingegen die methodeninhärente Tendenz (iteratives Vorgehen) zur Auffindung lediglich lokaler Optima dar (vgl. Backhaus/Erichson/Plinke/Weiber 2000, S. 582; Aust 1996, S. 69; Thomas 1979, S. 210; Pekelman/Sen 1979; S. 269).

An diesem Punkt setzt das von Srinivasan und Shocker (1973, 1979) entwickelte LINMAP-Verfahren an. Es stellt ein Verfahren zur Analyse ordinal skalierter Daten dar, das durch Definition eines geeigneten *STRESS*-Kriteriums die Bestimmung global optimaler Lösungen mittels linearer Programmierung ermöglicht (vgl. Srinivasan/Jain/Malhotra 1983; Srinivasan/Shocker 1982; Shocker/Srinivasan 1979; Shocker 1977; Shocker 1975; Srinivasan/Shocker 1973).[119]

---

118 Die von Thomas (1979) publizierten Werte dienen als Richtschnur, da die Höhe des Stresswertes von zusätzlichen Faktoren wie der Anzahl der Profile und der der fehlenden Rangdaten sowie von der Definition der herangezogenen Monotoniebedingung abhängt. Zur Beurteilung dienen folgende Werte: 0-0,005 = vollkommen; 0,06-0,1 = ausgezeichnet; 0,11-0,2 = gut; 0,21-0,4 mäßig; >0,4 = schlecht (vgl. Thomas 1979, S. 208).

119 Auf eine genaue Beschreibung des Verfahrens wird im Rahmen dieser Arbeit verzichtet. Zu den Einzelheiten siehe die oben angeführten Literaturquellen.

Zusammenfassend zu den Schätzverfahren der Conjoint-Analyse sei festgehalten, dass per se keines der angesprochenen Verfahren als am geeignetsten für conjointanalytische Problemstellungen benannt werden kann, vielmehr legen die zum Teil sehr widersprüchlichen Untersuchungen (siehe dazu insb. Stallmeier 1993, S. 114ff. und die dort angeführte Literatur) den Schluss nahe, dass die Verfahren nur im Zusammenhang mit dem spezifischen Untersuchungsdesign – respektive –problem – wissenschaftlich korrekt beurteilt werden können.

#### 2.3.2.3.4.3 Aggregation der Parameter

Wurde in den bisherigen Ausführungen dargestellt, wie sich mit Hilfe der Conjoint-Analyse die Präferenzstruktur einzelner Probanden hinsichtlich der zu bewertenden Stimuli analysieren lässt, so bildet die Aggregation der ermittelten Nutzenparameter den Gegenstand der nun folgenden Betrachtungen. Für die Vergleichbarkeit der individuellen Präferenzdaten bedarf es einer entsprechenden Standardisierung. Dadurch wird sichergestellt, dass die errechneten Teilnutzenwerte aller Befragten jeweils auf dem gleichen Nullpunkt und gleichen Skaleneinheiten basieren (vgl. Backhaus/Erichson/Plinke/Weiber 2000, S. 588; Perrey 1998, S. 75f.; Moore 1980, S. 516f.; Green/Wind 1975 S. 107ff.).

Im Allgemeinen wird dabei so vorgegangen, dass der Gesamtnutzenwert des am stärksten präferierten Produktprofils bei allen Probanden den Wert 1 erhält. Die übrigen Stimuli, die geringere Beurteilungen aufweisen, erhalten niedrigere Werte bis hin zum Wert 0 für den individuell am schlechtesten eingeschätzten Stimulus. Durch die Normierung ergibt sich ein einheitliches Skalenniveau, somit kann die Vergleichbarkeit der unterschiedlichen Individualergebnisse gewährleistet werden (vgl. Backhaus/Erichson/Plinke/Weiber 2000, S. 588; Aust 1996, S. 67; Büschken 1994, S. 79).

Im ersten Schritt wird dabei die Differenz zwischen den einzelnen Teilnutzenwerten und dem kleinsten Teilnutzenwert dieser Eigenschaft ermittelt, sodass formal gilt $\alpha^*_{ai} = \hat{\alpha}_{ai} - \hat{\alpha}_i^{Min}$, wobei $\alpha^*_{ai}$ den transformierten Teilnutzenwert für die Ausprägung $a$ von Eigenschaft $i$ bezeichnet (vgl. Backhaus/Erichson/Plinke/Weiber 2000, S. 588).

Im Anschluss daran wird die Skaleneinheit für die Nutzenbeiträge hergestellt, wobei sich die normierten Teilnutzenwerte formal wie nachstehend gezeigt ermitteln lassen (vgl. Backhaus/Erichson/Plinke/Weiber 2000, S. 589):

$$(25)\quad \alpha_{ai}^{N} = \frac{\alpha_{ai}^{*}}{\sum_{i=1}^{I} \max\{\alpha_{ai}^{*}\}}$$

mit:

$\alpha_{ai}^{N}$ = normierter Teilnutzenwert für Ausprägung $a$ von Eigenschaft $i$.

In Rahmen von Conjoint-Studien werden darüber hinaus regelmäßig die relativen Wichtigkeiten der untersuchten Merkmale errechnet. Dabei wird angenommen, dass die Spannweite der Teilnutzen proportional zur Wichtigkeit einzelner Merkmale ist (vgl. Mishra/Umesh/Stem 1989, S. 603ff.; Neslin 1981, S. 81f.). Demnach ist für die Bedeutung eines Merkmals zur Präferenzveränderung bei den Probanden die Differenz zwischen dem höchsten und dem niedrigsten Teilnutzenwert der verschiedenen Ausprägungen eines Merkmals ausschlaggebend. In der Praxis bedeutet dies, dass der Marketer, bei entsprechend großer Spannweite, durch Variation der betreffenden Merkmalsausprägung eine bedeutsame Veränderung des Gesamtnutzens erwirken kann. Die relative Wichtigkeit eines Merkmals lässt sich entsprechend der folgenden Formel ermitteln (vgl. Backhaus/Erichson/Plinke/Weiber 2000, S. 589; Aust 1996, S. 68):

$$(26)\quad w_i = \frac{\max_a\{\hat{\alpha}_{ai}\} - \min_a\{\hat{\alpha}_{ai}\}}{\sum_{i=1}^{I}\left(\max_a\{\hat{\alpha}_{ai}\} - \min_a\{\hat{\alpha}_{ai}\}\right)}$$

mit:

$w_i$ = relative Wichtigkeit der Eigenschaft $i$ für die Präferenzveränderung,

$\max_a\{\hat{\alpha}_{ai}\}$ = maximaler Teilnutzenwert der Eigenschaft $i$,

$\min_a\{\hat{\alpha}_{ai}\}$ = minimaler Teilnutzenwert der Eigenschaft $i$.

Wie zu Beginn dieses Abschnittes bereits angedeutet interessieren im Rahmen von Conjoint-Analysen, wenn es um die Gestaltung von Produkten und Dienstleistungen geht, weniger Informationen über die Präferenzbildung von Individuen, als vielmehr die Aggregation der Nutzenwerte für eine Mehrzahl von Individuen regelmäßig im Fokus der Untersuchung steht (vgl. Gustafsson/Herrmann/Huber 2000, S. 25; Böcker 1986b, S. 39f.; Schweikl 1985, S. 72). In der Literatur werden in diesem Zusammenhang zwei grundsätzliche Verfahren diskutiert (vgl. bspw. Backhaus/Erichson/Plinke/Weiber 2000, S. 590; Schweikl 1985, S. 72; Wiley/Low 1983; Moore 1980, S. 517f.;):

- Aggregation der erhobenen Teilnutzenwerte im Anschluss an die vorhergehende Durchführung von Individualanalysen für jeden Proband.
- Durchführung einer sogenannten gemeinsamen Conjoint-Analyse für eine Mehrzahl von Probanden, die aggregierte Teilnutzenwerte liefert.

Wird die erstgenannte Individualanalyse angewandt, muss zunächst für jede Person eine wie oben beschriebene Conjoint-Analyse durchgeführt werden. Im Anschluss daran werden die zuvor standardisierten individuellen Teilnutzenwerte je Produktmerkmal durch Mittelwertbildung über alle Probanden zusammengefasst. Mit Hilfe der normierten durchschnittlichen Parameterwerte können sodann die durchschnittlichen relativen Wichtigkeiten der Produktmerkmale ermittelt werden (vgl. Backhaus/Erichson/Plinke/Weiber 2000, S. 590; Schweikl 1985, S. 74; Moore 1980, S. 517).

Im Unterschied dazu werden bei der gemeinsamen Conjoint-Analyse die Probanden als Wiederholungsfälle des Untersuchungsdesigns aufgefasst. Die Ausgangsdatenmatrix enthält dann in ihren Zellen pro Stimulus nicht einen individuellen Beurteilungswert, sondern exakt so viele Werte, wie Personen $J$ an der Untersuchung teilgenommen haben. Die Berechung der Teilnutzenwerte erfolgt im Unterschied zum vorhergehenden Verfahren für alle Probanden simultan, sodass der stimulusbezogene Index $k$ nicht mehr allein die $K$ Produkte, sondern gemeinsam $K$ Produkte und $J$ Nachfrager beschreibt (vgl. Bachaus/Erichson/Plinke/Weiber 2000, S. 590f.; Schweikl 1985, S. 74).

### 2.3.2.3.5 Beurteilung der Ergebnisgüte

In diesem Abschnitt wird dargestellt, welche Möglichkeiten zur Überprüfung der Validität einer ermittelten Präferenzstruktur anhand der Inhalts- und der Kriteriumsvalidität bestehen.[120] Auf eine allgemeine Diskussion der in den Sozialwissenschaften üblicherweise verwendeten Gütekriterien empirischer Forschung sei hier weitestgehend verzichtet, hierzu sei auf die einschlägige Literatur verwiesen (vgl. bspw. Bortz/Döring 2002; Churchill/Iacobucci 2002; Rohwer/Pötter 2002; Berekoven/Eckert/Ellenrieder 2001; Atteslander 2000; Hammann/Erichson 2000; Schnell/Hill/Esser 1999; Lienert/Raatz 1998).

120 Die Konstruktvalidität wird im Rahmen dieses Abschnittes nicht diskutiert, da es nicht Ziel ist eine theoriegestützte Analyse der durch die Conjoint-Analyse erfassten Konstrukte durchzuführen. Die Konstruktvalidität wird allerdings an anderer Stelle dieser Arbeit im Zusammenhang mit der Erfassung des hypothetischen Konstruktes Involvement mit Strom bei Privatkunden aufgegriffen und diskutiert.

Eine bezüglich einer zu untersuchenden Neuproduktidee spezifizierte Conjoint-Analyse stellt ein Messinstrument[121] dar, mit dem die Präferenzstruktur der Probanden für den gegenwärtigen Untersuchungsgegenstand in Form der Teilnutzen und relativen Merkmalswichtigkeiten erfasst werden soll. Regelmäßig stellt dabei die Präferenzstruktur der Probanden das zu erfassende hypothetische Konstrukt dar. In den einschlägigen Publikationen werden zur Überprüfung der Validität mittels Conjoint-Analyse ermittelter Präferenzdaten die eingangs erwähnten Validitätsarten in unterschiedlichem Ausmaß verwendet (vgl. bspw. Srinivasan/Park 1997; Green/Krieger 1996a; Darmon/Rouziès 1994; Green/Krieger/Agarwal 1993; Green/Krieger/Agarwal 1991; Darmon/Rouziès 1991; Agarwal/Green 1991; Akaah 1991; Safizadeh 1989; Darmon/Rouziès 1989; Green/Helsen 1989; Srinivasan 1988; Green/Helsen/Shandler 1988; Jaccard/Brinberg/Ackermann 1986; Leigh/MacKay/Summers 1984; Akaah/Korgaonkar 1983; Green/Goldberg/Wiley 1982; Green/Goldberg/Monte-mayor 1981; Neslin 1981; Heeler/Okechuku/Reid 1979; Sheluga/Jaccard/Jacoby 1979; Green/Carmone/Wind 1972).

Vorrangig widmete sich das Forschungsinteresse aber auf die Überprüfung der Reliabilität der Conjoint-Analyse, wie die Untersuchung von mehr als 30 Studien durch Bateson, Reibstein und Boulding (1987) ergab. In der nachfolgenden Diskussion werden Möglichkeiten zur Ermittlung der Inhaltsvalidität und der Kriteriumsvalidität der ermittelten Präferenzstrukturen den Möglichkeiten der Überprüfung der Reliabilität vorgezogen. Dies wird damit begründet, dass einerseits mit einer höheren Reliabilität nicht automatisch eine höhere Validität (kriterienbezogen) verbunden ist (vgl. Bortz/Döring 2002, S. 195-200), jedoch „die Feststellung einer hohen kriterienbezogenen Validität [...] in gewissem Maße von der Überprüfung der übrigen Gütekriterien [entbindet]“ (Lienert/Raatz 1998, S. 13). Eine weitere Unterstützung für diese Vorgehensweise liefern auch Reibstein, Bateson und Boulding (1988) indem sie festhalten, dass „...overall, the conjoint method [appears] under a variety of methods of data collection and across a number of product categories to be reliable in an absolute sense“ (Reibstein/Bateson/Boulding 1988, S. 284; ähnlich dazu auch: Green/Krieger/ Agarwal 1993, S. 374f.).

**Inhaltsvalidität**

Die Inhaltsvalidität (Face Validity, Augenscheinsvalidität, Logische Validität) eines Messinstrumentes ist üblicherweise dann gegeben, wenn dessen Indikato-

---

121 Ersatzweise werden auch die Begriffe Messmethode und Messverfahren verwendet. Wird zwischen diesen Begriffen unterschieden, so bezieht sich der Begriff Messmethode vielfach auf die Grundlegende Erhebungstechnik (z.B. Befragung, Beobachtung), während sich die Begriffe Messinstrument und –verfahren stärker auf die konkrete Messtechnik (z.B. Conjoint-Analyse) beziehen (vgl. Hammann/Erichson 2000, S. 75ff.).

ren in der Lage sind, das zu messende hypothetische Konstrukt inhaltlich-semantisch erschöpfend zu erfassen (vgl. Bortz/Döring 2002, S. 199; Lienert/Raatz 1998, S. 10f.; Borg/Staufenbiel 1997, S. 50f.; DeVillis 1991, S. 43f.).

Sie bezieht sich jedoch nicht nur auf die Repräsentativität der Indikatoren, sondern auch auf die Eignung der übrigen Bestandteile des Messinstrumentes, Messwerte derart zu generieren, sodass das gegenständliche Konstrukt gültig erfasst wird. Schnell, Hill und Esser (1999) betrachten die Inhaltsvalidität als Zielvorgabe, die bereits während der Konstruktion des Messinstrumentes und nicht erst nach dessen Fertigstellung zu beachten ist (vgl. Schnell/Hill/Esser 1999, S. 149). An diesem Punkt müssen demgemäss auch Überlegungen ansetzen, um validitätsbeeinträchtigende Faktoren, die ihren Ursprung in der Konzeptionsphase einer Conjoint-Analyse haben, minimieren bzw. gänzlich ausschließen zu können. Das Vorgehen zur Bestimmung der Inhaltsvalidität orientiert sich deshalb konsequenterweise an den typischen Ablaufschritten einer Conjoint-Analyse (vgl. Albrecht 2000, S. 132-134; siehe auch Abb. 10):

**Ad) Identifikation relevanter Merkmale und ihrer Ausprägungen**
In diesem Zusammenhang ist zu klären, ob alle relevanten Eigenschaften des zu untersuchenden Objektes bestimmt wurden und frei von Redundanzen sind. Hierunter fällt auch die Beurteilung der verwendeten Eigenschaftsausprägungen, ob sie bspw. eine hinreichende Beschreibung der untersuchten Eigenschaft zulassen. Oft vernachlässigt in der einschlägigen Literatur, für die Messgültigkeit jedoch erheblicher Faktor ist die Verständlichkeit der ermittelten Eigenschaften und ihrer Ausprägungen aus Sicht der Auskunftspersonen (vgl. Perrey 1998, S. 66; Hahn 1997, S. 47-49).

**Ad) Auswahl des Präferenzmodells**
Hierbei gilt es u.a. nachzuweisen, dass die verwendeten Merkmale und ihre Ausprägungen in einer kompensatorischen Beziehung (vgl. bspw. Backhaus/Erichson/Plinke/Weiber 2000, S. 569) zueinander stehen, oder zu klären, ob Wechselwirkungen zwischen den Eigenschaften bestehen, die eine Verletzung des additiven Modells darstellen würden (vgl. Perrey 1998, S. 67). Dementsprechend gilt es zu beurteilen welcher Verlauf der Bewertungsfunktion angemessen erscheint (vgl. Kap. 2.3.2.2.1).

**Ad) Auswahl der Datenerhebungsmethode und des Erhebungsdesigns**
Im Rahmen der Auswahl einer geeigneten Datenerhebungsmethode (vgl. Kap. 2.3.2.3.2) ist zu klären, ob die Anzahl der zu beurteilenden Stimuli einerseits die Probanden nicht überfordert und andererseits eine vertretbare Anzahl an Freiheitsgraden zur Schätzung der Parameter lässt. Darüber hinaus sollen die Produktprofile eine unkorrelierte Schätzung der Parameter ermöglichen und keine unrealistisch erscheinenden Merkmalskombinatio-

nen aufweisen (vgl. Backhaus/Erichson/Plinke/Weiber 2000, S. 571-573; Hahn 1997, S. 54-62).

**Ad) Auswahl der Präsentationsform der Stimuli, des Erhebungsverfahrens und der verwendeten Skala**
Die gewählte Präsentationsform ist im Allgemeinen vor dem Hintergrund des Untersuchungszweckes und im Speziellen des zu beurteilenden Objektes zu bewerten. Dabei gilt es zu klären, ob es sich um Produkte handelt die typischerweise unter hohem Involvement gekauft werden, dann ist meist eine bildliche Vorlage empfehlenswert. Hingegen kann eine umgekehrte Empfehlung für Low-Involvement-Produkte nicht erfolgen, generell gilt aber, „dass ein Bild um des Bildes willen kein geeignetes Motto ist" (Strebinger/Hoffmann/Schweiger/Otter 2000, S. 71). Bei der Beurteilung des Erhebungsverfahrens sind Untersuchungszweck, wie –objekt und regionale Repräsentativitätsüberlegungen sowie budgetäre Restriktionen im Sinne der Zielvorgabe hinsichtlich ihrer inhaltlichen Validität zu hinterfragen. Darüber hinaus ist im Zusammenhang mit den verwendeten Skalen zu klären, ob das unterstellte Skalenniveau und die Abstufungen angemessen sind (vgl. Kap. 2.3.2.3.3).

**Ad) Schätzung der Nutzenwerte**
Grundsätzlich können Präferenzurteile auf unterschiedlichen Skalenniveaus erhoben werden. Zu hinterfragen ist, ob ein für das Skalenniveau der erhobenen Präferenzurteile geeignetes Schätzverfahren angewendet wird. Das vorgeschlagene Aggregationsverfahren ist beispielsweise bezüglich der zu verwendenden Normierung und bezüglich seines Aussagengehaltes für den Untersuchungszweck zu überprüfen (vgl. Gustafsson/Herrmann/Huber 2000, S. 25-28; Albrecht 2000, S. 134; sowie Kap. 2.3.2.3.4).

Die Beurteilung eines Messinstrumentes anhand der Inhaltsvalidität kann aufgrund ihrer Charakteristik nicht numerisch erfolgen, sondern obliegt in der Regel dem Urteil von Experten, die einem Test bzw. einem Messinstrument im Sinne eines „Konsens von Kundigen" (Lienert/Raatz 1998, S. 11) die Gültigkeit zu- respektive aberkennen. In der Praxis rekrutiert sich der Kreis der Kundigen meist aus Vertretern des Unternehmens (z.B. Produktmanager), Mitarbeitern des Beratungs- bzw. Marktforschungsunternehmens und potenziellen Zielkunden. Letztere werden im Zuge von Pre-Tests zur Beurteilung der Verständlichkeit von Eigenschaften und –ausprägungen befragt.

**Kriteriumsvalidität**

Die Valdierung mittels Conjoint-Analyse ermittelter Präferenzstrukturen kann prinzipiell unter Heranziehung einer Reihe von Kriterien erfolgen. Im Unterschied zur vorher besprochenen Inhaltsvalidität kann bei der Kriteriumsvalidität (Criterion Validity, Empirische Validität, Kriterienbezogene Validität) der Grad der Validität errechnet werden, indem die Testergebnisse einer Stichprobe zur Messung eines Konstrukts bzw. latenten Merkmals (z.B. Präferenzstruktur) mit Messungen eines sog. Aussenkriteriums (z.B. tatsächliches Kaufverhalten), das vom Test unabhängig erhoben wird, korreliert werden (vgl. Bortz/Döring 2002, S. 199f.; Lienert/Raatz 1998, S. 11).

Es werden üblicherweise zwei Formen der Kriteriumsvalidität unterschieden, die prognostische Validität (Predicitve Validity) und die Übereinstimmungsvalidität (Concurrent Validity, Konkurrentvalidität) (vgl. Bortz/Döring 2002, S. 200; Hammann/Erichson 2000, S. 95; DeVillis 1991, S. 44f.; siehe Abb. 14).[122]
Ein Messinstrument weist eine hohe prognostische Validität auf, wenn Voraussagen, die auf einer Messung mit diesem Instrument beruhen, durch spätere Messungen bestätigt werden können. Das Ergebnis des Tests wird also daran überprüft, inwieweit er in der Lage ist Kriteriumswerte vorherzusagen, die zeitlich sehr viel später anfallen als die Testwerte. Im Unterschied dazu werden bei der Übereinstimmungsvalidität die Kriteriumswerte praktisch simultan mit den Testwerten erhoben und es werden keine prognostischen Ziele im Sinne zeitlicher Vorhersagen verfolgt (vgl. Bortz/Döring 2002, S. 200; Lienert/Raatz 1998, S. 223f.).

Der Begriff der Validität wird im Allgemeinen sehr mehrdeutig benutzt und es haben sich zahlreiche Validitätsbegriffe, im Besonderen mit der Kriteriumsvalidität, herausgebildet. Hossinger (1982) listet zur Kriteriumsvalidität insgesamt neun synonym verwendete Begriffe auf, deren kleinster gemeinsamer Nenner das äußere Validitätskriterium darstellt (vgl. Hossinger 1982, S. 35).

Unter die Prognosevalidität wird häufig auch die externe oder äußere Validiät subsumiert, dies ist dann zulässig, wenn das Kriterium zu einem späteren Zeitpunkt wie die Probandenurteile erhoben werden. Bei der Übereinstimmungsvalidität wird häufig zwischen der inneren oder konvergenten Validität sowie der internen Validität unterschieden, wobei als Gemeinsamkeit dieser beiden Formen die zum selben Zeitpunkt erfolgende Kriteriums- und Testmessung gilt. Die innere oder konvergente Validität liegt vor, wenn mehrere Methoden dasselbe Konstrukt übereinstimmend messen (vgl. Bortz/Döring 2002, S. 202; Lienert/Raatz 1998, S. 222).

---

122 Lienert und Raatz (1998) führen auch noch die Unterscheidung in innere und äußere kriterienbezogene Validität an. Üblicherweise wird, wenn von kriterienbezogener Validität gesprochen wird, die äußere Validität gemeint. Innere kriterienbezogene Validität liegt vor, wenn Tests mit anderen, für das selbe Merkmal oder Konstrukt entwickelte und als valide anerkannte Tests, korreliert werden (vgl. Lienert/Raatz 1998, S. 222f.).

Mit der internen Validität wird bei der Conjoint-Analyse eine Validitätsform der Kriteriumsvalidität beschrieben, die bspw. die Güte der Anpassung des Modelles an die Daten (‚Fit') wiedergibt (vgl. Müller-Hagedorn/Sewing/Toporowski 1993, S. 126).

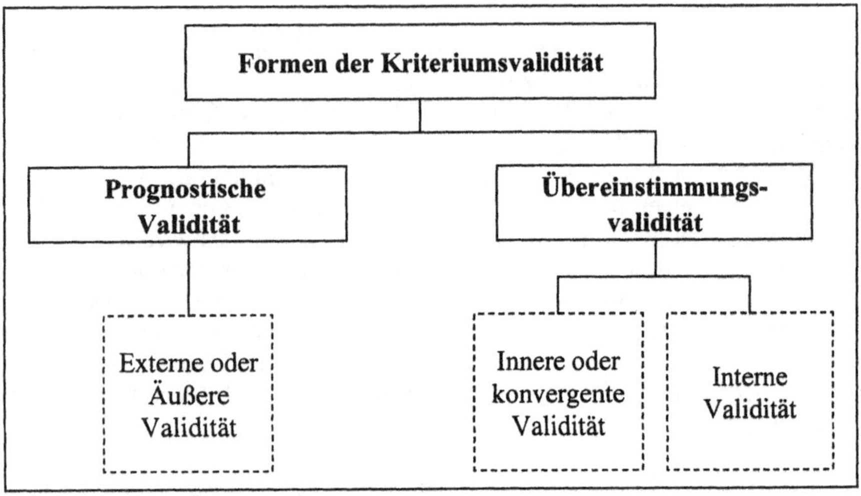


Abbildung 14: Übersicht gängiger Formen der Kriteriumsvalidität.

Im Folgenden wird dargestellt, wie die prognostische Validität und die Übereinstimmungsvalidiät im Rahmen der kriterienbezogenen Validierung der Ergebnisse einer Conjoint-Analyse herangezogen werden können.

- **Prognostische Validität**
  Bei der Conjoint-Analyse wird die Prognosevalidität durch einen Vergleich der von den Probanden im Rahmen der Untersuchung ermittelten Gesamtpräferenzurteile mit den aus den ermittelten Teilnutzen prognostizierten Gesamtpräferenzen für eine Menge von Stimuli überprüft. Für die Prognosevalidierung sind dabei andere Produktprofile zu verwenden (sogenannte ‚holdout sample') als diejenigen, die zur Schätzung der Teilnutzen verwendet werden (‚calibration set'), da ansonsten die interne Validität anstatt der Prognosevalidität überprüft wird. Das Kriterium stellt das aus der Präferenzstruktur abgeleitete Konstrukt Gesamtpräferenz dar. Die ermittelte Präferenzstruktur wird also durch den Vergleich der mit ihrer Hilfe prognostizierten Gesamtpräferenzen mit den tatsächlichen Gesamtpräferenzen für die Produktprofile des ‚holdout sample' indirekt validiert (vgl. Albrecht 2000, S. 147ff.; Müller-Hagedorn/Sewing/Toporowski 1993, S. 127f.; Schweikl 1985, S. 163f.).

Die prognostische Validität der Conjoint-Analyse wird anhand unterschiedlicher Maße zu beurteilen versucht. Welche Maße adäquat erscheinen hängt neben der Anzahl der Validierungsobjekte vor allem von der verwendeten Bewertungsskala (Art und Skalenniveau) ab. Beim vorliegen mehrerer Validierungsobjekte, die mittels metrischer Skalen erhoben wurden liegt für jedes Produktprofil des ‚holdout sample' ein mindestens ordinalskaliertes Gesamtpräferenzurteil vor. Die folgenden Maße werden in diesem Zusammenhang üblicherweise verwendet. Ein Anspruch auf Vollständigkeit kann nicht erhoben werden.

- Berechnung des Korrelationskoeffizienten nach Pearson für jeden Probanden zwischen den für die Validierungsobjekte erhobenen Gesamtpräferenzurteilen und den anhand der Teilnutzen berechneten (prognostizierten) Gesamtpräferenzen (vgl. Agarwal/Green 1991, S. 144; Carmone/Green 1981, S. 91).
- Berechnung des mittleren absoluten Prognosefehlers (MAE) oder/und des mittleren quadratischen Prognosefehlers (MSE) für jede Auskunftsperson von der erhobenen Gesamtpräferenz für die Produktprofile des ‚holdout sample' (vgl. Green/Helsen 1989, S. 349; Hagerty 1986, S. 302; zu (RMSE) siehe: Andrews/Ansari/Currim 2002, S. 92; Vriens/Wedel/Wilms 1996, S. 79.; Green/Krieger 1996b, S. 859; 863).
- Berechnung des Prozentsatzes bzw. der Anzahl richtig prognostizierter Rangplätze der Produktprofile des ‚holdout sample' für jeden Probanden bzw. über alle Probanden; auch als ‚rank position hits' bezeichnet (vgl. Green/Krieger 1996b, S. 859; Agarwal/Green 1991, S. 144; A-kaah/Korgaonkar 1983, S. 195).
- Berechnung des Anteils der Befragten, für die der Rangplatz jedes Produktprofils des ‚holdout sample' anhand ihrer Teilnutzen richtig prognostiziert wird; auch als ‚all position hits' bezeichnet (vgl. Green/Krieger/Agarwal 1993, S. 376f.).

Folgende Maße eignen sich, wenn jeder Proband aus den Validierungsobjekten sein am meisten präferiertes Produktprofil auswählt:

- Berechnung des Anteils der Probanden, die das Produktprofil aus den vorgegebenen Validierungsobjekten ausgewählt haben, für das anhand ihrer Teilnutzen die höchste Gesamtpräferenz prognostiziert wurde; auch ‚first choice hits', ‚first choice hit rate' genannt (vgl. Ernst/Sattler 2000, S. 169f.; Agarwal/Green 1991, S. 144; Green/Helsen 1989, S. 349).
- Berechnung des absoluten (AE) oder quadratischen (SE) bzw. mittleren absoluten (MSE) oder mittleren quadratischen (MSE) Prognosefehlers

für jeden Proband, d.h. der jeweiligen Abweichung von dem Validierungsobjekt mit der höchsten prognostizierten Gesamtpräferenz (vgl. Leigh/MacKay/Summers 1984, S. 460; Sheluga/Jaccard/Jacoby 1979, S. 172-174).

Bei einer paarweisen Gruppierung der Validierungsobjekte und einer Beurteilung der Produktprofile mittels metrischer Paarvergleichsskala kann die Errechnung von Korrelationskoeffizienten nach Pearson für jeden Befragten zwischen den für die Produktprofilpaare erhobenen Präferenzunterschieden und den anhand der Teilnutzen berechneten Präferenzunterschieden erfolgen (vgl. Schweikl 1985, S. 165).

Wurde in den oben beschriebenen Fällen stets die Messung über ‚holdout sets', d.h. jene Stimuli, über deren Vorziehungswürdigkeit die Probanden zwar Auskunft geben, die aber nicht in die Parameterschätzung eingehen, vollzogen, indem diese Präferenzaussagen der Probanden mit den Ergebnissen auf Basis der ermittelten Modellparameter verglichen wurden (vgl. z.B. Reibstein/Bateson/Boulding 1988, S. 278), so fordern Green und Srinivasan in verstärktem Maße Validierungsstudien durchzufürhen, bei denen tatsächlich Marktanteile oder Umsätze als Ausdruck des realisierten Kaufverhaltens mit den vorhergesagten Größen verglichen werden, durchzuführen (vgl. Green/Srinivasan 1990, S. 13). Im Unterschied zur reinen prognostischen Validierung im oberen Sinne handelt es sich bei der Wahl eines realitätsnäheren Kriteriums um die in Abbildung 14 skizzierte externe oder äußere Validierung, sofern die Messzeitpunkte auseinanderfallen. Die Überprüfung der externen Validität einer Conjoint-Analyse kann grundsätzlich auf zwei Arten erfolgen:

- Die Überprüfung kann an den individuellen Gesamtpräferenzdaten ansetzen: d.h. es wird die prognostizierte Stimuliwahl mit der tatsächlichen Produktwahl der Befragten verglichen (vgl. Srinivasan/Park 1997, S. 289; Tscheulin 1992, S. 148ff.).
- Vergleich der tatsächlichen Marktanteile oder Umsätze mit den aus den aggregierten Gesamtpräferenzen für die Grundgesamtheit prognostizierten Marktanteilen bzw. Umsätzen (vgl. Natter/Feuerstein 2001, S. 2f.; Tacke/Heusener 2000, S. 930ff; Mengen/Tacke 1996, S. 40ff.; Simon/Kucher 1988, S. 173ff.; Kucher/Simon 1987, S. 31ff.).

Die Ergebnisse einer Conjoint-Analyse gelten dann als prognostisch valide bzw. extern valide, wenn das prognostizierte mit dem tatsächlichen Wahlverhalten der Probanden bezüglich des Untersuchungsgegenstandes übereinstimmt. Niedrige Validitätswerte weisen darauf hin, dass einerseits das

Messinstrument Validitätsmängel aufweist oder andererseits das Kriterium ebensolche Defizite erkennen lässt. Darüber hinaus kann es auch daran liegen, dass es nur einen schwachen Zusammenhang zwischen Test und Kriterium gibt. Ein Validitätsmangel des Instrumentes liegt auch dann vor, wenn sich das Beurteilungsverhalten der Probanden in der Befragung von ihrem tatsächlichen Entscheidungsverhalten unterscheidet. Ein spezifisches Problem der prognostischen Validität liegt auch darin, dass Präferenzstrukturen nicht stabil sein müssen und sich bis zum Zeitpunkt der Kriteriumserfassung geändert haben (Stichwort hybrider Konsument), sodass die Validität des Kriteriums ebenfalls verringert wird.

- **Übereinstimmungsvalidität**
  Eine Form der Übereinstimmungsvalidität stellt die **innere** oder auch als **konvergent** bezeichnete Validität dar. Wie zu Beginn erläutert, wird die innere Validität eines Messinstrumentes an den Messwerten eines oder mehrerer anderer Messinstrumente, die dasselbe Konstrukt messen, ermittelt. Das Kriterium stellt dabei das zu erfassende hypothetische Konstrukt dar. Bei der Conjoint-Analyse stellen die Präferenzstruktur in Form der Teilnutzen, die relativen Eigenschaftswichtigkeiten und die aus den Teilnutzen abgeleitete Gesamtpräferenz aber auch daraus prognostizierte Marktanteile mögliche Kriterien dar. In zur Validität der Conjoint-Analyse durchgeführten Simulationsstudien wird im Unterschied zu empirischen Untersuchungen die Konvergenz der geschätzten und der für fiktive Probanden generierten ‚wahren' Teilnutzen oder relativen Wichtigkeiten (vgl. z.B. Darmon/Rouziès 1994, 1989; Müller-Hagedorn/Sewing/Toporowski 1993; Mishra/Umesh/Stem 1989; Carmone/Green/Kapil 1978) bzw. die Konvergenz der aus den generierten ‚wahren' Teilnutzen für bestimmte Produktprofile berechneten Gesamtpräferenzen und der aus den geschätzten Teilnutzen berechneten Gesamtpräferenzen errechnet (vgl. bspw. Carmone/Green 1981; Wittink/Cattin 1981).

In Simulationsstudien werden hierfür außer dem Begriff konvergierende Validität für den Vergleich der Teilnutzen und der relativen Wichtigkeiten auch die Bezeichnungen interne Validität oder Reliabilität verwendet und für den Vergleich der Gesamtpräferenzen der Begriff Prognosevalidität. Derartige Simulationsstudien werden durchgeführt, um zu erfassen, wie sich bestimmte Faktoren (wie z.B. inkonsistente Antworten, Erhebungsmethode, Erhebungsdesign, Schätzverfahren etc.) auf die Genauigkeit der Parameterschätzung auswirken (vgl. z.B. Hofstede/Kim/Wedel 2002, S. 257).

Die interne Validierung von mittels Conjoint-Analyse gewonnener Ergebnisse mit Befunden, die mittels kompositioneller Verfahren erhoben wurden ist zwar prinzipiell möglich, da die Modelle (dekompositionell vs. kompositionell) die gleichen Absichten verfolgen, jedoch sind die ermittelten Konstrukte Einstellung (kompositionell) und Präferenz (dekompositionell) nicht notwendigerweise gleichzusetzen (vgl. Müller-Hagedorn/Sewing/Toporowski 1993, S. 128f.; siehe auch: Sattler/Hensel-Börner 2000).

Die Messung der konvergierenden Validität anhand der Teilnutzen, relativen Wichtigkeiten und den Gesamtpräferenzen einer Conjoint-Analyse bietet u.a. folgende Möglichkeiten:

- Berechnung von Korrelationskoeffizienten nach Pearson bzw. Spearman zwischen Ergebnissen der Conjoint-Analyse und jenen mittels einer kompositionellen Methode gewonnenen Präferenzwerten (vgl. z.B. Sheluga/Jaccard/Jacoby 1979, S. 171f.).
- Vergleich der Ergebnisse, die mittels der Trade-Off-Analyse gewonnen wurden mit denen der Full-Profile-Technik (vgl. Müller-Hagedorn/Sewing/Toporowski 1993, S. 127f.). Vergleich der Profilmethode mit dem Bayesianischen Modell (vgl. Marshall/Bradlow 2002, S. 679).
- Berechnung von Rangkorrelationswerten zwischen zwei Marktanteilsvektoren vorgegebener Produktprofile. Albers und Brockhoff (1985) bestimmen bspw. im Falle von Kaufdaten die Rangkorrelationen zwischen den sich auf der Grundlage der Regressionsanalyse und der LOGIT-Analyse ergebenen Rangreihen von Produkteigenschaftsprofilen. Ähnlich gingen sie auch im Falle von Präferenzdaten vor, indem sie ebenfalls Rangkorrelationen zwischen einerseits deterministisch und andererseits probabilistisch generierten Daten bestimmten (vgl. Albers/Brockhoff 1985, S. 210f.).

Die **interne** Validierung bei der Conjoint-Analyse, die eine Form der Übereinstimmungsvalidität darstellt, versucht bspw. die Güte der Anpassung der empirisch erhobenen Präferenzurteile (Inputdaten), die die Datengrundlage der Schätzung darstellen, an die geschätzten Messwerte zu testen (‚Fit') (vgl. Teichert 2001, S. 206; Vriens/Wedel/Wilms 1996, S. 79f.; Müller-Hagedorn/Sewing/Toporowski 1993, S. 127). Die interne Validität wird im Zusammenhang mit der Conjoint-Analyse abweichend von den üblichen in der Sozialwissenschaft geltenden Definitionen gebraucht (vgl. z.B. Bortz/Döring 2002, S. 37; Berekoven/Eckert/Ellenrieder 2001, S. 88). Die interne Validität in Conjoint-Analysen betrifft somit nicht die Frage, ob die Beziehung zwischen den unabhängigen Variablen (Eigenschaftsausprägungen) und den abhängigen Variablen (Gesamtpräferenzurteile für die Stimuli) eindeutig interpretiert werden kann, – dies wird im Prinzip unterstellt - sondern wie gut die der Schätzung zu Grunde liegenden Ausgangswerte der abhängigen Variablen durch die unabhängigen Variablen unter Berücksichtigung des geschätzten Präferenzmodells reproduziert werden können (Anpassungsgüte, Modell-Fit) (vgl. Müller-Hagedorn/Sewing/Toporowski 1993, S. 126-128).

In Abhängigkeit vom verwendeten Skalenniveau wird die interne Validität durch die Berechnung der (Rang-)Korrelation zwischen den für die Stimuli des ‚calibration sample' erhobenen Gesamtpräferenzurteilen und den berechneten Gesamtpräferenzen errechnet (vgl. Green/Srinivasan 1978, S. 115). Bei der Beurteilung der Werte ist zu berücksichtigen, dass sie von der Anzahl der verwendeten Stimuli und der Anzahl zu schätzender Parameter (Freiheitsgrade) sowie vom verwendeten Schätzverfahren abhängen. Für eine statistisch abgesicherte Beurteilung der internen Validität raten z.B. Borg und Staufenbiel (1997) mittels Simulation festzustellen, „welche Stress-Werte für Zufallsdaten zu erwarten sind" (Borg/Staufenbiel 1997, S. 204f.). Fehlspezifikationen des Präferenzmodells und inkonsistentes Antwortverhalten wirken sich negativ auf die interne Validität einer Conjoint-Analyse aus (vgl. z.B. Tscheulin 1992, S. 70).

#### 2.3.2.4 Limitationen der Conjoint-Analyse

Im Folgenden Abschnitt sollen abschließend die Grenzen conjointanalytischer Untersuchungsansätze besprochen werden. Beginnend mit einem Aufriss wiederholt in der Literatur angeführter Kritikpunkte wird im Anschluss daran ein Problembereich aufgegriffen, der insbesondere in der Marktforschungspraxis sehr häufig anzutreffen ist: das Problem hoher Merkmalszahlen. Hierin liegt auch ein Schwerpunkt der theoretisch-konzeptionellen Diskussion und Weiterentwicklung der Conjoint-Analyse (vgl. z.B. von Thaden 2002). Nicht zuletzt ist dieser Bereich auch deshalb so interessant, weil eine Erweiterung der bisherigen Möglichkeiten, ohne dabei jedoch die Gültigkeit der gewonnenen Ergebnisse zu opfern, für den Einsatz der Conjoint-Analyse im Marktforschungs- und Beratungsalltag angesichts komplexerer Produkte und Dienstleistungen von hohem Wert ist.

#### 2.3.2.4.1 Erörterung häufiger Kritikpunkte

Die in der Literatur regelmäßig anzutreffenden Kritikpunkte können entlang der typischen Ablaufschritte (vgl. Abb. 10; Backhaus/Erichson/Plinke/Weiber 2002, S. 568; Gustafsson/Herrmann/Huber 2000, S. 8; Perrey 1998, S. 66; Hahn 1997, S. 46) einer Conjoint-Analyse beschrieben werden.

**Identifikation relevanter Merkmale und ihrer Ausprägungen**
Einen häufig genannten Kritikpunkt stellt die begrenzte Anzahl an Merkmalen und deren Ausprägungen in Conjoint-Analysen dar, wobei die Beschränkung nicht durch aufwendige und zeitintensive Rechenprozeduren bei der Parameterschätzung, sondern durch die begrenzte Belastbarkeit der Probanden verursacht ist (vgl. von Thaden 2002, S. 26f.; Weiber/Rosendahl 1997, S. 111f.; Köcher 1997, S. 142; Green/Srinivasan 1978, S. 108). Vor allem in vollständigen, aber auch in reduzierten Designs wird mit steigender Zahl an Merkmalen und/oder Merkmalsausprägungen sehr rasch eine kaum zu bewältigende Stimulimenge erreicht (vgl. von Thaden 2002, S. 27; Voeth 2000, S. 36).

Zur Lösung des genannten Problems wurden in der Folge unterschiedliche Ansätze entwickelt. Hierunter fällt auch die von von Thaden (2002) aufgegriffene, aber bereits von Green und Srinivasan (1978) besprochene gebrückte Conjoint-Analyse. „The idea here is to prepare several card decks in which the full set of factors is first split into subsets of five or six factors each. Each card deck is then composed of factor combinations that involve, say, five factors, only. In each case one or two factors are common across decks so that they provide a basis for linking part-worth functions across the various subsets of factors" (Green/Srinivasan 1978, S. 108).[123] Darüber hinaus fand diesbezüglich auch die Kombination von kompositionellen und dekompositionellen Vorgehen im Rahmen der hybriden Ansätze, sowie die daraus abgeleiteten Verfahrensderivate einen hohen Zuspruch (vgl. Hofstede/Kim/Wedel 2002; Green/Krieger 1996b; Green/Goldberg/Wiley 1982; Green/Goldberg/Montemayor 1981).

Kritisch angemerkt wird auch die Abhängigkeit der relativen Wichtigkeit einzelner Merkmale von der Zahl der verwendeten Merkmalsausprägungen. Currim, Weinberg und Wittink (1981) zeigen in ihrem Beitrag, dass Merkmale mit drei Ausprägungen eine größere aggregierte Wichtigkeit aufweisen als Merkmale mit nur zwei Ausprägungen (vgl. Currim/Weinberg/Wittink 1981, S. 67ff.; ähnlich auch: Perrey 1996, S. 105ff.; Steenkamp/Wittink 1994, S. 275ff.). Man spricht in diesem Zusammenhang von einem sogenannten Level-Effekt, der ei-

[123] Für eine allgemeine Einführung siehe: von Thaden 2002, S. 55-84; Hopkins/Larréché/Massy 1977 S. 365-375.

nerseits auf psychologische Ursachen und andererseits auf methodeninhärente Gründe zurückgeführt wird (vgl. Wittink/Krishnamurthi/Reibstein 1989, S. 113ff.; Currim/Weinberg/Wittink 1981, S. 72).

**Auswahl des Präferenzmodells**

Die Kritik richtet sich vor allem auf die in den meisten Conjoint-Studien (vgl. Wittink/Cattin 1989, S. 93; Cattin/Wittink 1982, S. 46) vorgenommene Verwendung des linear-additiven Modells. Diese Kritik ist immer dann berechtigt, wenn die dem additiven Modell zu Grunde liegende Unabhängigkeitsprämisse der verwendeten Merkmale verletzt wird (vgl. bspw. Perrey 1998, S. 67; Hahn 1997, S. 49). Die vollständige Unabhängigkeit von Merkmalen ist vor allem in praktischen Anwendungen wohl nur selten gegeben, sollte aber gerade deshalb im Rahmen der Wahl des Präferenzmodells besonders berücksichtigt werden. Die kompensatorische Beziehung der einzelnen Eigenschaftsausprägungen gibt ebenfalls Anlass zur Kritik, da bei vorliegen von Ausschlusskriterien[124] verzerrte Schätzergebnisse die Folge sind (vgl. Voeth 2000, S. 38; Shocker/Srinivasan 1978, S. 169).

Von Thaden (2002) merkt in Zusammenhang mit der Präferenzmodellwahl kritisch an, dass eine genaue Kenntnis der Präferenzen von Probanden notwendig ist, um die Modelle a priori so zu spezifizieren, dass sie für alle Probanden gleichermaßen gelten, dies jedoch nur selten begründet erscheint (vgl. von Thaden 2002, S. 14).

**Auswahl des Erhebungsdesigns**

Die in der Literatur oft anzutreffende gleichwertige Behandlung der Vollprofil-, Zwei-Faktor und Trade-Off-Methode steht in einem Missverhältnis zu der in der europäischen Marktforschungspraxis festzustellenden Beliebtheit der adaptiven Conjoint-Analyse, die in 42 % der Anwendungen zum Einsatz gelangt (vgl. Wittink/Vriens/Burhenne 1994, S. 44). Wurde ursprünglich die Vollprofilmethode, bei der jeder Stimulus durch eine Kombination von Ausprägungen aller Merkmale gebildet wird, Opfer der oben angeführten Kritik so wurde auch der von Johnson (1974) alternativ entwickelte Zwei-Faktor-Ansatz kritisiert. Besonders bemängelt wurde bei dieser Erhebungsform die geringe Realitätsnähe der Stimulibeurteilung (vgl. bspw. von Thaden 2002, S. 14f.; Green/Srinivasan 1978, S. 107f.; Johnson 1974, S. 121ff.).

---

124 Ausschlusskriterien liegen dann vor, wenn bestimmte Merkmalsausprägungen für die Probanden auf jeden Fall gegeben sein müssen. Liegen Ausschlusskriterien vor, ist das kompensatorische Verhältnis der Merkmalsausprägungen untereinander verletzt (vgl. Backhaus/Erichson/Plinke/Weiber 2002, S. 570).

Ebenso steht auch die Konstruktion der Stimuli regelmäßig im Mittelpunkt kritischer Auseinandersetzungen, wobei hier die Fraktionierung vollständiger Designs und ihre Folgen den Gegenstand der Erörterungen bilden. Ein häufig genannter Nachteil fraktionierter Designs stellt die dadurch bedingte Vernachlässigung möglicher Interaktionseffekte der Merkmale und ein damit einhergehender Informationsverlust dar. Die Reduktion des vollständigen Designs führt zwangsläufig zu einer Vermischung von Haupteffekten und höherwertigen Informationseffekten, sodass eine unabhängige Schätzung letzterer unmöglich wird (vgl. Perrey 1996, S. 106; Teichert 1994, S. 617; Stallmeier 1993, S. 153).

In vielen auf dem Teilnutzenmodell basierenden Conjoint-Analysen werden zu viele Parameter auf Basis zu weniger Beobachtungsdaten geschätzt, was eine Welle neuer auf dem Bayes-Theorem basierender Publikationen nach sich zog (vgl. bspw. Andrews/Ansari/Currim 2002; Hofstede/Kim/Wedel 2002; Lenk/DeSarbo/Green/Young 1996).

**Auswahl der Präsentationsform der Stimuli**

Die Präsentationsform sowie die Präsentationsreihenfolge der Stimuli und der daraus resultierende Einfluss auf die Parameterschätzung werden in zahlreichen Arbeiten thematisiert (vgl. bspw. Strebinger/Hoffmann/Schweiger/Otter 2000; Ernst/Sattler 2000; Perrey 1996; Holbrook/Moore 1981). Sie zeigen, dass das relative Gewicht der berücksichtigten Merkmale mitunter davon abhängen kann, ob eine verbale, bildliche, multimediale oder physische Produktdarstellung gewählt wird. Die Wahl der Präsentationsform hat demnach einen erheblichen Einfluss auf die Parameterschätzung und somit auf die Güte der gewonnen Ergebnisse. Damit zusammenhängend wird auch der Positionseffekt diskutiert, dessen Vorhandensein unterstellt, dass Probanden dem jeweils im Rahmen der Stimuluspräsentation zuerst genannten Merkmal ein höheres Gewicht zuordnen als jenen Merkmalen, die nachgelagert sind. Erstmals aufgezeigt wurde dieser Effekt von Acito (1977). In darauf aufbauenden Validierungsstudien konnte dieser Effekt bestätigt werden (vgl. Perrey 1996, S. 105ff.; Johnson 1989, S. 272ff.).

Die üblicherweise verwendeten Bewertungsskalen werden mitunter ebenso kontroversiell diskutiert. So wird z.B. ein Nachteil der Verwendung metrischer Skalen darin gesehen, dass die damit erhobenen Daten eine vergleichsweise geringe Reliabilität aufweisen, wohingegen nicht-metrische Alternativen (Rangreihung, Paarvergleich) reliabler sein dürften (vgl. Green/Srinivasan 1978, S. 112). In der Literatur wird in Zusammenhang mit metrischen Skalen die Auffassung vertreten, dass Probleme mit der Reliabilität dadurch entstehen, dass Probanden nicht allein ihre Präferenzen angeben müssen, sondern auch die jeweilige Präferenzstärke. Der geringe Informationsgehalt der erhobenen Daten und die Gefahr Probanden durch Skalen mit zwei oder drei Ausprägungen zu frustrieren stellen typische Probleme in der Verwendung nicht-metrischer Bewertungsskalen dar (vgl. Hahn 1997, S. 142-144; Schweikl 1985, S. 115-122; Green/Srinivasan 1978, S. 112). Von Thaden (2002) hält diesbezüglich zusammenfassend fest, dass „[S]kalen, die von den Probanden eine *simultane* Bewertung aller Stimuli verlangen, wie Ranking und Rating, [...] bei einer hohen Zahl an Stimuli unter Umständen zu einer *kognitiven* Überlastung der Probanden [führen], wohingegen Messskalen, die Paarvergleiche verlangen, unter Umständen zu einer *zeitlichen* Überlastung und somit zu Ermüdungserscheinungen führen können“ (von Thaden 2002, S. 25).

**Schätzung und Aggregation der Nutzenwerte**

Die einzelnen Verfahren zur Schätzung der Nutzenwerte wurden entwickelt, um Daten unterschiedlichen Niveaus verarbeiten zu können. Zu den Verfahren, die unterstellen, dass die abhängige Variable weitgehend ordinalskaliert ist zählt z.B. LINMAP. Es beruht auf dem Grundprinzip der Linearen Programmierung und soll helfen globale Optima aufzufinden, doch werden auch bei diesem Algorithmus z.T. alternative Optima im Rahmen der Parameterschätzung ermittelt, die den gleichen minimalen ‚Poorness-of-Fit‘ aufweisen (vgl. Stallmeier 1993, S. 119). Darüber hinaus stellen Mullet und Karson (1986) in einer Studie fest, dass LINMAP bei entsprechend starker Fraktionierung des Untersuchungsdesigns selbst dann eine hohe Anpassungsgüte der Teilnutzenschätzung erzeugt, wenn stark inkonsistente Bewertungen der Probanden vorliegen. Wie überhaupt „an overreliance on the usual goodness-of-fit measure, be it called „stress,“ „index of fit,“ or whatever else, can lead to unjustified conclusions about either lack of interaction and/or respondent consistency in codes“ (Mullet/Karson 1986, S. 290). Der auf Kruskal (1964a, 1964b, 1965) zurückgehenden MONANOVA-Schätzprozedur werden Schwächen im Bereich der alternativen Präferenzmodellbildung attestiert, da sie diese nicht zulassen. Ferner ist die MONANOVA-Prozedur auf das Teilnutzenwertmodell beschränkt (vgl. Green/Srinivasan 1978, S. 113). Auch für die am häufigsten eingesetzte OLS-Schätzprozedur (vgl. Wittink/Vriens/Burhenne 1994, S. 44) findet sich in der Literatur vereinzelt Kritik. So bemängelt beispielsweise Tacke (1989) im Zusammenhang mit dem OLS-Schätzalgorithmus den Sachverhalt, dass die in der Praxis häufig anzutreffenden auf Rangreihung basierenden Daten strenggenommen nicht mit diesem Algorithmus verarbeitet werden dürfen (vgl. Tacke 1989, S. 185).[125]

---

125 Die von Tacke (1989) geäußerte Bemerkung mag zweifelsohne in einem streng statistischen Sinne richtig sein, dennoch wurde in Simulationsstudien bewiesen, dass bei einer Anwendung metrischer Schätzalgorithmen auf nicht-metrische Daten keine im Vergleich zu nicht-metrischen Schätzalgorithmen signifikant schlechteren Schätzergebnisse zu erwarten sind (vgl. bspw. Carmone/Green/Jain 1978, S. 301f.). Ähnlich dazu auch Wittink und Cattin (1981), die in einem Vergleich eines nicht-metrischen Verfahrens (MONANOVA) mit einem metrischen Verfahren (ANOVA),

Balderjahn (1991) merkt in Hinblick auf die Aggregation individueller Teilnutzenwerte betont kritisch an, dass „[m]it der Aggregation individueller Teilnutzenwerte [...] zahlreiche ungelöste Probleme verbunden [sind]" (Balderjahn 1991, S. 41). So bemängelt er etwa, dass das fehlende Entscheidungsmodell, im Falle der Bestimmung von Preisresponsefunktionen mittels der Conjoint-Analyse, durch normative Transformationsvorschriften ersetzt wird und auch keine in Realiter anfallende Daten (z.B. Scannerdaten) ohne weiteres verarbeitet werden können (vgl. Balderjahn 1991, S. 41). Der Segmentierung auf Basis von Conjoint-Daten liegen oft zwei komplementäre Ziele zu Grunde. Einerseits wird das Ziel einer hohen Güte der Schätzwerte der segmentspezifischen Nutzenfunktionen angestrebt, andererseits soll eine reliable Zuordnung der befragten Probanden zu den gebildeten Segmenten gewährleistet werden (vgl. Teichert 2000, S. 227). Zur Gewährleistung einer an Nutzerprofilen orientierten Produktgestaltung sind demnach regelmäßig beide Ziele zu erfüllen. Anders formuliert bemisst sich der Wert einer Aggregation von Nutzenprofilen an der Möglichkeit, diese derart durch beobachtbare demografische Merkmale beschreiben zu können, dass die spätere Zuordnung eines beliebigen Probanden zu einem spezifischen Segment allein aufgrund der Kenntnis seiner Demografika vorgenommen werden kann.

### 2.3.2.4.2 Spezielle Probleme bei steigenden Merkmalszahlen

Wurde eingangs schon darauf hingewiesen, dass die Berücksichtigung aller von Individuen innerhalb eines Entscheidungsprozesses beachteten Merkmale ein schwieriges Unterfangen im Rahmen von conjointanalytischen Untersu-chungen darstellt, so sollen an dieser Stelle die diesbezüglich im einschlägigen Fachschrifttum identifizierten speziellen Problembereiche skizziert werden. Es sind dies das bei steigender Merkmalszahl anwachsende Linearitätsproblem, sowie Probleme die mit individuell irrelevanten Merkmalen (Independence of irrelevant Attributes) und mit K.O.-Ausprägungen auftreten.

#### 2.3.2.4.2.1 Linearitätsprobleme

Linearitätsprobleme ergeben sich u.a. immer dann, wenn das der Conjoint-Analyse häufig unterstellte linear-additive Präferenzintegrationsmodell mit Abhängigkeiten zwischen den integrierten Merkmalen konfrontiert ist. So weist Adam (1996) darauf hin, dass die Ausprägungen unterschiedlicher Merkmale vielfach mehr oder weniger stark voneinander abhängen, insbesondere wenn Merk-

welches weitestgehend auf dem OLS-Algorithmus beruht, zu annähernd gleichen Schätzergebnissen gelangen (vgl. Wittink/Cattin 1981, S. 105).

male über einen direkten definitorischen Zusammenhang miteinander verbunden sind (vgl. Adam 1996, S. 138). So würde z.B. für das Merkmal „Wohnfläche" (mit bspw. folgenden Ausprägungen: 90m², 130m² und 150m²) und „Anzahl der Räume" (z.B. 2, 3 oder 4 Räume) eines Hauses es zumindest fraglich erscheinen, ob sich der subjektiv empfundene Gesamtnutzen bei Korrelation der jeweiligen Merkmalsausprägungen additiv aus den Teilnutzen zusammensetzt. Das angesprochene Problem wird von zahlreichen Autoren (vgl. u.a. von Thaden 2002, Gustafsson/Herrmann/Huber 2000; Perrey 1998, Green/Srinivasan 1990) thematisiert und immer wieder angemahnt, dennoch scheint die Beurteilungsunabhängigkeit nicht immer vollständig gegeben zu sein, da sich ansonsten die Verzerrungen im Rahmen der Schätzung der Modellparameter nur schwer erklären ließen.

Keineswegs ist aufgrund dieser restriktiven Forderung von einer Anwendung des linear-additiven Modells abzuraten. Vor dem Hintergrund der verdeutlichten Gefahren ist aber auf die Einhaltung der Unabhängigkeit der integrierten Merkmale zu achten. Ein gangbarer Weg zur Sicherstellung der Unabhängigkeit der verwendeten Merkmale kann darin bestehen, eine explorative Faktorenanalyse voranzustellen, wie beispielsweise Perrey (1998) zeigt (vgl. Perrey 1998, S. 173). Dadurch soll die Auffindung eines Merkmalsets, dessen Merkmale unabhängig voneinander sind, gewährleistet werden.

Inwieweit diese Forderung bei einer hohen Merkmalszahl[126] aufrecht zu erhalten ist scheint jedoch fraglich. Von Thaden (2002) zeigt in einem Verfahrensvergleich unterschiedlicher Conjoint-Ansätze, dass lediglich die gebrückte Conjoint-Analyse als vielversprechendes Verfahrensderivat bezeichnet werden kann, um umfangreiche Merkmalsets zu testen. So zeigt er in einer Monté Carlo-Simulation, dass unter Verwendung der gebrückten Conjoint-Analyse bis zu elf Merkmale verarbeitet werden können. Diese Verfahrensvariante ist somit in der Lage, „das Merkmalsproblem zu *mildern*, aber nicht in der Lage, es für eine *beliebige* Anzahl von Merkmalen zu lösen" (von Thaden 2002, S. 173). Ungelöst bleibt dabei aber weitestgehend das Stimulusproblem, da auch bei der gebrückten Conjoint-Analyse Merkmale mit beliebig vielen Ausprägungen nicht adäquat untersucht/integriert werden können (vgl. von Thaden 2002, S. 173). Das angesprochene Linearitätsproblem wird jedoch in der Simulation ausgeklammert, da zwei zentrale Modellannahmen darin bestanden einerseits Unabhängigkeit in der Beurteilung der Merkmale zu unterstellen sowie andererseits Probanden entsprechend dem linear-additiven Modell urteilten. Daraus leitet sich weiterer For-

126 Empfehlungen in der Literatur zur maximalen Zahl belaufen sich auf rund fünf integrierbare Merkmale: vgl. etwa Green/Srinivasan (1978; 1990), die 5-6 Merkmale empfehlen; Thomas (1979) empfiehlt 5 Merkmale; Leigh/MacKay/Summers (1984) empfehlen 5 Merkmale.

schungsbedarf, der in zwei Richtungen weist, ab: (1) Die gebrückte Conjoint-Analyse bedarf nach ihrer theoretischen Fundierung durch die Arbeit von von Thaden (2002) einer empirischen Überprüfung unter Berücksichtigung der getroffenen Annahmen; (2) weitere Forschungsarbeit besteht nach wie vor im Zusammenhang mit der Gefahr von Beurteilungsabhängigkeiten zwischen Merkmalen.

#### 2.3.2.4.2.2 Effekt individuell unbedeutender Merkmale

Unter diesem Punkt ist nicht auf die Annahme der unabhängigen Verteilung der stochastischen Nutzenkomponenten, die zu einer ‚Independence of Irrelevant Alternatives'-Eigenschaft (IIA-Eigenschaft) des multinomialen Logit-Modells (vgl. McFadden 1986) führt einzugehen, sondern auf das von Voeth (2000) erstmals hingewiesene Problem individuell unbedeutender Merkmale (vgl. Voeth 2000, S. 62f.). Es wird hier ein spezifisches Problem der Conjoint-Analyse aufgegriffen, das in Verbindung mit der Bewertungsmethode der Rangordnung auftritt und eine Identifikation individuell unbedeutender Merkmale verhindert. Dies ergibt sich aus der Aufforderung die Stimuli in eine Rangordnung zu bringen, dabei aber für Stimuli die womöglich gleichwertig beurteilt werden ebenfalls Rangplätze zu vergeben. Darüber hinaus ergeben sich spezifische Schwierigkeiten bei der Rangordnung, wenn der Proband Stimuli zu bewerten hat, die sich nur in Ausprägungen der für ihn als irrelevant geltenden Merkmale unterscheiden (vgl. Voeth 2000, S. 63). Das Ausmaß der, wie Voeth (2000) es nennt, ‚Dependence of Irrelevant Attributes'-Eigenschft (DIA-Eigenschaft) wird determiniert durch folgende Faktoren (vgl. Voeth 2000, S. 64):

- **Anzahl der Merkmale:** mit steigender Merkmalsanzahl vergrößert sich die Wahrscheinlichkeit der Integration unbedeutender Merkmale.
- **Anzahl der Ausprägungen:** mit steigender Zahl von Merkmalsausprägungen sinkt c.p. in symmetrischen Designs die Wahrscheinlichkeit, dass unbedeutenden Merkmalen relative Gewichte von Null zugeordnet werden.
- **Ausmaß der Fraktionierung:** mit zunehmender Fraktionierung steigt c.p. die Wahrscheinlichkeit unbedeutende Merkmale zu erkennen.

Die von Voeth (2000) angestrengten Überlegungen konzentrieren sich auf die Vergrößerung der Merkmalsbasis, wobei er beispielhaft untermauert, dass bei der in der Praxis typischen Bewertungsform der Rangordnung in Conjoint-

Analysen auftretende DIA-Problem von der Anzahl integrierter Merkmale abhängt. Konkret bedeutet dies, dass mit einer größeren Merkmalszahl auch die Gefahr innerhalb eines Verfahrens individuell unwichtige Merkmale nicht zu erkennen einhergeht (vgl. Voeth 2000, S. 69).

#### 2.3.2.4.2.3 Effekt von K.O.-Ausprägungen

Das der Conjoint-Analyse zu Grunde liegende kompensatorische Verhältnis der Merkmalsausprägungen setzt voraus, dass diese keine gegenseitigen Ausschlusskriterien, sogenannte K.O.-Ausprägungen[127] darstellen dürfen. Man versteht darunter jene Ausprägungen von Merkmalen, die für den Probanden bei der Beurteilung auf jeden Fall erfüllt sein müssen (vgl. bspw. Backhaus/Erichson/Plinke/Weiber 2000, S. 570).

Regelmäßig werden bei der Festlegung der relevanten Merkmale und deren Ausprägungen die Präferenzvorstellungen einer Gesamtheit von potenziellen Auskunftspersonen zu Grunde gelegt. In der Praxis kann allerdings nicht davon ausgegangen werden, dass nicht einzelne Ausprägungen für bestimmte Probanden oder sogar Subgruppen den Charakter von K.O.-Ausprägungen annehmen. Die damit verbundenen z.T. beträchtlichen Verzerrungen in den Schätzergebnissen schränken die Aussagekraft der Ergebnisse ebenfalls deutlich ein, wie Voeth (2000) beispielhaft darzustellen versucht (vgl. Voeth 2000, S. 69-72). Wobei das Ausmaß der Verzerrung in den Schätzergebnissen durch K.O.-Ausprägungen in erster Linie von der Anzahl der Merkmalsausprägungen, der Zahl der K.O.-Ausprägungen und der Designfraktionierung abhängen kann. Ähnlich wie bei dem oben beschriebenen DIA-Problem wird auch hier deutlich, dass das Vorkommen von K.O.-Ausprägungen bei steigender Merkmalszahl zu einem Anstieg der Schätzungenauigkeit führt (vgl. Voeth 2000, S. 71f.).

### 2.3.3 Zusammenfassung und Konzeption der weiteren Vorgangsweise

Durch die Einführung der Conjoint-Analyse für Marketingzwecke gelang es neue und leistungsfähige Wege in der Schätzung von Käuferpräferenzen und Kaufverhalten einzuschlagen (vgl. Green 2001, S. 1). Die seither erreichte Verbreitung der Methode der Conjoint-Analyse im Marketing und der betriebswirtschaftlichen Forschung ist bemerkenswert (siehe Abschnitt 1.2).

---

127 Oft auch als K.O.-Kriterien bezeichnet. Die beiden Begriffe werden in der Folge auch synonym gebraucht.

Eine Reihe von Studien[128] belegen, dass die Methode der Conjoint-Analyse einen gangbaren Weg zur Erfassung von Produktpräferenzen repräsentiert. Stellvertretend sind an dieser Stelle die bedeutendsten Eigenschaften der Conjoint-Analyse herausgegriffen, die das Verfahren für die Analyse von Präferenzdaten qualifizieren:

- Der dekompositionelle Ansatz der Conjoint-Analyse gestattet auf Basis des empirisch erhobenen Gesamtnutzenwertes eines Stimuli die Berechnung des Beitrages einzelner Komponenten zum Gesamtnutzen (vgl. u.a. Gustafsson/Herrmann/Huber 2000, S. 7f.).
- Die in eine Conjoint-Analyse integrierten Merkmale stellen vom Marketer direkt manipulierbare Größen dar. Durch die Variation der Merkmale und/oder der Merkmalsausprägungen können Auswirkungen auf die Präferenzen der Auskunftspersonen beobachtet, analysiert und als Grundlage für die Optimierung von Produkten,[129] Produktlinien[130] und Dienstleistungen[131] herangezogen werden (vgl. Green/Krieger/Wind 2001, S. 57ff.).
- Die Ergebnisse einer Conjoint-Analyse bergen „hervorragendes analytisches Potential" (Hahn 1997, S. 132), das u.a. zur Beantwortung preispolitischer Fragestellungen im Rahmen der gewinnoptimalen Preisfindung bei Neuprodukten, der Preisbündelung[132] und nicht-linearer Preisfindung ausgeschöpft werden kann (vgl. Kolvenbach/Krieg/Felten 2001, S. 502-511; Haller/Reutterer 2001, S. 12-15; Simon 1992, S. 116f.; Kohli/Mahajan 1991, S. 349f.; Simon/Kucher 1988, S. 171ff.; Kucher/Simon 1987, S. 28ff.).
- Die individuelle Messung und Prognose von Präferenzdaten im Rahmen der Conjoint-Analyse bietet die Möglichkeit einer nutzenorientierten Marktsegmentierung (vgl. Perrey 1998; Hahn 1997, S. 224-235; Green/Krieger 1991).

Den aufgezeigten Vorzügen der Conjoint-Analyse stehen hingegen Limitationen gegenüber, die vor allem auf die allgemeinen Grenzen des Nutzenkonzeptes (siehe Kap. 2.3.1) zurückzuführen sind und weniger in methodischen Unzulänglichkeiten (siehe Kap. 2.3.2.4) bestehen. Letztere sind zwar zweifelsohne nicht minder problematisch, helfen aber lediglich die Symptome nicht aber die Ursachen zu erklären. So unterstellen normative wie auch deskriptive Nutzenmodel-

---

128 Siehe insb. die unter Abschnitt 1.2. angeführten Arbeiten. Zusätzlich sei auf den von Gustafsson, Herrmann und Huber (2001) bereits in zweiter Auflage erschienen Sammelband verwiesen.

129 Vgl. bspw. Kohli/Sukumar 1990, S. 1466ff.; Kohli/Krishnamurti 1989, S. 186ff.; Kohli/Krishnamurthi 1987, S. 1526f.; Green/Carroll/Goldberg 1981, S. 17ff.

130 Vgl. hierzu bspw. Zufryden 1982 zit. nach Green/Krieger 1989; McBride/Zufryden 1988; Green/Krieger 1987, S. 21ff.

131 Vgl. Perrey 1998.

132 Vgl. hierzu insb. Wübker 1998.

le, dass der Nutzen ein zentrales Konstrukt zur Erklärung von beobachteten Wahlhandlungen darstellt. Die Einhaltung sozialer Normen, die Auswirkungen begrenzter Rationalität im Entscheidungsverhalten oder Phänomene wie ‚variety seeking‘ werden im besprochenen theoretischen Rahmen nicht abgebildet. Dennoch weisen insbesondere verhaltens-wissenschaftliche Befunde, im Speziellen zum Konsumentenverhalten auf Einschränkungen in der Gültigkeit des Nutzenkonzeptes hin. Teichert (2001) attestiert folglich den Nutzenmodellen „keine universelle, sondern eine situationsbedingt unterschiedliche Erklärungskraft zur Beschreibung realen Entscheidungsverhaltens“ (Teichert 2001, S. 53), wodurch das Nutzenkonzept nicht an sich seine Gültigkeit verliert, sondern vielmehr auf das Vorhandensein nicht kontrollierbarer Störgrößen hingewiesen wird (vgl. Teichert 2001, S. 53). Für das weitere Vorgehen wird die Methodik der Conjoint-Analyse als zentrales Instrument für eine kundenorientierte Produktplanung- und –entwicklung im Strommarkt für Privatkunden zu Grunde gelegt. Wie gezeigt, ist die besprochene Methode nicht frei von Mängeln und vor allem an nicht immer realistische Prämissen gebunden (siehe Kap. 2.3.2.4), dennoch gestattet der betrachtete Problemkreis die sinnvolle Durchführung einer Conjoint-Analyse. Dies kann vor allem damit begründet werden, dass es sich bei Strom nicht um eine radikale Neuproduktentwicklung handelt und Konsumenten bereits Erfahrungen mit den wesentlichen Eigenschaften gemacht haben und sich so eine relativ stabile Einstellung herausgebildet hat. Dies hat zur Folge, dass den Konsumenten eine Mehrheit der beurteilungsrelevanten Kriterien im Vorfeld der Untersuchung vertraut sind und so ein Vergleich konkurrierender Stimuli gewährleistet werden kann. Darüber hinaus ist im gegenständlichen Fall zu vermuten, dass die Auskunftspersonen über keine ausgeprägte Marken- bzw. Produktpräferenz verfügen und demnach den alternativen Stimuli unvoreingenommen gegenüberstehen und diese anhand ihrer Merkmale vergleichsweise unbeeinflusst bewerten. Die oben angesprochenen nicht kontrollierbaren Störgrößen werden folglich als vernachlässigbar betrachtet, was einen hohen Erklärungsgehalt der Präferenzschätzung erwarten lässt.

# 3 Empirisch-messtechnischer Teil

## 3.1 Entwicklung einer Statementbatterie zur Erfassung des Involvments mit Strom

### 3.1.1 Forschungsziel und Gang der Untersuchung

Die Komplexität der behandelten Materie und die wenigen bisher in diesem Zusammenhang dokumentierten Erkenntnisse machen die Suche nach den ‚richtigen' Fragen schwierig und legen deshalb eine umfangreiche Exploration nahe. Dabei liegt das primäre Forschungsziel der explorativen Phase in der Entwicklung eines Tests zur Ermittlung des Involvements von Privatkunden mit Strom, sowie dessen empirisch-quantitative Validierung (vgl. Abb. 15). Ersterem wird im folgenden Kapitel unter Aufarbeitung des theoretischen und methodischen Fundaments besonderer Stellenwert beigemessen. Es werden zunächst gängige Explorationsstrategien und die Gruppendiskussion als Methode der empirisch-qualitativen Exploration diskutiert. Im Anschluss daran wird die Entwicklung einer Itembatterie zur Ermittlung des Involvements mit Strom anhand von Gruppendiskussionsergebnissen vorgestellt. Mit der empirisch-quantitativen Beurteilung der Güte der entwickelten Items und der Ableitung marketingpolitischer Handlungsempfehlungen schließt dieses Kapitel.

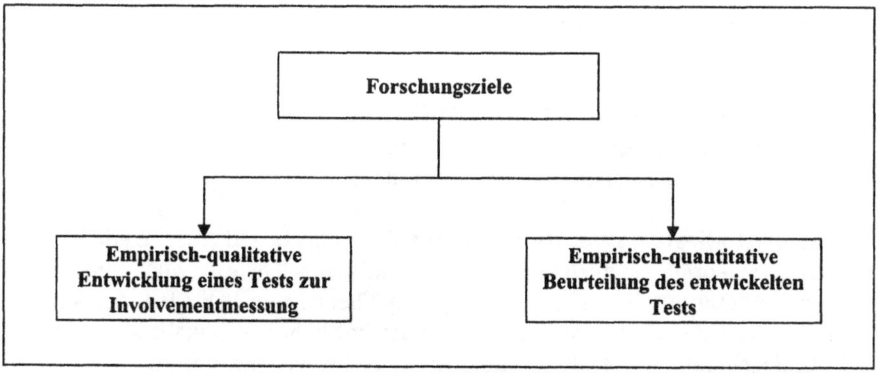


Abbildung 15: Forschungsziele im Zusammenhang mit der Entwicklung einer Statementbatterie zur Erfassung des Involvements mit Strom bei Privatkunden.

### 3.1.2 Theoretische und methodische Überlegungen

Die Frage, welche Hypothesen zu testen sind und welcher Theorie sie entspringen ist regelmäßig Gegenstand empirischer Forschung. Dies verwundert nicht, da ein zentrales Ziel der empirischen Forschung die Überprüfung theoretisch begründeter Hypothesen anhand von Beobachtungsdaten darstellt (vgl. Bortz/Döring 2002; Atteslander 2000).

Einleitend soll nun zunächst auf die gängigsten Strategien der Theorie- und Hypothesenbildung eingegangen werden. Im Anschluss daran erfolgt eine kurze Vorstellung des Instruments der Gruppendiskussion.

#### 3.1.2.1 Explorationsstrategien

Unter dem Begriff der Exploration wird im Allgemeinen das systematische Sammeln von Informationen über einen bestimmten Untersuchungsgegenstand verstanden. Im Besonderen soll dadurch die Formulierung von Hypothesen und Theorien vorbereitet bzw. unterstützt werden (vgl. Bortz/Döring 2002, S. 355ff.).

In der gängigen Literatur[133] werden unterschiedliche Explorationsstrategien unterschieden. Bortz/Döring (2002) nehmen eine Zuordnung der einzelnen Explorationsstrategien anhand der wichtigsten Elemente der Erfahrungswissenschaften – Theorie, Methodik und Empirie – vor (vgl. Bortz/Döring 2002, S. 362ff.). Insgesamt werden dabei die vier nachstehenden Explorationsstrategien unterschieden (vgl. auch Abb. 16):

- Theoriebasierte Exploration,
- methodenbasierte Exploration,
- empirisch-quantitative Exploration und
- empirisch-qualitative Exploration.

Die **theoriebasierte Exploration** ist durch die Analyse und Auseinandersetzung mit Alltagstheorien einerseits und wissenschaftlichen Theorien andererseits charakterisiert. Oftmals ist nicht ein Mangel an Theorien zu beklagen, sondern die schier nicht enden wollende Flut an wissenschaftlichen Publikationen (mit z.T. sehr unterschiedlicher Qualität) stellt den Forscher vor das Problem einer sachgerechten Auswahl einerseits und einer Reduktion der vorliegenden Forschungsmaterialien andererseits. Das Ziel jeder theoriebasierten Exploration, e-

[133] Siehe z.B. Bortz/Döring 2002; Atteslander 2000; Lamnek 1995;

gal ob sie nun auf Alltagstheorien oder wissenschaftliche Theorien bezug nimmt, besteht in der Analyse von Theorien. Diese kann in der Zusammenfassung und Bewertung oder aber auch im Vergleich und der Integration bestimmter Forschungsansätze bestehen. Über diesen Weg sollen Erkenntnisse gewonnen werden, die eine Fortentwicklung von bestehenden Theorien unterstützen und dienlich bei der Entwicklung von neuen Erklärungsmodellen sind (vgl. Bortz/Döring 2002, S. 363-369).

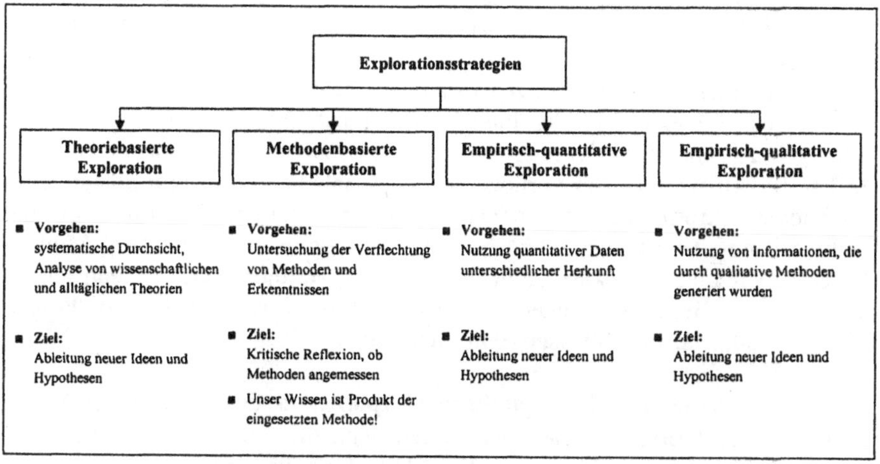


Abbildung 16: Überblick gängiger Explorationsstrategien (Quelle: vgl. Bortz/Döring 2002, S. 362ff.).

Im Unterschied zur theoriebasierten Exploration widmet sich die **methodenbasierte Exploration** der Reflexion unterschiedlicher methodischer Vorgehensweisen. Die Angemessenheit einer Methode zur Überprüfung von Hypothesen ist insoferne von Bedeutung, als dass ihr ‚gegenstandskonstituierender' Charakter zum Ausdruck bringt, dass unser Wissen ein Produkt der eingesetzten Methode ist. Durch Methodenvergleiche und –variation wird der Versuch unternommen, die Verflechtung von Methoden und Erkenntnissen aufzuzeigen.[134] Dabei interessieren auch stets die Fragen, welche Methoden das Forschungsgebiet dominieren, welche Methoden zum Einsatz gelangen und wie beeinflussen bzw. hängen Ergebnisse von den eingesetzten Methoden ab (vgl. Bortz/Döring 2002, S. 369-373).

---

134 Gelangt man mit unterschiedlichen Methoden zu übereinstimmenden Ergebnissen, so gilt das als ein Indiz für die Gültigkeit der eingesetzten Methoden (vgl. u.a. Flick 1998).

Im Rahmen der **empirisch-quantitativen Exploration** wird durch die Aufbereitung und Verdichtung von vorhandenem oder aber auch neu zu generierendem Datenmaterial versucht, neue Hypothesen zu einem bestimmten Forschungsgegenstand abzuleiten. In der Regel kann auf ein umfangreiches Reservoir an Datenquellen zurück gegriffen werden. Generell unterscheidet man dabei zwischen primären und sekundären Methoden der Datengewinnung. Von Primärforschung (field research) spricht man, wenn originär für eine bestimmte Untersuchung Daten erhoben werden. Als Grundmethoden der Primärforschung gelten die Befragung und die Beobachtung (vgl. Hüttner 2002, S. 22f.; Berekoven/Eckert/Ellenrieder 2001, S. 49). Die Gewinnung von Informationen über einen bestimmten Untersuchungsgegenstand aus bereits vorliegenden Datenmaterial, sei es nun externes oder internes Datenmaterial, wird als Sekundärforschung bezeichnet (vgl. Hüttner 2002; Berekoven/Eckert/Ellenrieder 2001, S. 42ff.). Zur Auswertung des vorliegenden Materials kann auf ein umfangreiches Methodenspektrum, das von parametrischen und verteilungsfreien uni-, bi- und multivariaten Analysemethoden bis hin zu sophisitizierten Data Mining-Techniken reicht, zurückgegriffen werden (vgl. Hüttner 2002, Lilien/Rangaswamy 2002; Berekoven/Eckert/Ellenrieder 2001; Backhaus/Erichson/Plinke/Weiber 2000; Mazanec/Strasser 2000; Reutterer 1997).

Verbleibt noch die **empirisch-qualitative Exploration**, deren Ziel in der Analyse und Interpretation von Datenmaterialien liegt, die mittels qualitativer Erhebungstechniken generiert wurden. Die Bedeutung der empirisch-qualitativen Exploration im Rahmen der zur Auswahl stehenden Explorationsstrategien betonen Bortz/Döring (2002) folgendermaßen: „aufgrund ihrer offenen Form erhöhen qualitative Datenerhebungen die Wahrscheinlichkeit, [...] auf neue Aspekte eines Themas zu stoßen[.]" (Bortz/Döring 2002, S. 385). Analog zur empirisch-quantitativen Exploration kann auch im Zuge der empirisch-qualitativen Exploration auf bereits vorhandene Materialien zurückgegriffen werden, dazu zählen u.a. Briefe, Protokolle, Zeitungsinserate, Erzählungen und ähnliche meist ohne Beeinflussung von Forscher bzw. Forschungssituation zustande gekommene Materialien. Neben der Datenbeschaffung durch Dritte - spezialisierte Marktforschungsinstitute und Forschungseinrichtungen - wurden zahlreiche Datenbeschaffungsmethoden entwickelt aus denen der Forscher wählen und sie selbst anwenden kann (vgl. u.a. Bortz/Döring 2002; Girtler 2001; Heinze 2001; Atteslander 2000; Brüsemeister 2000; Flick/Kardoff/Steinke 2000). Zu den wichtigsten Techniken qualitativer Datengewinnung zählen die qualitative Befragung[135] und Beobachtung sowie die nonreaktiven Verfahren, wo die Datenerhebung von

[135] Zu den unterschiedlichen Typen und Verfahren qualitativer Interviews sei u.a. auf die zusammenfassenden Darstellungen bei folgenden Autoren verwiesen: Friebertshäuser 1997; Lamnek 1995, S. 35 ff.; Flick 1998, S. 94 ff.; und Spöhring 1989, S. 147 ff.

den Beobachteten nicht bemerkt oder aber auch nur Verhaltensspuren erfasst werden. Die Gruppendiskussion, als Variante der qualitativen Befragung erfreut sich speziell in der Markt- und Meinungsforschung großer Popularität (vgl. Bortz/Döring 2002, S. 319 und Kap. 3.2). Im Folgenden Abschnitt sollen deshalb die Merkmale, aber auch die Grenzen dieser Methode qualitativer Datenerhebung näher beleuchtet werden.

### 3.1.2.2 Gruppendiskussion

**Zur Entwicklung und den Zielen von Gruppendiskussionen**

Die Schwächen des individuellen Interviews[136] und die damit einhergehende Kritik waren der Grundstein für das Aufkommen der Gruppendiskussion (vgl. Bohnsack 2000, S. 370; Lamnek 1995, S. 125). Unter einer Gruppendiskussion[137] versteht man die von einem Forscher beobachtete und von ihm nur durch moderierende Fragen beeinflusste freie Interaktion von Auskunftspersonen zu einem bestimmten Thema. Daneben existieren mit der Gruppenbefragung und dem Gruppeninterview noch zwei weitere Varianten der Befragung von Gruppen. Im Unterschied zur Gruppendiskussion folgt der Forscher bei der Gruppenbefragung einem strukturierten Fragebogen, den die Gruppe unter Anwesenheit des Forschers beantwortet. Das Gruppeninterview ist hingegen durch einen weniger strukturierten, offeneren Befragungsstil charakterisiert (vgl. Atteslander 2000, S. 150-153; Flick 1998, S. 131-139).

Die Durchführung von Gruppendiskussionen kann unterschiedlichen Zielen dienen. Nach Pollock (1955) stellt die Gruppe eine wichtige Determinante zur Erfassung von persönlichen Meinungen und Einstellungen für die ‚nicht-öffentliche Meinung des Einzelnen‘ dar, die neben der sogenannten ‚öffentlichen Meinung‘ - die sich u.a. in Wahlen, Abstimmungen, Zeitungsartikeln, Parlamentsdiskussionen kundtut – besteht (vgl. Pollock 1955, S. 3-11). Pollock entwickelt in seiner Arbeit Argumente, die eine Bevorzugung der Gruppendiskussion gegenüber dem Interview nahelegen, indem er festhält: „Es sollte ver-

---

136 Hiermit sind insbesondere jene Probleme angesprochen, die durch die Interviewsituation, den Interviewer aber auch durch den Interviewten selbst hervorgerufen bzw. verursacht werden können. Systematische Fehler durch Verzerrung des Auswahlplanes, suggestives Vortragen der Fragen, selektive Antwortregistrierung und Falschbeantwortung z.B. durch mangelnde Erinnerung, Gefälligkeit gegenüber dem Interviewer, Prestige, Affekt sind häufige Probleme der individuellen Umfrageforschung (vgl. u.a. Noelle-Neumann/Petersen 1998, S. 372-374; Berekoven/Eckert/Ellenrieder 2001, S. 67f.; Bortz/Döring 2002, S. 246-248).

137 Für einen Überblick zum Thema Gruppendiskussion siehe u.a. die folgenden Autoren: Lamnek 1998 u: 1995; Dammer/Szymkowiak 1998; Morgan/Krueger 1998; Flick 1998; Harnack/Fest/Schindler Jones 1977; Mangold 1960.

mieden werden, Einstellungen, Meinungen und Verhaltensweisen der Menschen in einer Isoliertheit zu studieren, in der sie kaum je vorkommen" (Pollock 1955, S. 34). Dabei unterstellt er, dass im Unterschied zum Interview bei Gruppendiskussionen der Prozess der Meinungsbildung dem alltäglichen Meinungsbildungsprozess eher entspricht. „Die Meinungen und Einstellungen der Menschen zu Themen [...] entstehen [...] in ständiger Wechselbeziehung zwischen dem Einzelnen und der unmittelbar und mittelbar auf ihn einwirkenden Gesellschaft. Dem Einzelnen werden sie häufig erst während der Auseinandersetzung mit anderen Menschen deutlich. Sie mögen zwar latent vorhanden sein, gewinnen aber erst Kontur, wenn das Individuum – etwa in einem Gespräch – sich gezwungen sieht, seinen Standpunkt zu beziehen und zu behaupten" (Pollock 1955, S. 32). Wenn aber erst im Zuge einer Gruppendiskussion Meinungen zu einem bestimmten Thema gebildet bzw. manifest werden, dann muss zumindest die Reproduzierbarkeit der Ergebnisse kritisch hinterfragt werden, da sie eine wesentliche Voraussetzung für die Zuverlässigkeit einer Methode ist. Erst wenn in einer anderen Untersuchungssituation dieselben Meinungen und Einstellungen beobachtbar sind, wird den in der empirischen Forschung anerkannten Gütekriterien der Objektivität, Validität und Reliabilität Rechnung getragen. Es handelt sich dabei zweifellos um eine der zentralen methodischen Schwächen[138] von Gruppendiskussionen (vgl. Lunt/Livingstone 1996, S. 79ff.). Als ein weiteres Erkenntnisziel von Gruppendiskussionen gilt die Gruppenmeinung, die sich als Konsens der Diskutanten zu einem bestimmten Thema herausbildet. Grundsätzlich kann somit zwischen Ansätzen, die die Gruppe als Medium zur besseren Analyse von Einzelmeinungen oder als Basis für die Erkundung von Gruppenmeinungen verstehen, differenziert werden (vgl. Lamnek 1995, S. 143-145).

**Zur Auswahl und Anzahl der Teilnehmer**

Die Anzahl der Teilnehmer sowie die Zusammensetzung der Gruppe werden neben der Dauer der Diskussion und der Art der Diskussionsleitung in der vorhandenen Literatur durchaus kontrovers diskutiert (vgl. u.a. Morgan 1998b, S. 71ff.; Lamnek 1995, S. 146-151; Flick 1998, S. 133-136; Nießen 1977, S. 64ff.). Die Bandbreite möglicher Untersuchungsdesigns von Gruppendiskussionen ist aufgrund der vielfältigen Variationsmöglichkeiten sehr groß. Die nachstehende Liste enthält die von Lamnek (1995) erstellte demonstrative Aufzählung verschiedener Kriterien, die je nach Einsatzbedingung vom Anwender der Methode unterschiedlich kombiniert werden können (vgl. Lamnek 1995, S. 146):

---

[138] Lunt und Livingstone thematisieren in ihrem Überblicksartikel die angesprochene Problematik und setzen sich insbesondere mit dem Vorwurf der mangelnden Zuverlässigkeit (test-retest reliability) von Ergebnissen, die im Rahmen von Gruppendiskussion generiert wurden, auseinander (vgl. Lunt/Livingstone 1996, S. 79-98).

- heterogene vs. homogene Gruppen,
- künstlich zusammengesetzte Gruppen vs. natürliche Gruppen (vgl. Nießen 1977, S. 64),
- thematisch strukturiert vs. thematisch unstrukturiert und offen,
- formal strukturierter vs. unstrukturierter Diskussionsverlauf,
- neutraler vs. engagierter Diskussionsleiter,
- direktive vs. nondirektive Gesprächsführung,
- Fragen an einzelne Teilnehmer vs. reine Gruppenbefragung,
- Nachfragen durch Diskussionsleiter vs. kein Nachfragen,
- u.a.m.

Sind die Teilnehmer einer Gruppendiskussion in Hinblick auf die Fragestellung in den wesentlichen Dimensionen miteinander vergleichbar – etwa Schulbildung, Sozialisation oder Erfahrungshintergrund, dann spricht man von einer homogenen Gruppe. Im Unterschied dazu bestehen heterogene Gruppen aus „disparaten, mit unterschiedlichen Positionen in einem Sozialgefüge ausgestatteten Teilnehmern“ (Lamnek 1995, S. 147). Gedanklich einen Schritt weiter liegt die Trennung zwischen künstlichen (d.h. für Forschungszwecke zusammengestellte) und natürlichen (d.h. auch im Alltag bestehende) Gruppen. Nießen (1977) fordert die Auswahl von natürlichen, realen Gruppen und führt ins Treffen, dass „Realgruppen von einer gemeinsamen Interaktionsgeschichte im Hinblick auf den Diskussionsgegenstand und damit von schon entwickelten Formen gemeinsamen Handelns und ihnen zugrundeliegender Bedeutungsmuster ausgehen“ (Nießen 1977, S. 66). Lamnek (1995) weist jedoch auf eine Reihe von Problemen hin, die im Zusammenhang mit existierenden Realgruppen zu berücksichtigen sind. So stellt ein Autoritätsgefälle unter den Beteiligten ein oft unlösbares Problem dar, dass sich durch Schweigen oder Anpassung von ‚unten nach oben‘ ausdrückt. In realen Gruppen existierende persönliche Bekanntschaften unterdrücken die in Gruppendiskussionen notwendige Offenheit, weil über die Gruppendiskussion hinaus Konflikte befürchtet werden (vgl. Lamnek 1995, S. 147).

Es bleibt festzuhalten, dass sowohl Heterogenität als auch Homogenität der Teilnehmer einer Gruppendiskussion - in Hinblick auf relevante Determinanten - die Diskussion beflügeln aber auch hemmen kann. Ob Teilnehmer künstlich ausgewählt werden oder eine real existierende Gruppe darstellen ist ebenfalls entscheidend für den Diskussionsverlauf und von Belang für den damit verbundenen Erkenntniswert. Die sich daraus ergebenden Vor- und Nachteile sind demnach in Abhängigkeit von den Erkenntniszielen gegenseitig abzuwägen und zu beurteilen. Lamnek (1995) legt jedoch nahe, dass die getroffene Wahl zumindest im Sinne von Plausibilität oder Pragmatismus intersubjektiv nachvollziehbar sein soll (vgl. Lamnek 1995, S. 147).

Bezüglich der Festlegung der Gruppengröße gibt es im Fachschrifttum unterschiedliche Angaben, so werden z.B. bei Mangold (1960) drei bis zwanzig Personen genannt, als ideal hingegen Gruppengrößen zwischen sechs und zehn erachtet (vgl. Mangold 1962, S. 210). Pollock (1955) schlägt für die Durchführung von Gruppendiskussionen eine Anzahl zwischen sieben und siebzehn Teilnehmer vor. Andere Autoren schlagen kleinere Gruppengrößen, die idR. zwischen fünf und zehn Probanden variieren, vor (vgl. Lunt/Livingstone 1996, S. 82; Flick 1998, S. 134; Lamnek 1995, S. 148). Letztendlich obliegt die Wahl einer bestimmten Gruppengröße dem Untersuchungsleiter, dessen Entscheidung sich am Gegenstand der Untersuchung und dem Erkenntnisziel orientieren kann und sich darüber hinaus ebenfalls intersubjektiver Nachvollziehbarkeit nicht entziehen sollte.

**Zum Ablauf der Gruppendiskussion und der Rolle des Moderators**

Gruppendiskussionen werden bis auf wenige Ausnahmen[139] immer unter der Leitung eines Moderators durchgeführt. Der Moderator beginnt üblicherweise die Diskussionsrunde mit der Vorstellung seiner eigenen Person, wobei er in aller Regel schon an dieser Stelle deutlich macht, dass er lediglich eine Moderatorenrolle einnimmt und nicht beabsichtige mitzudiskutieren. Im Anschluss daran werden die Teilnehmer der Gruppendiskussion gebeten sich selbst vorzustellen. In dieser Anfangsphase ist der Moderator bemüht eine lockere und offene Gesprächsatmosphäre herzustellen, die zu einer Diskussion ohne Sanktionsangst animiert (vgl. Krueger 1998a, S. 15ff.).

Krueger (1998a) schlägt einen fünfstufigen Moderationsleitfaden vor, der die Dramaturgie und den idealtypischen Ablauf der Gruppendiskussion vorgibt (vgl. Krueger 1998a, S. 21-30):

1. Am Beginn steht ein Block von Eröffnungsfragen, der die Phase der Fremdheit, wie sie in Hagens' Verlaufsmodell beschrieben wird, überbrücken soll (Hagen 1954, zit. nach Lamnek 1995, S. 151). IdR. sind Fragen zur Person, Beruf, Hobbys und Ähnlichem, also nicht zum eigentlichen Thema selbst, Gegenstand dieser Phase der Gruppendiskussion.
2. Im Anschluss daran kommt ein Block von sogenannten Einleitungsfragen, die die Diskutanten dem Thema näher bringen sollen. Nach Hagen (1954) kann dieser Teil als die Phase der Orientierung, in der Meinungen bereits konkreter geäußert und zum Teil auch schon erläutert und begründet werden, bezeichnet werden (Hagen 1954, zit. nach Lamnek 1995, S. 151).

139 Hierzu zählen vor allem Untersuchungen, wo zugunsten der Eigendynamik der Gruppe auf eine Steuerung durch einen Leiter verzichtet wird, um auszuschließen, dass Interventionen den Gesprächsverlauf verfälschen, behindern oder gar unterbinden (vgl. Flick 1998, S. 135).

3. Als dritten Block schlägt Krueger (1998a) noch einen Block mit sogenannten Überleitungsfragen vor, dessen Abgrenzung zum nachfolgenden Schlüsselfragenblock bzw. zum davor liegenden Einleitungsfragenblock in der Praxis allerdings schwer fallen dürfte. Hagen (1954) ordnet seinen Phasen keine Fragenblöcke zu, sondern beschreibt die jeweiligen psychischen Vorgänge innerhalb der Person und der Gruppe von Teilnehmern. Für ihn folgt auf die Phase der Orientierung jene, wo sich Gemeinsamkeiten herauskristallisieren und er bezeichnet diese als Phase der Anpassung (Krueger 1998a, S. 25; Hagen 1954, zit. nach Lamnek 1995, S. 151).
4. Der thematische Schwerpunkt der Gruppendiskussion wird durch das stellen sogenannter Schlüsselfragen durch den Moderator eingeleitet. Die Anzahl der Schlüsselfragen sollte je nach Thematik eher gering gehalten werden, um eine ausführliche und inhaltlich wertvolle Diskussion zu ermöglichen. Krueger (1998a) empfiehlt ein Set von vier bis sechs Schlüsselfragen zu verwenden (vgl. Krueger 1998a, S. 25f.). In diesem Block kann es zu einer Mischung der Phase der Vertrautheit, die durch prinzipielle, kollektive Übereinstimmung gekennzeichnet ist und jener der Konformität, die erreicht ist, sobald nur noch die Gruppenmeinung von einzelnen Teilnehmern geäußert wird, kommen (Hagen 1954, zit. nach Lamnek 1995, S. 151).
5. Mit einem Set von Abschlussfragen schließt der von Krueger (1998a) vorgeschlagene fünfstufige Moderationsleitfaden für Gruppendiskussionen (vgl. Krueger 1998a, S. 26f.). Nach Nießen (1977) wird dieser letzte Teil auch als Abklingphase der Diskussion bezeichnet (vgl. Nießen 1977, S. 89ff.).

Der Moderator ist einerseits für die thematische Steuerung und die Ankurbelung des Gesprächs durch provokante Fragen oder durch Polarisierung bei schleppender Diskussion und für den Ausgleich bei Dominanzverhältnissen zuständig. Andererseits muss er darauf achten, dass er durch eine direktive[140] Gesprächsführung den Gesprächsverlauf nicht zu zerstören droht und dadurch der Gruppendiskussion den Charakter einer Gruppenbefragung verleiht (vgl. Flick 1998, S. 135f.; Lamnek 1995, S. 151ff.). Lamnek (1995) fasst dazu treffend zusammen: „Der Moderator sorgt formal für den ordnungsgemäßen Ablauf der Diskussion, soll aber die inhaltlichen Aspekte nicht prädeterminieren. Er ist also in der Form direktiv, inhaltlich aber nondirektiv“ (Lamnek 1995, S. 159).

**Zur Analyse der gewonnenen Informationen**

Lunt/Livingstone (1996) schreiben bezugnehmend auf Lewis (1991): „Little is written in the technical literature on focus groups about the process of analysis

140 Lamnek (1995) merkt an, dass Gruppendiskussionen aufgrund ihrer qualitativen Ausrichtung eine nondirektive Gesprächsführung von Seiten des Moderators erfordern (vgl. Lamnek 1995, S. 154f.; vgl. ebenda auch die Übersichtstabelle zu direktiver und nondirektiver Gesprächsführung).

or interpretation [...]" (Lunt/Livingstone 1996, S. 94). Dieser Aussage kann durchaus widersprochen werden, wenn man sich eingehender mit dem einschlägigen Fachschrifttum in Psychologie, Soziologie und den Sozialwissenschaften im Allgemeinen befasst. Zahlreiche Fachpublikationen wurden zu qualitativen Auswertungsmethoden im Allgemeinen und zur Auswertung von Gruppendiskussionsergebnissen im Besonderen veröffentlicht. Es besteht aber kein Zweifel, dass es sich bei der Auswertung von Gruppendiskussionen um ein schwieriges Unterfangen handelt (vgl. u.a. Bortz/Döring 2002, S. 329-337; Titscher/Wodak/Meyer/Vetter 1998; Krueger 1998c; Lamnek 1998; Lamnek 1995, S. 159-165; ältere Quellen: Nießen 1977; Mangold 1960; Pollock 1955).

Es herrscht also weniger ein Mangel an Methoden, die den Prozess der Analyse oder Interpretation von Gruppendiskussionsergebnissen zum Gegenstand haben, vielmehr liegt die Problematik in der Auswertung und Interpretation selbst. Die reichhaltigen Auswertungsprobleme ergeben sich nicht zuletzt auch aus der unterschiedlichen Dynamik verschiedener Gruppen und die damit erschwerte Vergleichbarkeit der gewonnenen Ergebnisse untereinander (vgl. Flick 1998, S. 139). Dennoch gibt es einen Weg, um der oft geäußerten Kritik von Anhängern der quantitativen Methodologie und mitunter auch der Praxis, in Hinblick auf das Zustandekommen der Daten und deren Interpretation, entgegenzuwirken. Dieser Weg kann nur darin bestehen, eine lückenlose Dokumentation des gesamten Forschungsprozesses von der Konzeptionsphase, über die Auswahl der Untersuchungseinheiten bis hin zur Erhebung der Informationen und der Auswertung des Materials, zu gewährleisten. Denn nicht der Prozess oder die Methode der Auswertung stellen einen hinreichenden Beweis für die Wissenschaftlichkeit der Untersuchung dar, erst die intersubjektive Nachvollziehbarkeit und damit Kritisierbarkeit der gewonnenen Befunde können dies ermöglichen (vgl. bspw. Diekmann 2002, S. 451f.; Lamnek 1995, S. 159ff.).

Krueger (1998c) schlägt zur Auswertung von Gruppendiskussionsergebnissen vor, sich an einem sogenannten Analyse-Kontinuum zu orientieren. Dieses Kontinuum umfasst vier Phasen, die sich grob durch den Grad der Auswertung voneinander differenzieren lassen. Welcher Grad der Auswertung geboten scheint orientiert sich dabei generell am Forschungsziel und wird vom Untersuchungsleiter bestimmt (vgl. Krueger 1998c, S. 27f.). Unter Bezugnahme auf das Krueger'sche Analyse-Kontinuum zeigt die nachstehende Abbildung jene vier Phasen, die zur Auswertung von Gruppendiskussionsergebnissen unterschieden werden (vgl. Abb. 17).

Es handelt sich bei dem vorgeschlagenen Analyse-Kontinuum um einen anwendungsbezogenen Weg, der dem Forscher hilft seine Ergebnisse zu strukturieren und danach auszuwerten. Auf eine umfassende methodologische und theoretische Fundierung wird dabei wohl unter Rücksichtnahme auf die Pragmatik des Marktforschungsalltags verzichtet.

Im Unterschied dazu findet sich bei Lamnek (1995), unter Bezugnahme auf die Theorie des symbolischen Interaktionismus und der phänomenologischen Soziologie, eine stärkere grundlagentheoretische Fundierung im Zusammenhang mit der Auswertung und Analyse von Gruppendiskussionsergebnissen (vgl. Lamnek 1995, S. 159-162). Je nach methodologischer und theoretischer Position ergeben sich demnach unterschiedliche Auswertungsverfahren, die sich grob in zwei Klassen einteilen lassen: (1) statistisch-quantitative Analyseverfahren, wie etwa das Interaktiogramm, das grundsätzlich für die Untersuchung von gruppendynamischen Prozessen eingesetzt wird und (2) interpretativ-reduktive sowie interpretativ-explikative Verfahren, die die Analyse der inhaltlichen Aspekte der Diskussion zum Gegenstand haben (vgl. Lamnek 1995, S. 162-165).

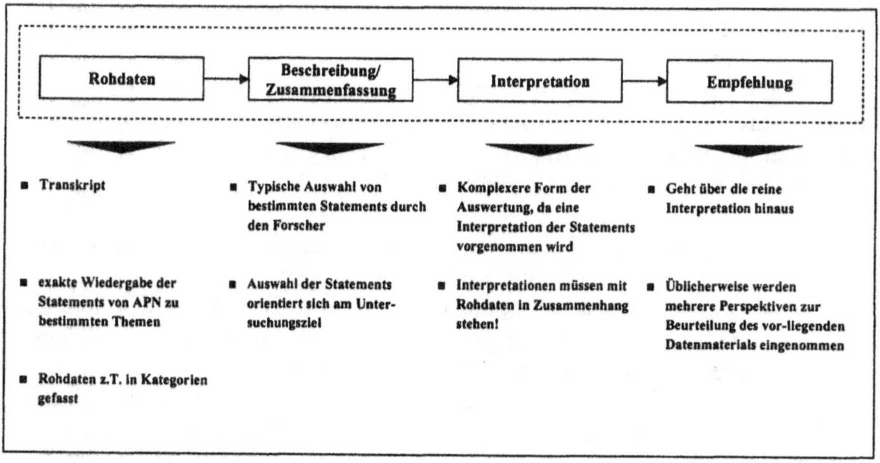


Abbildung 17: Analyse-Kontinuum zur Auswertung von Gruppendiskussionsergebnissen (Quelle: in Anlehnung an Krueger 1998c, S. 27f.).

Der hohe Aufwand bei der Aufzeichnung und Transkription von Gruppendiskussionen und den in weiterer Folge damit verbundenen Schwierigkeiten bei der Analyse und Interpretation, machen - wie oben schon erwähnt – die lückenlose Dokumentation des gesamten Analyseprozesses zu einem der wichtigsten Elemente im Umgang mit dem Instrument der Gruppendiskussion. Als sinnvolle Unterstützung bei der Auswertung von qualitativen Daten gelten spezielle Softwareprogramme,[141] die dem Forscher die Analyse von Transkripten erleichtern,

141 Hierzu zählt u.a. auch das Programmpaket NVivo (vgl. Bazeley/Richards 2000; Richards 1999).

aber vor allem systematisieren helfen und nachvollziehbar für Dritte gestalten lassen sollen. Insbesondere erleichtern sie die Gliederung und Kodierung der transkribierten Texte, ermöglichen das Erstellen von Übersichten und Grafiken und erlauben die Quersuche im Text. Keinesfalls können sie jedoch die eigentliche Deutungsarbeit durch den Anwender ersetzen, diese jedoch sinnvoll unterstützen (vgl. Flick 1998, S. 196ff.).

**Zu den Grenzen der Methode**

Die mangelnde bzw. fragmentarische methodologische Begründung reduziert den Verwendungszweck von Gruppendiskussionen auf die Hypothesengenerierung (vgl. Morgan 1988, S. 11 und S. 21). Neuere Anwendungen nutzen dieses Verfahren auch für die Entwicklung von Theorien (vgl. Flick 1998, S. 138). Bortz/Döring (2002) gehen ohne einschlägige Begründung noch einen Schritt weiter indem sie festhalten, das „[d]ie Ergebnisse einer Gruppendiskussion [...] zur Theoriebildung oder Hypothesenprüfung eingesetzt werden [können]." (Bortz/Döring 2002, S. 320).

Unabhängig davon gilt es aber zunächst auch die Vorzüge dieser Forschungsmethode ins Rechte Licht zu rücken. Dabei stößt man in der Literatur im wesentlichen auf folgende zentrale Punkte (vgl. Morgan 1998a, S. 45ff.; Lamnek 1995, S. 166; siehe auch: Flick 1998):

- Gruppendiskussionen bieten einen idealen Rahmen zur Untersuchung von gruppendynamischen Prozessen;
- Gruppendiskussionen erlauben es einen raschen Überblick über Einstellungen und Meinungen zu einem bestimmten Thema zu erlangen;
- Gruppendiskussionen zeichnen sich durch eine entspannte Untersuchungssituation aus, die zu spontanen Äußerungen motivieren kann;
- Gruppendiskussionen ermöglichen die Erfassung inkonsistenter Meinungen;
- Gruppendiskussionen wird ein geringerer ökonomischer Aufwand im Vergleich zu anderen Verfahren nachgesagt.

Den Vorteilen stehen eine Reihe von Nachteilen gegenüber, die hier zusammenfassend dargestellt werden sollen (vgl. Krueger 1998a, S. 45ff.; Flick 1998, S. 139; Lamnek 1995, S. 166ff.):

- Gruppendiskussionen verfügen nicht über die notwendige Repräsentativität in bezug auf die Verteilung der einzelnen Teilnehmer;
- Gruppendiskussionen bereiten auswertungstechnische Probleme, die in der unterschiedlichen Dynamik verschiedener Gruppen und der damit erschwerten Vergleichbarkeit liegen;

- Gruppendiskussionen unterdrücken die Meinungsäußerung bestimmter Teilnehmer, z.B. weil diese glauben, dass andere gleicher bzw. anderer Meinung sind oder aber einfach durch die Dominanz einiger Teilnehmer in ihrer Meinungsäußerung eingeschränkt sind. Dies kann zu erheblichen Verzerrungen des Gesamtbildes führen.

Zusammenfassend kann festgehalten werden, dass es sich bei der Gruppendiskussion um ein durchaus leistungsfähiges Verfahren handelt, dass in der explorativen Phase eines Projektes einen wertvollen Beitrag zur Hypothesengenerierung und Theoriebildung zu leisten vermag. Dem von Krüger (1983) vorgebrachten Vorschlag, die qualitative Gruppendiskussion zur Herausarbeitung von Zusammenhängen einzusetzen und die quantitativen, standardisierten Verfahren zur Falsifizierung der gefundenen Tendenzen zu nutzen, kann im Hinblick eines Abkehrens von einem einseitigen Methodenfundamentalismus gefolgt werden (vgl. Krüger 1983, S. 108f.). Lamnek (1995) spricht in diesem Zusammenhang von einer komplementär orientierten Forschungskonzeption, die die Gruppendiskussion als Methode der qualitativen Analyse zur Herausarbeitung von Handlungsmustern und Zusammenhängen, und die standardisierten Verfahren der quantitativen Analyse zur Untersuchung der Verteilung dieser Muster in der sozialen Wirklichkeit betrachtet (vgl. Lamnek 1995, S. 168-171).

### 3.1.3 Empirisch-qualitative Entwicklung einer Itembatterie zur Ermittlung des Involvements mit dem Produkt Strom

Die hier vorgestellte Studie versucht einen qualitativen Weg für die Entwicklung von Statements zur Messung des Involvements mit dem Produkt Strom im Privatkundenmarkt zu beschreiben. Gerade der Prozess der Entwicklung von Items für Tests zur Messung hypothetischer Konstrukte entzieht sich durch eine oft nur sehr unzureichende Dokumentation jedweder wissenschaftlichen Diskussion und Kritik. Eine Ursache dafür kann darin liegen, dass die Entwicklung der Testitems oft in den sogenannten vorwissenschaftlichen Entdeckungszusammenhang fällt. Auffällig scheint auch, dass speziell in der Marketingwissenschaft dem Entwicklungsprozess von Tests und den dafür benötigten Items, im Unterschied zur Belegung ihrer Validität und Reliabilität, wenig Raum in wissenschaftlichen Publikationen gewidmet wird. An diesem Punkt versucht dieser Beitrag anzusetzen, indem er einen Weg zur Entwicklung von Items von Testskalen beispielhaft beschreibt.

### 3.1.3.1 Vorgehensweise und gewähltes Studiendesign

Zur Durchführung der Studie wurden insgesamt zwei Gruppendiskussionen zu je fünf Teilnehmern abgehalten. Den eigentlichen Gruppendiskussionen ging ein Pretest der verwendeten Fragen voran, der im Rahmen einer Gruppendiskussion an der ebenfalls fünf Personen teilnahmen, stattfand. Die Teilnehmer der Diskussionsrunden wurden zufällig und über den Umweg eines einfachen Screenings ausgewählt (vgl. Abb. 18).

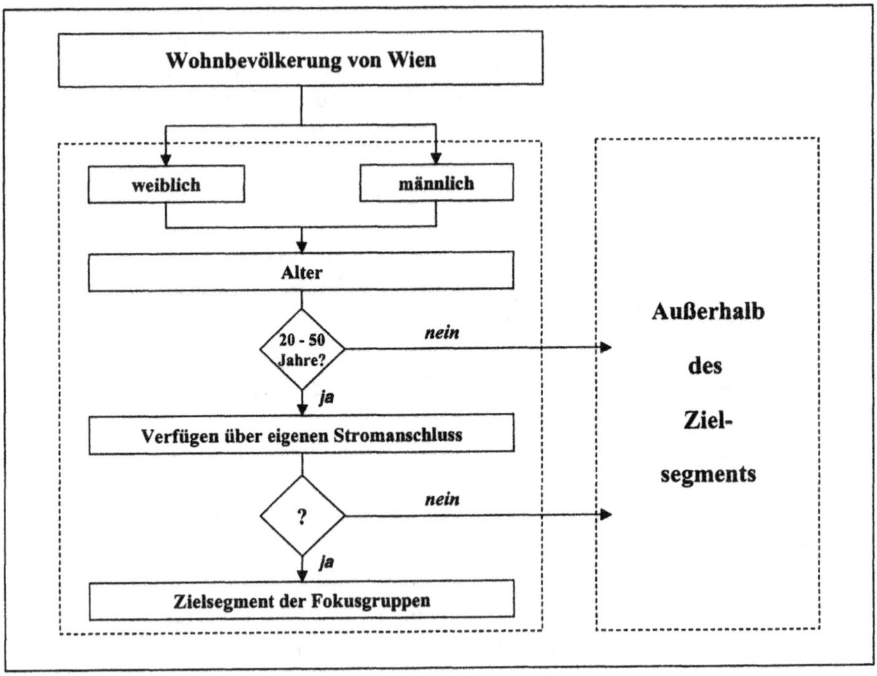


Abbildung 18: Screeningprozess zur Auswahl der Gruppendiskussionsteilnehmer.

In das Zielsegment für die Gruppendiskussionen wurden Auskunftspersonen aufgenommen, die beim Merkmal Alter in der Kategorie 20 bis 50 Jahre sind und über einen eigenen Stromanschluss verfügen. Personen, die diese Kriterien nicht erfüllen, befanden sich außerhalb des angestrebten Zielsegments. Nach der Durchsicht bereits vorliegender empirischer Befunde zum Strommarkt und seinen Kunden wurde eine Einschränkung auf die genannte Alterskategorie vorgenommen. Die in dieser Gruppe verortete höhere relative Wechselbereitschaft und das höhere relative Interesse an Strom gemessen an den verbleibenden Kategorien (unter 20 und über 50 Jahre) führte zu dieser Einschränkung. Als ein weiteres wichtiges Ausschlusskriterium für die Teilnahme an der Gruppendiskussion galt die Verfügung über einen Stromanschluss. Damit ist gemeint, dass nur jene Personen in das Zielsegment aufgenommen wurden, die auch selbst über diesen disponieren können (z.B. können Bewohner eines Studentenheimes oder Personen in Untermiete ihren Stromlieferanten nicht selbst wählen).

Themenstellung und Untersuchungsziel erlaubten die Auswahl einer künstlichen, heterogenen Gruppe von Teilnehmern, da weder ideologische Barrieren noch unterschiedliche Positionen im Sozialgefüge als Gefahren für die aktive Teilnahme an der Diskussion im Pretest feststellbar waren. Darüber hinaus erwies es sich als zweckmäßig, eine heterogene Gruppe im Sinne eines regen und kontroversiellen Diskussionsverlaufes gegenüber einer homogenen Gruppe zu bevorzugen.

Heterogenität und Künstlichkeit der Gruppen legten die Beschränkung auf eine kleinere Gruppengröße nahe. Eine zu große Teilnehmerzahl hätte den Prozess des miteinander vertraut werden erschwert und ein Auseinanderfallen der Gruppe in Kleinstgruppen begünstigt. Weiters war weder geplant noch möglich, der als explorativ angelegten Untersuchung einen im statistischen Sinn repräsentativen Bevölkerungsquerschnitt zu Grunde zu legen.

Aus dem früher zur Diskussionsleitung Gesagten ergibt sich, dass die Gruppendiskussionen, insbesondere der erste Teil mit den Eröffnungs- und Einleitungsfragen, nicht inhaltlich gesteuert, sondern lediglich formal geleitet werden durfte. Im weiteren Verlauf wurden vom Diskussionsleiter durch das Stellen der Schlüsselfragen die Impulse für die Weiterführung der Diskussion gesetzt und lediglich bei starken Abweichungen vom eigentlichen Thema steuernde Eingriffe vorgenommen.

Im Pretest hatte sich gezeigt, dass der Moderator allein nicht in der Lage war, die für die Auswertung der Diskussion notwendigen Wortmeldungen und Beobachtungen festzuhalten. Die Konzentration auf den Verlauf des Gesprächs und die Notwendigkeit, ständig Aufmerksamkeit der Situation und den Teilnehmern zu widmen, erschwerte die Anfertigung von aussagekräftigen Notizen. Für die beiden folgenden Gruppendiskussionen wurde auf die Unterstützung einer Assistentin zurückgegriffen, deren Aufgabe es war, ein Protokoll über die Aussagen der Teilnehmer zu den Themen der Diskussion zu führen, in dem überdies Beobachtungen über das Verhalten der Gruppe und einzelner Teilnehmer festgehalten werden sollten. Einen zentralen Stellenwert in der Protokollierung der Diskussion nahm die Aufnahme des Gesagten auf Tonband ein. Erst die Aufnahme auf Tonband gestattete es, den vollständigen Verlauf der Diskussion und die Intensität des Affektes der Teilnehmer wiederzugeben und darauf basierend gehaltvolle Transkripte zu erstellen. Dennoch blieb eine Restgröße an unverständlichen Aussagen zurück, die es trotz Tonband und zweifacher schriftlicher Aufzeichnung nicht zu identifizieren und zu transkribieren gelang. Diese Residualgröße unverständlichen Materials ergab sich infolge der in den Diskussionen oft zu beobachtenden spontanen, gleichzeitigen Äußerungen von Diskutanten. Hinzu treten oft auch eine undeutliche Aussprache und schwer verständlicher Dialekt. Dies hätte sich durch eine straffere Diskussionsführung zwar weitgehend vermeiden lassen, wurde aber bewusst in Kauf genommen, um die Unmittelbarkeit der Äußerungen und die Diskussionsbereitschaft der Teilnehmer nicht zu gefährden.

#### 3.1.3.2 Beschreibung der Stimuli

Als Stimuli werden im hier behandelten Kontext jene Reize verstanden, welche die Teilnehmer zur möglichst ungezwungenen Äußerung ihrer Einstellungen, Motive, Erfahrungen und Erwartungen veranlassen sollten. Sie wurden in Form von Fragen durch den Diskussionsleiter an die Teilnehmer gerichtet. All jene Faktoren, die gleichermaßen als Reize wirkten und Einfluss auf die Reaktion der Teilnehmer hatten, jedoch nicht dem primären Forschungsziel dienten, sind nicht Gegenstand der nachfolgenden Erörterungen. Hierzu würden u.a. spezifische Wirkungen der Persönlichkeit einzelner Diskussionsteilnehmer auf die Gruppe, den Diskussionsverlauf oder der Einfluss des Moderators und ähnliche Phänomene zählen, deren Liste sich beliebig fortsetzen lassen würde (vgl. bspw. Flick 1998; Lamnek 1995).

Die Ableitung einer Testskala zur Messung des Involvements mit Strom anhand von Gruppendiskussionsergebnissen machte die Formulierung von zahlreichen Stimulis notwendig. Dabei hatten die Stimulis die Aufgabe die Versuchsteilnehmer nicht nur zum Sprechen zu veranlassen, sondern mussten auch die Themen vorgeben, über die diskutiert werden sollte. Den Stimulis fiel eine analoge Funktion wie den Fragen eines Fragebogens zu, ohne dass sie dessen Starrheit teilten. Der Konstruktion und Erprobung der Stimuli war deshalb, wie aus der Fragebogenkonstruktion bekannt, hohe Aufmerksamkeit zu widmen. Analog zur Umfrageforschung wurden auch hier zunächst Stimuli entwickelt, die die eigentlichen Untersuchungsaufgaben bezeichneten. In weiterer Folge wurden auf deren Basis geeignete Stimuli entwickelt, die im Zuge der Gruppendiskussion an die Teilnehmer gerichtet werden konnten. Erstere können somit als Programmstimuli und letztere als Teststimuli verstanden werden.[142]

---

[142] Zur Verwendung und Herkunft des Begriffes Programm- und Testfragen siehe insbesondere Noelle-Neumann/Petersen (1998) (vgl. Noelle-Neumann/Petersen 1998, S. 93-102).

Für die Erstellung der Programm- und Teststimuli erschien es sinnvoll Kriterien zu entwickeln, die sich einerseits zum Teil aus der Thematik der Gesamtstudie und andererseits zum Teil aus der für ihre Durchführung vorgesehenen Methoden ergaben.

1. Die Programmstimuli mussten sich eindeutig auf den Gegenstand der Untersuchung beziehen, d.h. auf Fragen zum Marketing von Strom unter besonderer Berücksichtigung der Aspekte der Produktplanung.
2. Die Teststimuli mussten konkret genug sein, um spezifische Reaktionen bei den Teilnehmern der Gruppendiskussionen hervorzurufen.
3. Die Teststimuli mussten so gestaltet werden, dass eine Überforderung der kognitiven Leistungsfähigkeit der Teilnehmer weitgehend ausgeschlossen werden konnte, um die Diskussionsbereitschaft der Teilnehmer nicht zu gefährden.

Anhand dieses pragmatischen Kriterienkataloges erfolgte sodann die Formulierung der Stimuli. Neben Assoziationen zu Strom und der Strombranche, sind es vor allem Erwartungen in Hinblick auf Produkte und Services, die den Schwerpunkt der untersuchungsleitenden Programmstimuli bildeten. Im Folgenden seien zunächst die zentralen Programmstimuli präsentiert:

- Welche Assoziationen/Vorstellungen verbinden Privatkunden mit Strom?
- Wie charakterisieren Privatkunden die Strombranche oder ihren Energieversorger?
- Welche Leistungen erwarten Privatkunden von Energieversorgern?
- Was motiviert Privatkunden zum Lieferantenwechsel bzw. hält sie davon ab?
- Wie müssen wettbewerbsfähige Produkte gestaltet sein?
- Welche Value-Added Services sind aus Sicht der Kunden in Verbindung mit Strom wünschenswert?

Eine ‚Übersetzung' der Programmstimuli in geeignete Teststimuli erfolgte unter größtmöglicher Rücksichtnahme auf die oben erstellten Kriterien. Sie wurden dabei entlang des von Krueger (1998a) vorgestellten fünfstufigen Moderationsleitfadens entwickelt und zugeordnet (siehe auch Kap. 3.1.2.2). In der nachstehenden Tabelle 6 sind die verwendeten Teststimuli zusammengefasst:

| *Fragenkategorie nach Morgan/Krueger (1998)* | *Teststimuli* |
|---|---|
| I. Eröffnungsfrage | 1. „Sagen Sie uns bitte wer Sie sind, was Sie beruflich machen und was Sie am liebsten tun, wenn Sie nicht gerade Ihren Beruf ausüben?" |
| II. Einleitungsfragen | 2. „Wenn Sie an Strom denken, was fällt Ihnen dazu spontan ein?" |
| | 3. „Wie würden Sie die Strombranche im Allgemeinen und Ihren Energieversorger im Speziellen charakterisieren?"<br>Zusatzfrage zu 3: „Haben Sie Unterschiede seit der Liberalisierung festgestellt?" |
| III. Überleitungsfragen | 4. „Welche Produkte/Services lösen bei Ihnen Begeisterung aus?"<br>Zusatzfrage zu 4: „Was ist daran so begeisternd und warum?" |
| IV. Schlüsselfragen | 5. „Wenn Sie an Strom denken, was ist Ihnen dabei wichtig?" |
| | 6. „Was sollte/könnte ein Stromanbieter aus Ihrer Sicht noch anbieten?"<br>Zusatzfrage zu 6: „Welche Zusatzleistungen rund um Strom könnten das sein und warum?" |
| | 7. „Was würden Sie einem guten Freund oder Familienmitglied über dieses Produkt erzählen?"<br>Zusatzfrage zu 7: „Stellen Sie sich vor, Strom bzw. Ihr Produkt könnte sprechen, was würde es über sich selbst sagen?" |
| | 8. „Was benötigt dieses Produkt um ein Erfolg zu werden?" |
| | 9. „Können Sie mir fünf positive Eigenschaften über dieses Produkt sagen, oder besser, was verbinden Sie Positives mit Strom?" |
| | 10. „Wenn Sie dafür verantwortlich wären 1000 Verträge dieses Produktes zu verkaufen, welche Verkaufsargumente würden Sie für eine Werbekampagne heranziehen?" |
| | 11. „Wo oder wie würden Sie Ihren Stromvertrag abschließen wollen?" |
| V. Abschlussfragen | 12. „Nach alldem, was wir diskutiert haben, welche Leistungen müsste ein Vertrag über die Belieferung mit Strom idealerweise umfassen?" |
| | 13. „Gibt es noch etwas, dass wir vergessen haben, aber noch diskutieren sollten?" |

Tabelle 6: Operationalisierung der Teststimuli.

### 3.1.3.3 Entwicklung der Itembatterie

Für die Entwicklung der Itembatterie wurde ein Verfahren angewendet, das sich von den üblichen Methoden der Itementwicklung ebenso unterscheidet wie die Zielsetzung dieser Studie von der anderer Gruppendiskussionen. Grundsätzlich werden Items für Involvement-Tests nach einer eingehenden Beschreibung des zu erfassenden Konstruktes und einer parallel dazu erfolgenden umfassenden

Literaturrecherche gewissermaßen am ‚Reißbrett' vom Forscher entwickelt. Mit diesem ersten Set an Items, die meist als Statements formuliert sind und oft eine Zahl von hundert und mehr erreichen, wird eine erste Voruntersuchung vorwiegend in Form einer Befragung durchgeführt. Die Probanden werden dabei gebeten anzugeben, wie sie die im Statement aufgestellte Behauptung beurteilen. Zur Messung des Involvements werden häufig Likert-Skalen und semantische Differentiale verwendet (vgl. zu Likert-Skalen: Bloch 1981; Tigert/Ring/King 1976; Lastovicka/Gardner 1979; Laurent/Kapferer 1985; Traylor/Joseph 1984; Slama/Tashchian 1985; zu semantischen Differentialen: Ratchford 1987; Vaughn 1986; Jain/Srinivasan 1990; Zaichkowsky 1985; Higie/Feick 1988; McQuarrie/Munson 1986 und 1991). Auf Basis der verwendeten Skala ergibt sich beispielsweise beim Likert-Verfahren der Testwert eines Probanden als die Summe der von ihm angegebenen Skalenwerte. Diese Angaben bilden wiederum die Grundlage für die Ermittlung des Trennschärfeindex, der für jedes Item ermittelt wird. Die Items mit der höchsten Trennschärfe bilden schließlich die endgültige Testskala. Daneben werden häufig der Alpha-Koeffizient nach Cronbach und Item-to-total Korrelationen herangezogen, um die Eignung der Items zur Erfassung des zu untersuchenden Konstruktes zu testen (vgl. Berekoven/Eckert/Ellenrieder 2002, S. 79f.; Bortz/Döring 2002, S. 222-224 und 195-202; Kroeber-Riel/Weinberg 2003, S. 195f.).

Oftmals durchläuft dieser Prozess mehrere Schleifen bis die endgültige Testskala gefunden ist. In dieser Untersuchung wird zur Umgehung dieser oftmals mühseligen Prozedur der Versuch unternommen, einen Test zur Ermittlung des Involvements anhand von Gruppendiskussionsergebnissen zu entwickeln. Aus diesem Grund wird auch nicht wie bei Gruppendiskussionen oft üblich die Kommunikation zwischen den Diskutanten sowie Gruppenphänomene wie Integration, Kohäsion, Einfluss des informellen Gruppenführers usw. untersucht (vgl. bspw. Lamnek 1998; Lamnek 1995). Primär wurde versucht über die Erfassung von Meinungen und Einstellungen der Teilnehmer an der Gruppendiskussion einen möglichst gehaltvollen Input für die Entwicklung von Items zur Messung des Involvements mit Strom zu gewinnen. Entsprechend war bei der Auswertung und Analyse des gewonnenen Materials vorzugehen. Sie war darauf abzustellen, die einzelnen Wortbeiträge der Probanden so vollständig wie möglich zu kategorisieren, um jene Faktoren freilegen zu können, die in der Realität einen Beitrag zum Involvement mit Strom liefern.

Eine erste Durchsicht der transkribierten Texte zeigte, dass das gewonnene Material keineswegs amorph war, sondern dass es durch die verwendeten Teststimuli bereits eine gewisse Vorstrukturierung erfahren hatte. Darüber hinaus wurde die Wichtigkeit einiger Themen, wie z.B. die Versorgungssicherheit, bereits beim einfachen Durchlesen der Texte deutlich, was erste Ansatzpunkte für die

Kategorienbildung lieferte. Für die weitere Strukturierung der Daten wurde auf das Programm QSR N5 zurückgegriffen. Es handelt sich dabei um ein Softwarepaket, das speziell für die Auswertung von qualitativen Daten entwickelt worden ist und die Kodierung, d.h. die Zuordnung der Textteile zu Kategorien, vereinfacht und systematisiert (vgl. Morse/Richards 2002, S. 219ff.).

Der Auswertung des gewonnenen Datenmaterials sei noch die Beschreibung des Teilnehmerkreises nach demografischen Merkmalen vorangestellt. Diese Informationen wurden mittels Fragebögen[143] erhoben, die kurz vor der Diskussion von den Teilnehmern selbständig ausgefüllt wurden. Dadurch konnte die oft als unangenehm empfundene Wartezeit bis zum Eintreffen aller Diskussionsteilnehmer überbrückt werden.

Der Teilnehmerkreis wurde mit insgesamt zehn Personen sehr klein gehalten und es war auch zu keiner Zeit geplant einen repräsentativen Bevölkerungsquerschnitt zu bilden. Viel eher erschien es notwendig, sich bei dieser Studie auf ein Zielsegment zu konzentrieren, von dem artikulierte und gehaltvolle Stellungnahmen erwartet werden durften. Die Auswahl der Teilnehmer wurde telefonisch nach den oben beschriebenen Screeningkriterien vorgenommen. Die nachstehende Übersichtstabelle zeigt die Struktur der gezogenen Stichprobe nach Alterskategorien und Geschlecht (vgl. Tabelle 7). In der Altersstruktur des Teilnehmerkreises sind insbesondere die Alterskategorien zwischen 20 und 29 Jahren, sowie zwischen 30 und 39 Jahren stärker besetzt. Beim Merkmal Geschlecht ergab sich eine zufällige Gleichverteilung in der Stichprobe.

| **Alter** | **Männer** | **Frauen** | **Gesamt** |
|---|---|---|---|
| 20 – 29 Jahre | 1 (10 %) | 3 (30 %) | 4 (40 %) |
| 30 – 39 Jahre | 4 (40 %) | 1 (10 %) | 5 (50 %) |
| 40 – 50 Jahre | - (0 %) | 1 (10 %) | 1 (10 %) |
| **n =** | **5 (50 %)** | **5 (50 %)** | **10 (100 %)** |

Tabelle 7: Teilnehmerkreis nach Alterskategorie und Geschlecht.

Greift man das Merkmal Schulbildung heraus, so findet man eine Häufung von höher gebildeten Teilnehmern in der Stichprobe vor. Dies hängt einerseits mit der Auswahl der Teilnehmer aus dem Wiener Stadtgebiet zusammen, entspricht

143 Die Fragebögen wurden als Fokusgruppenteilnehmer-Infoblatt den Probanden ausgehändigt und beinhalteten die folgenden Fragen: Titel, Vorname, Familienname, Adresse, Telefon-Nr., e-mail, Alter nach Kategorien, höchste abgeschlossene Schulbildung, derzeitige berufliche Tätigkeit und eine Frage zur bisherigen Auseinandersetzung mit dem Thema der Diskussionsrunde.

andererseits dem bereits erwähnten Bestreben, einen möglichst redegewandten Teilnehmerkreis zu gewinnen (vgl. Tabelle 8).

| **Schulbildung** | **Männer** | **Frauen** | **Gesamt** |
|---|---|---|---|
| AHS | - (0 %) | 1 (10 %) | 1 (10 %) |
| BHS | 3 (30 %) | 2 (20 %) | 5 (50 %) |
| Universität | 2 (20 %) | - (0 %) | 2 (20 %) |
| Sonstiges | - (0 %) | 2 (20 %) | 2 (20 %) |
| **n =** | **5 (50 %)** | **5 (50 %)** | **10 (100 %)** |

Tabelle 8: Teilnehmerkreis nach Schulbildung und Geschlecht.

| **Beruf** | **Männer** | **Frauen** | **Gesamt** |
|---|---|---|---|
| Angestellter | 1 (10 %) | 2 (20 %) | 3 (30 %) |
| Arbeiter | - (0 %) | - (0 %) | - (0 %) |
| Beamter | 2 (20 %) | - (0 %) | 2 (20 %) |
| In Ausbildung | 2 (20 %) | 2 (20 %) | 4 (40 %) |
| Hausfrau | - (0 %) | 1 (10 %) | 1 (10 %) |
| **n =** | **5 (50 %)** | **5 (50 %)** | **10 (100 %)** |

Tabelle 9: Teilnehmerkreis nach derzeitigem Beruf und Geschlecht.

Die Aufteilung der Berufsgruppen nach Geschlecht zeigt, dass die Kategorie Arbeiter unbesetzt blieb, was aber im Hinblick auf das Untersuchungsziel als von untergeordneter Wichtigkeit beurteilt wurde. Die Mehrheit (40 %) der Teilnehmer gab an, sich noch in Ausbildung zu befinden (vgl. Tabelle 9). Zwei der insgesamt vier in Ausbildung befindlichen Teilnehmer, konnten davor mehrere Jahre berufliche Erfahrung sammeln, bevor sie sich zu einer Weiterbildung entschlossen. Im Folgenden wird auf weitere Darstellungsmöglichkeiten des Teilnehmerkreises im Hinblick auf deren geringe Aussagekraft für die eigentliche Untersuchung, die vor allem auf die kleine Stichprobe zurückzuführen ist, verzichtet.

**Analyse des Diskussionsmaterials**

In zwei Protokollen mit insgesamt 24 unformatierten Textseiten ist niedergeschrieben, was während der Gruppensitzungen von Teilnehmern gesprochen wurde. Zusätzlich sind Anmerkungen und Beobachtungen von Diskussionsleiter und Assistentin hier festgehalten. In dieser Form war noch wenig Übersicht zu gewinnen und es konnte erst durch die quantitative Analyse des Diskussions-

materials eine Kategorisierung erfolgen, die in weiterer Folge das Erkennen von strukturellen Zusammenhängen zwischen verschiedenen Erwartungen einerseits und Erfahrungen andererseits, die wiederum bestimmte Einstellungen prägen, ermöglichte. Trotz aller Bemühungen gelang es nicht eine durchgängige thematische Struktur des Materials herbeizuführen, da einzelne Aussagen dem behandelten Kontext oder aufgrund ihrer Unvollständigkeit im nachhinein nicht sinnvoll zuordenbar waren. Im Verlauf der Aufbereitung des Materials zeigte sich auch, dass die verwendeten Teststimuli den Diskussionen zwar die Richtung gegeben hatten, ihren Verlauf im Einzelnen aber nicht zu bestimmen vermochten.
Mit Hilfe des Programmpaketes N5 wurde eine einfache Gliederung des Textmaterials durch Bildung zentraler Kategorien, sogenannter Tree Nodes, herbeigeführt. Ziel war es zunächst, über die einfache Zählung von Begriffen mehr über die konkrete Struktur des Materials zu erfahren. Diesem Arbeitsschritt wurde die nachstehende Arbeitshypothese zu Grunde gelegt:

$H_A$: Wenn Äußerungen der Diskussionsteilnehmer sich in Inhalt, Form oder Kontext in ausreichender Frequenz wiederholen, dann sind die Bedingungen für eine statistische Erfassung hinreichend.

Mit Hilfe des vorgestellten Prozesses zur Kategorienbildung konnten insgesamt sechs Hauptkategorien gebildet werden. Die thematische Zuordnung der Redebeiträge zu den gebildeten Kategorien erwies sich allerdings keineswegs als unproblematisch, da in vielen Äußerungen mehrere Themen zugleich angesprochen wurden. Dies hatte zur Folge, dass einzelne Wortmeldungen zu zerlegen und unter verschiedenen Kategorien zu erfassen waren. Die gefundenen Hauptkategorien wurden mit folgenden Stichworten beschrieben:

- Assoziationen zu Strom
- Charakterisierungen der Branche und einzelner EVU
- Liberalisierung
- Produkte und Services rund um Strom
- Mindestanforderungen/Erwartungen an Strom/Lieferanten
- Erfahrungen

Darüber hinaus mussten auch jene Textpassagen eine Zuordnung finden, deren Bedeutungsinhalt sich nicht direkt sondern nur über den Weg der Interpretation erschloss. Hierzu wurden insbesondere jene Aussagen gezählt, in denen zwar ein bestimmter Sachverhalt gemeint, jedoch nicht von den Teilnehmern explizit benannt wurde bzw. benannt werden konnte. Als Beispiel sei hier eine Textpassage herausgegriffen, die der Subkategorie ‚Versorgungssicherheit' zugeordnet wurde: *„Es ist wichtig, dass er [Strom] da ist und wenn er nicht da ist so schnell wie möglich wieder geht...“*.

Nachdem die Hauptkategorien gefunden waren, wurde mit der Zuordnung der Meinungsäußerungen nach inhaltlichen Gesichtspunkten begonnen. Im weiteren Verlauf der Arbeit kristallisierten sich die schon angesprochenen Subkategorien zu den Hauptkategorien heraus, die zur weiteren Ordnung und Systematisierung des Materials beitrugen. Die Subsumtionsfähigkeit einer Äußerung unter einer der gebildeten Kategorien wurde im Sinne intersubjektiver Nachvollziehbarkeit versucht zu beurteilen. Diese Klassifizierungsregel bildete die methodische Leitlinie für die Codierung des gesamten Textmaterials.

Im Anschluss daran galt es aus dem gewonnenen Material Statements für die Erfassung des Involvements von Privatkunden mit Strom zu extrahieren. Dabei sollte ebenfalls ein regelgeleitetes und systematisches Vorgehen die Objektivierung und die Gültigkeit von Interpretationen sicherstellen. Dies wurde versucht durch ein zweistufiges Vorgehen zu gewährleisten:

1. Deduktion der Statements (Zitate → Hauptkategorien → Subkategorien → Statement);
2. Validierung des Ergebnisses anhand zweier Fragen (vgl. Bortz/Döring 2002, S. 335):
   - Kann das abgeleitete Statement zwingend aus dem vorliegenden Material abgeleitet werden (Gültigkeit der Interpretation)?
   - Inwieweit ist das jeweilige Statement auf andere Fälle verallgemeinerbar (Generalisierbarkeit der Interpretation)?

Im nachstehenden Deduktionsschema sind die Kategorien und Statements durch gekürzte Zitate von Äußerungen jeweils erläutert. Das Schema soll in erster Linie durch die prozesshafte Anlage die Transparenz und Nachvollziehbarkeit der gewonnenen Ergebnisse gewährleisten. Der Übergang von einer rein deskriptiven Erfassung der Äußerungen über die Kategorisierung bis hin zur Ableitung der Statements ist jedoch fließend und keineswegs so klar abzugrenzen wie dies im nachstehenden Deduktionsschema zum Ausdruck kommen mag.

| **Äußerungen - Zitat** | **Kategorie/ Subkategorie**[144] | **Statement** |
|---|---|---|
| MF: „Mir ist wichtig das er 24 Stunden am Tag da ist.“ [FG_1und2_N5 : 471 - 471 ]<br>ES: „Na ja, es ist schon wichtig, dass der Strom immer da ist.......ich mein, wenn er nicht da ist oder besser gesagt ausfällt, dann kann das schon unangenehm | HK: Mindestanforderungen/Erwartungen an Strom/ Lieferanten<br>SK: Versorgungssicherheit | 1. Im Zusammenhang mit Strom ist es für mich wichtig, die Gewissheit einer 100-prozentige Versorgungssicherheit zu haben. |

[144] HK steht für die Abkürzung ‚Hauptkategorie‘ und SK für ‚Subkategorie‘.

| | | |
|---|---|---|
| sein .....Kühlschrank taut ab.....“ [FG_1und2_N5 : 492 - 498 ]<br>MA: „Die Versorgungssicherheit ist schon mit Abstand das wichtigste.....das sehe ich schon auch so....“ [FG_1und2_N5 : 501 - 507 ] | | |
| GS: „Bewusstsein gerückt wie andere Branchen....die medial ein stärkeres Interesse hervorrufen und ich glaub die Liberalisierung, obwohl die medial groß breit getreten wurde, ist in den Köpfen der einzelnen Bürger noch nicht so definitiv da, ich glaub, dass sich das Interesse der Leute noch mehr beschränkt hält. Also, dass noch nicht so viele daran denken den Stromanbieter zu wechseln....“ [FG_1und2_N5 : 91 - 96 ]<br>ES: „Ja, ich glaube, dass sie zu wenig Infos bezüglich der Umstellung, ob man da jetzt was zahlen muss...aber genau weiß ich das auch nicht....ich glaub, dass sich da überhaupt noch wenige auskennen...“ [FG_1und2_N5 : 238 - 246 ]<br>ES: „Ja, weil der Anbieter schon da war...ich mein, so wie es bei mir war, ich wohne in einer Gemeindewohnung schon seit Jahren und da war, ja, Wienstrom der Anbieter schlechthin....“ [FG_1und2_N5 : 196 - 198 ] | HK: Liberalisierung<br>SK: Versorgerwechsel | 2. Ich habe schon daran gedacht, den Stromversorger zu wechseln. |
| MJ: „Billig muss er sein, dann kaufen alle....weil ohne Preisvorteil interessiert des wahrscheinlich nur wenige....“ [FG_1und2_N5 : 800 - 802 ]<br>HW: „Abhängigkeit...besonders, wenn ein Stromausfall ist, merkt man eigentlich erst wie abhängig man ist oder daran gewöhnt ist an Strom.... [FG_1und2_N5 : 69 - 70 ]<br>BG: „Also, ich kann mir da nix vor- | HK: Produkte und Services rund um Strom<br>SK: Verkaufsargumente/Preis<br>HK: Assoziationen zur Strom<br>SK: Gefüle/Abhängigkeit<br>HK: Mindestanforderungen/Erwartungen an Strom/Lieferanten<br>SK: Strom und mehr/ | 3. Strom interessiert mich. |

| | | |
|---|---|---|
| stellen und ich brauch auch nix und will auch nix.... [FG_1und2_N5 : 512 - 513 ] | Strom allein | |
| CM: „Es ist wichtig, dass er da ist und wenn er nicht da ist so schnell wie möglich wieder geht..." [FG_1und2_N5 : 438 - 439 ] CS: „Das wichtigste ist halt, dass man ihn hat wenn man ihn braucht!" [FG_1und2_N5 : 959 - 959 ] | HK: Mindestanforderungen/Erwartungen an Strom/Lieferanten<br>SK: Strom musts/ Versorgungssicher-heit | 4. Strom muss einfach nur da sein, alles andere spielt eine untergeordnete Rolle. |
| BG: „Ja also, es ist schon eine Erleichterung im alltäglichen Leben, aber vielen ist gerade das halt auch nicht mehr bewusst, weil es sozusagen schon zur Gewohnheit geworden ist...keiner denkt mehr dran, wenn er irgendwo einen Schalter umlegt..." [FG_1und2_N5 : 715 - 739 ] ES: „Was ich noch sagen möchte ist, ich glaub' viele Leute, wenn ich mich so umhöre, kennen sich einfach auf der Rechnung nicht aus....." [FG_1und2_N5 : 911 - 916 ] BG: „...was ich mein ist, dass ich schon meinen Bekannten auch sage, so wie es bei mir halt der Fall ist, dass ich den Strom von Ökostrom habe und dadurch eben Windkraftanlagen gefördert werden....also, dass ist schon was, was ich im Bekanntenkreis erzähle...." [FG_1und2_N5 : 614 - 618 ] CM: „...aber bei Strom gibt's in meinem Bekanntenkreis keine Diskussionen, ob da irgendwer wechseln würde, oder ob es da irgendwo was billigeres gibt..." [FG_1und2_N5 : 126 - 135 ] | HK: Erfahrungen<br>HK: Charakterisierung<br>SK: Vergleich zu Mobilfunk<br>SK: Verkaufs-argumente/Positives<br>SK: Stromvetrag/ Transparenz der Kosten | 5. Im Freundeskreis diskutieren wir oft die verschiedenen Produktangebote der neuen und alten Energieversorger. |
| HW: „Alles, was man nicht sieht kaufen wir nicht.....Strom ist gelb." [FG_1und2_N5 : 67 - 67 ] BG: „Ja, ich find, dass das irgendetwas anonymes ist....es kommt da von..." | HK: Assoziationen<br>SK: Farben/Begründung<br>SK: Gefühle<br>SK: Rationalisierungen | 6. Strom ist ein Produkt, über das ich nicht viel sagen könnte. |

| | | |
|---|---|---|
| [FG_1und2_N5 : 40 - 40 ]<br>GS: „Für mich ist der Strom immer verfügbar, das ist sozusagen wie Luft, da geht man davon aus, dass es das in jedem Gebäude gibt."<br>[FG_1und2_N5 : 25 - 29 ] | | |
| BG: „Also, ich würde sagen bis jetzt ziemlich monopolisiert und sie ist jetzt mehr oder weniger in den Wettbewerb gestoßen worden, wobei das eher..."<br>[FG_1und2_N5 : 85 - 86 ]<br>GS: „Ich glaube, die Strombranche an sich ist noch nicht so stark ins Bewusstsein gerückt wie andere Branchen....die medial ein stärkeres..."<br>[FG_1und2_N5 : 90 - 91 ]<br>MA: „Also, so umgreifend ist die Werbung mit Strom eigentlich auch noch nicht, also dass die Anbieter.....es fehlt einfach die Information......noch..."<br>[FG_1und2_N5 : 201 - 206 ]<br>HW: „Also mag sein, dass ich mich noch zu wenig damit beschäftigt habe, aber ...ah ich wüsste bis heute nicht wo ich mich hin wenden soll, wenn ich den Anbieter wechseln möchte....ich wüsste es nicht."<br>[FG_1und2_N5 : 250 - 310 ] | HK: Charakterisierung der Branche/ einzelner EVU<br>SK: Strombranche<br>HK: Liberalisierung<br>SK: Werbung | 7. Ich habe Präferenzen für eine oder mehrere Marken in der Strombranche. |
| CS: „Beratung und Vergleich ist wichtig. [...] .....und dann vergleicht man wo dann unterm Strich .... meistens ist es dann so, dass es eh aufs gleiche rauskommt, weil das eine ist dort billiger und das andere da teurer und so."<br>[FG_1und2_N5 : 415 - 430 ]<br>GS: „Ich glaub, dass das Produkt selbst eh nimmer besser werden kann.....aber die Leistungen rund herum sind schon noch verbesserbar..."<br>[FG_1und2_N5 : 669 - 673 ]<br>BG: „Die haben mich praktisch abgemeldet bei Wienstrom und seitdem zahle ich halt meine | HK: Produkte/Services rund um Strom<br>SK: Strom plus | 8. Die meisten Produkte/ Angebote der diversen Anbieter unterscheiden sich nicht stark voneinander. |

| | | |
|---|---|---|
| Rechnung an Ökostrom, das ist alles. Aber es kommt der gleiche Strom aus der Steckdosen und war auch keine Zählerumstellung oder was auch immer... [FG_1und2_N5 : 111 - 125 ] | | |
| HW: „Service und Information ist für Leute vielleicht interessant, die sich gerade ein neues Eigenheim anschaffen, das man da hinsichtlich Alternativenergien und so ...... Solarzelle, Erdwärme...“ [FG_1und2_N5 : 415 - 430 ] GS: „Ich glaub, dass das Produkt selbst eh nimmer besser werden kann.....aber die Leistungen rund herum sind schon noch verbesserbar...“ [FG_1und2_N5 : 669 - 673 ] | HK: Produkte/Services rund um Strom<br>SK: rund um Strom<br>SK: Strom plus | 9. Strom ist ein Produkt, das mich verglichen mit anderen Produkten des täglichen Lebens, stärker interessiert. |
| GS: „...ich glaub, dass sich das Interesse der Leute noch mehr beschränkt hält. Also, dass noch nicht so viele daran denken den Stromanbieter zu wechseln....“ [FG_1und2_N5 : 91 - 96 ] BG: „... weil die ja zum Teil auch kein Interesse [sowohl Kunden als auch EVU] am Wettbewerb haben....“ [FG_1und2_N5 : 88 - 89 ] ES: „Das einzige was ich bekommen hab‘ von Wienstrom eben, ein Infoblatt, dass man eben die Möglichkeit hat zu wechseln....und sie würden sich natürlich freuen, wenn man auch weiterhin dabei bleibt....aber ehrlich gesagt, weiß ich gar nicht wohin [man wechseln könnte]?“ [FG_1und2_N5 : 238 - 246 ] | HK: Liberalisierung | 10. Eine Wahl zwischen den Anbietern und ihren Produkten zu treffen würde mir schwer fallen. |
| CS: „Nein, Wasserkraft, weil ich habe eine HTL gemacht und da unter anderem natürlich auch mit Kraftwerken und auch mit Wasserkraft beschäftigt, deshalb fällt mir das gleich als erstes ein.“ | HK: Herkunft/Erzeugung<br>HK: Assoziationen<br>HK: Liberalisierung<br>HK: Charakterisierung der Brache/ einzelner EVU<br>SK: Begründungen | 11. Welchen Stromversorger jemand wählt, sagt nichts über die Person selbst aus. |

| | | |
|---|---|---|
| [FG_1und2_N5 : 396 - 402 ]<br>BG: „Bei Strom, der aus der Steckdose kommt, da kennt man keinen Unterschied, ob der jetzt von Wienstrom kommt oder von Ökostrom, vom Verbund oder was weiß ich was, oder ob das Atomstrom ist oder Windkraft...“<br>[FG_1und2_N5 : 111 - 125 ]<br>CM: „Ja, weil man den Eindruck hat, dass da noch nicht eine wirkliche Konkurrenz herrscht...also, wenn man sich andere Märkte anschaut...sei es - was weiß ich – Mobilfunk...da wird man täglich mit Werbung bombardiert und das ist irgendwie so offensichtlich, da gibt es den und den Anbieter mit was weiß ich was.....aber beim Strom ist es erstens ziemlich undurchsichtig der Markt...diese ganzen Allianzen die da eingegangen worden sind von den Stromanbietern ...und es ist auch nicht wirklich präsent. Präsent, z.B. im täglichen Leben in der Werbung. Also nicht so, dass es auffallen würde...wenn man sich darauf konzentriert und sagt, ich würde mich interessieren wie es mit den Stromanbietern jetzt aussieht, dann findet man sicher was, aber es ist nicht so, dass einem da was anspringt in der Werbung.“<br>[FG_1und2_N5 : 98 - 109 ]<br>MB: „Ja, im Vergleich zum Handy hat der Strom auch überhaupt keine Außenwirkung, so wie er eben sagt, okay ich kauf den Ökostrom aus Überzeugung und sonstiges, aber das wird nicht sichtbar. Mit einem Handy oder mit den Markenwelten von die Handies beschäftigt man sich eher und es ist auch mehr in der Werbung oder mehr Beschäftigung damit...Wenn ich<br>[FG_1und2_N5 : 144 - 153 ] | SK: Charakterisierung/Vergleich zu Mobilfunk | |

| | | |
|---|---|---|
| MB: „....Also, ich glaub schon, dass darauf zumindest ein bißchen geschaut wird.....vielleicht aber auch nicht.....ist vielleicht ähnlich wie beim Einkaufen, keiner sagt schon gerne, dass er in Wirklichkeit beim Hofer einkauft, aber trotzdem tun's alle.....das kann beim Strom genau so sein....“ [FG_1und2_N5 : 774 - 781 ] | | |
| BG: „...im Strommarkt tut sich glaub ich nicht so viel, zumindest nicht für die Haushalte für die Großkunden schon, für die ist das schon sehr attraktiv .... aber für den Haushaltskunden glaub ich nicht, dass sich da soviel preislich tut...“ [FG_1und2_N5 : 167 - 174 ]<br>CS: „Man hat nie Werbung gehört eigentlich, das war halt früher nicht notwendig....“<br>HW: „Erst seit kurzem ist das so....also die....“<br>CS: „...dass das beworben wird oder das man davon spricht. Früher hat man nicht davon gesprochen.“ [FG_1und2_N5 : 186 - 195 ] | HK: Liberalisierung<br>SK: Begründungen<br>SK: Werbung | 12. Ich kenne die einzelnen Angebote der Versorger gut genug, um eine Auswahl treffen zu können. |
| BG: „Ja, für mich ist wichtig, wie der Strom produziert wird...also aus welcher Quelle der kommt. Ich würde mir möglichst viel Transparenz wünschen...“ [FG_1und2_N5 : 442 - 457 ]<br>BG: „Ich möchte da nochmals zurückkommen auf die Herkunft, aber ich meine schon, dass gerade dieses Argument.......also auch die Erzeugung in der Folge für den Konsumenten eine wichtige Information darstellen kann oder besser sollte....ich würde mir schon wünschen, dass darauf mehr Wert gelegt wird, zu sagen wo den der Strom jetzt her kommt und wie er produziert wurde.....kommt der aus einem alten kalorischen Kraftwerk oder was weiß ich aus Biomasse | HK: Mindestanforderungen/Erwartungen an Strom/Lieferanten<br>SK: Erzeugung/Herkunft | 13. Wie und wo der Strom erzeugt wurde interessiert mich nicht. |

| | | |
|---|---|---|
| oder so..."<br>[FG_1und2_N5 : 787 - 791 ]<br>CS: „Saubere Energie....ich würde in der Werbung auf Wasserkraft oder, dass halt ohne Atomenergie produziert wird setzen.....<br>[FG_1und2_N5 : 791 - 794 ]<br>HW: „Die Herkunft spielt da natürlich eine Rolle.....das der halt nicht aus Temelin kommt sondern aus was weiß ich sagen wir einmal Freudenau....ich weiß jetzt nicht ob das ein gutes Beispiel war...aber so in der Art halt...also Herkunft ist bestimmt ein Thema...."<br>[FG_1und2_N5 : 794 - 799 ] | | |
| MJ: „...Wienstrom und Gas gehört ja zusammen. Jetzt hab' ich mir überlegt, wenn ich jetzt weggehe vom Strom, wo geht dann das Gas hin? Bleibt mir dann das Gas?<br>[FG_1und2_N5 : 431 - 436 ]<br>HW: „Ja, aber, wen trifft's ... wo wende ich mich hin, wo kann ich mich erkundigen, wo sind Unterschiede von den Anbietern. Das ist noch nicht zu mir vorgedrungen. „<br>[FG_1und2_N5 : 250 - 310 ]<br>CS: „Wie auf der Bank muss dass sein, die machen auch alles für dich.....es muss halt wenig Aufwand mit dem Wechsel geben...sonst wird's fad...."<br>[FG_1und2_N5 : 666 - 711 ] | HK: Mindestanforderungen/Erwart-ungen an Strom/ Lieferanten<br>HK: Liberalisierung<br>SK: Werbung<br>SK: Versorgerwechsel<br>SK: Verkaufsargumente/Erfolgsfaktoren | 14. Der Wechsel des Stromversorgers ist mir derzeit noch zu kompliziert. |
| GS: „Strom erleichtert einfach das Leben. Punkt und sonst gar nichts. Heutzutage kann sich ja keiner mehr vorstellen ohne Strom zu leben....man spart auch Zeit, weil einfach vieles einfacher geht .....also durch den Einsatz von Maschinen und so...."<br>[FG_1und2_N5 : 715 - 723 ]<br>BG: „Ja also, es ist schon eine Erleichterung im alltäglichen Leben, aber vielen ist gerade das | HK: Mindestanforderungen/Erwartungen an Strom/Lieferanten<br>SK: Verkaufsargumente/ Positives | 15. Strom ist aus dem alltäglichen Leben nicht mehr wegzudenken und genießt deshalb einen besonderen Stellenwert. |

| | | |
|---|---|---|
| halt auch nicht mehr bewusst, weil es sozusagen schon zur Gewohnheit geworden ist...keiner denkt mehr dran, wenn er irgendwo einen Schalter umlegt..."<br>[FG_1und2_N5 : 727 - 733 ] | | |
| MJ: „.....ein plakativer Wettbewerb war....ja, dass mit der Nonne und was war noch.....diese....und das Kind."<br>MS: „Ja genau, und dann gab's da noch die mit der Sonnenfinsternis.....das war die EVN....die war gut....irgendwie bleibend aber sehr still...wie die Energie an und für sich so ist..."<br>CS: „Man hat nie Werbung gehört eigentlich, das war halt früher nicht notwendig...."<br>HW: „Erst seit kurzem ist das so....also die....<br>CS: „.......dass das beworben wird oder das man davon spricht. Früher hat man nicht davon gesprochen."<br>[FG_1und2_N5 : 186 - 195 ]<br>MA: „Also, so umgreifend ist die Werbung mit Strom eigentlich auch noch nicht, also dass die Anbieter.....es fehlt einfach die Information......noch..."<br>MJ: „mmhhh, ja..."<br>HW: „Also ich persönlich kenn jetzt außer den Landesverbänden keinen Stromanbieter..."<br>[FG_1und2_N5 : 201 - 206 ] | HK: Liberalisierung<br>SK: Werbung | 16. Werbung rund um Strom verfolge ich sehr aufmerksam. |

Abbildung 19: Schematische Darstellung des Statement-Entwicklunsprozesses.

Die hier vorgestellten 16 Items bilden bereits die endgültige Statement-Batterie zur Erfassung des Involvements von Privatkunden mit Strom. Im Unterschied zu anderen Wegen der Itementwicklung bietet das hier vorgestellte empirisch-qualitative Vorgehen unter zu Hilfenahme von Gruppendiskussionen eine Möglichkeit auf umfangreiche und aufwendige Eichstichproben zu verzichten. Inwieferne der vorgeschlagene Weg nun eine brauchbare Alternative zum gängigen Prozess der Itementwicklung darstellt kann nur durch eine empirisch-quantitative Überprüfung beurteilt werden. Bevor dies zu zeigen sein wird, seien noch kurz die hierfür relevanten Minimalanforderungen für Tests dieser Art angeführt (vgl. Bortz/Döring 2002, S. 221):

- **Itemhomogenität**; d.h. die entwickelten Items sollen einheitlich das untersuchte Merkmal (Involvement mit Strom) messen.
- **Itemschwierigkeit**; d.h. die Items sollen eine möglichst breite Schwierigkeitsstreuung aufweisen.
- **Itemtrennschärfe**; d.h. jedes Item soll möglichst eindeutig Personen mit starker von Personen mit schwacher Merkmalsausprägung trennen.
- **Testobjektivität**; d.h. es sollten eindeutige Angaben über die Vorschriften zur Auswertung des Tests gemacht werden.
- **Testreliabilität**; d.h. durch die Anzahl und Formulierung der Items soll eine verlässliche Merkmalsmessung gewährleistet werden.
- **Testvalidität**; d.h. es sollte theoretisch begründet und empirisch belegt sein, dass die Items tatsächlich das Zielkonstrukt erfassen.

Die Beurteilung der Güte der entwickelten Items ist Gegenstand des folgenden Kapitels. Dabei steht nicht nur alleine der Itemsatz sondern vor allem der eingeschlagene Weg der Itementwicklung am Prüfstand.

### 3.1.4 Empirisch-quantitative Beurteilung der Güte der entwickelten Items

Im April 2002 wurde eine persönliche Befragung unter Privatkunden zum Thema ‚Angebotsgestaltung im liberalisierten Strommarkt' in den Bundesländern Wien, Niederösterreich, Steiermark, Burgenland, Oberösterreich und Salzburg durchgeführt. Dabei wurde die oben vorgestellte Statementbatterie zur Ermittlung des Involvements mit Strom bei Privatkunden einem ersten empirisch-quantitativen Test unterzogen. Insgesamt nahmen 339 Personen an der Studie teil. Die im Folgenden als Power Involvement Test (PIT) bezeichnete 16 Item umfassende Statementbatterie wurde auf einer fünfstufigen Likert-Skala, die von +2 ‚stimme voll zu' bis –2 ‚lehne völlig ab' reicht, gemessen. Zur Validierung des PIT wurde die Itemhomogenität, die Itemschwierigkeit, die Itemtrennschärfe und der Alpha-Koeffizient nach Cronbach berechnet.

### 3.1.4.1 Itemhomogenität

Der PIT stellt ein eindimensionales Instrument zur Operationalisierung des Involvement-Konstruktes im behandelten Kontext dar, folglich ist zu fordern, dass die Items untereinander korrelieren. Die Höhe der wechselseitigen Korrelationen wird als Itemhomogenität bezeichnet, die bei eindimensionalen Konstrukten eine Gesamt-Testhomogenität von 0,2 bis 0,4 annehmen soll (vgl. Briggs/Cheek 1986, S. 115 zit. nach Bortz/Döring 2002, S. 220). In der nachstehenden Tabelle sind die Item-Interkorrelationen des PITs in einer Korrelationsmatrix dargestellt (siehe Tabelle 10).

| Item | 1 | 2 | 3 | 4 | 5 | 6 | 7 | 8 | 9 | 10 | 11 | 12 | 13 | 14 | 15 | 16 | GTH[145] |
|---|---|---|---|---|---|---|---|---|---|---|---|---|---|---|---|---|---|
| 1 | | -0,16 | 0,02 | -0,10 | -0,13 | -0,13 | -0,13 | -0,06 | -0,08 | -0,05 | 0,08 | -0,07 | 0,10 | -0,07 | 0,10 | -0,08 | |
| 2 | -0,16 | | 0,04 | 0,09 | 0,10 | 0,08 | 0,14 | 0,02 | -0,02 | 0,17 | 0,08 | 0,06 | 0,07 | 0,14 | -0,06 | 0,11 | |
| 3 | 0,02 | 0,04 | | 0,43 | 0,32 | 0,27 | 0,11 | -0,03 | 0,42 | 0,15 | -0,20 | 0,16 | 0,13 | 0,10 | 0,23 | 0,34 | |
| 4 | -0,10 | 0,09 | 0,43 | | 0,22 | 0,29 | 0,19 | -0,02 | 0,28 | 0,10 | -0,12 | 0,08 | 0,24 | 0,12 | 0,01 | 0,28 | |
| 5 | -0,13 | 0,10 | 0,32 | 0,22 | | 0,20 | 0,22 | -0,04 | 0,32 | 0,09 | -0,21 | 0,27 | 0,12 | 0,00 | 0,07 | 0,37 | |
| 6 | -0,13 | 0,08 | 0,27 | 0,29 | 0,20 | | 0,09 | 0,13 | 0,18 | 0,21 | -0,10 | 0,12 | 0,08 | 0,13 | 0,09 | 0,09 | |
| 7 | -0,13 | 0,14 | 0,11 | 0,19 | 0,22 | 0,09 | | 0,01 | 0,12 | 0,03 | -0,09 | 0,24 | 0,09 | 0,14 | 0,03 | 0,19 | |
| 8 | -0,06 | 0,02 | -0,03 | -0,02 | -0,04 | 0,13 | 0,01 | | -0,12 | 0,18 | -0,10 | -0,08 | -0,03 | 0,11 | -0,05 | 0,01 | |
| 9 | -0,08 | -0,02 | 0,42 | 0,28 | 0,32 | 0,18 | 0,12 | -0,12 | | -0,01 | -0,16 | 0,17 | 0,01 | -0,09 | 0,10 | 0,33 | |
| 10 | -0,05 | 0,17 | 0,15 | 0,10 | 0,09 | 0,21 | 0,03 | 0,18 | -0,01 | | -0,10 | 0,10 | -0,03 | 0,26 | -0,01 | 0,03 | |
| 11 | 0,08 | 0,08 | -0,20 | -0,12 | -0,21 | -0,10 | -0,09 | -0,10 | -0,16 | -0,10 | | -0,03 | 0,00 | 0,03 | 0,10 | -0,18 | |
| 12 | -0,07 | 0,06 | 0,16 | 0,08 | 0,27 | 0,12 | 0,24 | -0,08 | 0,17 | 0,10 | -0,03 | | -0,10 | 0,10 | 0,07 | 0,26 | |
| 13 | 0,10 | 0,07 | 0,13 | 0,24 | 0,12 | 0,08 | 0,09 | -0,03 | 0,01 | -0,03 | 0,00 | -0,10 | | 0,02 | 0,11 | 0,13 | |
| 14 | -0,07 | 0,14 | 0,10 | 0,12 | 0,00 | 0,13 | 0,14 | 0,11 | -0,09 | 0,26 | 0,03 | 0,10 | 0,02 | | -0,08 | 0,08 | |
| 15 | 0,10 | -0,06 | 0,23 | 0,01 | 0,07 | 0,09 | 0,03 | -0,05 | 0,10 | -0,01 | 0,10 | 0,07 | 0,11 | -0,08 | | 0,04 | |
| 16 | -0,08 | 0,11 | 0,34 | 0,28 | 0,37 | 0,09 | 0,19 | 0,01 | 0,33 | 0,03 | -0,18 | 0,26 | 0,13 | 0,08 | 0,04 | | |
| IH[145] | -0,05 | 0,06 | 0,17 | 0,14 | 0,13 | 0,12 | 0,09 | -0,01 | 0,10 | 0,07 | -0,07 | 0,09 | 0,06 | 0,07 | 0,05 | 0,13 | **0,07** |
| EL[145] | x | x | | | | | | x | | x | x | | x | x | x | | |

Tabelle 10: Item- und Gesamttesthomogenität des vollständigen PITs.

Über die spaltenweise Mittelung der Interkorrelationen erhält man die itemspezifischen Homogenitäten. Der Mittelwert aller Itemhomogenitäten beschreibt die Gesamt-Testhomogenität, die über alle 16 Items mit 0,07 eher gering ausfällt. Zur Verbesserung der Testhomogenität wurden Items mit geringer Itemhomogenität (<0,15) eliminiert (siehe Tabelle 11). Die Gesamt-Testhomogenität erhöht sich danach auf 0,24 und liegt damit innerhalb des von Briggs und Cheek (1986) vorgeschlagenen Akzeptanzbereiches.

145 GTH = Gesamttesthomogenität; IH = Itemhomogenität; EL = kennzeichnet eliminierte Items.

| Item | 3 | 4 | 5 | 6 | 7 | 9 | 12 | 16 | GTH[145] |
|---|---|---|---|---|---|---|---|---|---|
| 3 | | 0,43 | 0,32 | 0,27 | 0,11 | 0,42 | 0,16 | 0,34 | |
| 4 | 0,43 | | 0,22 | 0,29 | 0,19 | 0,28 | 0,08 | 0,28 | |
| 5 | 0,32 | 0,22 | | 0,20 | 0,22 | 0,32 | 0,27 | 0,37 | |
| 6 | 0,27 | 0,29 | 0,20 | | 0,09 | 0,18 | 0,12 | 0,09 | |
| 7 | 0,11 | 0,19 | 0,22 | 0,09 | | 0,12 | 0,24 | 0,19 | |
| 9 | 0,42 | 0,28 | 0,32 | 0,18 | 0,12 | | 0,17 | 0,33 | |
| 12 | 0,16 | 0,08 | 0,27 | 0,12 | 0,24 | 0,17 | | 0,26 | |
| 16 | 0,34 | 0,28 | 0,37 | 0,09 | 0,19 | 0,33 | 0,26 | | |
| IH[145] | 0,29 | 0,25 | 0,28 | 0,18 | 0,17 | 0,26 | 0,19 | 0,27 | 0,24 |

Tabelle 11: Item- und Gesamttesthomogenität des reduzierten PITs.

### 3.1.4.2 Itemschwierigkeit

Als weiterer Schritt in der Beurteilung der Güte der entwickelten Items wird die Itemschwierigkeit jedes einzelnen Items errechnet. Ziel dabei ist es, sowohl auffällig leichte Items, die von fast allen Probanden Zustimmung finden, als auch auffällig schwierige Items, die keine Zustimmung finden sichtbar zu machen und gegebenenfalls zu eliminieren. Die Items sollten idealerweise eine möglichst breite Schwierigkeitsstreuung aufweisen, damit der PIT Probanden mit unterschiedlichem Involvement annähernd gleich gut differenziert (vgl. Bortz/Döring 2002, S. 218).

Im Folgenden wird zur Ermittlung der Itemschwierigkeit der Formel von Dahl (1971) gefolgt, nach der die Summe der erreichten Punkte $(x_i)$ auf Item $i$ durch die maximal erreichbare Punktsumme dieses Items zu dividieren ist (vgl. Dahl 1971, S. 140f.; zit. nach Bortz/Döring 2002, S. 218). Dabei ist die maximal mögliche Punktsumme das Produkt der maximalen Punktzahl $(k)$, die ein Proband auf Item $i$ erreichen kann, und der Gesamtzahl antwortender Probanden $(n)$:

(27) $$p_i = \frac{\sum_{m=1}^{n} X_{im}}{k_i \cdot n}$$

Daraus leitet sich ein Wertebereich von 0 (schwierigstes Item) bis 1 (leichtestes Item) ab, wobei 0 bedeutet, dass niemand zustimmt und 1, dass alle diesem Item zustimmen. Im Allgemeinen werden Items im Bereich von 0,2 bis 0,8 als für den Test geeignet beurteilt (vgl. Bortz/Döring 2002, S. 218).

Zur Ermittlung der Itemschwierigkeit mussten die Items, die mittels der oben beschriebenen Likert-Skala erhoben wurden, zunächst auf eine von 0 (lehne völlig ab) bis 4 (stimme voll zu) laufende Skala umcodiert werden. Im Anschluss daran wurde die Anzahl der zu einem bestimmten Item antwortenden Probanden mit dem Maximalwert 4 multipliziert, um den theoretischen Höchstwert des betrachteten Items zu ermitteln. Schließlich wird die empirisch ermittelte Punktzahl dieses Items mit der theoretisch erreichbaren in Beziehung gesetzt und man erhält die gesuchte Itemschwierigkeit (vgl. Tabelle 12).

Die Analyse der Itemschwierigkeit ergab, dass die Items 1 und 15 (siehe Abb. 19) aufgrund ihres geringen Informationsgehaltes eliminiert werden können. Es handelt sich dabei um Statements die allgemein eine sehr hohe Zustimmung erhalten (0,93 und 0,84) und somit lediglich einen vernachlässigbaren Beitrag zur Unterscheidung von Gruppen leisten.

| Item | Antwortende Probanden pro Item | Empirisch ermittelte Punktzahl | Theoretisch mögliche Punktzahl | Itemschwierigkeit |
|---|---|---|---|---|
| 1 | 337 | 1254 | 1348 | 0,93 |
| 2 | 337 | 595 | 1348 | 0,44 |
| 3 | 338 | 729 | 1352 | 0,54 |
| 4 | 337 | 694 | 1348 | 0,51 |
| 5 | 338 | 278 | 1352 | 0,21 |
| 6 | 338 | 744 | 1352 | 0,55 |
| 7 | 337 | 449 | 1348 | 0,33 |
| 8 | 335 | 823 | 1340 | 0,61 |
| 9 | 337 | 409 | 1348 | 0,30 |
| 10 | 337 | 813 | 1348 | 0,60 |
| 11 | 338 | 1020 | 1352 | 0,75 |
| 12 | 338 | 327 | 1352 | 0,24 |
| 13 | 337 | 365 | 1348 | 0,27 |
| 14 | 337 | 954 | 1348 | 0,71 |
| 15 | 338 | 1141 | 1352 | 0,84 |
| 16 | 338 | 393 | 1352 | 0,29 |

Tabelle 12: Itemschwierigkeit der 16 PIT-Statements.

### 3.1.4.3 Itemtrennschärfe

Die Analyse der Itemtrennschärfe erfolgt durch die Berechnung der Trennschärfe bzw. des Trennschärfekoeffizienten. „Der Trennschärfekoeffizient einer Aufgabe $j$ ist gleich der Korrelationen zwischen dem Aufgabenpunktwert – meist 0 oder 1 – und dem Rohwert eines jeden von N Pbn der Analysenstichprobe“

(Lienert/Raatz 1998, S. 78). Der Trennschärfekoeffizient erlaubt somit eine Aussage darüber, wie gut ein einzelnes Item das Gesamtergebnis eines Tests repräsentiert. Der Trennschärfekoeffizient wird für jedes Item eines Tests als Korrelationskoeffizient zwischen der Aufgabenantwort und dem Gesamttestwert ermittelt (vgl. Bortz/Döring 2002, S. 218f.; Lienert/Raatz 1998, S. 78ff.).

Üblicherweise wird der sogenannte korrigierte Trennschärfekoeffizient zur Beurteilung der Items herangezogen. Dies ist die Korrelation zwischem dem jeweiligen Item und dem Gesamttestwert, die sich unter Ausschluss des jeweiligen Items ergäbe. Ohne dieser Korrektur würde der Trennschärfekoeffizient künstlich erhöht werden, da in diesem Falle das betrachtete Item in den additiven Gesamttestwert miteinbezogen wird (vgl. Bortz/Döring 2002, S. 218f.; Lienert/Raatz, S. 78ff.).

Trennschärfekoeffizienten im Wertebereich zwischen 0,3 und 0,5 werden als mittelmäßig und Werte größer als 0,5 als hoch eingestuft (vgl. Weise 1975, S. 219, zit. nach Bortz/Döring 2002, S. 219). Items mit einer geringeren Trennschärfe als 0,3 sind keine geeigneten Indikatoren im Zusammenhang mit der Konstruktion eines eindimensionalen Tests und somit zu entfernen.

| Item | TSK* | ELI** |
|---|---|---|
| 1 | -0,13 | X |
| 2 | 0,16 | |
| 3 | 0,47 | |
| 4 | 0,39 | |
| 5 | 0,38 | |
| 6 | 0,33 | |
| 7 | 0,26 | |
| 8 | -0,01 | X |
| 9 | 0,27 | |
| 10 | 0,20 | |
| 11 | -0,17 | X |
| 12 | 0,26 | |
| 13 | 0,17 | |
| 14 | 0,18 | |
| 15 | 0,14 | X |
| 16 | 0,38 | |

| Item | TSK | ELI |
|---|---|---|
| 2 | 0,19 | X |
| 3 | 0,49 | |
| 4 | 0,46 | |
| 5 | 0,44 | |
| 6 | 0,34 | |
| 7 | 0,31 | |
| 9 | 0,32 | |
| 10 | 0,20 | X |
| 12 | 0,29 | |
| 13 | 0,14 | X |
| 14 | 0,19 | X |
| 16 | 0,43 | |

| Item | TSK |
|---|---|
| 3 | 0,51 |
| 4 | 0,44 |
| 5 | 0,47 |
| 6 | 0,30 |
| 7 | 0,28 |
| 9 | 0,44 |
| 12 | 0,31 |
| 16 | 0,46 |

** TSK = Trenschärfekoeffizient; ** ELI = eliminierte Items.*

Abbildung 20: Analyse der Items anhand des Trennschärfekoeffizienten.

Zwischen der Trennschärfe eines Items und seiner Schwierigkeit besteht folgender Zusammenhang: „Je extremer die Schwierigkeit, desto geringer die Trennschärfe“ (Bortz/Döring 2002, S. 219). Items, die eine mittlere Schwierigkeit aufweisen besitzen die höchsten Trennschärfen. Mit Trennschärfeeinbußen ist hingegen bei sehr leichten und sehr schwierigen Items zu rechnen (vgl. Bortz/Döring 2002, S. 219).

In einem ersten Schritt wurde der Trennschärfekoeffizient für alle 16 Items errechnet. Dabei wurden die Daten mittels der im Programmpaket SPSS zur Verfügung stehenden Reliabilitätsanalyse untersucht. SPSS weist unter der Überschrift „Corrected Item-Total Correlation" den Trennschärfekoeffizienten (TSK) aus (vgl. Bühl/Zöfel 2000, S. 507). Die Items 1, 8, 11 und 15 wurden daraufhin entfernt (vgl. Abb. 20, linke Box). Mit den verbleibenden Items wurde neuerlich eine Berechnung der Trennschärfe vorgenommen, woraufhin die Items 2, 10, 13 und 14 entfernt wurden (vgl. Abb. 20, mittlere Box). Die verbleibenden acht Items liegen innerhalb des oben beschriebenen Wertebereiches und können somit für die weitere Analyse als geeignet beurteilt werden (vgl. Abb. 20, rechte Box).

### 3.1.4.4 Alpha-Koeffizient nach Cronbach

Als weitere Beurteilungsgröße zur Ermittlung der internen Konsistenz des PITs wurde der Alpha-Koeffizient nach Cronbach (1951) berechnet. Er wird auch als ein Maß zur Beurteilung der Reliabilität der Gesamtskala bezeichnet. Der Alpha-Koeffizient nach Cronbach (1951) quantifiziert die Reliabilität der Gesamtskala auf folgende Weise (vgl. Lienert/Raatz 1998, S. 192):

(28) $$\alpha = \frac{k}{k-1}\left(1 - \frac{\sum_{i=1}^{k} S_i^2}{S_t^2}\right)$$

Dabei repräsentiert $k$ die Anzahl der in die Skala einfließenden Items, $S_i^2$ bezeichnet die Varianz des $i$-ten Items und $S_t^2$ ist die Varianz der additiv zusammengefassten Skala (vgl. Bortz/Döring 2002, S. 198; Lienert/Raatz 1998, S. 192).

Alpha-Werte zwischen 0,8 und 0,9 gelten als mittelmäßig, Reliabilitäten über 0,9 als hoch (vgl. Weise 1975, S. 219 zit. nach Bortz/Döring 2002, S. 199). In der Literatur finden sich allerdings genügend Hinweise, dass bereits ein Alpha-Wert ab 0,7 einen hinreichenden Indikator für eine angemessene Reliabilität der zusammengesetzten Skala darstellt (vgl. Brosius 2002, S. 766; Jain/Srinivasan 1990, S. 594ff.; Bloch/Sherrell/Ridgeway 1986, S. 119ff; Kapferer/Laurent 1985, 290ff.).

Für den 16 Statements umfassenden PIT wurde ein Alpha-Koeffizient von 0,56 ermittelt. Dies bedeutet, dass der PIT in der Lage ist, mit einem Messfehleranteil von 0,44 den wahren Wert (Involvement mit Strom) zu erfassen. Der Grad der Genauigkeit erhöht sich, wenn der Alpha-Koeffizient nur für die acht selektierten Items ermittelt wird auf ein • von 0,71 (vgl. Abb. 21). Der Alpha-Wert von 0,71 für den acht Item umfassenden Involvement-Test stellt zwar kein überragendes Ergebnis dar, gestattet aber zumindest eine grobe Orientierung. Der durch die einzelnen Items zusammengesetzte PIT kann zumindest vorläufig als zuverlässiges Instrument zur Erfassung des Involvements mit Strom bei Privatkunden betrachtet werden.

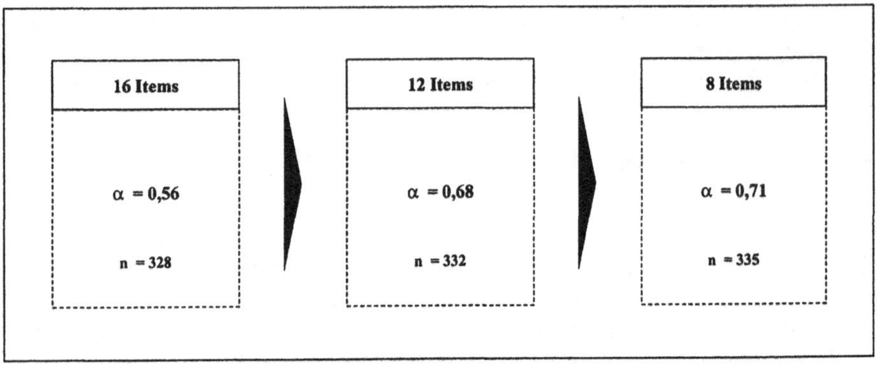


Abbildung 21: Beurteilung der Items anhand des Alpha-Koeffizienten nach Cronbach.

### 3.1.4.5 Involvement mit Strom

Von den ursprünglich 16 Items wurden aufgrund der Ergebnisse der quanitativen Itemanalyse acht Items eliminert, sodass sich die nachfolgende Itembatterie zur Messung des Involvements mit Strom bei Privatkunden ergibt (siehe Tab. 13):

Der Testwert einer mit dem endgültigen, acht Items umfassenden PIT getesteten Person entspricht der Summe der angekreuzten kategorienspezifischen Skalenwerte. Die urspünglichen Ausprägungen der fünfstufigen Likert-Skala wurden aus rechentechnischen und darstellungstechnischen Gründen umcodiert (siehe Tab. 14).

Die Statements vier und sechs sind ‚reverse scaled' und müssen im Zuge der statistischen Auswertung aufgrund ihrer anders gerichteten Formulierung, im Vergleich zu den übrigen Statements, umcodiert werden.

In Kapitel 2.2.2.3 wurde Involvement in Übereinstimmung mit Antil (1984) als ein Kontinuum mit den beiden Endpunkten ‚high' und ‚low' für die gegenständliche Untersuchung definiert. Legt man die oben definierte Skala zur Ermittlung der personenspezifischen PIT-Werte zu Grunde, so ergeben sich ein minimaler Summenscore von acht (‚low‘) sowie ein maximaler Summenscore von 40 (‚high‘) pro Auskunftsperson. Der so errechnete PIT-Wert stellt ein Maß für die Höhe des Involvements mit dem Produkt Strom dar.

| Nr. | Statement |
|---|---|
| 3. | Strom interessiert mich. |
| 4. | Strom muss einfach nur da sein, alles andere spielt eine untergeordnete Rolle.* |
| 5. | Im Freundeskreis diskutieren wir oft die verschiedenen Produktangebote der neuen und alten Energieversorger. |
| 6. | Strom ist ein Produkt, über das ich nicht viel sagen könnte.* |
| 7. | Ich habe Präferenzen für eine oder mehrere Marken in der Strombranche. |
| 9. | Strom ist ein Produkt, das mich verglichen mit anderen Produkten des täglichen Lebens, stärker interessiert. |
| 12. | Ich kenne die einzelnen Angebote der Versorger gut genug, um eine Auswahl treffen zu können. |
| 16. | Werbung rund um Strom verfolge ich sehr aufmerksam. |

Tabelle 13: Statements des 8 Item umfassenden PIT (*reverse scaled).

| Likert-Skala (Fragebogen) | Skala zur Ermittlung der personenspezifischen PIT-Werte |
|---|---|
| + 2 „stimme voll zu“ | 5 „stimme voll zu“ |
| +1 „mäßige Zustimmung“ | 4 „mäßige Zustimmung“ |
| 0 „unentschieden“ | 3 „unentschieden“ |
| -1 „mäßige Ablehnung“ | 2 „mäßige Ablehnung“ |
| -2 „lehne völlig ab“ | 1 „lehne völlig ab“ |

Tabelle 14: Skala zur Ermittlung der personenspezifischen PIT-Werte.

#### 3.1.4.5.1 Auswertung der Statements zur Messung des Involvements mit Strom

Die deskriptive Auswertung der personenspezifischen Summenscores zeigt eine deutliche Häufung von Probanden bis zu einem Summenscore von 20. Rund 64 % der Befragten sind diesem Segment zuzuordnen. Aufgrund des starken Abfalles der Anzahl der Probanden in den darauf folgenden Kategorien liegt die Vermutung nahe, dass es sich dabei um eine Schwelle handelt, die weniger involvierte Probanden von stärker involvierten Probanden trennt. Der Wertebereich von 8 bis 20 wird deshalb als ein Bereich definiert, dem gering bzw. überhaupt nicht involvierte Personen zuzuordenen sind (vgl. Abb. 22).

Eine weitere Schwelle kann zwischen den Werten 29 und 30 beobachtet werden. Dadurch kann ein mittlerer Wertebereich definiert werden, der von 21 bis 29 reicht. Insgesamt sind 33 % der Auskunftspersonen diesem Wertebereich zuzuordnen. Probanden, die über einen Summenscore im beschriebenen Wertebereich verfügen werden zur Gruppe der Konsumenten mit einem mittelmäßigen Involvement gezählt (vgl. Abb. 22).

Probanden mit einem Summenscore von 30 und darüber bilden die Gruppe der hoch involvierten Konsumenten. Dieser Gruppe sind demzufolge 3 % der Stichprobe zuzuordnen (vgl. Abb. 22).

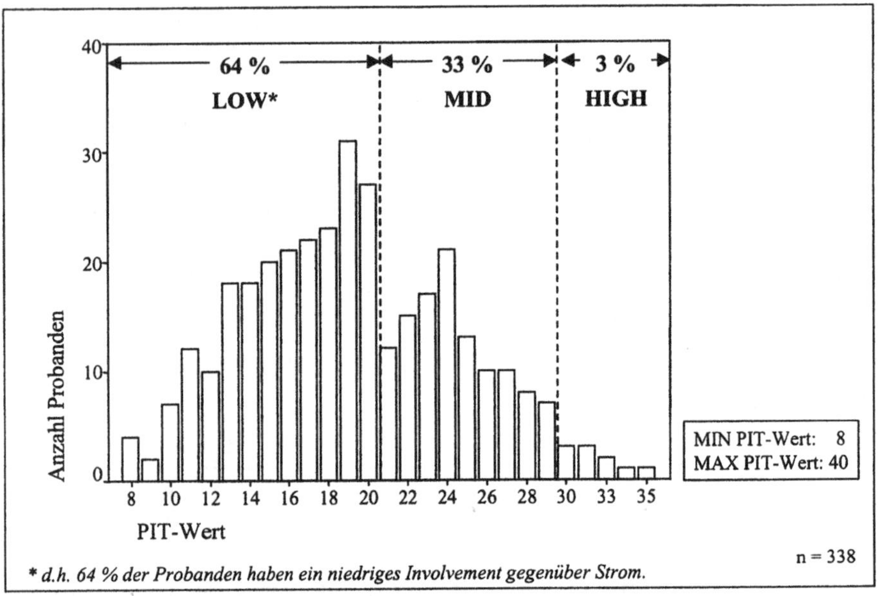


Abbildung 22: Einteilung der Probanden nach ihrem PIT-Wert.

Zur besseren Darstellung und Analyse der unterschiedlichen Merkmalsverteilungen in Abhängigkeit vom Involvementniveau der Probanden, wird basierend auf den vorliegenden empirischen Ergebnissen eine Unterscheidung von Personen mit besonders hohem und besonders geringem Involvement vorgenommen. Abweichend von den obigen Ausführungen werden jeweils rund 25 % der Konsumenten mit den höchsten bzw. den niedrigsten PIT-Werten zusammengefasst.

Die übrigen Probanden bilden die Gruppe mit mittlerem Involvement. Für die Aufteilung der Stichprobe wurden die Perzentilwerte 25 und 75 herangezogen. Demnach ist 1,88 derjenige Punkt der Messwertskala, unterhalb dessen rund 25 % der Fälle liegen und 2,88 derjenige Punkt der Messwertskala, unterhalb dessen rund 75 % der Fälle liegen. Für die vorliegende Stichprobe ergibt sich dadurch die folgende Aufteilung der Probanden (vgl. Tab. 15):

Die in Tabelle 15 vorgestellte Gruppentrennung wurde für die weitere Analyse der Merkmalsausprägungen sowohl einer Aufteilung in zwei oder drei gleich große Gruppen als auch der durch die zweigipfelige Verteilung der empirischen Messwerte induzierten Gruppentrennung vorgezogen. Insbesondere bei der Betrachtung der Merkmalsausprägungen in den beiden Extremgruppen soll dadurch sowohl der Einfluss verschiedener Bestimmungsgrößen auf die Involvementhöhe als auch der Einfluss der Involvementhöhe auf das Konsumentenverhalten deutlicher werden. Die Gruppeneinteilung in der hier durchgeführten Form wurde vor allem im Sinne einer differenzierteren statistischen Auswertung und Interpretation der Ergebnisse gewählt. Nicht zuletzt stellt der PIT-Wert eine Größe dar, die jeden beliebigen Wert zwischen zwei Extremwerten annehmen kann.

| PIT-Wert | Anzahl Probanden | Anzahl Probanden in Prozent | Perzentile |
|---|---|---|---|
| gering | 91 | 26,9 % | 1,88 |
| mittel | 151 | 44,7 % | - |
| hoch | 96 | 28,4 % | 2,88 |

Tabelle 15: Einteilung der Probanden nach ihrem PIT-Wert.

Die Auswertung der Mittelwerte in den drei gebildeten Gruppen von Befragten über alle acht Statements hinweg zeigt, dass die Profile annähernd parallel verlaufen. Lediglich bei den Statements sechs und sieben ist neben dem gruppenspezifischen Niveauunterschied eine deutliche Verschiebung in der Parallelität zwischen der Gruppe der hoch involvierten Auskunftspersonen und den beiden übrigen Gruppen zu beobachten (vgl. Abb. 23).

Zur Überprüfung, ob die durch die Profile suggerierten Gruppenunterschiede eine hinreichende Diskriminierungsfähigkeit aufweisen, wurde eine einfaktorielle Varianzanalyse[146] gerechnet, die für alle Statements ein hochsignifikantes Er-

146 Zur Anwendung der Varianzanalyse siehe bspw.: Brosius 2002, S. 476ff.; Backhaus/Erichson/Plinke/Weiber 2000, S. 70ff.; Lehmann/Gupta/Steckel 1997, S.

Varianzanalyse[146] gerechnet, die für alle Statements ein hochsignifikantes Ergebnis ergab (p < 0,001). Der ebenfalls durchgeführte Duncan-Test wies auf dem Niveau von p = 0,05 jeweils drei homogene Gruppen aus, die sich signifikant voneinander unterscheiden. Dies bedeutet, dass sich sowohl die Gruppe der gering als auch der mittel und hoch involvierten Probanden signifikant voneinander unterscheiden (vgl. Tab. 16).

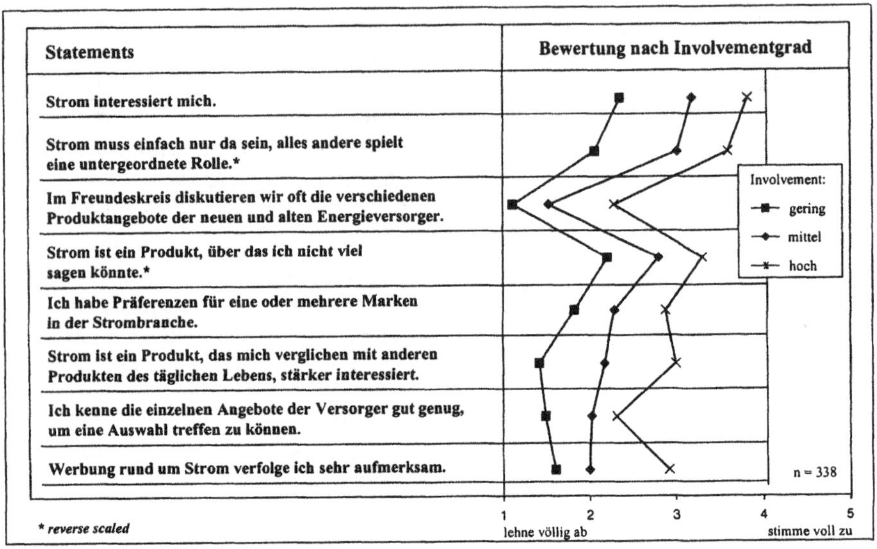


Abbildung 23: Bewertung der PIT-Statements nach dem Involvementgrad.

In einem weiteren Schritt soll nun untersucht werden, ob durch die Zusammenfassung der Probanden nach ihrem Involvementwert Unterschiede bestimmter personenbezogener Merkmale innerhalb und zwischen den Gruppen feststellbar sind.

---

146 Zur Anwendung der Varianzanalyse siehe bspw.: Brosius 2002, S. 476ff.; Backhaus/Erichson/Plinke/Weiber 2000, S. 70ff.; Lehmann/Gupta/Steckel 1997, S. 432ff. Eine tiefergehende Abhandlung zu den theoretischen Grundlagen der Varianzanalyse findet sich u.a. bei Bortz 1999, S. 397ff.

| Nr. | Statement | MW – gesamt | MW – geringes Inv. | MW – mittleres Inv. | MW – hohes Inv. | F-Wert | Ergebnis Duncan-Test** |
|---|---|---|---|---|---|---|---|
| 3. | Strom interessiert mich. | 3,15 | 2,36 | 3,19 | 3,83 | 44,62* | 3 |
| 4. | Strom muss einfach nur da sein, alles andere spielt eine untergeordnete Rolle. | 2,93 | 2,07 | 3,02 | 3,61 | 36,60* | 3 |
| 5. | Im Freundeskreis diskutieren wir oft die verschiedenen Produktangebote der neuen und alten Energieversorger. | 1,64 | 1,12 | 1,53 | 2,29 | 39,64* | 3 |
| 6. | Strom ist ein Produkt, über das ich nicht viel sagen könnte. | 2,80 | 2,22 | 2,81 | 3,31 | 19,32* | 3 |
| 7. | Ich habe Präferenzen für eine oder mehrere Marken in der Strombranche. | 2,34 | 1,83 | 2,29 | 2,88 | 20,78* | 3 |
| 9. | Strom ist ein Produkt, das mich verglichen mit anderen Produkten des täglichen Lebens, stärker interessiert. | 2,21 | 1,42 | 2,18 | 3,00 | 54,81* | 3 |
| 12. | Ich kenne die einzelnen Angebote der Versorger gut genug, um eine Auswahl treffen zu können. | 1,97 | 1,49 | 2,03 | 2,32 | 14,90* | 3 |
| 16. | Werbung rund um Strom verfolge ich sehr aufmerksam. | 2,16 | 1,61 | 2,00 | 2,92 | 44,20* | 3 |

* Die mit Stern gekennzeichneten Werte kennzeichnen ein höchst signifikantes Ergebnis ($p < 0,001$). Verfahren: Mittelwertvergleich mittels einfaktorieller ANOVA; Signifikanzniveau 0,05.

** Anzahl der Gruppen (gering, mittel und hoch involvierte Probanden), die sich auf dem Niveau $p = 0,05$ signifikant voneinander unterscheiden.

Tabelle 16: Mittelwertvergleich der PIT-Statements insgesamt und in den gebildeten Gruppen.

### 3.1.4.5.2 Auswertung personenspezifischer Merkmale nach dem Involvementgrad

Entsprechend der im vorhergehenden Abschnitt getroffenen Einteilung der Probanden nach ihrem PIT-Wert können die Ausprägungen ausgewählter Merkmale in den drei gebildeten Gruppen näher untersucht werden. Zu Beginn der Analyse interessieren zunächst die Verteilungen einschlägiger sozio-demografischer Merkmale, wie etwa Geschlecht, Alter und Bildungsstand in Abhängigkeit vom Involvement. Darüber hinaus werden die gebildeten Gruppen dahingehend untersucht, inwieferne Unterschiede hinsichtlich der Zufriedenheit, dem Weiterempfehlungspotenzial und einem möglichen Versorgerwechsel existieren.

Betrachtet man das Merkmal Geschlecht so fällt auf, dass die Männer einen deutlich größeren Anteil in der Gruppe der hoch und mittelmäßig involvierten Probanden als Frauen einnehmen. Gemessen an der Gesamtzahl der Männer in der Stichprobe weisen 30,2 % ein hohes Involvement gegenüber dem Produkt Strom auf. Der Anteil der Frauen mit hohem Involvement ist mit 25,9 % dabei deutlich geringer. Innerhalb der Gruppe der hoch involvierten Probanden steigt der Anteil der Männer auf über 62 %. Ein umgekehrtes bzw. ausgeglichenes Bild bietet sich am anderen Ende des Kontinuums. Hier liegt der Anteil der Frauen, die über ein niedriges Involvement verfügen, mit 33,1 % deutlich vor jenem der Männer (22,6 %). Der Anteil beider Geschlechter innerhalb der Gruppe der niedrig involvierten Probanden ist annähernd gleichverteilt (siehe Tab. 17).

| **Merkmal** | **Involvementgrad** | | | | | | | | | |
|---|---|---|---|---|---|---|---|---|---|---|
| | gering | | | mittel | | | hoch | | | Σ |
| Geschlecht | n | % SP | % ZE | n | % SP | % ZE | n | % SP | % ZE | |
| weiblich | 46 | 50,5 | 33,1 | 57 | 37,7 | 41,0 | 36 | 37,5 | 25,9 | 100,0 |
| männlich | 45 | 49,5 | 22,6 | 94 | 62,3 | 47,2 | 60 | 62,5 | 30,2 | 100,0 |
| Σ | 91 | 100,0 | | 151 | 100,0 | | 96 | 100,0 | | 338 |

Tabelle 17: Verteilung Merkmal Geschlecht nach dem Involvementgrad.

Ein Mittelwertvergleich soll weiters darüber Aufschluss geben, ob es signifikante geschlechtsspezifische Unterschiede bezüglich des Involvements mit Strom allgemein und innerhalb der gebildeten Gruppen gibt (vgl. Brosius 2003, S. 452ff.; Bortz 1999, S. 137-140). In der gezogenen Stichprobe (n = 338) kann zwischen den Geschlechtern kein signifikanter Unterschied beim Involvement mit Strom festgestellt werden (p = 0,494). In der Gruppe der hoch involvierten Probanden kann hingegen ein signifikanter Unterschied im Involvement zwischen Männern und Frauen festgestellt werden (p = 0,028). Der Mittelwertvergleich zeigt, dass Frauen im Durchschnitt mit einem Grad von 3,36 involviert sind, während der Grad des Involvements der Männer bei 3,18 liegt (siehe Tab. 18).[147]

| Testvariable | Gruppenvariable | MW | Levene-Test | T-Wert | p |
|---|---|---|---|---|---|
| Involvement - gesamt | Geschlecht | | | | |
| (n = 338) | weiblich | 2,37 | Varianz-homogenität | -0,684 | 0,494 |
| | männlich | 2,43 | (p = 0,213) | | |
| Involvement - gering | Geschlecht | | | | |
| (n = 91) | weiblich | 1,62 | Varianz-homogenität | 1,025 | 0,308 |
| | männlich | 1,57 | (p = 0,148) | | |
| Involvement - mittel | Geschlecht | | | | |
| (n = 151) | weiblich | 2,36 | Varianz-homogenität | 0,088 | 0,930 |
| | männlich | 2,36 | (p = 0,199) | | |
| Involvement - hoch | Geschlecht | | | | |
| (n = 96) | weiblich | 3,36 | Varianz-heterogenität | 2,256 | 0,028* |
| | männlich | 3,18 | (p = 0,001) | | |

* Die mit Stern gekennzeichneten Werte kennzeichnen ein signifikantes Ergebnis; Signifikanzniveau 0,05.

Tabelle 18: Ergebnisse T-Test bei unabhängigen Stichproben – Involvement.

Die Analyse nach dem Merkmal Alter zeigt, dass in der Kategorie der über 60-Jährigen sowie in der Kategorie von 46 bis 60 Jahren ein überdurchschnittlich hoher Anteil an hoch involvierten Probanden vorliegt. Von den insgesamt zwanzig Befragten in der Kategorie über 60 Jahre sind 45 % hoch involviert gegenüber dem Produkt Strom. Aufgrund der geringen Anzahl der Befragten in dieser Kategorie ist der Anteil innerhalb der Gruppe von hoch involvierten Probanden relativ gering (9,4 %). In der Kategorie von 46 bis 60 Jahren sind es noch beachtliche 40 % aller Probanden, die über ein hohes Involvement verfügen. Ein geringes Involvement gegenüber Strom kann in der Gruppe der 18 bis 25-Jährigen verstärkt verortet werden. Mit 42,2 % stellen sie die größte Gruppe innerhalb der gering involvierten Probanden (siehe Tab. 19).

Weiters wurde untersucht, ob sich das Involvement der Befragten (n = 337) in den fünf verschiedenen Alterskategorien signifikant voneinander unterscheidet. In einem ersten Schritt wurde dazu eine einfaktorielle ANOVA berechnet, die

147 Grundlage für die Berechnung sind die PIT-Werte basierend auf der umcodierten Skala von 1 („lehne völlig ab") bis 5 („stimme voll zu") (siehe auch Tab. 14).

ein hochsignifikantes Ergebnis lieferte (p = 0,001). Der in diesem Zusammenhang durchgeführte Duncan-Test lieferte auf dem voreingestellten Niveau p = 0,05 drei homogene Untergruppen, die allerdings nicht überschneidungsfrei sind. So bildet sich die erste Gruppe aus den Kategorien 18 bis 25 und 26 bis 35 Jahren. Die zweite Gruppe besteht aus den Kategorien 18 bis 25, 36 bis 45 und über 60 Jahren. Die Kategorien 36 bis 45, 46 bis 60 und über 60 Jahre bilden schließlich die dritte Gruppe (siehe Tab. 19).

Aufgrund der insbesonders in der Kategorie der über 60-Jährigen anzutreffenden kleinen Fallzahl und der widersprüchlichen Ergebnisse des Duncan-Tests wurde zur weiteren Überprüfung der Stichprobe auf den H-Test nach Kruskal und Wallis (p = 0,002) sowie auf den U-Test nach Mann und Whitney zurückgegriffen (vgl. Brosius 2003, S. 823f. u. 816ff.; Bortz 1999, S. 276). Der paarweise Test der Kategorien mit dem U-Test nach Mann und Whitney ergibt, dass die Alterskategorien 18 bis 25 und 26 bis 35 sich jeweils signifikant von den Kategorien 36 bis 45 und 46 bis 60 Jahren unterscheiden (siehe Anhang I).

| **Merkmal** | **Involvementgrad** | | | | | | | | | |
|---|---|---|---|---|---|---|---|---|---|---|
| | gering | | | mittel | | | hoch | | | Σ |
| Alter | n | % SP | % ZE | n | % SP | % ZE | n | % SP | % ZE | |
| 18 bis 25 Jahre | 38 | 42,2 | 33,3 | 46 | 30,5 | 40,4 | 30 | 31,3 | 26,3 | 100,0 |
| 26 bis 35 Jahre | 27 | 30,0 | 27,6 | 52 | 34,4 | 53,1 | 19 | 19,8 | 19,4 | 100,0 |
| 36 bis 45 Jahre | 6 | 6,7 | 15,0 | 22 | 14,6 | 55,0 | 12 | 12,5 | 30,0 | 100,0 |
| 46 bis 60 Jahre | 12 | 13,3 | 18,5 | 27 | 17,9 | 41,5 | 26 | 27,1 | 40,0 | 100,0 |
| über 60 Jahre | 7 | 7,8 | 35,0 | 4 | 2,6 | 20,0 | 9 | 9,4 | 45,0 | 100,0 |
| Σ | 90 | 100,0 | | 151 | 100,0 | | 96 | 100,0 | | 337 |

Tabelle 19: Verteilung Merkmal Alter nach dem Involvementgrad.

Ebenfalls wurde untersucht, ob es Unterschiede zwischen den Alterskategorien hinsichtlich des Involvements in den gebildeten Gruppen gab. In keiner der drei Gruppen konnte ein signifikanter Unterschied hinsichtlich des Involvements in den fünf Alterskategorien festgestellt werden (siehe Anhang II).

Die Auswertung des Merkmals höchste abgeschlossene Schulbildung zeigt, dass Probanden mit einem Volks-, Haupt- und Berufsschulabschluss sowie jene die noch in Ausbildung stehen gemessen an der jeweiligen Gesamtzahl der betrachteten Kategorie einen hohen Anteil hoch involvierter Befragter umfassen. Hingegen sind Personen mit einem AHS- bzw. Universitätsabschluss stärker in der Gruppe der gering involvierten Konsumenten vertreten (siehe Tab. 20).

Untersuchungen, ob es signifikante Unterschiede im Involvement im Zusammenhang mit dem Bildungsstand der Befragten gibt, führten zu keinen signifikanten Ergebnissen (siehe Anhang III).

| **Merkmal** | **Involvementgrad** | | | | | | | | | |
|---|---|---|---|---|---|---|---|---|---|---|
| | gering | | | mittel | | | hoch | | | Σ |
| Schulbildung | n | % SP | % ZE | n | % SP | % ZE | n | % SP | % ZE | |
| Volksschule | 1 | 1,1 | 14,3 | 3 | 2,0 | 42,9 | 3 | 3,1 | 42,9 | 100,0 |
| Hauptschule | 1 | 1,1 | 9,1 | 6 | 4,0 | 54,5 | 4 | 4,2 | 36,4 | 100,0 |
| Berufsschule | 10 | 11,0 | 17,5 | 26 | 17,2 | 45,6 | 21 | 21,9 | 36,8 | 100,0 |
| Fachschule | 7 | 7,7 | 29,2 | 12 | 7,9 | 50,0 | 5 | 5,2 | 20,8 | 100,0 |
| AHS | 27 | 29,7 | 29,7 | 40 | 26,5 | 44,0 | 24 | 25,0 | 26,4 | 100,0 |
| BHS | 18 | 19,8 | 27,3 | 29 | 19,2 | 43,9 | 19 | 19,8 | 28,8 | 100,0 |
| Fachhochschule | 2 | 2,2 | 20,0 | 7 | 4,6 | 70,0 | 1 | 1,0 | 10,0 | 100,0 |
| Universität | 19 | 20,9 | 38,8 | 19 | 12,6 | 38,8 | 11 | 11,5 | 22,4 | 100,0 |
| In Ausbildung | 2 | 2,2 | 20,0 | 3 | 2,0 | 30,0 | 5 | 5,2 | 50,0 | 100,0 |
| Sonstiges | 4 | 4,4 | 30,8 | 6 | 4,0 | 46,2 | 3 | 3,1 | 23,1 | 100,0 |
| Σ | 91 | 100,0 | | 151 | 100,0 | | 96 | 100,0 | | 338 |

Tabelle 20: Verteilung Merkmal Schulbildung nach dem Involvementgrad.

Das verfügbare monatliche Haushaltsnettoeinkommen liegt in der Gruppe der hoch involvierten Probanden eher im Bereich zwischen 1000 und 2500 Euro. Ein geringes Involvement zeigen Einkommensbezieher der Kategorien 2501 bis 3500 (55,6 %) und über 3500 Euro (33,3 %). Auch jene, die ein Einkommen von unter 1000 Euro monatlich beziehen sind eher gering involviert (34,6 %) (siehe Tab. 21).

| **Merkmal** | **Involvementgrad** | | | | | | | | | |
|---|---|---|---|---|---|---|---|---|---|---|
| | gering | | | mittel | | | hoch | | | Σ |
| HH-Nettoeinkommen | n | % SP | % ZE | n | % SP | % ZE | n | % SP | % ZE | |
| unter 1000 €/m | 27 | 29,7 | 34,6 | 31 | 20,5 | 39,7 | 20 | 20,8 | 25,6 | 100,0 |
| 1000 bis 1500 €/m | 16 | 17,6 | 22,9 | 28 | 18,5 | 40,0 | 26 | 27,1 | 37,1 | 100,0 |
| 1501 bis 2000 €/m | 12 | 13,2 | 19,7 | 28 | 18,5 | 45,9 | 21 | 21,9 | 34,4 | 100,0 |
| 2001 bis 2500 €/m | 3 | 3,3 | 14,3 | 11 | 7,3 | 52,4 | 7 | 7,3 | 33,3 | 100,0 |
| 2501 bis 3000 €/m | 5 | 5,5 | 55,6 | 3 | 2,0 | 33,3 | 1 | 1,0 | 11,1 | 100,0 |
| 3001 bis 3500 €/m | 2 | 2,2 | 16,7 | 7 | 4,6 | 58,3 | 3 | 3,1 | 25,0 | 100,0 |
| mehr als 3500 €/m | 6 | 6,6 | 33,3 | 10 | 6,6 | 55,6 | 2 | 2,1 | 11,1 | 100,0 |
| keine Angabe | 20 | 22,0 | 29,0 | 33 | 21,9 | 47,8 | 16 | 16,7 | 23,2 | 100,0 |
| Σ | 91 | 100,0 | | 151 | 100,0 | | 96 | 100,0 | | 338 |

Tabelle 21: Verteilung Merkmal Haushaltsnettoeinkommen nach dem Involvementgrad.

Ein H-Test nach Kruskal und Wallis wurde durchgeführt, um die insgesamt sieben Einkommenskategorien zu testen, ob sie bezüglich des Involvements signifikante Unterschiede aufweisen. Im vorliegenden Fall ist für die Gesamtstichprobe (n = 338) mit p = 0,154 die Signifikanzgrenze deutlich verfehlt. Die Analyse in den gebildeten Gruppen erbrachte ebenfalls keine signifikanten Unterschiede (siehe Anhang IV).

Mittelmäßig bis hoch involvierte Probanden leben tendenziell in Zwei-, Drei-, Vier- und Fünf-Personen-Haushalten. Von den insgesamt 91 gering involvierten Probanden leben 35 in einem Single-Haushalt (38,5 %). Sie stellen damit die größte Gruppe innerhalb dieser Kategorie dar (siehe Tab. 22).

Signifikante Unterschiede im Zusammenhang mit der Haushaltsgröße der Befragten und ihrem Grad an Involvement konnten nicht festgestellt werden (siehe Anhang V).

| **Merkmal** | **Involvementgrad** | | | | | | | | | |
|---|---|---|---|---|---|---|---|---|---|---|
| | gering | | | mittel | | | hoch | | | Σ |
| HH-Größe | n | % SP | % ZE | n | % SP | % ZE | n | % SP | % ZE | |
| 1-Pers.-HH | 35 | 38,5 | 32,7 | 44 | 29,1 | 41,1 | 28 | 29,2 | 26,2 | 100,0 |
| 2-Pers.-HH | 26 | 28,6 | 23,4 | 48 | 31,8 | 43,2 | 37 | 38,5 | 33,3 | 100,0 |
| 3-Pers.-HH | 18 | 19,8 | 24,3 | 33 | 21,9 | 44,6 | 23 | 24,0 | 31,1 | 100,0 |
| 4-Pers.-HH | 10 | 11,0 | 31,3 | 18 | 11,9 | 56,3 | 4 | 4,2 | 12,5 | 100,0 |
| 5-Pers.-HH | 1 | 1,1 | 10,0 | 6 | 4,0 | 60,0 | 3 | 3,1 | 30,0 | 100,0 |
| 6-Pers.-HH | 1 | 1,1 | 100,0 | 0 | 0,0 | 0,0 | 0 | 0,0 | 0,0 | 100,0 |
| 7-Pers.-HH | 0 | 0,0 | 0,0 | 1 | 0,7 | 100,0 | 0 | 0,0 | 0,0 | 100,0 |
| Mehr-Pers.-HH | 0 | 0,0 | 0,0 | 1 | 0,7 | 50,0 | 1 | 1,0 | 50,0 | 100,0 |
| Σ | 91 | 100,0 | | 151 | 100,0 | | 96 | 100,0 | | 338 |

Tabelle 22: Verteilung Merkmal Haushaltsgröße nach dem Involvementgrad.

40,5 % der befragten Oberösterreicher sind gegenüber dem Produkt Strom hoch involviert. Mit einem deutlichen Abstand folgen die im Burgenland befragten Probanden, hier sind immerhin noch 30,6 % der Auskunftspersonen hoch involviert. In Wien und Niederösterreich ist der Anteil der gering involvierten jeweils deutlich höher als in den übrigen Bundesländern (37,2 % und 35,3 %).

Ein Mittelwertvergleich über die Gesamtstichprobe hinweg zeigte, dass Befragte in Wien ein signifikant geringeres Involvement gegenüber dem Produkt Strom aufweisen, als Probanden aus Oberösterreich (p = 0,004). Innerhalb der Gruppe der hoch involvierten Probanden verfügen die Salzburger über den höchsten durchschnittlichen Summenscore. Sie unterscheiden sich darin auch signifikant von den Wienern (p = 0,010), den Burgenländern (p = 0,001), den Steirern (p = 0,017) und den Oberösterreichern (p = 0,003) (siehe Anhang IV).

In rund 68 % der Fälle wird die Entscheidung über Strom-, Gas- und Energiefragen von den Befragten alleine getroffen. In diesem Falle liegt der Anteil der hoch involvierten Probanden bei 30,7 %. Wird hingegen diese Entscheidung gemeinschaftlich im Haushalt vorgenommen, so sinkt dieser Anteil auf 23,4 % (siehe Tab. 24).

| **Merkmal** | **Involvementgrad** | | | | | | | | | |
|---|---|---|---|---|---|---|---|---|---|---|
| | gering | | | mittel | | | hoch | | | Σ |
| Bundesland | n | % SP | % ZE | n | % SP | % ZE | n | % SP | % ZE | |
| Wien | 48 | 52,7 | 37,2 | 50 | 33,1 | 38,8 | 31 | 32,3 | 24,0 | 100,0 |
| Niederösterreich | 18 | 19,8 | 35,3 | 18 | 11,9 | 35,3 | 15 | 15,6 | 29,4 | 100,0 |
| Burgenland | 4 | 4,4 | 11,1 | 21 | 13,9 | 58,3 | 11 | 11,5 | 30,6 | 100,0 |
| Steiermark | 8 | 8,8 | 20,5 | 21 | 13,9 | 53,8 | 10 | 10,4 | 25,6 | 100,0 |
| Oberösterreich | 3 | 3,3 | 7,1 | 22 | 14,6 | 52,4 | 17 | 17,7 | 40,5 | 100,0 |
| Salzburg | 10 | 11,0 | 24,4 | 19 | 12,6 | 46,3 | 12 | 12,5 | 29,3 | 100,0 |
| Σ | 91 | 100,0 | | 151 | 100,0 | | 96 | 100,0 | | 338 |

Tabelle 23: Verteilung Merkmal Bundesland nach dem Involvementgrad.

| **Merkmal** | **Involvementgrad** | | | | | | | | | |
|---|---|---|---|---|---|---|---|---|---|---|
| | gering | | | mittel | | | hoch | | | Σ |
| Art der Kaufentscheidung | n | % SP | % ZE | n | % SP | % ZE | n | % SP | % ZE | |
| alleine | 64 | 70,3 | 27,7 | 96 | 63,6 | 41,6 | 71 | 74,0 | 30,7 | 100,0 |
| gemeinschaftlich | 27 | 29,7 | 25,2 | 55 | 36,4 | 51,4 | 25 | 26,0 | 23,4 | 100,0 |
| Σ | 91 | 100,0 | | 151 | 100,0 | | 96 | 100,0 | | 338 |

Tabelle 24: Verteilung Merkmal Art der Kaufentscheidung nach dem Involvementgrad.

Ein Mittelwertvergleich zur Überprüfung, ob die Art der Kaufentscheidung einen signifikanten Unterschied im Involvement der Befragten nach sich zieht, wurde ebenfalls durchgeführt. In der Gesamtstichprobe konnte kein signifikanter Unterschied festgestellt werden, lediglich mittelmäßig involvierte Alleinentscheider haben einen signifikant geringern PIT-Wert als jene Probanden, die ihre Entscheidung gemeinschaftlich mit einem Partner bzw. Familienmitglied treffen (siehe Tab. 25).

In einem weiteren Schritt wurde untersucht, ob es Unterschiede hinsichtlich des Involvements und der Zufriedenheit mit der Produkt- und Angebotspalette der Energieversorger gibt. Es fällt zunächst auf, dass die meisten Probanden (64,4 %, n = 339) zufrieden mit der gebotenen Leistung sind. Innerhalb der gebildeten Gruppen ist mit 74,7 % (n = 91) in der Gruppe der gering involvierten Probanden dieser Anteil am höchsten. Dieser Anteil geht in der Gruppe der mittelmäßig involvierten Befragten (n = 151) auf 64,2 % zurück und ist mit 58,3 % bei den hoch involvierten Personen (n = 96) am geringsten (siehe Tab. 26).

| Testvariable | Gruppenvariable | MW | Levene-Test | T-Wert | p |
|---|---|---|---|---|---|
| Involvement - gesamt | Art der Kaufentscheidung | | | | |
| (n = 338) | alleine | 2,40 | Varianz-homogenität | -0,110 | 0,912 |
| | gemeinschaftlich | 2,41 | (p = 0,212) | | |
| Involvement - gering | Art der Kaufentscheidung | | | | |
| (n = 91) | alleine | 1,60 | Varianz-homogenität | 0,658 | 0,512 |
| | gemeinschaftlich | 1,57 | (p = 0,156) | | |
| Involvement - mittel | Art der Kaufentscheidung | | | | |
| (n = 151) | alleine | 2,31 | Varianz-homogenität | -3,295 | 0,001 * |
| | gemeinschaftlich | 2,44 | (p = 0,610) | | |
| Involvement - hoch | Art der Kaufentscheidung | | | | |
| (n = 96) | alleine | 3,25 | Varianz-homogenität | -0,176 | 0,861 |
| | gemeinschaftlich | 3,26 | (p = 0,705) | | |

* Die mit Stern gekennzeichneten Werte kennzeichnen ein signifikantes Ergebnis; Signifikanzniveau 0,05.

Tabelle 25: Ergebnisse T-Test bei unabhängigen Stichproben – Involvement.

| Merkmal | Involvementgrad | | | | | | | | | |
|---|---|---|---|---|---|---|---|---|---|---|
| | gering | | | mittel | | | hoch | | | Σ |
| Zufriedenheit - Produkte | n | % SP | % ZE | n | % SP | % ZE | n | % SP | % ZE | |
| unzufrieden | 5 | 5,5 | 55,6 | 2 | 1,3 | 22,2 | 2 | 2,1 | 22,2 | 100,0 |
| weniger zufrieden | 15 | 16,5 | 20,5 | 30 | 19,9 | 41,1 | 28 | 29,2 | 38,4 | 100,0 |
| zufrieden | 68 | 74,7 | 30,8 | 97 | 64,2 | 43,9 | 56 | 58,3 | 25,3 | 100,0 |
| sehr zufrieden | 3 | 3,3 | 10,0 | 20 | 13,2 | 66,7 | 7 | 7,3 | 23,3 | 100,0 |
| vollkommen zufrieden | 0 | 0,0 | 0,0 | 2 | 1,3 | 40,0 | 3 | 3,1 | 60,0 | 100,0 |
| Σ | 91 | 100,0 | | 151 | 100,0 | | 96 | 100,0 | | 338 |

Tabelle 26: Verteilung Merkmal Zufriedenheit mit Produkt- und Angebotspalette nach dem Involvementgrad.

Die drei gebildeten Gruppen wurden daraufhin getestet, ob sie bezüglich der Zufriedenheit in diesem Zusammenhang signifikante Unterschiede aufweisen. Der zu diesem Zweck durchgeführte H-Test nach Kruskal und Wallis ist mit p = 0,033 signifikant. Welche Gruppen sich im Einzelnen signifikant voneinander unterscheiden wurde mit dem U-Test nach Mann und Whitney geprüft. Dieser Test ergab, dass sich die Gruppe der mittelmäßig involvierten von den hoch involvierten Probanden signifikant unterscheidet (p = 0,016).

Der mittlere Rang ist bei den mittelmäßig involvierten Auskunsftspersonen signifikant höher, was auf eine höhere durchschnittliche Zufriedenheit in dieser Gruppe schließen lässt (siehe Tab. 30 sowie Anhang VII).

| **Merkmal** | **Involvementgrad** | | | | | | | | | |
|---|---|---|---|---|---|---|---|---|---|---|
| | gering | | | mittel | | | hoch | | | Σ |
| Zufriedenheit – Service | n | % SP | % ZE | n | % SP | % ZE | n | % SP | % ZE | |
| unzufrieden | 6 | 6,6 | 37,5 | 8 | 5,3 | 50,0 | 2 | 2,1 | 12,5 | 100,0 |
| weniger zufrieden | 17 | 18,7 | 23,3 | 28 | 18,5 | 38,4 | 28 | 29,2 | 38,4 | 100,0 |
| zufrieden | 57 | 62,6 | 28,2 | 89 | 58,9 | 44,1 | 56 | 58,3 | 27,7 | 100,0 |
| sehr zufrieden | 10 | 11,0 | 26,3 | 21 | 13,9 | 55,3 | 7 | 7,3 | 18,4 | 100,0 |
| vollkommen zufrieden | 1 | 1,1 | 11,1 | 5 | 3,3 | 55,6 | 3 | 3,1 | 33,3 | 100,0 |
| Σ | 91 | 100,0 | | 151 | 100,0 | | 96 | 100,0 | | 338 |

Tabelle 27: Verteilung Merkmal Zufriedenheit mit Service nach dem Involvementgrad.

Die Analyse der Zufriedenheit mit den Serviceleistungen von Energieversorgern im Zusammenhang mit dem Involvement ergab eine annähernd ähnliche Verteilung wie im vorhergehenden Fall. Auch hier ist ein hoher Anteil (59,6 %, n = 339) der Befragten zufrieden. Im Unterschied zu vorher ist der Anteil der zufriedenen Probanden über die Gruppen hinweg relativ stabil (siehe Tab. 27). Desweiteren wurde untersucht, ob sich die drei Gruppen bezüglich der Zufriedenheit mit dem Service unterscheiden. In diesem Falle ist mit p = 0,327 die Signifikanzgrenze jedoch deutlich verfehlt (siehe Tab. 30 sowie Anhang VIII).

25,5 % der hoch involvierten Probanden würden die Tarife und Produkte ihres Energieversorger uneingeschränkt weiterempfehlen, hingegen würden nur 13,2 % der gering involvierten Befragten dies ebenfalls in Erwägung ziehen. Insgesamt würden immerhin 51,5 % aller Befragten die Tarife und Produkte ihrer Energieversorger eingeschränkt weiterempfehlen. Mit zunehmendem Involvementgrad sinkt allerdings dieser Anteil (siehe Tab. 28). Die Untersuchung, ob die drei Gruppen Unterschiede bezüglich der Weiterempfehlung aufweisen, erbrachte kein signifikantes Ergebnis (siehe Tab. 30 sowie Anhang IX).

Innerhalb der Gruppe der hoch involvierten Probanden haben zumindest 44,8 % schon an einen Wechsel des Energieversorgers gedacht und 6,3 % gaben sogar an, in Kürze ihren Versorger wechseln zu wollen. Im Unterschied dazu denken in der Gruppe der niedrig involvierten Auskunftspersonen nur 34,1 % über einen Versorgerwechsel nach. Der Anteil jener die einen Wechsel in Kürze planen liegt bei 1,1 % (siehe Tab. 29).

| **Merkmal** | **Involvementgrad** | | | | | | | | | |
|---|---|---|---|---|---|---|---|---|---|---|
| | gering | | | mittel | | | hoch | | | Σ |
| Weiterempfehlung | n | % SP | % ZE | n | % SP | % ZE | n | % SP | % ZE | |
| selbstverständlich | 12 | 13,2 | 16,7 | 36 | 24,3 | 50,0 | 24 | 25,5 | 33,3 | 100,0 |
| eingeschränkt | 52 | 57,1 | 30,2 | 76 | 51,4 | 44,2 | 44 | 46,8 | 25,6 | 100,0 |
| eher nicht | 24 | 26,4 | 32,9 | 30 | 20,3 | 41,1 | 19 | 20,2 | 26,0 | 100,0 |
| auf keinen Fall | 3 | 3,3 | 18,8 | 6 | 4,1 | 37,5 | 7 | 7,4 | 43,8 | 100,0 |
| Σ | 91 | 100,0 | | 148 | 100,0 | | 94 | 100,0 | | 333 |

Tabelle 28: Verteilung Merkmal Weiterempfehlung nach dem Involvementgrad.

| **Merkmal** | **Involvementgrad** | | | | | | | | | |
|---|---|---|---|---|---|---|---|---|---|---|
| | gering | | | mittel | | | hoch | | | Σ |
| Anbieterwechsel | n | % SP | % ZE | n | % SP | % ZE | n | % SP | % ZE | |
| keine Gedanken | 59 | 64,8 | 29,1 | 98 | 64,9 | 48,3 | 46 | 47,9 | 22,7 | 100,0 |
| daran gedacht | 31 | 34,1 | 26,1 | 45 | 29,8 | 37,8 | 43 | 44,8 | 36,1 | 100,0 |
| wechsle in Kürze | 1 | 1,1 | 7,7 | 6 | 4,0 | 46,2 | 6 | 6,3 | 46,2 | 100,0 |
| bereits gewechselt | 0 | 0,0 | 0,0 | 2 | 1,3 | 66,7 | 1 | 1,0 | 33,3 | 100,0 |
| Σ | 91 | 100,0 | | 151 | 100,0 | | 96 | 100,0 | | 338 |

Tabelle 29: Verteilung Merkmal Anbieterwechsel nach dem Involvementgrad.

Untersucht wurde weiters, ob die drei Gruppen bezüglich des Merkmals Anbieterwechsel signifikante Unterschiede aufweisen. Der H-Test nach Kruskal und Wallis lieferte in einem ersten Schritt mit p = 0,013 ein signifikantes Ergebnis. Der im Anschluss durchgeführte U-Test nach Mann und Whitney zeigte, dass sich die Gruppe der hoch involvierten Probanden signifikant von den beiden übrigen Gruppen unterscheidet (siehe Tab. 30 und Anhang X).

| Testvariable | Gruppen-variable | Test I | Ergebnis H-Test | Test II | Ergebnis U-Test |
|---|---|---|---|---|---|
| Zufriedenheit - Produkte *(unzufrieden, weniger zufrieden, zufrieden, sehr zufrieden, vollkommen zufrieden)* | Involvement *(gering, mittlel, hoch)* | H-Test nach Kruskal und Wallis | 6,797* (p = 0,033) | U-Test nach Mann und Whitney | Sig. Unterschied hinsichtlich Testvariable bei mittel und hoch involvierten APN (p = 0,016) |
| Zufriedenheit – Service *(unzufrieden, weniger zufrieden, zufrieden, sehr zufrieden, vollkommen zufrieden)* | Involvement *(gering, mittlel, hoch)* | H-Test nach Kruskal und Wallis | 2,238 (p = 0,327) | U-Test nach Mann und Whitney | Kein sig. Unterschied hinsichtlich Testvariable der untersuchten Gruppen |
| Weiterempfehlung *(selbstverständlich, eingeschränkt, eher nicht, auf keinen Fall)* | Involvement *(gering, mittlel, hoch)* | H-Test nach Kruskal und Wallis | 2,838 (p = 0,242) | U-Test nach Mann und Whitney | Kein sig. Unterschied hinsichtlich Testvariable der untersuchten Gruppen |
| Anbieterwechsel *(keine Gedanken, daran gedacht, wechsle in Kürze, bereits gewechselt)* | Involvement *(gering, mittlel, hoch)* | H-Test nach Kruskal und Wallis | 8,634* (p = 0,013) | U-Test nach Mann und Whitney | Sig. Unterschied Testvariable bei hoch involvierten von gering (p = 0,010) und mittel (p = 0,011) involvierten APN |

* Mit Stern gekennzeichnete Werte zeigen ein signifikantes Ergebnis; Signifikanzniv. 0,05.

Tabelle 30: Analyse unterschiedlicher Variablen in Abhängigkeit vom Involvementniveau der Probanden.

### 3.1.5 Ableitung marketingpolitischer Handlungsempfehlungen

Die Bedeutung von Involvement für das Verständnis und die Erklärung von Konsumentenverhalten ist weitgehend unbestritten, wie die Aufarbeitung der einschlägigen Quellen zeigt (vgl. Kap. 2.2). Das Involvement von Konsumenten beeinflusst nicht nur die Tiefe der Informationsverarbeitung, sondern hat auch weit reichenden Einfluss auf unterschiedliche Entscheidungsprozesse, die Einstellungsbildung und deren Wandel sowie auf spezifische Nachkaufphänomene wie den Abbau von Nachkaufdissonanzen, Loyalität und Mund-zu-Mund-Propaganda (vgl. Costley 1988, S. 554ff.).

Die Ableitung marketingpolitischer Handlungsempfehlungen konzentriert sich auf mögliche kommunikationspolitische Maßnahmen, die unter besonderer Berücksichtigung des Involvements der Konsumenten im betrachteten Marktsegment in Erwägung gezogen werden können. Dennoch sei an dieser Stelle darauf hingewiesen, dass die konkrete Ausgestaltung der kommunikativen Maßnahmen sich in jedem Falle an den verfolgten Zielen und den daraus abgeleiteten Strategien zu orientieren hat. Für die Energieversorgungsunternehmen können diese Ziele aus marketingpolitischer Sicht insbesondere in der Erhöhung der Absatzchancen der eigenen Produkte und Dienstleistungen sowie in der Erhöhung der Markenbekanntheit und des Vertrauens der Konsumenten gegenüber dem jeweiligen Unternehmen bestehen.

Die Auswertung des empirischen Zahlenmaterials war vornehmlich von der Überlegung getragen, dass es sich beim Konstrukt Involvement um eine kontinuierliche Größe mit den beiden Endpunkten gering und hoch handelt (vgl. Antil 1984). Sie stellt auch die Basis für eine grobe Differenzierung der Befragten in zwei Extremgruppen dar: Personen mit einem geringen Involvement und Personen mit einem hohen Involvement.

Die erstgenannte Gruppe der gering involvierten Probanden umfasst annähernd zwei Drittel der Befragten. Fasst man die mittelmäßig involvierten mit der Gruppe der niedrig involvierten Konsumenten zusammen, so ergibt sich eine Gruppe von Probanden, die bereits mehr als 95 % aller Befragten ausmacht. Zur besseren statistischen Ausschöpfung der vorliegenden Informationen wird aber eine von der empirischen Verteilung abweichende Gruppenaufteilung vorgenommen, um eine bessere Beschreibung der Charakteristika in den beiden Extremgruppen vornehmen zu können. Diese Aufteilung hat zur Folge, dass sich eine Gruppe von mittelmäßig involvierten Probanden ergibt. Diese Gruppe gleicht in einigen Merkmalsausprägungen wie z.B. Zufriedenheit mit der Produkt- und Angebotspalette eher der Gruppe gering involvierter Befragter, während andere Merkmalsausprägungen wie z.B. Weiterempfehlung eher denen hoch involvierter Konsumenten ähnlich sind (vgl. Kap. 3.1.4.5.2). Dieser Umstand führt auch dazu, dass diese Gruppe zwangsläufig über weniger charakteristische Merkmalsausprägungen verfügt, anhand derer eine eindeutige Unterscheidung gegenüber gering und hoch involvierten Konsumenten möglich wäre. Die angesprochenen Überschneidungen lassen es für die weiteren Ausführungen wenig sinnvoll erscheinen, neben der Differenzierung von gering und hoch involvierten Probanden zusätzlich noch eine dritte Gruppe zu unterscheiden. Anhand der beiden Extremgruppen soll im Folgenden gezeigt und zusammenfassend dargestellt werden, worauf bei der Gestaltung der Kommunikationspolitik im betrachteten Marktsegment besondere Rücksicht genommen werden sollte. Es sollen hier nachfolgend Ansatzpunkte für die Ausgestaltung kommunikativer

Maßnahmen abgeleitet werden, die zwar als Handlungsempfehlungen interpretiert werden können jedoch in keinem Falle als vollständig ausgearbeitete Konzepte zur Ansprache einzelner Zielgruppen misszuverstehen sind. Vielmehr geht es darum anhand der beiden Extremgruppen ansatzweise aufzuzeigen, wie sich das Wissen um die involvementspezifischen Unterschiede der Konsumenten im Rahmen der Kommunikationspolitik zielgerichtet einsetzen lässt.

#### 3.1.5.1 Kommunikative Maßnahmen bei geringem Involvement der Konsumenten

Bevor in diesem Abschnitt ein möglicher Ansatz für die Ausgestaltung kommunikativer Maßnahmen skizziert wird, soll eine zusammenfassende Beschreibung gering involvierter Konsumenten im betrachteten Marktsegment anhand der im vorhergehenden Kapitel ausführlich dargestellten sozio-demografischen und sonstigen Merkmale erfolgen (vgl. Kap. 3.1.4.5). Es sei jedoch darauf hingewiesen, dass die nachfolgende Darstellung in keinster Weise das Vorhandensein möglicher Suppressorvariablen berücksichtigt,[148] die unter Umständen zu einem verzerrenden Effekt bei den dargestellten Variablen führen. So wäre es bspw. denkbar, dass die Art der Unterkunft (Wohnung vs. Einfamilienhaus) zu Suppressionseffekten im Hinblick auf das Involvement mit Strom führen (vgl. Bortz 1999, S. 443-446). Im beschriebenen Fall kann eine derartige Überprüfung in Ermangelung dazu notwendiger Informationen[149] nicht erfolgen und somit auch nicht abschließend beantwortet werden.

**sozio-demografische Merkmale:**

- Der Anteil von Frauen und Männern ist in dieser Gruppe annähernd gleichverteilt (vgl. Tab. 17).
- Probanden der Altersgruppen 18 bis 25 und 26 bis 35 Jahren weisen verstärkt ein geringes Involvement gegenüber Strom auf (vgl. Tab. 19; Anhang II).
- Personen mit AHS- bzw. Universitätsabschluss sind tendenziell stärker in der Gruppe der gering involvierten Probanden vertreten (vgl. Tab. 20; Anhang III).
- Das verfügbare monatliche Haushaltsnettoeinkommen gering involvierter Konsumenten liegt tendenziell eher im oberen Einkommensbereich (ab

148 Hierzu wären weitere Analysen zur Identifikation von Suppressorvariablen notwendig (vgl. Bortz 1999, S. 445ff.).

149 Hierzu wäre es notwendig gewesen, neben der Anzahl der Personen im Haushalt auch festzuhalten, ob die Befragten in einer Wohnung bzw. einem Einfamilienhaus wohnen.

2500 € aufwärts). Haushalte, die über ein monatliches Haushaltsnettoeinkommen unter 1000 € verfügen, können ebenfalls durch ein geringes Involvement gegenüber Strom charakterisiert werden.
- Der Anteil von Personen mit geringem Involvement in Einpersonenhaushalten ist vergleichsweise hoch, jedoch statistisch nicht signifikant (vgl. Tab. 22; Anhang V).
- Im Bundesland Wien ist der Anteil der gering involvierten Probanden jeweils signifikant höher als in den übrigen Bundesländern, was mitunter auf die eingangs erwähnten Suppressionseffekte zurück zu führen ist (vgl. Anhang IV).

**sonstige Merkmale:**

- Probanden mit geringem Involvement sind zwar tendenziell zufriedener mit der Produkt- und Angebotspalette als Personen mit hohem Involvement. Dieser Unterschied ist jedoch nicht statistisch signifikant (vgl. Anhang VII).
- Gering involvierte Auskunftspersonen stehen einer uneingeschränkten Weiterempfehlung ihres Versorgers vergleichsweise skeptisch gegenüber. Nur 13,2 % der gering involvierten Befragten würden ihren Versorger uneingeschränkt weiter empfehlen (vgl. Tab. 28).
- Der Wechsel des derzeitigen Energielieferanten wird in dieser Gruppe am geringsten in Erwägung gezogen. Knapp 65 % der Befragten mit niedrigem Involvement haben sich demnach noch keine Gedanken über einen Versorgerwechsel gemacht (vgl. Tab. 29).

Zusammenfassend sei an dieser Stelle eine verkürzende, dennoch den empirischen Fakten nicht gänzlich entwurzelte Kurzbeschreibung von typischen Konsumenten im Strommarkt, die über ein geringes Produktinvolvement verfügen gestattet: Demnach handelt es sich dabei um eher jüngere, urbane und gut gebildete Konsumenten (unter 35 Jahren), die über ein hohes durchschnittliches Einkommen verfügen. Im Allgemeinen sind sie mit den Produkten und Dienstleistungen ihres Versorgers zufrieden und denken unmittelbar auch nicht an einen Wechsel des Energieversorgers.

Die Tatsache, dass sie allerdings nur sehr eingeschränkt eine Weiterempfehlung ihres Versorgers in Erwägung ziehen, nährt die Vermutung, dass es sich bei der geäußerten Zufriedenheit um eine Form der Zufriedenheit handelt, die im einschlägigen psychologischen Fachschrifttum als resignative Zufriedenheit bezeichnet wird. Resignative Zufriedenheit nennt man in der Psychologie einen Zustand, in dem der Mensch sich damit scheinbar abgefunden hat, nichts an seiner Situation ändern zu können. Um nicht in einen Dauerzustand von Verzweiflung zu verfallen, gaukelt er sich selbst vor, zufrieden zu sein, in Wirklichkeit hat er resigniert und meint an seiner Situation nichts mehr verändern zu können (vgl. u.a. Bruggemann/Groskurth/Ulich 1975, S. 132ff.).

Aufgrund des geringen Involvements am Willensbildungsprozess wird eine von Seiten der Energieversorger angestrengte Markenwahl in letzter Konsequenz von der aktiven Markenbekanntheit gesteuert (vgl. allgemein dazu Steffenhagen 1993, S. 297). Die kommunikativen Anstrengungen der Energieversorger sollten demnach konsequent auf die Steigerung der aktiven Markenbekanntheit ausgerichtet werden.

Unter den eben skizzierten Voraussetzungen kann der Marketing-Manager zur bewussten Beeinflussung marktrelevanter Einstellungen und Verhaltensweisen aus einem umfangreichen Repertoire an Kommunikationsinstrumenten wählen. Die dabei zur Verfügung stehenden Kommunikationsinstrumente werden grundsätzlich in ‚above the line' und ‚below the line'-Instrumente gegliedert. Zu Ersteren zählen die klassische Werbung und Public Relations, zu Letzterem zählen u.a. Verkaufsförderung, Sponsoring, Events, Direktwerbung oder auch Product Placement (vgl. Schweiger/Schrattenecker 2001, S. 101f.).

Die im betrachteten Markt erfolgten Veränderungen im Zuge seiner Liberalisierung führen auch dazu, dass die Verwirklichung von Wettbewerbsvorteilen stärker denn je von der Erreichung einer Unique Communication Proposition abhängt (vgl. Bruhn 1998, S. 67; Meffert/Schürmann 1992, S. 2). Erschwerend tritt hinzu, dass es in der Vergangenheit zu einer ansteigenden Ausdifferenzierung der Kommunikation gekommen ist. Verantwortlich dafür sind u.a. massive strukturelle Änderungen der Medien- und Kommunikationsmärkte, die vor allem durch die steigende Zahl an Medien, die Erhöhung der Kommunikationsaufwendungen sowie die steigende Zahl der eingesetzten Kommunikationsinstrumente gekennzeichnet sind. Damit einhergehend ist auch eine Abnahme der Wirkung jedes für die Werbung eingesetzten Euros zu beobachten (vgl. Belz 1996, S. 122; Morgan/Hunt 1994, S. 20ff.).

Neben den angesprochenen strukturellen Änderungen werden auch verstärkt Veränderungen im Konsumentenverhalten registriert. Als direkte Folge der Entwicklungen auf den Medien- und Kommunikationsmärkten wird die steigende Zahl an Kommunikationsimpulsen betrachtet, denen Konsumenten ausgesetzt sind (vgl. Bruhn 1997, S. 79f.). Wissenschaftliche Studien belegen, dass jedoch nur ein Bruchteil davon aufgenommen und verarbeitet wird. So zeigt etwa Kroeber-Riel (1993, 1987), dass im Durchschnitt 93 % der kommunikativen Botschaften ihre Zielgruppe nicht erreichen (vgl. Kroeber/Riel 1993, S. 137; Kroeber-Riel 1987, S. 258).

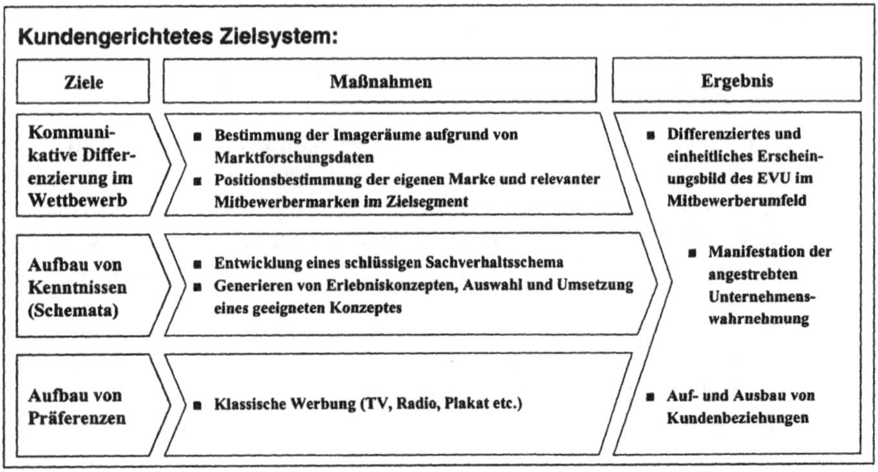


Abbildung 24: Strukturierung der kundengerichteten Ziele
eines Integrierten Kommunikationskonzeptes.

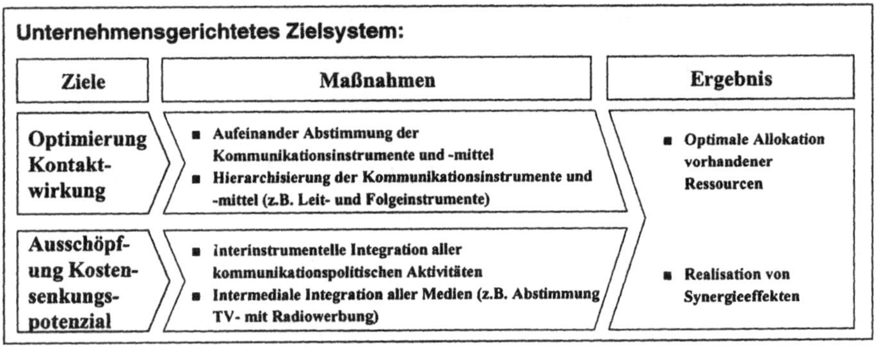


Abbildung 25: Strukturierung der unternehmensgerichteten Ziele
eines Integrierten Kommunikationskonzeptes.

Die rückläufige Wahrnehmung kommunikativer Botschaften im Allgemeinen und das geringe Involvement einer großen Mehrheit der Konsumenten im betrachteten Marktsegment im Speziellen, stellen eine große Herausforderung für das Marketing dar. Ein gangbarer Weg zur Entschärfung dieser Problematik kann darin bestehen, einen koordinierten Einsatz der zur Verfügung stehenden Kommunikationsinstrumente im Rahmen einer Integrierten Kommunikationspolitik zu forcieren (vgl. Bruhn 2003, S. 73ff.; Bruhn 1997, S. 83f.; Bruhn 1992).

Unter dem von Tietz (1982) geprägten Begriff der Integrierten Kommunikation versteht man im weitesten Sinne die Harmonisierung aller kommunikativen Ströme, indem die Kommunikationsinstrumente in einem umfassenden Kommunikationsmix zusammengefasst werden (vgl. Tietz 1982, S. 2275).

Als Kernelemente einer Strategie der Integrierten Kommunikation gelten die strategische Positionierung eines Unternehmens, die Definition der kommunikativen Leitidee und die Identifizierung der optimalen Kommunikationsinstrumente. Der strategischen Positionierung kommt dabei eine Schlüsselrolle zu. Sie umfasst die Hauptziele der Kommunikation und gilt idealerweise für ein möglichst breites Spektrum an Zielkunden (vgl. Bruhn 2003, S. 85). Die möglichen Inhalte eines kunden- und unternehmensgerichteten Zielsystems innerhalb eines Integrierten Kommunikationskonzeptes von EVU wird in Anlehnung an Bruhn (2003) und Boenigk (2001) in den Abbildungen 24 und 25 skizziert (vgl. Bruhn 2003, S. 81-84, Boenigk 2001, S. 12-17).

### 3.1.5.2 Kommunikative Maßnahmen bei hohem Involvement der Konsumenten

Wie schon im vorangegangenen Abschnitt soll auch hier im Vorfeld der Erarbeitung eines möglichen Vorschlages zur Ausgestaltung kommunikativer Maßnahmen eine zusammenfassende Beschreibung von hoch involvierten Auskunftspersonen anhand der schon bekannten Merkmale erfolgen. Auch hier sei auf das Vorhandensein möglicher Suppressorvariablen hingewiesen, deren Effekt im Rahmen dieser Untersuchung nicht quantifiziert wird.

**soziodemografische Merkmale:**

- Die Mehrheit der Probanden mit hohem Involvement sind männlichen Geschlechts (62,5 %). In der Gruppe der hoch involvierten weisen allerdings Frauen ein signifikant höheres Involvement gegenüber Strom als Männer auf (vgl. Tab. 18).
- Ein signifikant hohes Involvement weisen Probanden in den Altersklassen 36 bis 45 und 46 bis 60 Jahre verglichen zu den darunter liegenden Alterskategorien auf (vgl. Anhang II).
- Tendenziell höher involviert sind Personen deren höchste abgeschlossene Schulbildung ein Volks-, Haupt- oder Berufsschulabschluss darstellt. Innerhalb der jeweiligen Kategorie (Volks-, Haupt- und Berufsschule) liegt der Anteil jener mit hohem Involvement jeweils deutlich über 35 % (vgl. Tab. 20).

- Der Anteil hoch involvierter Probanden ist in der Kategorie 1000 bis 1500 Euro monatliches Haushaltsnettoeinkommen mit rund 37 % am höchsten (vgl. Tab. 21).
- Der Anteil hoch involvierter Probanden ist in Mehrpersonenhaushalten zwar vergleichsweise höher, jedoch besteht kein signifikanter Unterschied zwischen der Hauhaltsgröße und dem Involvement der Befragten (vgl. Anhang V).

**sonstige Merkmale:**

- Probanden mit hohem Involvement sind weniger zufrieden mit der Produkt- und Angebotspalette als Auskunftspersonen der übrigen Gruppen (vgl. Tab. 26).
- Die Anzahl von Befragten, die kritischer im Zusammenhang mit der Beurteilung der Serviceleistungen von EVU sind, ist in der Gruppe der hoch involvierten Probanden größer (vgl. Tab. 27).
- Innerhalb hoch involvierter Probanden befindet sich jeweils die größte Gruppe derer, die ihren Energieversorger uneingeschränkt weiterempfehlen würde, sowie jene, die ihren Versorger auf keinen Fall weiterempfehlen würde (vgl. Tab. 28).
- Der Wechsel des derzeitigen Versorgers wird in der Gruppe der hoch involvierten Probanden am stärksten in Betracht gezogen (vgl. Tab. 29).

Möchte man das Bild typischer Nachfrager mit hohem Involvement entwerfen, so könnte dieses wie folgt skizziert werden: Es handelt sich dabei zu einem überwiegenden Anteil um männliche Nachfrager, im Alter von Mitte dreißig bis etwa sechzig Jahre, die über ein monatliches Haushaltsnettoeinkommen in der Höhe von 1000 bis 2500 Euro verfügen. Im Allgemeinen sind hoch involvierte Nachfrager mit den Produkten und Dienstleistungen ihres Versorgers weniger zufrieden und das Interesse an einem Versorgerwechsel ist überdurchschnittlich hoch.

Für die kleine Gruppe von hoch involvierten Kunden (3 %) sollten kommunikative Maßnahmen vor allem darauf gerichtet sein, die eher ‚negative Grundeinstellung' gegenüber Energieanbietern und ihren Produkten und Dienstleistungen im Allgemeinen zu verbessern. Hierzu eignet sich das bereits angesprochene Integrierte Kommunikationskonzept. Im Speziellen sind jedoch kommunikative Maßnahmen notwendig, die sich an jene Gruppe von Konsumenten richten, die neben einer hohen Ich-Beteiligung auch eine hohe Wechselbereitschaft aufweisen.

Die Wahl eines neuen Anbieters wird in diesem Falle zentral von der kognitiven Einstellung zum Unternehmen bzw. zur Marke gesteuert (siehe bspw. Steffenhagen 1993, S. 297). Für die Energieversorger empfiehlt es sich deshalb, die kommunikative Zielsetzung schwerpunktmäßig auf die Veränderung der kognitiven Einstellung zur Marke auszurichten. Zur Realisierung dieser Zielsetzung empfiehlt etwa Bruhn (2003) den Einsatz klassischer Persuasionswerbung mittels informativer Techniken (vgl. Bruhn 2003, S. 141).

Die Kommunikationsstrategie von Energieversorgungsunternehmen sollte demzufolge stark informativ ausgerichtet sein, um sowohl wechselbereite Kunden als auch potenzielle Neukunden über die besonderen Produktvorteile, Serviceleistungen oder spezielle Aktionen zu informieren bzw. sie davon überzeugen zu können.

### 3.1.6 Kritische Würdigung der gewählten Vorgehensweise

Im vorangehenden Kapitel wurde versucht, eine empirisch-qualitative Methode der Datenbeschaffung für die Entwicklung eines Tests zur Erfassung des Involvements von Privatkunden mit Strom nutzbar zu machen. Trotz der primär dem Ergebnis zugewandten Absicht ist das Interesse auch auf die Methode gerichtet, um sie für einen Bereich wissenschaftlicher Forschung nutzbar zu machen, der nicht immer den Weg an die Öffentlichkeit findet: die Entwicklung von Testitems.

Die Ableitung der Statements aus dem reichhaltigen und der Qualität nach ungemein ergiebigen Material stellt eine große Herausforderung dar und sollte, wenn der Forscher sich nicht dem Vorwurf des wilden Deutens aussetzen möchte, nur regelgeleitet und systematisch in Angriff genommen werden. Ob Gruppendiskussionsergebnisse und ihre Interpretation es erlauben im empirisch-quantitativen Sinne verallgemeinert zu werden ist zu keinem Zeitpunkt Gegenstand dieser Arbeit, da hier eine Kombination mit der orthodoxeren Umfragemethode gewählt wird, um so die Leistungsfähigkeit der methodischen Vorgehensweise unter Beweis zu stellen.

Ungeachtet der methodischen Probleme von Gruppendiskussionen, die von der Auswahl des Teilnehmerkreises über die Wahl der Stimuli bis hin zur interpretativen Auswertung der Ergebnisse reichen, stellen sie eine Alternative zur gängigen Vorgehensweise der Itementwicklung dar. Anhand der empirisch-quantitativen Untersuchung kann so nicht nur die Güte des entwickelten Tests, sondern auch die Eignung der gewählten Methode und Vorgehensweise vorläufig bestätigt und somit nicht falsifiziert werden.

Abschließend sei noch daran erinnert, dass nur durch eine prozesshafte und systematische Vorgehensweise, sowie deren Dokumentation sichergestellt werden kann, dass explorative Arbeit wieder stärker in den wissenschaftlichen Forschungsprozess integriert und somit der kollegialen Diskussion zugeführt werden kann.

## 3.2 Einsatz der Conjoint-Analyse zur nachfrageorientierten Produktgestaltung

Die im Rahmen der Problemstellung aufgeworfene Forschungsfrage fokussiert die nachfrageorietierte Produktgestaltung auf dem Privatkundenmarkt für Strom. Mit Hilfe der Methode der Conjoint-Analyse können basierend auf den globalen Präferenzaussagen von Befragten die Nutzenbeiträge einzelner Produkteigenschaften quantifiziert und so deren Beitrag zum Gesamtnutzen ermittelt und empirisch überprüft werden. Wissenschaftstheoretisch bedeutet dies, dass der gewählte Ansatz wohl falsifiziert, nicht aber verifiziert werden kann (vgl. Chalmers 2001, S. 52ff.; Popper 1993, S. 370ff.).

Ausgangspunkt der Untersuchung war der im Zuge der Vorüberlegungen sich manifestierende Eindruck, dass zahlreiche Energieversorger, getrieben durch die Liberalisierung der Märkte, eine eher improvisiert wirkende Neuproduktentwicklung einer wohlüberlegten und an den Kundenbedürfnissen orientierten Entwicklung von neuen Produkten und Dienstleistungen den Vorzug gaben. Dieser Eindruck konnte weitestgehend in Gesprächen mit führenden Vertretern der österreichischen Stromwirtschaft und von ihnen zur Seite stehenden Beratern bestätigt werden.

Vor diesem Hintergrund wurde im Rahmen der vorliegenden Arbeit untersucht, welche grundätzlichen Möglichkeiten bestehen, das Produkt Strom und das damit verbundene Vertragsverhältnis an den Bedürnissen und Erwartungen der Kunden auszurichten. Tradierte Verhaltensweisen in der Stromvermarktung der ehemaligen Gebietsmonopolisten scheinen überholt, weshalb der diskutierte Ansatz der nachfrageorientierten Produktgestaltung herangezogen werden soll, um vermutete Diskrepanzen zwischen dem derzeitigen Leistungsangebot und den Anforderungen der Nachfrager aufzudecken.

### 3.2.1 Identifikation relevanter Merkmale und ihrer Ausprägungen

Zur Identifikation erster Attribute und einer besseren Orientierung über den gegenständlichen Markt, dienten Gespräche sowohl mit Managern der Energiewirtschaft als auch mit deren externen Beratern. Gegenstand dieser Unterhaltungen waren in erster Linie jene Eigenschaften eines typischen Angebotes an Privatkunden, die auch als kaufrelevant erachtet werden. Methodisch wurde hierzu auf die Technik eines non-direktiven Leitfadeninterviews zurückgegriffen (vgl. Diekmann 2002, S. 373ff.; Schub von Bossiazky 1992, S. 89f.).

Parallel dazu wurden Gruppendiskussionen mit Konsumenten zu diesem Themenkomplex durchgeführt (siehe auch Kap. 3.1). Ziel war auch hierbei jene Produkteigenschaften zu identifizieren, die die Urteilsdimensionen der Nachfrager möglichst umfassend widergeben. Die Vorgehensweise orientierte sich dabei weitgehend an dem Vorschlag von Gustafsson, Erkdahl und Bergman (1999), die eine Kombination aus explorativen Vorerhebungen und Expertenurteilen zur Generierung relevanter Attribute empfehlen (vgl. Gustafsson/Erkdahl/Bergman 1999, S. 331f.).[150]

Die in den Gruppendiskussionen und den Expertengesprächen ermittelten Merkmale wurden von den Auskunftspersonen in einem weiteren Schritt nach ihrer Wichtigkeit bei der Kaufentscheidungsfindung gereiht, um so eine überschaubare Menge an redundanzfreien Produkteigenschaften zu generieren, die den in Kapitel 2.3.2.3.1 besprochenen Anforderungen genüge tun. Die so ermittelten Produktmerkmale und –ausprägungen sind in der nachstehenden Abbildung zusammengefasst und sollen im Folgenden kurz erläutert werden (vgl. Abb. 26).

**Merkmal Tarifsystematik:**

*Grundgebühr plus Preis pro kWh:* Es handelt sich dabei um die heute wohl gängigste Tarifvariante in der Stromwirtschaft. Der Tarif besteht aus zwei Komponenten und unterscheidet zwischen einer fixen Grundgebühr für Stromzähler und Messdienstleistungen sowie einer verbrauchsabhängigen Gebühr pro kWh.

*Fixpreis pro kWh:* Im Unterschied zur vorhergehenden Tarifvariante entfällt aus Sicht des Kunden die Verrechnung einer Grundgebühr. Diese Tarifvariante enthält nur eine variable Preiskomponente, die von der abgenommenen Menge (kWh) abhängt.

*Pauschalpreis für bestimmte Strommenge:* Diese Variante sieht einen Pauschalpreis für eine im vorhinein bestimmte jährliche Menge an Strom vor. Basis für die Ermittlung der Stromkosten ist der durchschnittliche Verbrauch aus den Vorperioden. Etwaige Mehr- oder Minderverbräuche werden zu einem vereinbarten Preis verrechnet. Zu prüfen war, ob diese - dem vorhergehenden Modell sehr ähnliche - Variante aufgrund des in den Gruppendiskussionen verstärkt ge-

---

150 Auch andere Autoren lassen die Startmenge der Attribute von Experten bzw. Unternehmensvertretern vorgeben (vgl. Reibstein/Bateson/Boulding 1988, S. 275).

äußerten Wunsches nach einem derartigen Tarifmodell auch über die Gruppendiskussion hinaus eine breite Zustimmung erfährt.

| **Merkmal** | **Merkmalsausprägungen** | | |
|---|---|---|---|
| **Tarifsystematik** | Grundgebühr plus Preis pro kWh (meist heutiges Modell) | Fixpreis pro kWh (Grundgebühr entfällt) | Pauschalpreis für bestimmte Strommenge pro Jahr |
| **Add-ons** | Zusatzservice: Individuelles Verbraucherprofil | Zusatzservice: Internet über Stromnetz (PLC) | Zusatzservice: Haushaltsversicherung |
| **Treue-, Bonus-programm** | Vertrag beinhaltet Treueprogramm (wie z.B. Mobil Points, Mäxchen etc.) | Vertrag beinhaltet KEIN Treueprogramm | |
| **Preisniveau** | 95 % des heutigen Preisniveaus | Heutiges Preisniveau | 105 % des heutigen Preisniveaus |
| **Art der Erzeugung** | Strom aus Energieträgermix | Ökostrom (nur aus regenerativen Energiequ.) | Strom aus unbekannter Erzeugung (auch Atomstr.) |
| **Zahlungs-bedingungen** | Abchlagszahlungen mit Jahresendabrechnung | Jede Zahlung nach tatsächlichem Verbrauch | |
| **Erstvertrags-laufzeit** | 3 Monate | 6 Monate | 12 Monate |

Abbildung 26: In der Untersuchung berücksichtigte kaufrelevante Merkmale und Merkmalsausprägungen.

## Merkmal Add-ons:

*Individuelles Verbraucherprofil:* Als Zusatzservice wird dem Konsumenten ein individuelles Verbraucherprofil zur Verfügung gestellt. Der Stromverbrauch wird darin auf tagesbasis erfasst und kann vom Kunden genau verfolgt werden. Dieses Service wurde in Anlehnung an die Einzelgesprächsnachweise in der Mobilfunkbranche aufgenommen.

*Internet über Stromnetz (Power Line Communication):* Bei diesem zusätzlichem Service handelt es sich um eine neue Technologie, die die Nutzung des Internets über Stromleitungen ermöglichen soll. Hier galt es zu prüfen, ob es sich dabei um eine Dienstleistung handelt die in Kombination mit Strom ein attraktives Produktbündel darstellt.

*Haushaltsversicherung:* Diese Zusatzleistung wurde stellvertretend für sogenannte ‚stromferne' Dienstleistungen ausgewählt. Das Hauptaugenmerk dabei, lag in der Ermittlung von Möglichkeiten einer Erweiterung des Dienstleistungskranzes über die ‚stromnahen' Dienstleistungen hinaus.[151]

**Merkmal Treue-, Bonusprogramm:**

*Vertrag beinhaltet Treueprogramm bzw. kein Treueprogramm:* In den Gruppendiskussionen wurde von Teilnehmern wiederholt betont, dass eine Form der Treuevergütung durchaus erwünscht werde. Insbesondere wurden diverse Programme von namhaften Einzelhandelsketten und Mobilfunknetzbetreibern diesbezüglich beispielhaft diskutiert. Es interessiert deshalb, ob eine Erweiterung des Angebotes um ein Treueprogramm eine kaufentscheidende Steigerung des Nutzens nach sich zieht.

**Merkmal Preisniveau:**

*95 % des heutigen Preisniveaus; heutiges Preisniveau; 105 % des heutigen Preisniveaus:* Obwohl in der Literatur immer wieder methodische Vorbehalte gegenüber diesem Merkmal geäußert werden, wurde der Preis in die Untersuchung einbezogen.[152] Die gewählten Preisabstände sind relativ gering. Die daraus resultierende Preisspanne wurde in Abstimmung mit den Experten festgelegt und repräsentierte zum Zeitpunkt der Befragung den maximalen Preisspielraum. Die Darstellung von Preisabständen in Prozent vom heutigen Preisniveau wurde einer Angabe von absoluten Beträgen vorgezogen, da bei den Teilnehmern der Gruppendiskussionen die Kenntnis von Preisen nur sehr schwach ausgeprägt war.

---

151 Aus den unter Kapitel 2.3.3.3.1 genannten Limitationen im Zusammenhang mit der Anzahl von Merkmalen sollte im Sinne der Popper'schen Scheinwerfertheorie zumindest ein Schlaglicht auf die Möglichkeit einer derartigen Kombination von Strom und ‚energiefremder' Dienstleistung geworfen werden, um daraus ein mögliches Potenzial derartiger Produktbündel abzuleiten. Dies böte in weiterer Folge einen Ansatzpunkt für diesbezüglich weit reichendere Forschungen (vgl. Popper 1993, S. 354ff.; Popper 1979).

152 Die Anwendung und die Eignung der Conjoint-Analyse für Preisentscheidungen konnte jedoch in zahlreichen empirischen Studien gezeigt und belegt werden (vgl. u.a. Mahajan/Green/Goldberg 1982; Page/Rosenbaum 1987; Kohli/Mahajan 1991). Sattler und Nitschke (2003) weisen in ihrer jüngst durchgeführten Vergleichsstudie von Instrumenten zur Erhebung von Zahlungsbereitschaften einen signifikanten Unterschied zwischen hypothetischen und realen Zahlungsbereitschaften bei der Conjoint-Analyse nach und empfehlen deshalb direkte Preisbefragungen bei derartigen Problemstellungen zu bevorzugen (vgl. Sattler/Nitsche 2003, S. 378f.).

**Merkmal Art der Erzeugung:**

*Strom aus Energieträgermix:* Hierunter wurden bis auf die atomare Stromerzeugung alle Formen der Stromerzeugung subsumiert. D.h. der Stromanbieter vertreibt Strom, der in Kohle-, Gas- und/oder Wasserkraftwerken, auch unter Ausnutzung von Kraft-Wärme-Kopplung (KWK), produziert wird.

*Strom aus regenerativen Energiequellen:* Der vom Enrgieanbieter verkaufte Strom wird ausschließlich in Biomasse-, Solar-, Wind- und/oder Wasserkraftanlagen produziert. Die Erzeugung von Strom aus regenerativen Energiequellen wird idR. von einer unabhängigen Stelle kontrolliert.

*Strom aus unbekannter Erzeugung:* In den Kraftwerken der Stromversorger werden diejenigen Energieträger, die in den jeweiligen Herkunftsländern üblich sind zur Stromerzeugung genutzt. Üblicherweise wird ein deutlicher Anteil der verkauften Energie auf internationalen Strombörsen zugekauft, wobei idR. nicht darauf geachtet wird wo und wie dieser Strom erzeugt wurde. Insofern ist es wahrscheinlich, dass bspw. auch ein österreichischer Anbieter Strom aus unbekannter Erzeugung und somit Atomstrom seinen Kunden verkauft.

**Merkmal Zahlungsbedingungen:**

*Abschlagszahlungen mit Jahresendabrechnung:* Es handelt sich dabei um die heute am weitesten verbreitete Form der Abrechnung. Dabei wird der Stromverbrauch des Kunden im vorhinein aufgrund von einschlägigen Parametern (z.B. Wohnfläche in m², Anzahl der Bewohner, Ausstattung mit Elektrogeräten usw.) geschätzt. Diese Schätzung bildet die Basis für die in periodischen Abständen erfolgenden Zahlungsvorschreibungen. Üblicherweise wird eine Abrechnung der tatsächlich verbrauchten Strommenge am Ende einer Abrechnungsperiode (meist ein Jahr) vorgenommen. Liegt der tatsächliche Verbrauch unter dem Schätzwert erhält der Kunde üblicherweise eine Gutschrift auf seinem Kundenkonto und die Abschlagszahlungen werden entprechend dem Verbrauchsverhalten angepasst. Mehrverbräuche ziehen eine Nachzahlung sowie ebenfalls eine Anpassung bei den Abschlagszahlungen nach sich. Die Zufriedenheit mit diesem Modell war bei den Teilnehmern der Gruppendiskussion sehr gering. Hauptkritikpunkt waren die oft hohen Nachzahlungen aufgrund einer falschen Verbrauchseinschätzung.

*Zahlung nach tatsächlichem Verbrauch:* Angeregt durch die Erkenntnisse aus den Gruppendiskussionen wurde diese Merkmalsausprägung abgeleitet. Anstelle der Abschlagszahlungen bezahlt der Kunde zu jedem Abrechnungszeitpunkt den Preis für die tatsächlich von ihm verbrauchte Menge an elektrischer Energie.

Aus Sicht der Kunden wäre damit ein Lösung für die Schwächen des Abschlagszahlungssystems erreicht.

**Merkmal Erstvertragslaufzeit:**

*3 Monate; 6 Monate; 12 Monate:* Einen wesentlichen Vertragsbestandteil bildet aus Sicht der Energieversorger die Vertragslaufzeit. Bei Abschluss von Neuverträgen wird üblicherweise eine sogenannte Erstvertragslaufzeit vereinbart. Kündigt der Kunde nicht innerhalb einer bestimmten Frist, wird aus dem bestehende Vertrag ein neuerliches Vertragsverhältnis über einen bestimmten Zeitraum begründet. Zu prüfen ist, wieviel Flexibilität aufgrund der jeweiligen Erstvertragslaufzeit aus Sicht der Kunden wünschenswert ist.

### 3.2.2 Auswahl des Erhebungsdesigns

Die Vor- und Nachteile der zur Verfügung stehenden Erhebungsverfahren wurden in Kapitel 2.3.2.3.2 dargestellt. So wurden u.a. die methodischen Schwächen und der damit verbundene Rückgang bei der Zwei-Faktor-Methode besprochen. Eine Anwendung dieser Vorgehensweise scheint somit unter Berücksichtigung der gegebenen Vorraussetzungen kaum empfehlenswert, so dass zwischen der Profil-Methode, den Hybrid-Verfahren und dem Limit-Conjoint-Verfahren zu entscheiden bleibt.

Die Begrenztheit der Profil-Methode unterbindet ebenfalls eine sinnvolle Anwendung für die vorliegende Problemstellung, da augrund der großen Zahl zu bewertender Stimuli eine Informationsüberlastung der Probanden zu erwarten ist. Ein nicht reduziertes Design würde demnach $3^5 \cdot 2^2 = 972$ zu vergleichende Alternativen umfassen (vgl. Green/Srinivasan 1990, S. 11).

Verbleiben somit die Verfahren der Hybriden und der Limit Conjoint-Analyse, wobei letztere wie die Aufarbeitung der einschlägigen Literatur zeigt, noch über bedeutende methodische Schwächen verfügt und deshalb für die vorliegende Untersuchung auszuscheiden ist. Als eine weit verbreitete Variante der Hybrid-Verfahren gilt die Adaptive Conjoint-Analyse (vgl. bspw. Wittink/Vriens/Burhenne 1994, S. 44). Sie eignet sich stets auch dann, wenn lediglich eine kleine Fallzahl vorliegt, da sie wie oben besprochen individuelle Nutzenfunktionen ermittelt und dadurch „[...] the small sample size arising from a small population of buyers is not a problem“ (Auty 1995, S. 191). Ein weiterer Vorteil der Adaptiven Conjoint-Analyse ist die Anpassung der Stimuli im Verlaufe des interaktiven Computerinterviews, so dass der Proband seine Angaben berücksichtigt sieht und sein Interesse an der Befragung zumindest gewahrt bzw. idealerweise gesteigert wird (vgl. Carmone/Schaffer 1995, S. 116ff.; Simon 1992a, S. 60; Wittink/Cattin 1989, S. 94; Johnson 1987, S. 263).

Der Effekt, dass Probanden Merkmalen mit mehr Ausprägungen systematisch mehr Bedeutung beimessen ist bei der Adaptiven Conjoint-Analyse bedeutend geringer als bei der Profil-Methode (vgl. Perrey 1996, S. 114; Wittink/Vriens/Burhenne 1994, S. 49; Huber/Wittink/Fiedler/Miller 1993, S. 107). Im vorliegenden Fall wurden diese Erkenntnisse aus früheren Studien berücksichtigt und eine Beschränkung auf maximal drei Ausprägungen je Merkmal vorgenommen, um systematischen Verzerrungen in den Ergebnissen vorzubeugen.

Vergleichende Studien zur Reliabilität der unterschiedlichen Methoden lassen keine davon als überragend erkennen, wiewohl die Adaptive Conjoint-Analyse als zumindest gleichwertig mit der Profil-Methode beurteilt wird (vgl. Herrmann/Schmidt-Gallas/Huber 2000, S. 258ff.; Wittink/Reibstein/Boulding/Bateson/Walsh 1989, S. 371; Wittink/Walsh 1988, S. 7f.; Bateson/Reibstein/Boulding 1987, S. 451ff.). In puncto Prognosevalidität konstatieren u.a. Agarwal und Green (1991) eine Überlegenheit der Adaptiven Conjoint-Analyse gegenüber der Profil-Methode (vgl. Agarwal/Green 1991, S. 141; oder Huber/Wittink/Fiedler/Miller 1993, S. 111). Die höhere Ergebnisgüte der interaktiven Computerbefragung gegenüber traditionellen Ansätzen wird ebenfalls positiv hervorgehoben (vgl. Gustafsson/Herrmann/Huber 2000, S. 15f.; Wittink/Walsh 1988, S. 17; Böcker 1986a, S. 566; Schweikl 1985, S. 191). Unter Berücksichtigung der skizzierten Ausführungen erscheint die Wahl der Adaptiven Conjoint-Analyse als bevorzugte Erhebungsmethode für die vorliegende Studie als sinnvoll und somit auch gerechtfertigt zu sein.

## 3.2.3 Präferenzmodellierung

### 3.2.3.1 Auswahl der Bewertungsfunktion

Aufgrund seiner Vorzüge kommt in der Marketingpraxis das Teilnutzenwertmodell am häufigsten zum Einsatz (vgl. u.a. Perrey 1998, S. 69). Das Teilnutzenwertmodell trifft keine Annahmen über die Gesalt bzw. den Verlauf der Bewertungsfunktion und ist in Hinblick auf die Präferenzwirkungen der Eigenschaftsausprägungen völlig flexibel (vgl. Gustafsson/Herrmann/Huber 2000, S. 10f.; Hahn 1997, S. 52). Einige der vorliegenden Merkmale würden sich auch für das Idealvektor- oder Idealpunktmodell eignen, wie bspw. das Merkmal Preis, wo die ideale Ausprägung im niedrigsten Preisniveau vermutet wird und demzufolge eine Überschreitung dieser Schwelle zu einem niedrigeren Teilnutzenwert führt. Dennoch wird für die vorliegende Untersuchung das Teilnutzenwertmodell bevorzugt.

#### 3.2.3.2 Auswahl der Verknüpfungsfunktion

Die Adaptive Conjoint-Analyse bietet im Zusammenhang mit der Wahl einer geeigneten Verknüpfungsfunktion keinerlei Freiheitsgrade. Es steht ausschließlich ein additives Modell zur Verfügung, das die Schätzung der Haupteffekte gestattet (vgl. bspw. Herrmann/Schmidt-Gallas/Huber 2000, S. 256ff.; Johnson 1987, S. 256).

### 3.2.4 Ermittlung der Präferenzurteile

#### 3.2.4.1 Methodischer Steckbrief

Basis der vorliegenden Untersuchung bildet eine persönliche Konsumentenbefragung, die im Frühjahr 2002 in Zusammenarbeit mit der Energie Allianz Austria GmbH und Simon, Kucher & Partners durchgeführt wurde. Insgesamt wurden 339 Interviews mit Privatkunden in den Bundesländern Wien, Niederösterreich, Burgenland, Steiermark, Salzburg und Oberösterreich durchgeführt. In Bezug auf die regionale Streuung der Zahl der Interviews wurde mit den Sponsoren der Studie eine Quote festgelegt (vgl. Tab. 31).

| **Bundesland** | | **Anzahl Interviews** | |
|---|---|---|---|
| | Quote | Anzahl in Stichprobe | Ausschöpfungsgrad |
| Wien | 120 | 130 | 108 % |
| Niederösterreich | 50 | 51 | 102 % |
| Burgenland | 40 | 36 | 90 % |
| Steiermark | 40 | 39 | 98 % |
| Salzburg | 40 | 41 | 103 % |
| Oberösterreich | 40 | 42 | 105 % |
| Σ | 330 | 339 | 103 % |

Tabelle 31: Anzahl der Interviews nach Bundesländern.

Darüber hinaus wurde eine Quote für das Merkmal Geschlecht und die verwendeten Alterskategorien erarbeitet. Das Verhältnis zwischen weiblichen und männlichen Probanden wurde abweichend von der tatsächlichen Verteilung in der österreichischen Wohnbevölkerung gewählt. Grund dafür bildete die Annahme, dass insbesondere in Familien und ähnlichen Lebensgemeinschaften die Entscheidung über den Bezug von elektrischer Energie tendenziell von Männern getroffen wird. Diese Vermutung konnte durch die Gruppendiskussionen und die geführten Expertengespräche zumindest vorläufig bestätigt werden, sodass eine Verteilung von 40 % an weiblichen und 60 % an männlichen Probanden festgelegt wurde. Beim Merkmal Alter wurde lediglich eine grobe Quotierung vorgenommen. 70 % der Auskunftspersonen sollten den Kategorien 18 bis 25, 26 bis 35 und 36 bis 45 Jahren zugeordnet werden können und die restlichen 30 % auf die Alterskategorien darüber (vgl. Tab. 32).

| **Merkmal** | **Anzahl Interviews** | | |
|---|---|---|---|
| | Quote | Anzahl in Stichprobe | Ausschöpfungsgrad |
| Geschlecht | | | |
| weiblich | 132 | 139 | 105 % |
| männlich | 198 | 200 | 101 % |
| Σ | 330 | 339 | 103 % |
| Alter | | | |
| 18 bis 25 Jahre<br>26 bis 35 Jahre<br>36 bis 45 Jahre | 231 | 253 | 110 % |
| 46 bis 60 Jahre<br>über 60 Jahre | 99 | 85 | 86 % |
| Σ | 330 | 338 | 102 % |

Tabelle 32: Anzahl Interviews nach Geschlecht und Alterskategorie.

Weitere Details zur methodischen Vorgehensweise können der nachstehenden Abbildung 27 entnommen werden.

| | |
|---|---|
| **Erhebungsform** | **Persönliche Befragung; Kombination aus Papierfragebogen und computergestützter Conjoint-Analyse** |
| **Grundgesamtheit** | **Wohnbevölkerung von Wien, Niederösterreich, Burgenland, Steiermark, Salzburg, Oberösterreich** |
| **Stichprobenumfang** | **339 Auskunftspersonen** |
| **Befragter Personenkreis** | **Privat- bzw. Haushaltskunden; APN, die im Falle eines Lieferantenwechsels Kaufentscheidung tragen (Screening)** |
| **Auswahlmodus** | **Quota-Verfahren** |
| **Erhebungszeitraum** | **22. April bis 17. Mai 2002** |
| **Steuerung und Kontrolle** | **Interviewersteuerung und -kontrolle sowie logische Kontrolle der Antworten durch den Untersuchungsleiter** |
| **EDV-Auswertung** | **ACA 4.0, SPSS 10.0, Excel 97** |

Abbildung 27: Methodischer Steckbrief.

### 3.2.4.2 Präsentationsformat und Datenerhebungsverfahren

Im Zusammenhang mit der Wahl des Präsentationsformates und des Datenerhebungsverfahrens wurde entsprechend der unter Kapitel 2.3.2.3.3 vorgestellten Fragen eine systematische Auswahl vorgenommen.

Aufgrund des spezifischen Leistungscharakters der Stimuli, der vor allem durch die besonderen technisch-physikalischen Eigenheiten von Strom determiniert ist, wird auf eine ausschließlich verbale Repräsentation der Stimuli zurückgegriffen. Die Datenerhebung erfolgte im Rahmen persönlicher, computergestützter Befragungen.

Im nachfolgenden Abschnitt wird ein kurzer Überblick über den interaktiven und mehrstufigen Ablauf des Conjoint-Interviews geboten, an den sich Erläuterungen zur Ermittlung der Teilnutzenwerte im jeweiligen Befragungsabschnitt anschließen.

## 3.2.5 Parametrisierung der Präferenzmodelle

Die Adaptive Conjoint-Analyse ermittelt in einem dreistufigen Vorgehen die Teilnutzenwerte für jede Merkmalsausprägung. In der ersten Stufe werden die Teilnutzenwerte mittels einer kompositionellen Präferenzmessung erhoben. Die Ermittlung von Teilnutzenwerten aus dem paarweisen Vergleich multiattributiver Stimuli (Trade-offs) ist Gegenstand der zweiten Stufe. Die dritte und letzte

Stufe umfasst für jede Eigenschaftsausprägung die Verdichtung der ermittelten Nutzenwerte zu einem Teilnutzenwert (vgl. Herrmann/Schmidt-Gallas/Huber 2000, S. 258ff.; o.V. 1994, S. 3 – 1ff.).

Aus Sicht des befragten Konsumenten erscheint am Beginn des ACA-Interview ein sogenannter „First Screen" (o.V. 1994, S. 3 – 2), der üblicherweise einen Begrüßungstext und Angaben über die Tastensteuerung und die Navigation durch das Programm bietet. Das Programm kann jedoch vom Benutzer individuell an seine Bedürfnisse angepasst und dementsprechend programmiert werden. Im gegenständlichen Fall wurden beispielsweise drei Fenster (Screen 0 – 1 bis 0 – 3) für die Start- und Einführungsphase programmiert (vgl. Abb. 28).

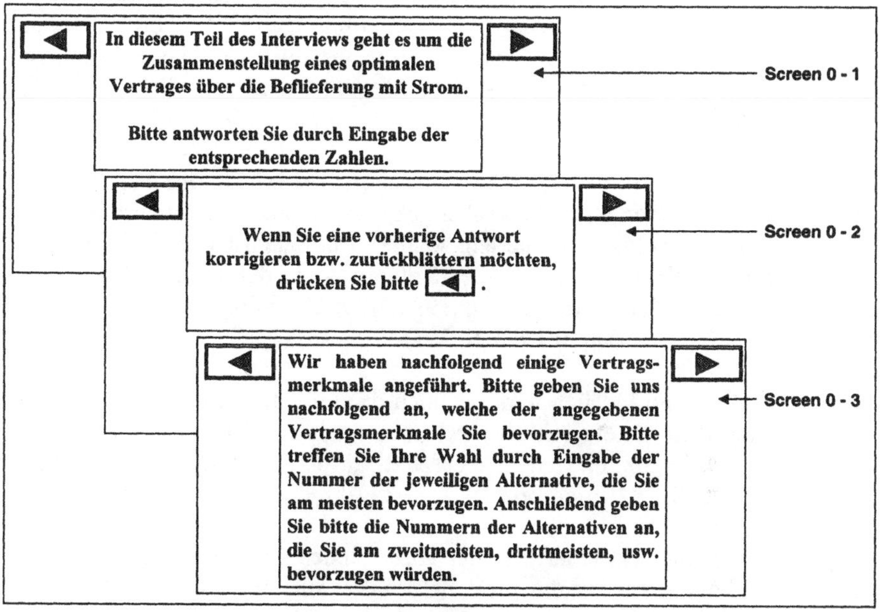


Abbildung 28: Begrüßungs- und Einführungstext – ACA-Interview.

Danach hat der Anwender die Möglichkeit eine Passage in das ACA-Interview zu integrieren, in welcher der Proband aufgefordert wird jene Eigenschaftsausprägungen von den angezeigten Merkmalen zu spezifizieren, die aus seiner Sicht inakzeptabel sind. Es sollen dadurch jene Ausprägungen im Vorfeld des eigentlichen Conjoint-Interviews eliminiert werden, die bei einer Integration in die Conjoint-Aufgabe zu möglicherweise widersprüchlichen Angaben führen könnten. So wäre es denkbar, dass der Proband bspw. ein Produkt, das auch nur eine dieser inakzeptablen Ausprägungen enthält, keinesfalls einem anderen gegenüber vorziehen würde, unabhängig davon wie nutzenstiftend dieses Produkt bezüglich aller anderen Merkmalsausprägungen ist (vgl. Green/Krieger/Bansal 1988, S. 293).

Auch wenn Carmone (1987) positiv vermerkt, dass dieses Vorgehen die Annahme streng kompensatorischen Wahlverhaltens der Probanden entschärft und Wittink und Cattin (1989) dadurch auch die Gefahr des information overload eingedämmt sehen, bleiben berechtigte Zweifel ob des Einflusses und der Auswirkungen auf die nachfolgenden Beurteilungsaufgaben (vgl. Carmone 1987, S. 326f.; Wittink/Cattin 1989, S. 95).

Kritik an diesem Vorgehen wird dahingehend geäußert, dass insbesondere bei Probanden, die zwar Merkmalsausprägungen eliminieren in der Folge allerdings ein abweichendes Verhalten aufweisen, es zwangsläufig zu Fehlspezifikationen des Nutzenmodells kommen muss (vgl. Mehta/Moore/Pavia 1992, S. 470f.; Green/Krieger/Bansal 1988, S. 293f.).

Die angesprochene Problematik versuchten Forscher zu entschärfen, indem sie die von den Probanden als inakzeptabel gekennzeichneten Merkmalsausprägungen nicht aus der Studie eliminierten, sondern mit einem ausreichend geringen Teilnutzenwert belegten und die Ausprägungen so in der Untersuchung integriert blieben (vgl. Mehta/Moore/Pavia 1992, 470; Green/Krieger/Agarwal 1991, S. 216; Green/Krieger/Bansal 1988, S. 293).

In den einschlägigen Quellen wird dennoch dazu geraten, auf diese Sektion im Rahmen eines ACA-Interviews zu verzichten, so dass das Interview mit der Erhebung der Präferenz für jede Eigenschaftsausprägung beginnt (vgl. Agarwal/Green 1991, S. 142f.; Johnson 1987, S. 259).[153]

Dieser Empfehlung wurde auch in der vorliegenden Untersuchung gefolgt, sodass den Probanden bis auf das Merkmal Preis[154] alle eingeflossenen Merkmale sowie –ausprägungen präsentiert wurden und sie eine Rangfolge der Vorziehenswürdigkeit der einzelnen Ausprägungen erstellen mussten. Die nachfolgen-

---

[153] Auch Sawtooth Software - der Hersteller der ACA-Software - empfiehlt die Sektion „Unacceptables“ bei Anwendung der Adaptiven Conjoint-Analyse nicht zu verwenden und weist darauf hin, dass im Besonderen „researchers should recognize that by permitting the respondent to make unacceptable indications on only a subset of the attributes, the importance and influence of those attributes can be artificially increased relative to attributes for which respondents cannot mark unacceptables“ (o.v.o.J, S. 5).

[154] Das Merkmal Preis wurde von einem Ranking ausgenommen, da hier eine A-Priori-Annahme bezüglich der Präferenzwirkung durchaus vertretbar erschien, und im gegenständlichen Fall davon ausgegangen werden kann, dass mit einem höheren Preis ein geringerer Nutzen und vice versa verbunden ist.

den Abbildung zeigt am Beispiel des Merkmals Tarifsystematik wie sich das Ranking aus Sicht der Probanden darstellt (Screen 1 – 1). Im gegenständlichen Fall muss der Proband drei Merkmalsausprägungen reihen. Er wählt dabei dass von ihm am meisten bevorzugte als erstes, um dann aus den verbleibenden (Screen 1 – 2), das bevorzugte zu wählen. Für die letzte Ausprägung besteht verständlicherweise kein Freiheitsgrad zur Rangreihung, so dass das Programm automatisch zur Darstellung des nächsten Merkmals übergeht (vgl. Abb. 29).[155]

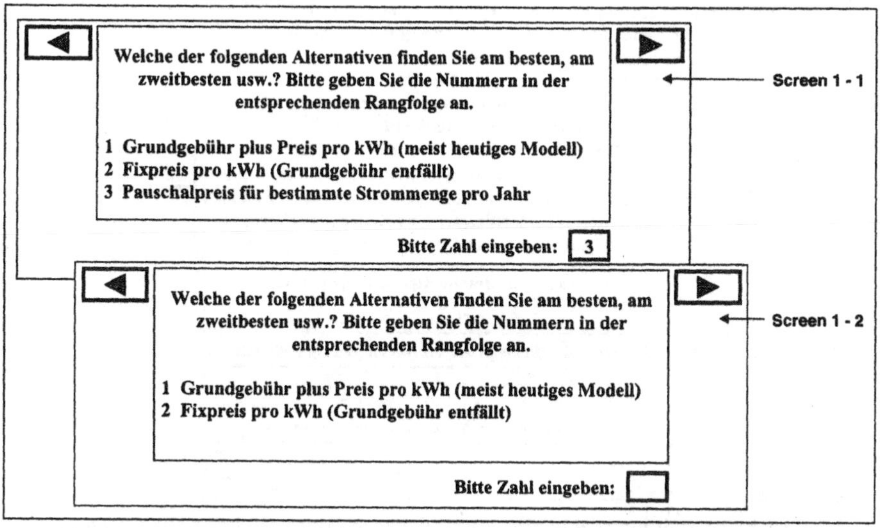


Abbildung 29: Eingabemaske zum Ranking der bevorzugten Ausprägungen.

In der folgenden Sektion des ACA-Interviews folgt die Ermittlung der relativen Wichtigkeiten der Merkmalsausprägungen (vgl. Abb. 30, Screen 2 – 1). Dabei werden sequentiell für jedes Merkmal die im ersten Interviewschritt als beste und schlechteste bewertete Eigenschaft angezeigt. Auf einer 5-stufigen Ratingskala[156] müssen die Probanden angeben, wie wichtig ihnen der Unterschied bezüglich der zu bewertenden Merkmalsausprägungen ist. Die Probanden sollen

155 Die daran anschließende optionale „Most Likelies"-Sektion, kann im Falle von mehr als fünf Merkmalsausprägungen zur Reduktion des Befragungsaufwandes programmiert werden. In der vorliegenden Untersuchung konnte diese Sektion aufgrund der Einschränkung auf maximal drei Ausprägungen je Merkmal entfallen (vgl. o.V. 1994, S 3-5).

156 Das Programmpaket ACA wurde als Reaktion auf die Kritik von Green, Krieger und Agarwal (1991) zwar mit der Möglichkeit eine differenziertere Skalierung zu wählen - bis zu neun Stufen - adaptiert, bislang vermochten jedoch empirische Studien keine höhere Ergebnisgüte aufgrund einer differenzierteren Skalierung nachzuweisen (vgl. Green/Krieger/Agarwal 1991, S. 220f.; Carmone/Schaffer 1995, S. 117).

dabei anhand von zwei gleichwertigen Angeboten, die sich nur in den angezeigten Merkmalsausprägungen unterscheiden eine Bewertung vornehmen (vgl. Abb. 30, Screen 2 – 2).

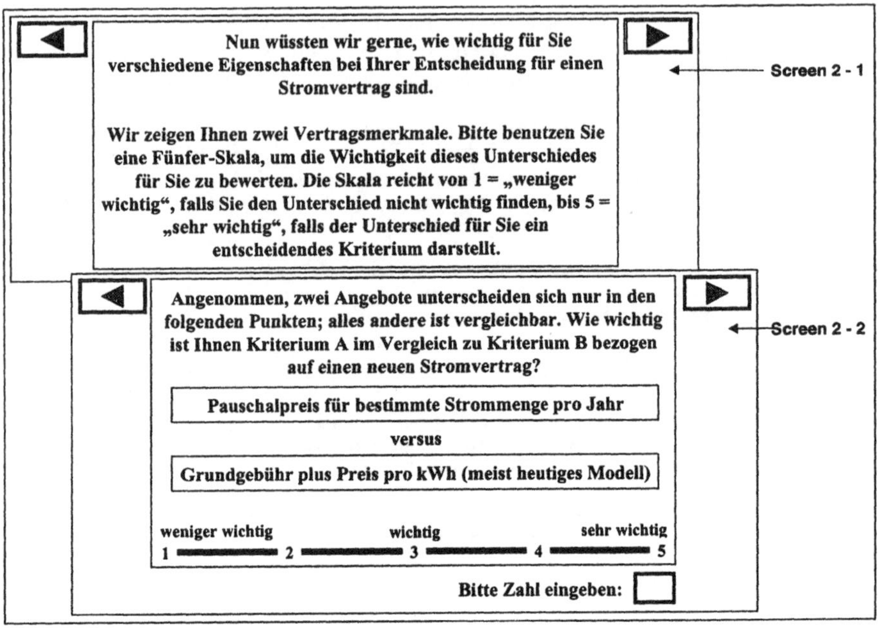


Abbildung 30: Ermittlung der relativen Wichtigkeiten einzelner Merkmalsausprägungen.

Für den Probanden nicht sichtbar, für den Analytiker jedoch von großem Interesse ist die Verarbeitung der gewonnen Informationen durch das Programm. Die in dieser Sektion ermittelten Präferenzen werden zunächst für jedes Merkmal umgekehrt, so dass die am wenigsten präferierte Merkmalsausprägung den Wert Eins erhält. Als nächstes wird durch das Programm der mittlere Rang von jedem der umgekehrten Werte in Abzug gebracht. Durch eine anschließende Transformation werden die Rangwerte so transformiert, dass jedes Merkmal eine Spannweite von Eins bei äquidistanten Intervallen aufweist. Aus der vorangegangenen Sektion liegen Bewertungen zu jedem einzelnen Merkmal und seinen Merkmalsausprägungen vor, die nunmehr mit den korrespondierenden Wichtigkeitsratings gemäß dem kompositionellen Präferenzmodell (siehe Kap. 2.3.2.2.2 bzw. 2.3.1.4) multipliziert werden, sodass erste Teilnutzenwerte errechnet werden können (vgl. Herrmann/Schmidt-Gallas/Huber 2000, S. 258-260; o.V 1994, S. G-1ff.; Huber/Wittink/Fiedler/Miller 1993, S. 106f.).

Mit dem durchlaufen der skizzierten Sektionen sind die Elemente kompositioneller Präferenzmessung im Rahmen der Conjoint-Analyse abgeschlossen. Es folgt die dekompositionelle Phase im Rahmen des ACA-Interviews, bei dem die Merkmalsausprägungen gebündelt in Form von hypothetischen Produktalternativen vorgestellt werden und vom Probanden gegeneinander abgewogen werden müssen. Für die Zusammenstellung der gezeigten Angebotsalternativen werden die Aussagen aus den vorhergehenden Abschnitten herangezogen, um so aus den Merkmalsausprägungen Angebotsalternativen zu ermitteln, von denen angenommen werden kann, dass sie die Probanden zum Abwägen motivieren (vgl. Herrmann/Schmidt-Gallas/Huber 2000, S. 260; Green/Krieger/Agarwal 1991, S. 216f.; Johnson 1991, S. 224).

Im Rahmen der Programmierung des Conjoint-Interviews kann der Anwender festlegen, anhand wievieler Merkmalsausprägungen ein hypothetisches Angebot gleichzeitig beschrieben werden soll (vgl. o.V. 1994, S. 3 – 33ff.; Johnson 1987, S. 261). Dabei hat er zwischen steigender Realitätsnähe und der Gefahr des information overload bei steigender Zahl an Merkmalsausprägungen abzuwägen. Der Softwarhersteller empfiehlt, die Angebote zunächst anhand zweier Merkmalsausprägungen zu beschreiben und im weiteren Verlauf des Interviews auf drei Merkmalsausprägungen pro Angebot zu erhöhen (vgl. o.v. 1994, S 3 – 32ff.). Diese Empfehlung deckt sich auch mit einschlägigen Publikationen, so dass auch für die vorliegende Untersuchung diesem Vorschlag gefolgt wird (vgl. Herrmann/Schmidt-Gallas/Huber 2000, S. 260f.; Green/Krieger/Agarwal 1991, S. 216; Johnson 1987, S. 261).

In dieser Sektion der Befragung werden den Probanden jeweils zwei Stimuli in Form von hypothetischen Angeboten vorgelegt, die jeweils anhand von zwei bzw. in späterer Folge durch drei Merkmalsausprägungen beschrieben werden. Die Probanden sind aufgefordert auf einer neunstufigen Rating-Skala anzugeben, welche der gezeigten Alternativen sie in welcher Stärke präferieren (vgl. o.V. 1994, S. 3 – 7f.; Mehta/Moore/Pavia 1992, S. 470f.; Green/Krieger/Agarwal 1991, S. 216;).

Dieser Abschnitt stellt den zentralen Abschnitt im Rahmen des Conjoint-Interviews dar, da die Paarvergleiche eine entscheidende Komponente der Präferenzmessung markieren. Die neunstufige Skala ist dabei so zu interpretieren, dass die Endpunkte der Skala jeweils eine starke Präferenz für eines der Stimuli ausdrückt. Eine Position in der Mitte der Skala kennzeichnet eine indifferente Bewertung (vgl. o.V. 1994, S. 3 – 7f.).

Bevor der Proband in diese Sektion des Interviews vordringt, hat der Anwender die Möglichkeit den Befragten noch ein Übungsbeispiel daraus zu zeigen. Durch die bildliche Darstellung der Methodik - zusätzlich zu den verbalen Erläuterungen - soll den Probanden beispielhaft die Vorgehensweise erläutert werden. Vereinzelt findet sich auch im einschlägigen Fachschrifttum der Vorschlag, den Probanden im Vorfeld des Paarvergleiches die Möglichkeit zu geben, dies anhand eines Beispieles zu erläutern (vgl. Auty 1995, S. 200; Huber/Wittink/Fiedler/Miller 1993, S. 111; Elrod/Louviere/Davey 1992, S. 370).

Im Rahmen der Pre-Tests zeigte sich jedoch, dass keiner der Befragten nach der verbalen Erläuterung eine bildliche Darstellung zum besseren Verständnis benötigte. Hingegen konnte beobachtet werden, dass viele beim Vorzeigen des Übungsbeispiels ihre Präferenz abgeben wollten und so offensichtlich weniger zum Verständnis als zur Verwirrung der Probanden beigetragen wurde. Es schien somit vertretbar, diesen Teil aus der Befragung zu eliminieren. Nebenbei sollte sich diese Maßnahme auch positiv auf die Dauer der Interviews auswirken.

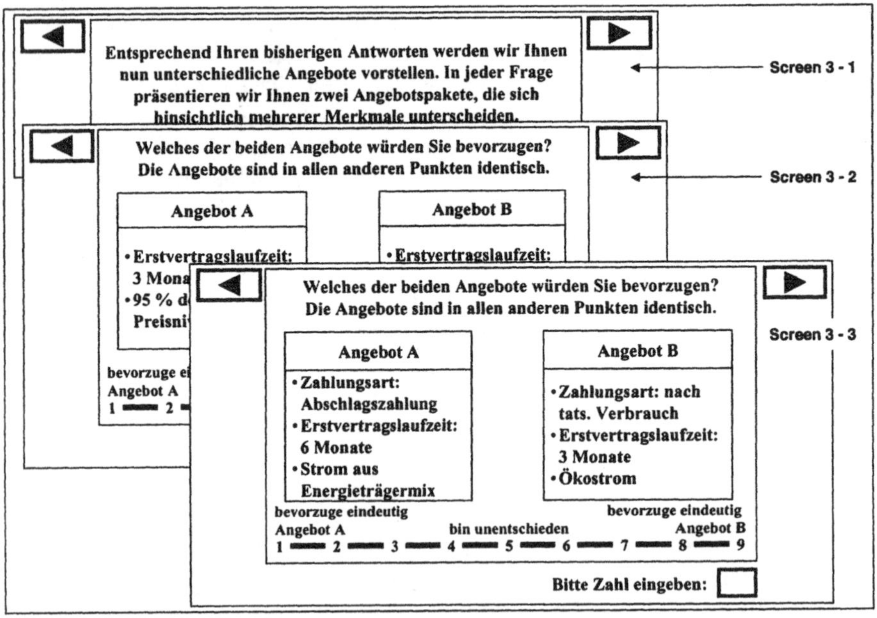


Abbildung 31: Erläuterungen zu den Paarvergleichen, Trade-Off zwischen zwei und drei Merkmalsausprägungen.

In Abbildung 31 sind drei Screenshots zu der Paarvergleichssektion im Rahmen des Conjoint-Interviews dargestellt. Screen 3 – 1 zeigt den Erläuterungstext der den Probanden zu Beginn der Passage mit der Bitte ihn aufmerksam durchzulesen gezeigt wird. Darauf folgend wird der erste Paarvergleich mit jeweils zwei Merkmalsausprägungen je Stimuli präsentiert. Durch die Angabe seiner Präferenz auf der neunstufigen Skala gelangt der Proband zu den weiteren Paarvergleichen, die wie in Screen 3 – 3 gezeigt bis zu maximal drei Merkmalsausprägungen je Stimuli umfassen (vgl. Abb. 31).

Wie viele Paarvergleiche notwendig sind, um stabile Parameterschätzungen zu ermöglichen wird in der Literatur durchaus kontroversiell diskutiert (vgl. Teichert 1994, S. 619; Johnson 1986, S. 322). Für die Bestimmung der Anzahl der notwendigen Paarvergleiche wurde deshalb auf die von Sawtooth Software vorgeschlagene näherungsweise Berechnungsmethode zurückgegriffen. Die Anzahl der zu schätzenden Parameter liegt in der vorliegenden Studie bei $\sum_j I_j = 19$, wie aus Abbildung 26 zu entnehmen ist. Durch die in Sektion 1 erfolgte Präferenzrangreihung der Merkmalsausprägungen von sechs der insgesamt sieben Merkmale erhält man $\sum_j I_j - J = 19 - 6 = 13$ unabhängige Aussagen. Aus Sektion 2 ergeben sich aufgrund der direkten Fragen nach den Attributwichtigkeiten weitere $J = 6$ Bewertungen, so dass mit Abschluss des kompositionellen Teiles $\sum_j I_j = 19$ Angaben pro Proband vorliegen. Wie schon in Kapitel 2.3.2.3.4.1 skizziert entstehen nur dann Freiheitsgrade zur Parameterschätzung, wenn $J$ Merkmalsausprägungen eliminiert werden, so dass im vorliegenden Fall $\sum_j I_j - J - 1 = 12$ Parameter zu schätzen sind (vgl. o.V. 1994, S. 3 – 33).

Wurde oben bereits angedeutet, dass keine Einheit bezüglich der Anzahl der Paarvergleiche zur Parameterschätzung besteht, so soll in der vorliegenden Untersuchung die vierfache Anzahl von Aussagen ermittelt werden (vgl. Perrey 1996, S. 109; Auty 1995, S. 197). Formal lässt sich die Berechnung der Anzahl der Paarvergleiche nun wie folgt darstellen (vgl. o.V. 1994, S. 3 – 33):

(29) $$4\left(\sum_j I_j - J - 1\right) - \sum_j I_j = 4(19 - 6 - 1) - 19 = 29$$

Den Probanden werden zu Beginn dieser Sektion jene Stimuli präsentiert, die auf Basis der kompositionell ermittelten Teilnutzenwerte einen ähnlichen Gesamtnutzen stiften (vgl. Green/Krieger/Agarwal 1991, S. 218f.; Johnson 1987, S. 262). Mittels OLS-Schätzung werden aus den Präferenzaussagen Teilnutzenwerte dekomponiert, die wiederum zur Konstruktion der folgenden Stimuli herangezogen werden (vgl. Johnson 1987, S. 261; siehe auch Kap. 2.3.2.3.4.1). Das System identifiziert dabei jene Merkmale und –ausprägungen, die im Verlauf des Interviews am seltensten gegenübergestellt wurden. Dabei zielt die

Auswahl der Merkmalsausprägungen aus dieser unterrepräsentierten Teilmenge auf die Minimierung der Gesamtnutzendifferenz der beiden entstehenden Stimuli ab. Dadurch soll gewährleistet werden, dass für jene Merkmale und Ausprägungskombinationen, für die noch keine hinreichend stabilen Parameter geschätzt werden konnten eine ausreichende Zahl an Beurteilungen erhoben wird. Im Verlaufe des Interviews werden den Probanden, basierend auf ihren bisherigen Angaben immer ähnlichere Stimuli präsentiert. Das Programm nutzt für die Konstruktion zunehmend ähnlicher Stimuli die von den Probanden getroffenen Angaben und aktualisiert dabei fortlaufend die Parameterschätzung. Durch diesen quasi iterativen Prozess wird eine Verbesserung der Schätzung gewährleistet, so dass die Schätzwerte mit steigender Beobachtungszahl zum wahren Wert konvergieren (vgl. o.V. 1994, S. E – 1-E – 3; Wittink/Vriens/Burhenne 1994, S. 48f.).[157]

## 3.2.6 Untersuchungsergebnisse und marketingpolitische Handlungsempfehlungen

Ziel dieser Studie war u.a. die Untersuchung von Entscheidungsmerkmalen im Zusammenhang mit der Produktwahl im Strommarkt in Hinblick auf eine optimierte und an den Bedürfnissen der Kunden ausgerichteten Produktplanung (vgl. Kap. 1.2). Gemäß dieser Zielsetzung erscheint es opportun den Schwerpunkt der Auswertungen auf die mittels Conjoint-Analyse ermittelten relativen Wichtigkeiten der untersuchten Merkmale und die Teilnutzenwerte der einzelnen Merkmalsausprägungen zu legen. Hierbei interessiert insbesonders, wie entscheidungsrelevant die einzelnen Merkmale für die Kunden im betrachteten Marktsegment sind und durch welche Ausprägungskombinationen ein maximaler Nutzen erzielt werden kann.

---

157 Zur Ermittlung der verbesserten Teilnutzenschätzung wird eine Formel verwendet, die wohl dem regressionsanalytischen Ansatz am nächsten kommt. Wie die Dekomposition der Teilnutzenwerte über Regression tatsächlich erfolgt geht aus der knappen Dokumentation des Hersteller nur schwer hervor. Am ehesten ist diese Berechnungsmethode so zu verstehen, dass die zu minimierende Summe an Residuenquadraten sowohl aus den Abweichungen der Schätzwerte von den kompositionell ermittelten Teilnutzenwerten als auch aus den Diskrepanzen zwischen Parametern und den Antworten der Paarvergleiche besteht (vgl. o.V. 1994, S. G – 1-G - 8; kritisch dazu u.a.: Green/Krieger/Agarwal 1991, S. 220f.; Carmone 1987, S. 327. Eine Stellungnahme dazu bietet: Johnson 1991, S. 224).

### 3.2.6.1 Bestimmung der Teilnutzenfunktion für die Merkmale

Das erste Ziel der Auswertung besteht in der Ermittlung der sogenannten Teilnutzenfunktionen für die Merkmale. Es soll dabei für jedes Merkmal eine derartige Teilnutzenfunktion erstellt werden. Dadurch wird ersichtlich, welchen Nutzen die Probanden durchschnittlich den einzelnen Ausprägungen eines Merkmals beimessen.

Die durchschnittlichen Nutzenwerte der einzelnen Ausprägungen eines Merkmals werden in ACA ausgegeben, nachdem die Spezifikation eines sogenannten ‚Base Case' und die Programmsimulation erfolgte (vgl. o.V. 1994, S. 5 – 16-5 – 20; Anhang XI). Die im Anschluss abgebildeten Darstellungen sind wie folgt zu interpretieren: (1) auf der horizontalen Achse werden die jeweiligen Ausprägungen des Merkmals dargestellt, auf der vertikalen Achse finden sich die dazugehörigen Teilnutzenwerte; (2) das Balkendiagramm auf der rechten Seite zeigt Prozentwerte und soll in erster Linie die Lesbarkeit der Informationen unterstützen, wobei der höchste Teilnutzen immer 100 % angibt.

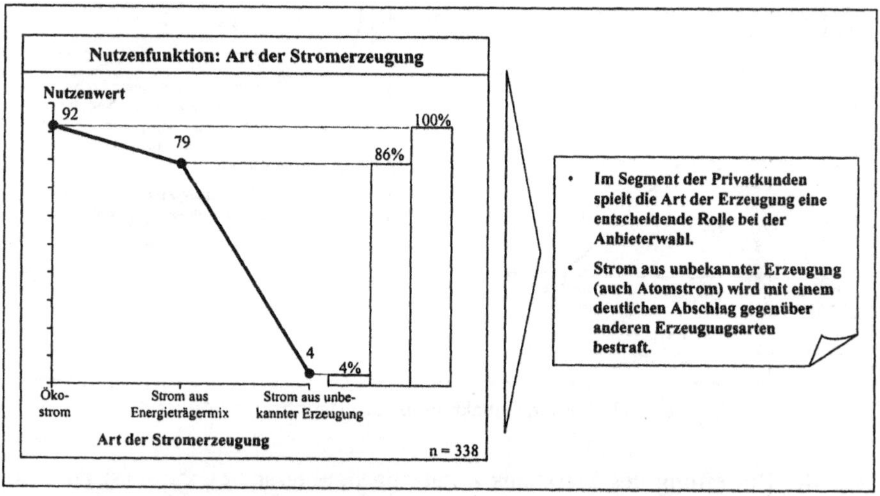


Abbildung 32: Teilnutzenfunktion für das Merkmal ‚Art der Stromerzeugung'.

Für die Art der Stromerzeugung lässt sich hieraus entnehmen, dass Ökostrom einen sehr hohen Stellenwert und somit Nutzen stiftet (vgl. Abb. 32). Einen relativ hohen Teilnutzenwert erlangt auch die Ausprägung Strom aus Energieträgermix. Hingegen weist Strom aus unbekannter Erzeugung, der über einen bedeutenden Anteil an Atomstrom verfügt, den geringsten Teilnutzenwert auf. Aus

Sicht der Konsumenten ist die Art der Stromerzeugung das wichtigste Merkmal, wie im Rahmen der Darstellung der relativen Wichtigkeiten noch zu zeigen sein wird (vgl. Abb. 39).

Die Bedeutung des Preises im betrachteten Marktsegment ist, wie die nachfolgende Analyse der relativen Wichtigkeiten noch zeigen wird, relativ hoch (vgl. Abb. 39). Dies erklärt auch den von den Energieversorgern empfundenen Preisdruck im Markt, denn die bislang offerierten Produkte vermögen offensichtlich nicht, entscheidenden Nutzen für die Konsumenten zu stiften, der das Preisargument im Wettbewerb entschärfen helfen könnte. Zudem legt die Nutzenfunktion des Preisniveaus nahe, dass nur bei einem auf Preisreduktionen gerichteten Wettbewerb nennenswerte Nutzenzuwächse zu erwarten sind, die aber dauerhaft nur bei entsprechender Kostenposition des Anbieters aufrecht erhalten werden können (vgl. Abb. 33).

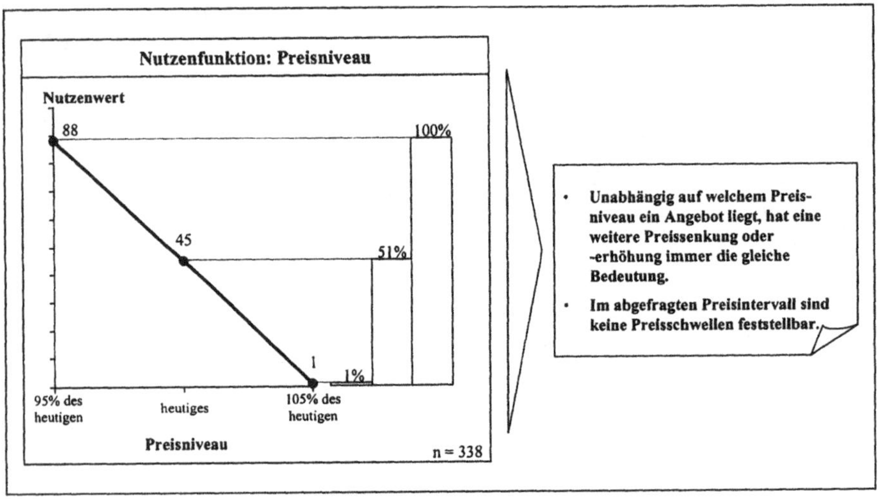


Abbildung 33: Teilnutzenfunktion für das Merkmal ‚Preisniveau'.

Aus der Bewertung des Merkmals Zusatzangebote lässt sich zunächst ableiten, dass jene Merkmalsausprägungen, die unter dem Sammelbegriff ‚stromnahe' Zusatzleistungen zusammengefasst wurden, hohe Teilnutzenwerte aufweisen. Demgegenüber vermag die stellvertretend für ‚stromferne' Zusatzleistungen gewählte Merkmalsausprägung Haushaltsversicherung keinen bedeutenden Nutzen zu stiften. Darüber hinaus kann positiv festgehalten werden, dass die Bedeutung dieses Merkmals vergleichsweise hoch ist. Nach der Art der Stromerzeugung und dem Preisniveau rangiert es bei der relativen Wichtigkeit auf dem dritten Platz (vgl. Abb. 39). ‚Stromnahe' Zusatzleistungen stiften demnach einen relativ hohen Nutzen und eignen sich somit zur Kompensation von Nutzeneinbußen, die bspw. durch einen geringfügig höheren Preis verursacht wurden (vgl. Abb. 34).

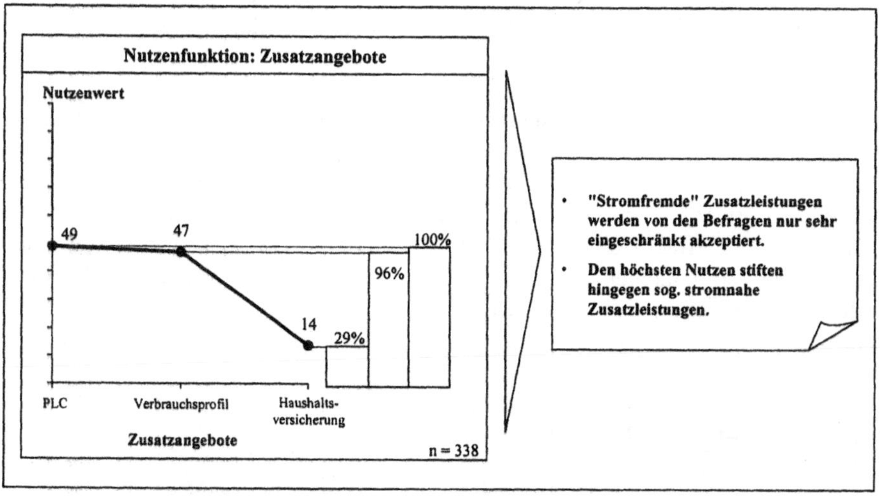


Abbildung 34: Teilnutzenfunktion für das Merkmal ‚Zusatzangebote'.

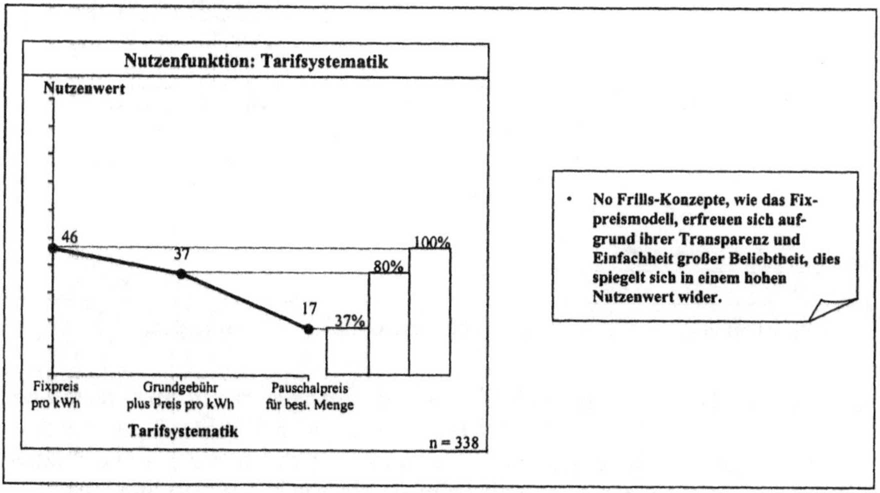


Abbildung 35: Teilnutzenfunktion für das Merkmal ‚Tarifsystematik'.

Das Merkmal Tarifsystematik bildet einen nur knapp durchschnittlich wichtigen Aspekt im Rahmen der Kaufentscheidungsfindung der Nachfrager (vgl. Abb.

39). Da mit der Merkmalsausprägung ‚Fixpreis pro kWh‘ unter der Prämisse einer rechtlichen und technischen Machbarkeit Nutzensteigerungen im Vergleich zum derzeit geläufigen ‚Grundgebühr plus Preis pro kWh‘-Modell möglich sind, kann diese Option erwogen werden, zumal die Ergebnisse der explorativen Voruntersuchungen die Realisierung dieses Modells ebenfalls unterstützen (vgl. Abb. 35).

Für die Dauer der Erstvertragslaufzeit kann einerseits festgehalten werden, dass es sich dabei um ein unterdurchschnittlich wichtiges Merkmal handelt (vgl. Abb. 39). Andererseits zeigen die Probanden eine klare Präferenz zu Erstvertragslaufzeiten, die unter einem Jahr liegen. Eine Erstvertragslaufzeit von 12 Monaten scheint in Anbetracht der geringen relativen Wichtigkeit des Merkmals unter Hinnahme von Nutzeneinbußen theoretisch zwar möglich, aus kommunikations- wie auch aus vermarktungstechnischer Sicht jedoch nicht empfehlenswert (vgl. Abb. 36).

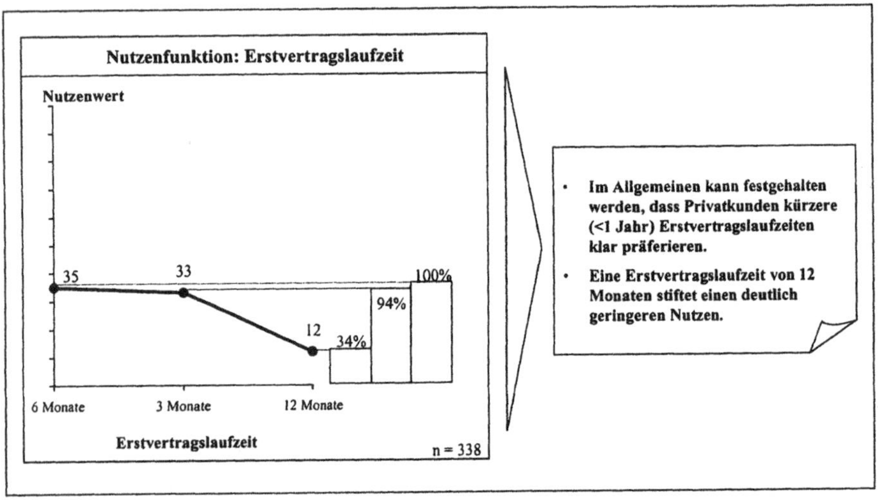


Abbildung 36: Teilnutzenfunktion für das Merkmal ‚Erstvertragslaufzeit‘.

Aus Sicht der Befragten stiftet ein Treue- und Bonusprogramm einen relativ hohen Teilnutzen (vgl. Abb. 37). Das Merkmal selbst hat aber auf die Kaufentscheidung nur eine untergeordnete Wirkung, wie durch die geringe relative Wichtigkeit deutlich zum Ausdruck gebracht wird (vgl. Abb. 39). Inwieferne eine Verlagerung der Ressourcen in Richtung eines Treue- und Bonusprogrammes den gewünschten Effekt einer nachhaltigen Kundenbindung und monetären Ausschöpfung der bestehenden Kundenbeziehung mit sich bringt, kann und soll an dieser Stelle nicht abschließend beantwortet werden. Obwohl sich Kundenclubs und Treuprogramme eines stetigen Aufwärtstrends erfreuen, zeigen Studien, dass viele Clubs unklar positioniert, kaum gesteuert werden und meistens die Einbettung in die Unternehmens- und Marketingziele fehlt (von Wichert-Nick 2003, S. 8ff.).[158]

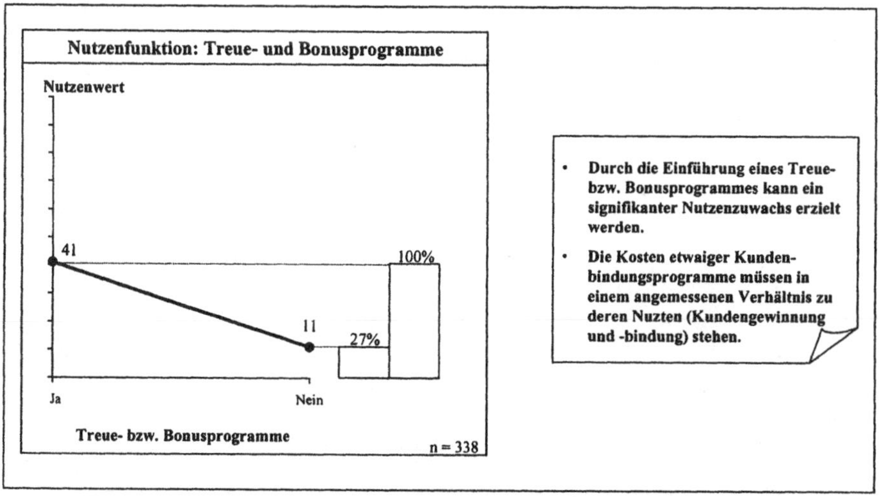


Abbildung 37: Teilnutzenfunktion für das Merkmal ‚Treue- und Bonusprogramme'.

Das Merkmal Zahlungsbedingungen gehört aus Nachfragersicht zu den unwichtigsten Merkmalen (vgl. Abb. 39). Ein Blick auf die zugehörige Teilnutzenfunktion lässt erkennen, dass die Zahlung nach tatsächlichem Verbrauch zu einer erheblichen Nutzensteigerung verglichen mit dem derzeit üblichen Abschlagszahlungsmodell führen würde. Es handelt sich bei diesem Merkmal zwar um ein Kriterium, das die Kaufentscheidung kaum nachhaltig zu beeinflussen vermag, dennoch sollte von den Energieversorgern die Möglichkeit einer Zahlung nach tatsächlichem Verbrauch überdacht werden (vgl. Abb. 38).

Im Kern lässt sich zur Analyse der Teilnutzenfunktionen festhalten: Der Ansatz, Strom nachfrageorientiert gestalten zu wollen, führt zu Ergebnissen, die sich von rein marketingpolitischen Implikationen lösen und die auch Fragen nach grundsätzlichen technischen und rechtlichen Realisationsmöglichkeiten aufwerfen, wie sie im Falle der Merkmalsausprägungen Abrechnung nach tatsächlichem Verbrauch und Fixpreis pro kWh anzutreffen sind. Die Dominanz der Merkmale Art der Stromerzeugung einerseits und Preisniveau andererseits bieten nur wenig Spielraum zur Differenzierung im Wettbewerb. Differenzierungsmöglich-

158 Vertiefend dazu vgl. Butscher 1998.

keiten bieten hingegen jene Merkmale, die zwar die Kaufentscheidung weniger stark beeinflussen, aber in Summe einen positiven Effekt auf den Gesamtutzen erwarten lassen. Hierzu zählen etwa stromnahe Zusatzleistungen, kurze Erstvertragslaufzeiten sowie Treue- und Bonusprogramme.

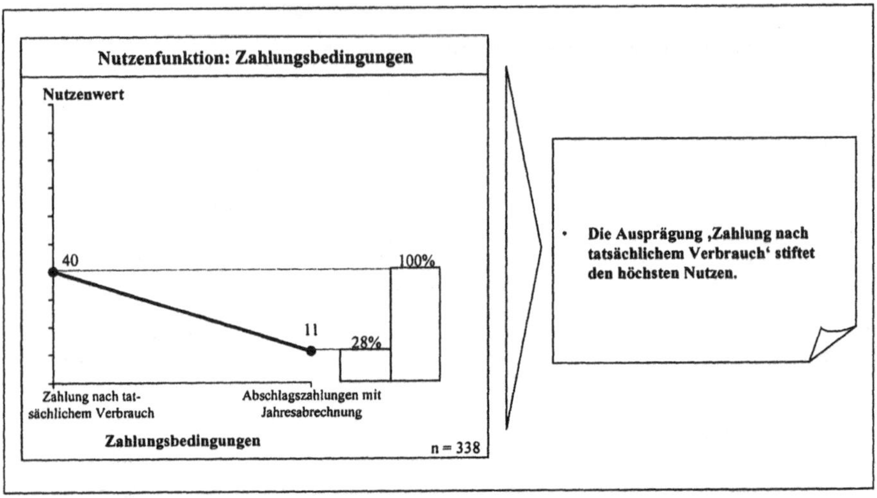


Abbildung 38: Teilnutzenfunktion für das Merkmal ‚Zahlungsbedingungen'.

### 3.2.6.2 Bestimmung der relativen Wichtigkeiten der Merkmale

Zur Berechnung der relativen Wichtigkeiten bietet das Programmpaket ACA in der Version 4.0 keine Möglichkeit. Ein von Simon, Kucher & Partners für diesen Zweck programmiertes Tool wurde freundlicherweise für den folgenden Analyseschritt zur Verfügung gestellt. Dieses Tool stellt ein eigenständiges Programm dar, das außerhalb der ACA-Umgebung eingesetzt wird.

Die prinzipielle Funktionsweise des Tools sei an dieser Stelle kurz skizziert: Als Input dienen die unter der ACA-Umgebung generierten Dateien mit Informationen zu den Attributen und den Daten aus dem kompositionellen und dekompositionellen Teil des Conjoint-Interviews. Das Tool errechnet die Differenz aus dem größten Teilnutzenwert innerhalb eines Merkmals und dem niedrigsten Teilnutzenwert. Die so ermittelte Differenz beschreibt den sogenannten Nutzenbereich eines Merkmals. Über die Addition der Nutzenbereiche und die Berechnung des Anteils eines Merkmals an der Summe der Nutzenbereiche ermittelt das Tool in einem zweiten Schritt die relative Wichtigkeit eines Merkmals. Die gewünschten relativen Wichtigkeiten werden, neben anderen Daten,[159] von dem Tool in eine SPSS Syntax-Datei ausgegeben. Aus diesem Syntaxfenster heraus kann sodann die Berechnung der relativen Wichtigkeiten ausgeführt werden. Die nun vorliegenden relativen Wichtigkeiten können im Anschluss mittels SPSS weiter ausgewertet und analysiert werden (vgl. Anhang XII).

Welche Merkmale die Kaufentscheidung der befragten Personen im vorliegenden Fall am stärksten determinieren kann der nachstehenden Abbildung entnommen werden (vgl. Abb. 39).

| **Merkmal** | **Ausprägungen** | **Relative Wichtigkeit - Merkmal** |
|---|---|---|
| **Art der Stromerzeugung** | *Strom aus Energieträgermix, Ökostrom, Strom aus unbekannter Erzeugung* | 21,6% |
| **Preisniveau** | *95% des heutigen Preisniveaus, heutiges Preisniveau, 105% des heutigen Preisniveaus* | 18,2% |
| **Zusatzangebote** | *Individuelles Verbraucherprofil, Internet über Stromnetz (PLC), Haushaltsversicherung* | 15,0% |
| **Tarifsystematik** | *Grundgebühr plus Preis/kWh, Fixpreis pro kWh (ohne Grundgebühr), Pauschalpreis für bestimmte Strommenge* | 13,6% |
| **Erstvertragslaufzeit** | *3-, 6-, 9-Monate* | 10,9% |
| **Treue- und Bonusprogramme** | *Vertrag beinhaltet Treueprogramm, Vertrag beinhaltet* ***kein*** *Treueprogramm* | 10,3% |
| **Zahlungsbedingungen** | *Abschlagszahlungen mit Jahresendabrechnung, jede Zahlung nach tatsächlichem Verbrauch* | 10,1% |

n = 338

Abbildung 39: Relative Wichtigkeit der untersuchten Merkmale.

Bei Gleichgewichtung aller sieben Merkmale erhält man eine relative Wichtigkeit von 14,2 %. Bis auf die beiden wichtigsten Merkmale, Art der Stromerzeugung und Preisniveau, streuen die ermittelten Werte der Conjoint-Studie um diesen Wert. Die Merkmale Zusatzangebote und Tarifsystematik können demnach als durchschnittlich wichtig charakterisiert werden. Eine unterdurchschnittliche Wichtigkeit weisen hingegen die Merkmale Erstvertragslaufzeit, Treue- und Bonusprogramme und Zahlungsbedingungen auf. Im Ergebnis kann somit festgehalten werden, dass alle in die Studie mit einbezogenen Merkmale die Kaufentscheidung der Nachfrager beeinflussen und somit auch als geeignete Stellparameter bei der Produktplanung identifiziert werden konnten.

159 Hierzu zählen die Respondent-Nummer, die Wichtigkeitsurteile aus dem kompositionellen Teil sowie die Teilnutzenwerte aus dem dekompositonellen Teil des Conjoint-Interviews.

### 3.2.6.3 Identifikation von Nutzensegmenten zur Minimierung von Streuverlusten marketingpolitischer Maßnahmen

Zur Bestimmung von heterogenen Präferenzstrukturen in den erhobenen Daten wird auf die Clusteranalyse zurückgegriffen. In einem ersten Schritt wird zunächst ermittelt, ob sich die befragten Probanden anhand ihrer Beurteilung der Merkmalswichtigkeiten sinnvoll gruppieren lassen. Im Anschluss daran erfolgt eine Beschreibung der identifzierten Segmente anhand ihrer Wichtigkeitsurteile und geläufigen demografischen Merkmalen.[160]

#### 3.2.6.3.1 Identifikation von Nutzensegmenten anhand der Merkmalswichtigkeiten

Eine Aggregation der Beobachtungen ist nur bei hoher Übereinstimmung der individuellen Merkmalswichtigkeiten methodisch gerechtfertigt, dies hat zur Folge, dass zunächst der Datensatz auf extreme Ausreißer zu untersuchen ist. Andernfalls können Mittelwerteffekte die Aussagekraft stark einschränken (vgl. Wedel/Kamakura 1998, S. 59; Elrod/Louviere/Davey 1992, S. 368f.; Moore 1980).

In der nachfolgenden Abbildung 40 sind exemplarisch für fünf zufällig ausgewählte Probanden[161] die relativen Wichtigkeiten eines jeden in der Untersuchung berücksichtigten Merkmals dargestellt. Die Untersuchung des gesamten Datensatzes zeigte keine Auffälligkeiten dahingehend, dass sich einige Datensätze grundlegend von den anderen unterschieden, so dass hier alle Datensätze in die weitere Untersuchung übernommen wurden. Inwieweit die erkennbaren Differenzen zwischen den einzelnen Befragten eine verfeinerte Betrachtungsweise der Ergebnisse begründen, ist Gegenstand des nächsten Untersuchungsschrittes.

---

160 Die auf Präferenzen von Konsumenten basierende Segmentierung von Märkten wurde in der Marketing-Literatur durch den Beitrag von Haley (1968) geprägt, der darin den Begriff der ‚Benefit Segmentation' prägte (vgl. Haley 1968, S. 30ff.).

161 Auf eine Darstellung aller 338 Probandenurteile sei der besseren Übersicht halber an dieser Stelle verzichtet. Die gewählte Darstellungsform empfehlen u.a. auch Hair/Anderson/Tatham/Black 1998; S. 64ff. und 482f.

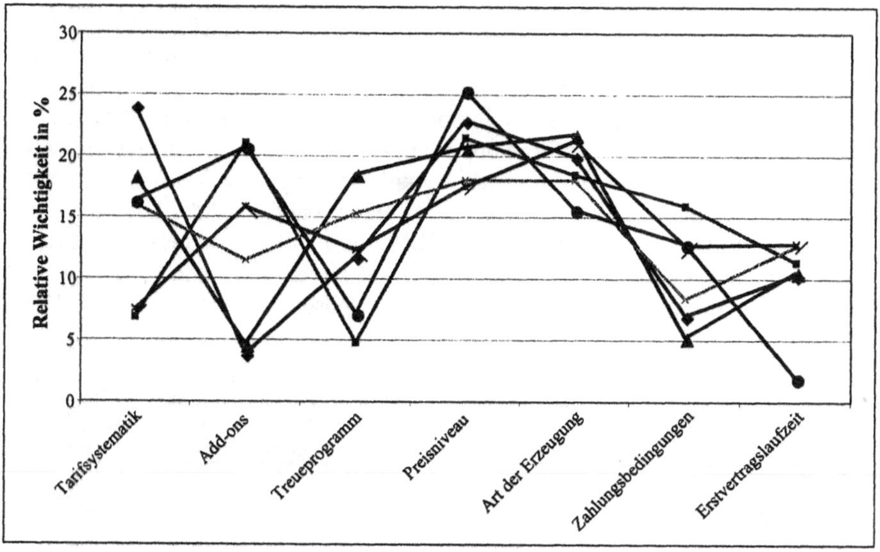


Abbildung 40: Überprüfung der relativen Wichtigkeiten auf Ausreißer.

Im Vorfeld der Anwendung einer Clusteranalyse empfehlen etwa Backhaus, Erichson, Plinke und Weiber (2000) die Überprüfung der Ausgangsdaten auf Multikollinearität. Es soll dadurch sichergestellt werden, dass die einzelnen Merkmalswichtigkeiten sich nicht gegenseitig erklären, da eine Berücksichtigung solcher letztlich redundanter Variablen zu ihrer übermäßigen Gewichtung in der Analyse und eine Verzerrung des Ergebnis nach sich ziehen kann. Die Merkmalswichtigkeiten sind metrisch skaliert, folglich kann zum Test auf Korrelation zwischen je zwei Attributswichtigkeiten der Korrelationskoeffiezient nach Bravais-Pearson herangezogen werden. (vgl. Brosius 2002, S. 501f.; Backhaus/Erichson/Plinke/Weiber 2000, S. 381f.; Hair/Anderson/Tatham/Black 1998, S. 491).

Wie anhand der in Tabelle 33 gezeigten Korrelationen unschwer nachzuvollziehen ist, wird das von Backhaus, Erichson, Plinke und Weiber (2000) empfohlene Kriterium, Merkmale mit Korrelationen >0,9 für weitere Analysezwecke zu eliminieren, in keinem der Fälle erfüllt, so dass eine Clusteranalyse mit den Wichtigkeitsdaten durchgeführt werden kann (vgl. Backhaus/Erichson/Plinke/Weiber 2000, S. 382; Anhang XIII).

In weiterer Folge ist die Entscheidung über ein geeignetes Maß zu treffen, anhand dessen beurteilt wird, welche Probanden gruppiert werden sollen. Ausschlaggebend für die Gruppierungsaufgabe sind ähnliche Wichtigkeiten in Prozent, zu deren Beziehungsbestimmung ein Distanzmaß herangezogen werden soll. Aus der Menge im einschlägigen Fachschrifttum vorgeschlagenen Größen wird für die vorliegende Untersuchung die quadrierte euklidische Distanz gewählt, da auch das hierarchisch-agglomerative Ward-Verfahren Anwendung finden soll. Dies scheint insoferne opportun, als dass für ein nicht-hierarchisches Verfahren keine hinreichend genauen Hypothesen über eine sinnvolle Startpartition vorliegen und hierarchisch-divisive Verfahren aufgrund der hohen Fallzahl „severe computational burdens" (Wedel/Kamakura 1998, S. 51) erwarten lassen. Darüber hinaus übertrifft das Ward-Verfahren die anderen Methoden „over a wide variety of conditions for segmentation purposes" (Wedel/Kamakura 1998, S. 51).[162]

| | **Tarif-systematik** | **Add-ons** | **Treue-programm** | **Preisniveau** | **Art der Erzeugung** | **Zahlungsbeding.** | **Erstvertragslaufzeit** |
|---|---|---|---|---|---|---|---|
| **Tarif-systematik** | 1,0000 | -0,1346 | -0,1552 | -0,0552 | -0,1849 | -0,1170 | -0,2555 |
| **Add-ons** | -0,1346 | 1,0000 | -0,0501 | -0,0753 | -0,3490 | -0,1849 | -0,1355 |
| **Treue-programm** | -0,1552 | -0,0501 | 1,0000 | -0,2334 | -0,2503 | -0,1535 | -0,0527 |
| **Preisniveau** | -0,0552 | -0,0753 | -0,2334 | 1,0000 | -0,2752 | -0,2788 | -0,1747 |
| **Art der Erzeugung** | -0,1849 | -0,3490 | -0,2503 | -0,2752 | 1,0000 | -0,0341 | -0,1939 |
| **Zahlungsbeding.** | -0,1170 | -0,1849 | -0,1535 | -0,2788 | -0,0341 | 1,0000 | -0,0942 |
| **Erstvertragslaufzeit** | -0,2555 | -0,1355 | -0,0527 | -0,1747 | -0,1939 | -0,0942 | 1,0000 |

Tabelle 33: Korrelationsmatrix – Test auf Mulitkollinearität der relativen Wichtigkeiten.

Die Anwendung des Ward-Verfahrens auf den vorliegenden Datensatz ergibt die in Tabelle 34 auszugsweise dargestellte Lösung, die vollständige Zuordnungsübersicht ist aufgrund des Umfanges im Anhang XIV einzusehen. Basierend auf den vorliegenden Ergebnissen gilt es eine Entscheidung über eine sinnvolle Anzahl an Clustern zu ermitteln, hierzu liefert die Zuordnungsübersicht erste Ansatzpunkte. Zusätzlich wurde das in diesem Zusammenhang gebräuchliche Elbow-Kriterium herangezogen, das bei einer starken Zunahme der Fehler-

162 Vgl. zu diesem Entscheidungsfeld u.a. Reutterer 2003; Punj/Stewart 1983, S. 134-148.

quadratsumme bei Reduktion der Clusterzahl einen sog. Elbow anzeigt und so einen Rückschluss auf eine sinnvolle Anzahl von Clustern gestattet. Das Ansteigen der Fehlerquadratsumme geht mit einer Abnahme der Homogenität innerhalb der Cluster einher und bildet das Zielkriterium der Analyse. Wedel und Kamakura (1998) merken jedoch kritisch an, dass dieses Vorgehen „is rather subjective" (Wedel/Kamakura 1998, S. 55).

**Zuordnungsübersicht**

| | Zusammengeführte Cluster | | | Erstes Vorkommen des Clusters | | |
|---|---|---|---|---|---|---|
| Schritt | Cluster 1 | Cluster 2 | Koeffizienten | Cluster 1 | Cluster 2 | Nächster Schritt |
| 1 | 76 | 259 | 3,339 | 0 | 0 | 154 |
| 2 | 50 | 102 | 8,457 | 0 | 0 | 125 |
| 3 | 56 | 158 | 14,164 | 0 | 0 | 161 |
| 4 | 32 | 114 | 19,964 | 0 | 0 | 14 |
| 5 | 10 | 302 | 26,586 | 0 | 0 | 60 |
| 6 | 15 | 320 | 34,158 | 0 | 0 | 124 |
| 7 | 48 | 87 | 42,229 | 0 | 0 | 147 |
| 8 | 106 | 182 | 50,462 | 0 | 0 | 40 |
| 9 | 61 | 328 | 58,912 | 0 | 0 | 99 |
| 10 | 234 | 282 | 67,401 | 0 | 0 | 197 |
| 11 | 150 | 337 | 76,895 | 0 | 0 | 125 |
| 12 | 34 | 78 | 87,346 | 0 | 0 | 149 |
| . | . | . | . | . | . | . |
| . | . | . | . | . | . | . |
| . | . | . | . | . | . | . |
| . | . | . | . | . | . | . |
| . | . | . | . | . | . | . |

Tabelle 34: Zuordnungsübersicht bei Clusterung der relativen Wichtigkeiten nach dem Ward-Verfahren.

Reutterer (2003) zeigt in einer Bestandsaufnahme zu aktuellen Entwicklungen im Bereich der Marktsegmentierung, dass vermehrt ein Abgehen von derartigen Hilfskonstruktionen, wie dem Elbow-Kriterium, „zugunsten einer entscheidungsorientierten Perspektive" (Reutterer 2003, S. 12) erfolgt. Die Anzahl der durch das Marketing sinnvoll zu bearbeitenden Segmente bildet demnach den Maßstab für „die Beurteilung und Qualität der Brauchbarkeit einer empfohlenen Segmentierungslösung" (Reutterer 2003, S. 12).

Für den vorliegenden Fall ist die Entscheidung, wie viele Cluster als vorläufig endgültige Lösung akzeptiert werden können, sowohl vor dem Hintergrund der

Ergebnisse der Clusteranalyse als auch dem erwarteten Nutzen dieser Clusterlösung für das Marketing-Mangement zu treffen (vgl. Reutterer 2003, S. 12; Mazanec/Strasser 2000, S. 11).[163]

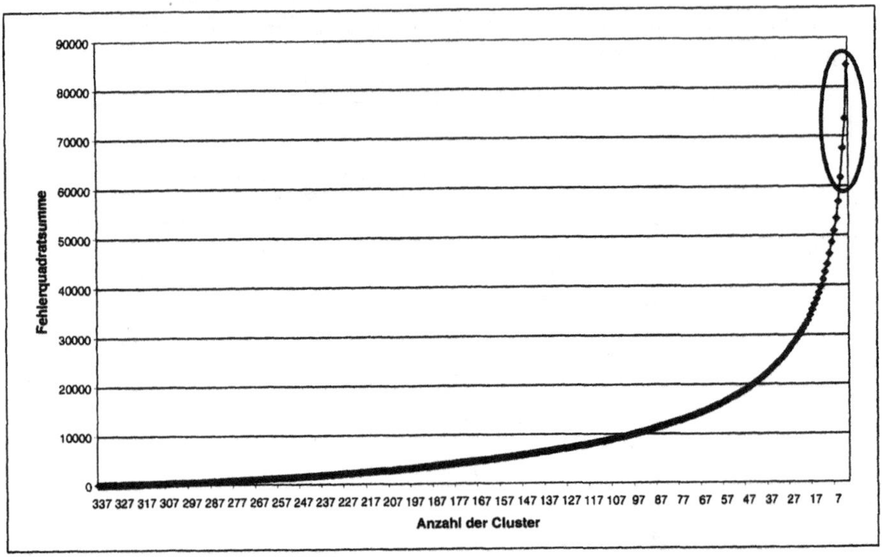


Abbildung 41: Bestimmung der optimalen Clusterzahl mittels Elbow-Kriterium.

Anhand der Zuordnungsübersicht (siehe Anhang XIV) und des in Abbildung 41 dargestellten Elbow-Kriteriums beim Ward-Verfahren ist abzulesen, dass beim Übergang von fünf auf vier Clustern die Fehlerquadratsumme von 56.788,2 auf 61.661,82 ansteigt und sich im Vergleich zu den vorhergehenden Fusionen an dieser Stelle der bislang stärkste Heterogenitätszuwachs herausbildet.

Unter Berücksichtigung der vorherigen Ausführungen und der vorliegenden Befunde soll im Folgenden von vier gefundenen Clustern ausgegangen werden.

#### 3.2.6.3.2 Beschreibung der identifizierten Nutzensegmente

In einem ersten Schritt werden zur Beschreibung der ermittelten Clusterlösung die relativen Wichtigkeiten der Merkmale in den einzelnen Gruppen errechnet. Inwieferne die Unterschiede zwischen den Gruppen in den einzelnen Merkmalen signifikant sind wird anhand eines Mittelwertvergleiches geprüft.[164]

163 Vgl. hierzu auch Moore 1980, S. 518.

164 Überprüfung der Mittelwerte mittels einfaktorieller ANOVA (vgl. Anhang XV).

Das Segment der ,Verwöhnten' stellt mit rund 49 % der Befragten das volumenstärkste Nuztensegment dar. In dieser Gruppe stellt zwar das Merkmal Preis mit einer relativen Wichtigkeit von 19,2 % noch knapp das wichtigste Merkmal dar, als zweitwichtigstes Merkmal kann jedoch das Merkmal Zusatzangebote identifiziert werden (18,5 %). Die durchgeführte Varianzanalyse lieferte für das Merkmal Zusatzangebote ein höchst signifikantes Ergebnis (p = 0,000). Der Duncan-Test zeigte weiters, dass sich die Gruppe der ,Verwöhnten' in diesem Kriterium signifikant von den übrigen Segmenten unterscheidet. Als drittwichtigstes Merkmal dieser Gruppe konnte die Art der Stromerzeugung identifiziert werden. Einen weiteren Anhaltspunkt für die segmentspezifische Angebotsprofilierung bietet der signifikante Unterschied beim Merkmal Treue- und Bonusprogramme (p = 0,002), das in diesem Cluster - verglichen zu den anderen Gruppen – den Befragten am wichtigsten ist. Der relativ hohe Stellenwert von Zusatzangeboten sowie von Treue- und Bonusprogrammen in diesem Cluster sollte bei programmpolitischen Überlegungen nicht unberücksichtigt bleiben (vgl. Abb. 42).

Die ,Bindungsunwilligen' bilden zwar mit nur rund 14 % der Befragten das kleinste Segment, unterscheiden sich aber höchst signifikant (p = 0,000) von allen übrigen Clustern beim Merkmal Erstvertragslaufzeit. Gleichzeitig stellt dieses Merkmal mit 20,3 % auch das wichtigste Kriterium im Rahmen der Kaufentscheidung dar, dicht gefolgt von der Art der Stromerzeugung und dem Preisniveau.

Die übrigen Merkmale haben auf die Kaufentscheidung dieser Gruppe von Befragten eine untergeordnete Bedeutung (vgl. Abb. 41).

Das Cluster der ,Preissensiblen' ist mit rund 22 % der Probanden das zweitgrößte Nutzensegment. Im vorliegenden Fall liefert die Varianzanalyse ein höchst signifikantes Ergebnis (p = 0,000) und der Duncan-Test weist ebenfalls auf einen hoch signifikanten Unterschied dieses Segments - verglichen mit den übrigen Clustern in diesem Merkmal - hin. Neben dem Preis stellt aber auch die Art der Stromerzeugung ein wichtiges Kriterium bei der Kaufentscheidung dar. Mit 25,2 % relativer Wichtigkeit ist es auch das wichtigste Merkmal in diesem Segment. Das drittwichtigste Merkmal stellt die Tarifsystematik dar, worin sich dieses Segment signifikant von den ,Bindungsunwilligen' unterscheidet. Alle übrigen Merkmale haben eine untergeordente Bedeutung im Zuge der Kaufentscheidung (vgl. Abb. 42).

Das vierte Segment umfasst mit knapp 16 % der Befragten jene Gruppe von Konsumenten, die am treffendsten als ,Umweltbewusste' beschrieben werden können. Hier lässt sich eine deutliche Dominanz des Merkmals Art der Stromerzeugung mit einer relativen Wichtigkeit von fast 31 % identifizieren. Die durchgeführte Varianzanalyse (p = 0,000) und der Duncan-Test zeigen, dass sich diese Gruppe in diesem Merkmal hoch signifikant von allen übrigen Clustern unterscheidet. Diese Gruppe zeigt auch die geringste Preissensibilität. So liegt etwa die relative Wichtigkeit dieses Merkmals in dieser Gruppe bei rund 11 %. Die übrigen Segmente messen diesem Merkmal hingegen eine durchschnittliche Wichtigkeit von 19,4 % zu. Alle übrigen Merkmale haben auf die Kaufentscheidung eine mäßigere Bedeutung, lediglich das Merkmal Zahlungsbedingungen genießt in dieser Gruppe einen signifikant höheren Stellenwert als in den übrigen Clustern (p = 0,002).

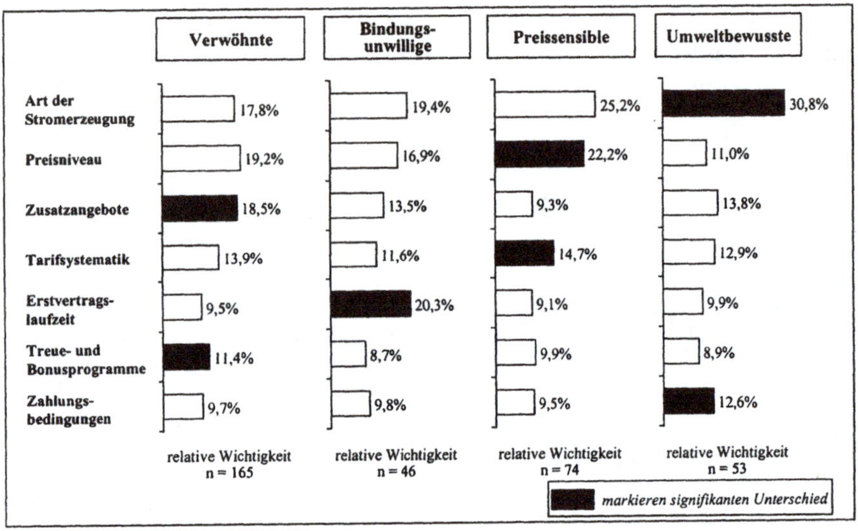


Abbildung 42: Ergebnis der Nutzensegmentierung.

An dieser Stelle kann festgehalten werden, dass die Analyse der vier ermittelten Nutzensegmente in vielen Merkmalen hoch signifikante Unterschiede im Hinblick auf die Nutzenwahrnehmung eines Angebotes über die Belieferung mit Strom zeigt. Zur weiteren statistischen Validierung der gefundenen Segmentlösung wurde im nächsten Schritt eine Diskriminanzanalyse durchgeführt.

### 3.2.6.3.3 Diskriminanzanalytische Überprüfung der Nutzensegmente

Die Diskriminanzanalyse zählt zu den sogenannten strukturprüfenden multivariaten Analysemethoden und bietet sich insbesondere zur Validierung der Ergebnisse von Clusteranalysen an (vgl. Backhaus/Erichson/Plinke/Weiber 2000, S. 146ff.; Lehmann/Gupta/Steckel 1997, S. 657; Sharma 1996, S. 237ff.).

Die Analyse der univariaten Kennzahlen zur Trennschärfe der Kriterien ergab den größten F-Wert beim Merkmal Erstvertragslaufzeit (F = 92,278), womit es auch als erste unabhängige Variable in die Diskriminanzfunktion aufgenommen wird. Einen ebenfalls sehr hohen Beitrag zur Diskriminierung der vier identifizierten Cluster liefern die Merkmale Art der Stromerzeugung (F = 84,669), Zusatzangebote (F = 75,060) und Preisniveau (F = 45,799). Dieses Ergebnis lässt bereits erkennen, dass die gefundene Clusterlösung auch im Sinne einer diskriminanzanalytischen Beurteilung brauchbar sein dürfte (vgl. Anhang XVI).

Die schrittweise Statistik zeigt, dass nach Aufnahme des ersten Merkmals[165] Wilks-Lambda sich vom Startwert 1,00 auf 0,547 reduziert. Den zweithöchsten Trennbeitrag liefert das Merkmal Art der Stromerzeugung, durch dessen Aufnahme Wilks-Lambda auf den Wert von 0,308 sinkt. Insgesamt ergibt sich nach Integration von fünf der insgesamt sieben Merkmale ein Endwert für Wilks-Lambda von 0,165. Dieser Wert legt nahe, dass es große Unterschiede der vier Nutzensegmente hinsichtlich dieser fünf Kriterien gibt. Keinen bedeutenden Beitrag zur Gruppentrennung liefern die Merkmale Zahlungsbedingungen und Tarifsystematik, die demzufolge für alle vier Gruppen gleich wichtig sind (vgl. Anhang XVI; siehe auch: Sharma 1996, S. 264ff.; Hair/Anderson/Tatham/Black, 1998, S. 297ff.).

Die generierten Diskriminanzfunktionen sind hoch signifikant (p = 0,000), somit können die Unterschiede der vier Cluster in den fünf Merkmalen nicht als zufällig zustande gekommen bewertet werden. Dabei weist die erste Diskriminanzfunktion mit 45,7 % der Varianz den höchsten Beitrag zur Erklärung der Gruppenunterschiede auf. Die zweite Funktion erklärt weitere 33,5 %, womit insgesamt bereits annähernd 80 % der Gruppenunterschiede erklärt werden können. Der verbleibende Rest wird durch die dritte Funktion erklärt (20,8 %) (vgl. Anhang XVI; siehe auch: Sharma 1996, S. 294ff.).[166]

---

165 Als erstes Merkmal wurde die Erstvertragslaufzeit aufgrund des - im Vergleich zu den übrigen Merkmalen - höchsten F-Wertes aufgenommen.

166 Die Annahme gleicher Streuungen kann nach Analyse des Box's M (p = 0,000) nicht aufrecht erhalten werden. Es handelt sich dabei allerdings bei größeren Stichproben um ein relativ häufig anzutreffendes Problem. Gegenüber einer Verletzung dieser Anwendungsempfehlung scheint die Diskriminanzanalyse jedoch relativ robust zu sein, was eine weitere Analyse der Ergebnisse als zulässig erscheinen lässt (vgl. Sharma 1996, S. 385-387; Klecka 1993; Tatsuoka 1970).

Der Übereinstimmungsgrad von vorhergesagter und tatsächlicher Gruppenzugehörigkeit signalisiert dabei den Klassifikationserfolg (vgl. Sharma 1996, S. 271ff.). Mit einem Anteil korrekter Klassifizierungen in der Höhe von 87 % wird ein sehr zufriedenstellendes Ergebnis erzielt, das aber aufgrund der vorgeschalteten Clusteranalyse erwartet werden konnte. Vergleicht man das Ergebnis des Klassifikationserfolges mit der Zufallstrefferquote, die im vorliegenden Fall bei 32,9 % liegt, so zeigt dieser ebenfalls den großen Unterschied zwischen den vier Nutzensegmenten an (vgl. Tab. 35; Anhang XVI).

| | Verwöhnte | Bindungsunwillige | Preissensible | Umweltbewusste | Gesamt | Zufallstrefferquote |
|---|---|---|---|---|---|---|
| **Verwöhnte** | **89,7 %** (n = 148) | 2,4 % (n = 4) | 4,2 % (n = 7) | 3,6 % (n = 6) | 100 % (n = 165) | = $(165/338)^2$ = 0,238 |
| **Bingungsunwillige** | 10,9 % (n = 5) | **82,6 %** (n = 38) | 6,5 % (n = 3) | 0,0 % (n = 0) | 100 % (n = 46) | = $(46/338)^2$ = 0,019 |
| **Preissensible** | 10,8 % (n = 8) | 2,7 % (n = 2) | **86,5 %** (n = 64) | 0,0 % (n = 0) | 100 % (n = 74) | = $(74/338)^2$ = 0,048 |
| **Umweltbewusste** | 7,5 % (n = 4) | 1,9 % (n = 1) | 7,5 % (n = 4) | **83,0 %** (n = 44) | 100 % (n = 53) | = $(53/338)^2$ = 0,025 |
| | **Anteil korrekt klassifizierter Fälle = 87,0 %** | | | | | **= 32,9 %** |

Tabelle 35: Klassifizierungsergebnisse der diskriminanzanalytischen Überprüfung der Nutzensegmente.

Zusammenfassend lässt sich somit festhalten, dass die ermittelten Nutzensegmente trennscharf sind und sich durch die verwendeten Merkmale überschneidungsfrei beschreiben lassen. Zur Ableitung von Empfehlungen für eine an den Nutzenerwartungen der identifizierten Gruppen orientierte Produktgestaltung können bereits die Ergebnisse der Conjoint-Analyse einen wertvollen Beitrag leisten. Der Nutzen der ermittelten Ergebnisse für das Marketing erschließt sich allerdings erst nach einer eingehenden Beschreibung der gebildeten Segmente anhand von Soziodemografika, die im nun Folgenden Abschnitt erfolgt.

#### 3.2.6.3.4 Beschreibung der Nutzensegmente anhand soziodemografischer Merkmale

Im Anschluss an die erfolgreiche Identifikation der Nutzensegmente werden insbesondere soziodemografische Merkmale, die im Rahmen der Untersuchung erhoben wurden, zur weiteren Beschreibung der einzelnen Gruppen herangezogen. Die soziodemografische Beschreibung und der vermutete Bezug zum spezifischen Mediennutzungsverhalten der einzelnen Gruppen dient letztendlich auch als Hilfestellung bei der segmentspezifischen Ausrichtung des kommunikationspolitischen Instrumentariums. Im Speziellen sollen dadurch – in Verbindung mit den vorhergehenden Ausführungen - aber Hinweise für die Produktplanung im betrachteten Markt geliefert werden (vgl. Reutterer 2003, S. 9ff.).

| | Gesamt | Verwöhnte 49 % | Bindungsunwillige 14 % | Preissensible 22 % | Umweltbewusste 16 % | Ergebnis $\chi^2$ - Test |
|---|---|---|---|---|---|---|
| **Geschlecht** | | | | | | |
| weiblich | 41,1 % | 44,6 % | 14,4 % | 25,2 % | 15,8 % | 0,546 |
| männlich | 58,9 % | 51,8 % | 13,1 % | 19,6 % | 15,6 % | |
| **Alter** | | | | | | |
| 18 bis 25 Jahre | 33,8 % | 38,6 % | 18,4 % | 27,2 % | 15,8 % | |
| 26 bis 35 Jahre | 29,1 % | 51,0 % | 10,2 % | 25,5 % | 13,3 % | |
| 36 bis 45 Jahre | 11,9 % | 57,5 % | 12,5 % | 12,5 % | 17,5 % | 0,140 |
| 46 bis 60 Jahre | 19,3 % | 61,5 % | 10,8 % | 10,8 % | 16,9 % | |
| über 60 Jahre | 5,9 % | 40,0 % | 15,0 % | 30,0 % | 15,0 % | |
| **Beruf** | | | | | | |
| Selbständige | 11,2 % | 63,2 % | 5,3 % | 15,8 % | 15,8 % | |
| Angestellte[167] | 40,5 % | 48,2 % | 14,6 % | 21,9 % | 15,3 % | 0,691 |
| Arbeiter | 5,6 % | 57,9 % | 15,8 % | 15,8 % | 10,5 % | |
| Sonstiges[168] | 42,6 % | 44,4 % | 14,6 % | 24,3 % | 16,7 % | |
| **Bildung** | | | | | | |
| Ohne Matura | 29,3 % | 57,6 % | 12,1 % | 15,2 % | 15,2 % | |
| Mit Matura | 46,4 % | 41,4 % | 15,9 % | 25,5 % | 17,2 % | 0,179 |
| Studium | 17,5 % | 49,2 % | 10,2 % | 22,0 % | 18,6 % | |
| Sonstiges | 6,8 % | 60,9 % | 13,0 % | 26,1 % | 0,0 % | |
| **HH-Nettoeinkommen** | | | | | | |
| < 1.000 € | 23,1 % | 39,7 % | 10,3 % | 30,8 % | 19,2 % | |
| 1.000 – 2.000 € | 38,8 % | 47,3 % | 16,8 % | 21,4 % | 14,5 % | |
| 2.000 – 3.000 € | 8,9 % | 63,3 % | 13,3 % | 16,7 % | 6,7 % | 0,169 |
| > 3.000 € | 8,9 % | 70,0 % | 10,0 % | 10,0 % | 10,0 % | |
| k.A. | 20,4 % | 46,4 % | 13,0 % | 20,3 % | 20,3 % | |

Tabelle 36: Beschreibung der Nutzensegmente anhand zentraler soziodemografischer Merkmale.

Die segmentspezifischen Häufigkeitsverteilungen können der obenstehenden Tabelle 36 entnommen werden. Mittels eines Chi-Quadrat-Tests wurde über-

167 Inklusive Beamte.

168 In dieser Gruppe sind Personen die sich im Ruhestand, in Ausbildung und auf Arbeitssuche befinden zusammengefasst.

prüft, ob die Variablen der Kreuztabellen unabhängig voneinander sind. In keinem der geprüften Fälle konnte ein signifikanter Unterschied zwischen beobachteter und erwarteter Häufigkeit festgestellt werden. Keiner der standardisierten Residualwerte lag über dem geforderten Wert von mindestens 2,0 (vgl. Bühl/Zöfel 2000, S. 200; Anhang XVII).

Wie schon durch den Chi-Quadrat-Test gezeigt werden konnte, weisen die betrachteten Häufigkeitsstrukturen nur marginale Unterschiede im segmentspezifischen Vergleich auf. Im Merkmal Geschlecht kann jedoch eine schwache segmentspezifische Tendenz verortet werden. So zeigt sich etwa in der Gruppe der ‚Preissensiblen', dass weibliche Probanden hier verhältnismäßig stärker vertreten sind als männliche Befragte.

Einige Unterschiede können tendenziell auch hinsichtlich des Alters beobachtet werden. In der Gruppe der ‚Bindungs-unwilligen' ist der Anteil der 18 bis 25-Jährigen am höchsten, wohingegen insbesondere in der Gruppe der ‚Verwöhnten' eher ältere Probanden überwiegen. Auch hinsichtlich des Haushaltsnettoeinkommens können geringfügige Unterschiede zwischen den identifizierten Gruppen festgestellt werden. Insbesondere findet sich im Segment der ‚Preissensiblen' ein hoher Anteil an Probanden mit niedrigem Einkommen. Das relativ hohe Einkommen der ‚Verwöhnten' deutet hingegen auf die wirtschaftliche Attraktivität dieser Kundengruppe hin. Nur sehr geringe Unterschiede der Häufigkeitsverteilung lassen sich hinsichtlich des Merkmals Bildung feststellen.

Wie die durchgeführte Untersuchung zeigt, konnten bis auf einige richtungsweisende Tendenzen keine signifikanten Unterschiede in der Verteilung der untersuchten Merkmale in den Gruppen festegestellt werden. Die für eine differenzierte Marktbearbeitung erforderliche Heterogenität relevanter soziodemografischer Merkmale zwischen den Gruppen kann aufgrund der segmentübergreifenden Homogenität nicht bestätigt werden. Damit wird die Auswahl adäquater segmentspezifischer Werbeträger und –mittel erschwert. Die gewonnenen Erkenntnisse liefern aber zumindest ansatzweise Hinweise für eine an den heterogenen Nutzenerwartungen ausgerichtete Marktkommunikation. Dennoch scheinen aufbauend auf den identifizierten Nutzensegmenten weitere Untersuchungen zu einer vertiefenden Segmentbildung sinnvoll. Vor dem Hintergrund einer verbesserten Ansprechbarkeit der einzelnen Nachfragergruppen und der Minimierung von Streuverlusten ist dies jedenfalls zu empfehlen.

### 3.2.6.4 Zusammenfassende Empfehlungen für eine nachfrage-gestützte Produktplanung

Die Planung und optimale Ausgestaltung von Produkten und Dienstleistungen erfordert ein Mindestmaß an Wissen darüber, welchen Beitrag verschiedene kaufverhaltensrelevante Merkmale zum Gesamtnutzen eines Objektes beitragen. Im vorliegenden Fall stand nicht die Planung eines neuen innovativen Produktes im Vordergrund, vielmehr ging es um die nachfrageorientierte Gestaltung eines nunmehr seit Oktober 2001 im freien Warenverkehr stehenden Gutes.

Für die vorliegende Untersuchung können im Rahmen einer explorativ-qualitativen Vorerhebung insgesamt sieben entscheidungsrelvante Merkmale mit insgesamt 19 Merkmalsausprägungen identifiziert werden. Die im Anschluss durchgeführte Conjoint-Analyse gibt Aufschluss darüber, welche Merkmals- und Ausprägungskombinationen die Nutzenerwartungen der Kunden optimal erfüllen.

Als wichtigstes Merkmal wird dabei die Art der Stromerzeugung identifiziert. Strom aus regenerativen Quellen genießt dabei den höchsten Stellenwert aus Sicht der befragten Probanden. Damit bestätigt sich das Ergebnis der explorativ-qualitativen Voruntersuchung, das ebenfalls auf eine überdurchschnittlich große Bedeutung dieses Merkmals hinweist. In diesen Befund fügt sich auch die Bedeutung des Preises ein, der in der Wichtigkeit für die Kaufentscheidung dicht hinter dem eben angesprochenen Merkmal rangiert. Aus Sicht der Produktgestaltung kann dies als Indiz dafür gelten, dass die bislang offerierten Angebote es nicht vermochten, den Konsumenten entscheidenden Nutzen zu stiften, der das Preisargument aus dem Zentrum der Kaufentscheidung zu rücken vermochte.

Die Bewertung des Merkmals Zusatzangebote als drittwichtigstes Merkmal scheint einen vielversrpechenden Ansatz für eine nutzenorientierte Angebotsdifefrnzierung zu bieten, zumal im größten der vier identifizierten Nutzensegmente eine derartige Angebotserweiterung sehr positiv bewertet wird. Raum für eine angebotsseitige Differenzierung bieten allerdings lediglich sogenannte ‚stromnahe' Dienstleistungen, die eine nutzenstiftende Erweiterung des Basisproduktes darstellen. Alle weiteren Merkmale verfügen über eine knapp durchschnittliche bzw. unterdurchschnittliche Wichtigkeit im Rahmen der Kaufentscheidung. Die Analyse der einzelnen Teilnutzenfunktionen gestattet jedoch, die Aufmerksamkeit bei der nutzenorientierten Produktgestaltung auf jene Merkmalsausprägungen zu richten, die von besonderer Bedeutung für die Kaufentscheidung sind. So zeigt sich etwa, dass die Konsumenten einfache Tarifsystematiken tendenziell bevorzugen, im Allgemeinen aber mit dem derzeit geläufigen Tarifmodell - bestehend aus fixer Grundgebühr plus variablen Anteil entsprechend der verbrauchten Strommenge – ein Auslangen finden. Vor dem Hintergrund eines aufgrund rechtlicher und technischer Restriktionen nur schwer zu realisierenden Fixpreismodells und dem relativ hohen Teilnutzen der gängigen Tarifsystematik kann eine Kompensation der Nutzendifferenz zwischen den beiden Ausprägungen durch bereits geringe Zusatzleistungen gewährleistet werden.

Die klare Präferenz zu Erstvertraglsaufzeiten von unter einem Jahr macht deutlich, dass lange Bindungsfristen gewissermaßen einen Hygienefaktor bei der Beurteilung eines Angebotes darstellen. Empfehlenswert erscheinen demnach Erstvertragslaufzeiten von deutlich unter einem Jahr, um einen positiven Beitrag zur Maximierung des Gesamtnutzens leisten zu können. Ein weiterer Ansatzpunkt zur nutzenorientierten Angebotsdifferenzierung bietet sich durch die Integration von Treue- und Bonusprogrammen in das Gesamtangebot. Zu prüfen bleibt, ob derartige Programme den gewünschten Effekt einer nachhaltigen Kundenbindung und die monetäre Ausschöpfung dieser positiv unterstützen. An dieser Stelle bietet sich ein durchaus vielversprechender Anknüpfungspunkt für tiefergehende Untersuchungen, die vor einer Realisierung derartiger Programme jedenfalls empfehlenswert erscheinen.

Das der Ansatz, Strom nachfrageorientiert gestalten zu wollen, zu Befunden führt, die ohne Berücksichtigung rechtlicher und technischer Restriktionen nur wenig Chance auf Realisation haben, zeigt sich beim Merkmal Zahlungsbedingungen. Hier besteht von Seiten der Konsumenten der Wunsch nach einer Abrechnung der bezogenen Strommenge nach dem tatsächlichen Verbrauch. Auch wenn das derzeit weit verbreitete Abschlagszahlungsmodell nur geringen Nutzen stiftet, muss die Einführung eines anderen Abrechnungsmodus vor dem Hintergrund des Nutzenbeitrages dieses Merkmals zum Gesamtnutzen und den damit verbundenen abrechnungstechnischen Aufwendungen beurteilt werden.

Die Identifizierung nutzenbasierter Marktsegmente mittels Clusteranalyse zeigt, dass der Markt in vier homogene Gruppen geteilt werden kann. Aus den Nutzenstrukturen der ermittelten Zielgruppen können Ansatzpunkte für eine an den heterogenen Bedürfnissen der Nachfrager orientierten Gestaltung des Angebotsspektrums abgeleitet werden.

Die größte Gruppe (49 %) bilden komfortorientierte Konsumenten, die als Segment der ‚Verwöhnten' umschrieben werden. In dieser Gruppe kann eine starke Affinität zu Treue- und Bonusprogrammen sowie zur Integration von Zusatzangeboten in das Gesamtangebot festgestellt werden. Verglichen zu den übrigen Gruppen spielt der Preis eine untergeordnete Bedeutung in der Kaufentscheidung. Hingegen zeigt sich mit der Gruppe der ‚Bindungsunwilligen' (14 %) eine

Gruppe von Konsumenten, denen kurze Bindungszeiten, die Art der Stromerzeugung aber auch der Preis bei der Kaufentscheidung wichtig sind. In diesem Zusammenhang wäre etwa ein sogenanntes Basisprodukt überlegenswert, wo der Schwerpunkt des Angebots auf den genannten Kriterien liegt.

Ein vergleichbares Angebot bietet sich auch für die Gruppe der ‚Preissensiblen' (22 %) an. Wobei der Schwerpunkt bei der Vermarktung des Angebotes nicht nur auf dem Preis sondern auch auf der Art der Stromerzeugung liegen sollte, da dies ein überdurchschnittlich wichtiges Merkmal in dieser Gruppe darstellt. Eine preisliche Besserstellung gegenüber der Gruppe der ‚Bindungsunwilligen' könnte durch längere Erstvertragslaufzeiten kompensiert werden, da die Gruppe der ‚Preissensiblen' diesem Merkmal weniger Bedeutung in der Kaufentscheidung beimisst. Das Segment der ‚Umweltbewussten' sollte mit insgesamt rund 16 % der Befragten bei produktpolitischen Überlegungen nicht unberücksichtigt bleiben. Die Gewährleistung, Strom aus Wind, Sonne, Biomasse und Kleinwasserkraftwerken zu beziehen genießt aus Sicht dieser Abnehmergruppe den höchsten Stellenwert bei der Kaufentscheidung. Der Preis spielt lediglich eine untergeordnete Bedeutung und ist den ‚Umweltbewussten' – verglichen zu den übrigen drei Segmenten – am unwichtigsten.

Die Überprüfung der Zugänglichkeit der einzelnen Marktsegmente insbesondere anhand soziodemografischer Merkmale erbringt zumindest Ansätze für eine segmentspezifische Ausrichtung kommunikativer Maßnahmen. Weiterführende Studien sind jedoch im Hinblick auf die Minimierung von Streuverlusten kommunikativer Maßnahmen sinnvoll. Insgesamt scheint jedoch eine kommunikative Verankerung der identifizierten Nutzensegmente empfehlenswert, da dadurch das Denken in Verbrauchertypen bzw. Nutzenkategorien der Kunden gefördert und dadurch eine bedeutende Funktion zur Ausschöpfung des kundenindividuellen Ertragspotenzials ermöglicht wird.

### 3.2.7 Kritische Reflexion der gewählten Vorgehensweise

In Rahmen der vorliegenden Untersuchung wird versucht, die Gestaltung des Produktes Strom an der Präferenz der nachfragenden Konsumenten zu orientieren und mit Hilfe der Conjoint-Analyse die Nutzenbeiträge der Ausprägungen der einzelnen Produktmerkmale zu quantifizieren. Basierend auf den vorliegenden empirischen Befunden werden Handlungsempfehlungen für das Marketing von Strom im Privatkundenmarkt abgeleitet.

Die gewählte Vorgehensweise erweist sich aus Sicht des Anwenders als operational. Ein diffizileres Unterfangen stellt hingegen die Beurteilung der Ergebnisgüte dar, die nicht zuletzt auch aufgrund der nicht durchgeführten Holdout-

Aufgaben erschwert wird. In Ermangelung eines geeigneten Aussenkriteriums sowie der bereits angesprochenen Holdouts bleibt im Rahmen dieser Arbeit die Beurteilung der Ergebnisgüte auf die Inhaltsvalidität beschränkt.

In ihrem vielzitierten Aufsatz schreiben Green und Krieger (1991), dass „[P]arameter estimation in conjoint analysis is subject to error ... [because] the model might be incomplete ... focus groups and survey pretests can be used to reduce model specification errors“ (Green/Krieger 1991, S. 28). In diesem Statement wird eine zentrale methodeninhärente Schwäche der Conjoint-Analyse angesprochen: die Identifikation und Auswahl der kaufverhaltensrelevanten Produktmerkmale und ihrer Ausprägungen. Die weit reichende Bedeutung dieses Ablaufschrittes im Rahmen der Conjoint-Analyse für die Brauchbarkeit der Ergebnisse wurde bereits mehrfach unterstrichen. Typische Kundenerwartungen im Zusammenhang mit der Belieferung von elektrischer Energie im Rahmen von Expertengesprächen und Gruppendiskussionen mit Endkonsumenten zu strukturieren und diese Struktur zum Ausgangspunkt für die Merkmalsgewinnung werden zu lassen, erweist sich in der vorliegenden Untersuchung als eine durchaus leistungsfähige Vorgangsweise. Insbesondere vor dem Hintergrund der vorliegenden empirischen Untersuchungsergebnisse erscheint dieses Vorgehen als sinnvoll und operational. Damit wird auch dem Ansatz entsprochen, die Inhaltsvalidität bereits als Zielvorgabe während der Konstruktion des Messansatzes zu berücksichtigen (vgl. Schnell/Hill/Esser 1999, S. 149). Validitätsbeeinträchtigende Faktoren sollen dadurch weitestgehend minimiert werden. Darüber hinaus wird es dadurch schon am Beginn der Untersuchung möglich nachfrageorientiert zu forschen, so dass bereits sehr früh dem Paradigma nachfrageorientierter Produktgestaltung entsprochen wird.

Wie aus den obigen Ausführungen ersichtlich, kommt dem Kriterium der Inhaltsvalidität für die Beurteilung des gewählten Ansatzes entscheidende Bedeutung zu. Aus heutiger Sicht legen die empirischen Befunde und deren kritische Diskussion im Rahmen der Ergebnispräsentation im Kreise der Förderer dieser Studie nahe, dass die gewählte methodische Vorgehensweise zumindest vorläufig nicht falsifiziert werden kann und die Ergebnisse inhaltlich valide und über rein marketingpolitische Implikationen hinaus Fragen nach grundsätzlichen technischen und rechtlichen Realisationsmöglichkeiten aufwerfen.[169]

[169] Die Vorstellung und kritische Diskussion der Studienergebnisse erfolgte am 27. Juni 2002 in den Räumlichkeiten der Energie Allianz Austria GmbH. An diesem Termin nahmen Mag. Dr. Paul Jankowitsch (Geschäftsführer) und Dipl.–Ing. Eduard Uhl (Geschäftsführer) von Seiten der Energie Allianz Austria GmbH sowie Dr. Michael Paul (Geschäftsführer) und Mag. Ronald Scheucher (Senior Consultant) von Seiten Simon, Kucher & Partners, Wien teil.

Die Forderung, die Güte der Ergebnisse an einem geeigneten Aussenkriterium zu beurteilen kann verständlicherweise im Rahmen dieser Arbeit nicht erfüllt werden und bleibt somit über diese Arbeit hinweg bestehen.

# 4 Schlussbetrachtung

Im letzten Kapitel dieser Disseration erfolgt eine Zusammenschau und kritische Würdigung der vorliegenden Untersuchungsergebnisse. Vor diesem Hintergrund werden im Anschluss Implikationen für die Marketingforschung und –praxis diskutiert, sowie Hinweise auf mögliche Ansätze für zukünftige Forschungstätigkeiten skizziert.

## 4.1 Zusammenschau und kritische Reflexion der Untersuchungsergebnisse

Der unmittelbare Anlass für die vorliegende Dissertation leitet sich aus den durch die Liberalisierung der Elektrizitätsmärkte ausgelösten Änderungen gesetzlicher Rahmenbedingungen und der darauf folgenden Wandlung des Marktumfeldes ab. Im Mittelpunkt der hier untersuchten Problemstellung steht der weit reichende Wandlungsprozess der österreichischen Stromwirtschaft aus der Sicht des Produktmarketings für Privatkunden.

Bevor die eigentliche Problemstellung aus der Perspektive des Marketings sowohl theoretisch diskutiert als auch empirisch untersucht werden kann, ist es notwendig den rechtswissenschaftlichen Literaturbestand zur Liberalisierung der Strommärkte sowohl auf EU als auch auf nationaler Ebene zu studieren. Es soll dabei untersucht werden, welche rechtlichen Maßnahmen zur Herstellung wettbewerblicher Bedinungen führen und welchen Handlungsbedarf sie im Marketing der EVU nach sich ziehen.

Die Analyse zeigt, dass je nachdem, welche Perspektive der Betrachter einnimmt, unterschiedliche Ergebnisse die Folge sind. Stellt man sich auf die Seite der Liberalisierungsbefürworter, so kann die Liberalisierung des österreichischen Elektrizitätsmarktes als mit Erfolg abgeschlossen beurteilt werden. Kritische Beobachter der Entwicklung weisen hingegen auf die Schwächen der gegenwärtigen Gesetzgebung und die damit verbundenen Folgen für die einzelnen Marktteilnehmer hin. Die Kritik richtet sich insbesondere auf den mit der Marktöffnung verbundenen hohen Regulierungsbedarf, der im Zuge der Neuordnung der Elektrizitätswirtschaft entstand (vgl. bspw. Raschauer 2001, S. 30f.).

Aus der Perspektive des Marketing betrachtet, eröffnen sich jedoch zahlreiche strategische Herausforderungen für die Energieversorgungsunternehmen. Das zentrale Anliegen im strategischen Marketing von Energieversorgern ist das Halten bestehender Kunden und idealerweise die Gewinnung neuer Kunden. Davon sind gleichermaßen die alteingesessenen wie auch die neuen Anbieter betroffen. Gerade für regionale Anbieter, die vor dem Hintergrund voranschreitender Unternehmensverflechtungen und der Internationalisierung der Branche wenig entgegenzusetzen haben, sind strategische Überlegungen im Zusammenhang mit einer kundenorientierten Kommunikations- und Produktpolitik empfehlenswert (vgl. Laker/Tillmann 2000, S. 65ff.).

Das Involvement mit einem Produkt oder einer Dienstleistung stellt ein zentrales Konstrukt der Konsumentenforschung dar, dessen Bestimmung wiederum die Basis einer effizienten Kommunikationspolitik bildet (vgl. bspw. Kroeber-Riel/Weinberg 2003; Trommsdorff 2002; Nieschlag/Dichtl/Hörschgen 2002; Blackwell/Miniard/Engel 2001). Das Involvement mit Strom wird im Allgemeinen als gering betrachtet (vgl. Laker/Herr 2000b). Empirische Befunde über die Messung von Involvement im Strommarkt liegen nach Kenntnis des Autors allerdings bislang noch nicht vor. In der Erfassung des Involvements mit Strom im Privatkundenmarkt besteht jedoch eines der zentralen Ziele der vorliegenden Arbeit. Die genannte Zielsetzung basiert auf der These, dass im betracheten Markt unterschiedliche Zielgruppen mit jeweils unterschiedlichen Involvement-Profilen anzutreffen sind. Dies hätte zur Folge, dass unterschiedliche Formen der werblichen Kommunikation zielführend und effizient eingesetzt werden könnten.

Über die Bedeutung und den Stellenwert des Involvement-Konstruktes in der Konsumentenforschung besteht, wie die vorangegangenen Ausführungen gezeigt haben, weitgehend Einigkeit im einschlägigen Fachschrifttum. Ein weniger breiter Konsens liegt jedoch in der Operationalisierung und Interpretation des auch als „eine Art Sammelkonstrukt für die objektbezogene Disposition" (Nieschlag/Dichtl/Hörschgen 2002, S. 1012) von Konsumenten bezeichneten Konstruktes vor. Widmete sich die Involvementforschung zu Beginn noch der Erörterung grundlegender psychischer Determinanten des Konsumentenverhaltens – Informationsaufnahme, -verarbeitung und –speicherung – so verlagerte sich alsbald der Forschungsschwerpunkt auf die Operationalisierung und empirische Erfassung gegenständlicher Größe (vgl. Mühlbacher 1988). An diesem Punkt knüpft auch die Kritik an der Involvementforschung an. So warnte bereits Mitchell (1979) vor einem zu raschen Übergang auf die empirische Erforschung des Involvement-Konstruktes ohne vorab für ein allgemein anerkanntes Begriffsverständnis gesorgt zu haben. Wie im Rahmen dieser Arbeit zu zeigen versucht wird, ist es vor allem den Arbeiten von Autoren wie etwa Costley (1988) oder Laaksonen (1994) zu verdanken, dass ein besseres allgemeines Verständnis über das Konstrukt Involvement gewonnen werden konnte, dennoch scheint die Forderung Mitchells' nichts an ihrer Aktualität eingebüßt zu haben.

Wie bereits oben angesprochen, besteht ein zentrales Anliegen der vorliegenden Arbeit in der Ermittlung des Involvements mit Strom bei Privatkunden. Dazu wird zunächst eine theoriegestützte Abgrenzung des verwendeten Involvement-Begriffes vorgenommen. Als Ergebnis dieses Prozesses wird Involvement für die vorliegende Untersuchung als ein (1) zustandsorientiertes, (2) situatives und (3) kontinuierliches Konstrukt definiert.

Im Anschluss daran werden ausgewählte Modelle der verbalen Involvementmessung und deren Operationalisierung diskutiert sowie kritisch gewürdigt (Kap. 2.2.3 ff.). Auffällig scheint in diesem Zusammenhang, dass der Prozess der Item- bzw. Statemententwicklung meist nur am Rande, wenn überhaupt erwähnt wird. Vielmehr konzentrieren sich die Autoren der diversen Studien auf die ausführliche Dokumentation der für die Entwicklung der Itembatterien notwendigen, meist aber sehr aufwendigen und umfangreichen Eichstichproben. Diese mühselige und auch kostspielige Prozedur scheint allerdings unumgänglich, um ein möglichst reliables und valides Messinstrument erst entwicklen zu können. Es ist deshalb naheliegend, von einem engen Zusammenhang einerseits umfangreicher und kostspieliger Eichstichproben und andererseits der Qualität der entwickelten Testskala auszugehen.

Da es aber immer wieder in der Praxis wissenschaftlicher Forschung aufgrund mangelnder finanzieller Ressourcen aber auch aufgrund zeitlicher Restriktionen vielfach unterlassen bzw. bewusst darauf verzichtet wird Eichstichproben durchzuführen, wird im empirisch-messtechnischen Teil dieser Arbeit erstmals ein empirisch-qualitativer Weg zur Entwicklung einer Itembatterie zur Messung des Involvements vorgeschlagen. Basierend auf den Transkripten von Gruppendiskussionen wird dabei anhand eines transparenten und intersubjektiv nachvollziehbaren Prozess die Itementwicklung vorgenommen. Das primäre Forschungsinteresse besteht letztendlich darin, einen alternativen Weg zu beschreiben, der es ermöglicht, (1) ressourcenschonend, (2) intersubjektiv nachvollziehbar sowie (3) valide und reliabel Itembatterien zu entwickeln.

In Kapitel 3.1 wird exemplarisch eine empirisch-qualitative Methode der Datenbeschaffung für die Entwicklung eines Tests zur Erfassung des Involvements von Privatkunden mit Strom angewendet. Trotz der primär dem Ergebnis zugewandten Absicht ist das Interesse auch auf die Methode gerichtet, um sie für einen Bereich wissenschaftlicher Forschung nutzbar zu machen, der nicht immer den Weg an die Öffentlichkeit findet: die Entwicklung von Testitems.

Die Ableitung der Statements aus dem reichhaltigen und der Qualität nach ungemein ergiebigen Material stellt eine große Herausforderung dar und sollte, wenn der Forscher sich nicht dem Vorwurf des wilden Deutens aussetzen möchte, nur regelgeleitet und systematisch in Angriff genommen werden, wie dies im Rahmen der vorliegenden Untersuchung angestrengt wird (vgl. Kap. 3.1.3).

Ob Gruppendiskussionsergebnisse und ihre Interpretation es erlauben im empirisch-quantitativen Sinne verallgemeinert zu werden ist zu keinem Zeitpunkt Gegenstand dieser Arbeit, da hier eine Kombination mit der orthodoxeren Umfragemethode gewählt wird, um so die Leistungsfähigkeit der gewählten methodischen Vorgehensweise unter Beweis zu stellen.

Ungeachtet der methodischen Probleme von Gruppendiskussionen, die von der Auswahl des Teilnehmerkreises über die Wahl der Stimuli bis hin zur interpretativen Auswertung der Ergebnisse reichen, stellen sie eine Alternative zur gängigen Vorgehensweise der Itementwicklung dar. Anhand der empirisch-quantitativen Untersuchung kann so nicht nur die Güte des entwickelten Tests, sondern auch die Eignung der gewählten Methode und Vorgehensweise nicht falsifiziert werden. Darüber hinaus sei an dieser Stelle darauf hingewiesen, dass nur durch eine prozesshafte und systematische Vorgehensweise, sowie durch deren lückenlose Dokumentation sichergestellt werden kann, dass explorative Arbeit wieder stärker in den wissenschaftlichen Forschungsprozess integriert und somit der kollegialen Diskussion zugeführt werden kann.

Die in weiterer Folge auf Basis der empirischen Befunde abgeleiteten Handlungsempfehlungen für kommunikative Maßnahmen bei geringem und hohem Involvement von Konsumenten orientieren sich am Ansatz der Integrierten Unternehmenskommunikation (vgl. Bruhn 2003). Insbesondere vor dem Hintergrund einer rückläufigen Wahrnehmung kommunikativer Botschaften im Allgemeinen und der großen Mehrheit an Konsumenten mit niedrigem Involvement im Speziellen scheint der koordinierte Einsatz von Kommunikationsinstrumenten einen vielversprechenden Ansatz darzustellen (vgl. Kap. 3.1.5).

Ähnlich wichtig wie das Wissen um das Involvement der Kunden für die Kommunikation, ist auch das Wissen über deren Bedürfnisse und Präferenzen im Hinblick auf die optimale Gestaltung des Produkt- und Leistungsprogrammes (vgl. bspw. Kotler/Bliemel 2001; Lehmann/Winer 1997, S. 139ff.; Moore/Pessemier 1993, S. 144f.; Urban/Hauser 1993). Die Entwicklung von Produkten und Dienstleistungen, die konsequent an den Bedürfnissen der Kunden ausgerichtet sind, dient einerseits der Differenzierung im Wettbewerb und stellt andererseits eine Alternative zum reinen Preiswettbewerb dar (vgl. Laker/Herr 2000b, S. 129).

Mit der Conjoint-Analyse steht ein leistungsfähiges Verfahren zur Unterstützung der Produktplanung zur Verfügung, dass aus empirisch erhobenen globalen Urteilen den jeweiligen Beitrag einzelner Merkmale zum Gesamturteil erlaubt (dekompositioneller Ansatz) (vgl. bspw. Gustafsson/Herrmann/Huber 2001; Green/Krieger/Wind 2001; Weiber/Rosendahl 1997; Green/Srinivasan 1978). Wie die theoretische Auseinandersetzung mit dem Konstrukt Kundennutzen und seiner Operationalisierung zeigt, gelang es durch die Einführung der Conjoint-Analyse für Marketingzwecke neue und leistungsfähige Wege in der Schätzung von Käuferpräferenzen und Kaufverhalten einzuschlagen (vgl. Green 2001, S. 1). Die seither erreichte Verbreitung der Methode der Conjoint-Analyse im Marketing und der betriebswirtschaftlichen Forschung ist bemerkenswert (siehe Kap. 2.3).

Eine Reihe von Studien[170] belegen, dass die Methode der Conjoint-Analyse einen gangbaren Weg zur Erfassung von Produktpräferenzen repräsentiert. Stellvertretend sind an dieser Stelle nochmals die bedeutendsten Eigenschaften der Conjoint-Analyse zusammengefasst, die das Verfahren für die Analyse von Präferenzdaten qualifizieren:

- Der dekompositionelle Ansatz der Conjoint-Analyse gestattet auf Basis des empirisch erhobenen Gesamtnutzenwertes eines Stimuli die Berechnung des Beitrages einzelner Komponenten zum Gesamtnutzen (vgl. u.a. Gustafsson/Herrmann/Huber 2000, S. 7f.).
- Die in eine Conjoint-Analyse integrierten Merkmale stellen vom Marketer direkt manipulierbare Größen dar. Durch die Variation der Merkmale und/oder der Merkmalsausprägungen können Auswirkungen auf die Präferenzen der Auskunftspersonen beobachtet, analysiert und als Grundlage für die Optimierung von Produkten,[171] Produktlinien[172] und Dienstleistungen[173] herangezogen werden (vgl. Green/Krieger/Wind 2001, S. 57ff.).

---

170 Siehe insb. die unter Abschnitt 1.2. angeführten Arbeiten. Zusätzlich sei auf den von Gustafsson, Herrmann und Huber (2001) bereits in zweiter Auflage erschienen Sammelband verwiesen.

171 Vgl. bspw. Kohli/Sukumar 1990, S. 1466ff.; Kohli/Krishnamurti 1989, S. 186ff.; Kohli/Krishnamurthi 1987, S. 1526f.; Green/Carroll/Goldberg 1981, S. 17ff.

172 Vgl. hierzu bspw. Zufryden 1982 zit. nach Green/Krieger 1989; McBride/Zufryden 1988; Green/Krieger 1987, S. 21ff.

173 Vgl. Perrey 1998.

- Die individuelle Messung und Prognose von Präferenzdaten im Rahmen der Conjoint-Analyse bietet die Möglichkeit einer nutzenorientierten Marktsegmentierung (vgl. Perrey 1998; Hahn 1997, S. 224-235; Green/Krieger 1991).
- Die Ergebnisse einer Conjoint-Analyse bergen „hervorragendes analytisches Potential" (Hahn 1997, S. 132), das u.a. zur Beantwortung preispolitischer Fragestellungen im Rahmen der gewinnoptimalen Preisfindung bei Neuprodukten, der Preisbündelung[174] und nicht-linearer Preisfindung ausgeschöpft werden kann (vgl. Kolvenbach/Krieg/Felten 2001, S. 502-511; Haller/Reutterer 2001, S. 12-15; Simon 1992, S. 116f.; Kohli/Mahajan 1991, S. 349f.; Simon/Kucher 1988, S. 171ff.; Kucher/Simon 1987, S. 28ff.).

Den aufgezeigten Vorzügen der Conjoint-Analyse stehen hingegen Limitationen gegenüber, die vor allem auf die allgemeinen Grenzen des Nutzenkonzeptes (vgl. Kap. 2.3.1) zurückzuführen sind und weniger in methodischen Unzulänglichkeiten (vgl. Kap. 2.3.2.4) bestehen. Letztere sind zwar zweifelsohne nicht minder problematisch, helfen aber lediglich die Symptome nicht aber die Ursachen zu erklären. So unterstellen normative wie auch deskriptive Nutzenmodelle, dass der Nutzen ein zentrales Konstrukt zur Erklärung von beobachteten Wahlhandlungen darstellt. Die Einhaltung sozialer Normen, die Auswirkungen begrenzter Rationalität im Entscheidungsverhalten oder Phänomene wie ‚variety seeking' werden im besprochenen theoretischen Rahmen nicht abgebildet. Dennoch weisen insbesondere verhaltens-wissenschaftliche Befunde, im Speziellen zum Konsumentenverhalten auf Einschränkungen in der Gültigkeit des Nutzenkonzeptes hin. Teichert (2001) attestiert folglich den Nutzenmodellen „keine universelle, sondern eine situationsbedingt unterschiedliche Erklärungskraft zur Beschreibung realen Entscheidungsverhaltens" (Teichert 2001, S. 53), wodurch das Nutzenkonzept nicht an sich seine Gültigkeit verliert, sondern vielmehr auf das Vorhandensein nicht kontrollierbarer Störgrößen hingewiesen wird (vgl. Teichert 2001, S. 53).

In weiterer Folge wird die Methodik der Conjoint-Analyse als zentrales Instrument für eine kundenorientierte Produktplanung- und –entwicklung im Strommarkt für Privatkunden herangezogen. Wie gezeigt, ist die besprochene Methode nicht frei von Mängeln und vor allem an nicht immer realistische Prämissen gebunden (siehe Abschnitt 1.2), dennoch erlaubt der betrachtete Problemkreis die sinnvolle Durchführung einer Conjoint-Analyse. Dies kann vor allem damit begründet werden, dass es sich bei Strom nicht um eine radikale Neuproduktentwicklung handelt und Konsumenten bereits Erfahrungen mit den wesentlichen Eigenschaften gemacht haben und sich so eine relativ stabile Einstellung herausgebildet hat. Dies hat zur Folge, dass den Konsumenten eine Mehrheit der

[174] Vgl. hierzu insb. Wübker 1998.

beurteilungsrelevanten Kriterien im Vorfeld der Untersuchung bereits vertraut sind und so ein Vergleich konkurrierender Stimuli gewährleistet werden kann.

Darüber hinaus ist im gegenständlichen Fall zu vermuten, dass die Auskunftspersonen über keine ausgeprägte Produktpräferenz verfügen und demnach den alternativen Stimuli unvoreingenommen gegenüberstehen und diese anhand ihrer Merkmale vergleichsweise unbeeinflusst bewerten können. Die oben angesprochenen nicht kontrollierbaren Störgrößen wurden folglich als vernachlässigbar betrachtet, was einen hohen Erklärungsgehalt der Präferenzschätzung erwarten lässt.

Für die vorliegende Untersuchung können im Rahmen der explorativ-qualitativen Vorerhebung insgesamt sieben entscheidungsrelvante Merkmale mit insgesamt 19 Merkmalsausprägungen identifiziert werden. Die im Anschluss durchgeführte Conjoint-Analyse gibt Aufschluss darüber, welche Merkmals- und Ausprägungskombinationen die Nutzenerwartungen der Kunden optimal erfüllen. Im Anschluss daran wird der Datensatz einer nutzenbasierten Marktsegmentierung mittels einer Clusteranalyse unterzogen. Auf diesem Wege können insgesamt vier homogene Gruppen identifiziert werden. Die spezifischen Nutzenstrukturen der einzelnen Segmente können sowohl als Ansatzpunkte für eine an den heterogenen Bedürfnissen der Nachfrager orientierten Gestaltung des Angebotsspektrums sowie zur segmentspezifischen Ausrichtung kommunikativer Maßnahmen genutzt werden (vgl. Kap. 3.2.6).

Der eingeschlagene Weg, die Gestaltung des Gutes Strom an der Präferenz der nachfragenden Konsumenten zu orientieren und mit Hilfe der Conjoint-Analyse die Nutzenbeiträge einzelner Merkmalsausprägungen zu bestimmen und diese sowohl zum Zwecke der Marktsegmentierung als auch zur Ableitung von marketingpolitischen Handlungsempfehlungen zu nutzen, kann durch die vorliegende empirische Untersuchung nicht falsifiziert werden. Die Forderung, die Güte der Ergebnisse an einem geeigneten Aussenkriterium zu beurteilen kann – wie in Kapitel 3.2.7 ausgeführt - im Rahmen dieser Arbeit nicht erfüllt werden und bleibt somit über diese Arbeit hinweg bestehen.

## 4.2 Implikationen für Theorie und Praxis

Auf Basis der unternommenen theoretischen und empirischen Auseinandersetzung der hier behandelten Problemstellung können neben den sich daraus ergebenden Implikationen für die Marketingforschung und –praxis auch Ansätze für zukünftige Forschungsbemühungen verortet werden. In der Folge werden deshalb zusammenfassend jene Aspekte dargestellt, die aus Sicht des Autors der vorliegenden Arbeit vielversprechende Ansatzpunkte für künftige Forschungsbemühungen darstellen.

- Die theoretische Auseinandersetzung mit der Involvementforschung führt zu der Erkenntnis, dass bei der verbalen Involvementmessung die Itementwicklung und nicht etwa die Bestimmung der Güte des entwickelten Tests vom wissenschaftlichen Diskurs weitestgehend ausgeschlossen scheint. Ein systematisches und intersubjektiv nachvollziehbares Vorgehen stellt aber eine wertvolle Ergänzung zu im nachhinein angestellten statistischen Detailbetrachtungen dar. Ausgehend von dem in dieser Arbeit exemplarisch vorgestellten Vorgehen zur Itementwicklung erscheint es deshalb wünschenswert, wenn dieser methodische Zutritt in weiteren Anwendungen zum Einsatz gelangt und über den Weg der kollegialen Diskussion und Kritik weiter ausgebaut und verbessert wird.
- Das es sich bei der Conjoint-Analyse um ein robustes Verfahren zum Abschätzen des relativen Einflusses wesentlicher Produktmerkmale auf die Nutzenwahrnehmung eines Produktes handelt kann im Rahmen der theoretischen Diskussion gezeigt werden. Dennoch drängt sich die Vermutung auf, dass die Bestimmung der Güte eines bestimmten Ergebnisses anhand komplexer und konstruiert wirkender Hilfskonstrukte, die wiederum mit anspruchsvollen Instrumentarien auf ihre statistische Aussagekraft hin geprüft werden, die getroffenen Modellspezifikationen außer Streit stellen und somit zwar zu inhaltlich richtigen aber ansonst eher wertlosen Ergebnissen führen (vgl. Teichert 2001, S. 301ff.). Auch zahllose Methodenvergleiche enden oft mit der Erkenntnis, dass kein Verfahren eindeutig empfohlen und als Überlegen betrachtet werden kann (vgl. bspw. Hensel-Börner 2000, S. 191). Aus Sicht des Autors bietet deshalb die Erörterung der Grenzen des Nutzenkonzeptes weitaus vielversprechendere Ansatzpunkte für künftige Forschungsbemühungen, als das man sich in den Tiefen der Lösung methodisch-statistischer Probleme verliert, die im übrigen besser von Mathematikern und Statistikern als von Betriebswirten bewerkstelligt wird.
- Auch wenn die Beurteilung der Güte der vorliegenden Befunde an zahlreichen Stellen dieser Arbeit in die Argumentation einbezogen wird, zeigt sich hierin doch ein erheblicher Forschungsbedarf. So bedürfen die Anregungen für die kommunikativen Maßnahmen bei geringem bzw. hohem Konsumenteninvolvement, aber auch jene Empfehlungen im Zusammenhang mit einer optimalen Produktgestaltung und Marktsegmentierung weiterer Überprüfung, soferne Fragen, die über die Inhaltsvalidität hinaus gehen geklärt werden sollen.
- Die in dieser Arbeit angestrebte komplementär orientierte Forschungskonzeption (vgl. Abb. 2), durch die Nutzung sowohl qualitativer als auch

quantitativer Methoden der Feldforschung erweist sich aus Sicht des Autors als eine leistungsfähige Vorgehensweise. Empirische Sozialforschung wird vielfach schon nahezu doktrinär mit Umfragen und Demoskopie gleichgesetzt, obwohl ein umfangreiches Arsenal unterschiedlicher Methoden zur Verfügung stünde (vgl. Diekmann 2002, S.18). Daraus folgt - beinahe zwangsläufig - die Empfehlung eines Methodenpluralismus. Auf welchem Gebiet auch immer man tätig ist, sollte man sich nicht auf eine einzelne Methode konzentrieren, sondern versuchen über die Kombination mehrerer Methoden die Qualität der Untersuchung zu steigern. Sie führt zu unterschiedlichen Erkenntnissen über einen Untersuchungsgegenstand; und erst die Vielfalt der Erkenntnisse führt zu einem reichhaltigen Bild (vgl. Behrens 2000, S. 50f.).

- Aus praxeologischer Sicht kommt neben der reinen Formulierung von marketingpolitischen Handlungsempfehlungen, wie dies im Rahmen dieser Arbeit versucht wird, der Implementierung dieser Maßnahmen eine hohe Bedeutung zu. Dabei steht die Kundenorientierung im Mittelpunkt eines strategischen Marketing von EVU, dessen zentraler Baustein ein an den Bedürfnissen der Kunden ausgerichtetes Angebots- und Leistungsprogramm darstellt. Gerade im Wettbewerb scheint jedoch ein differenziertes Leistungsprogramm - das vom reinen Preiswettbewerb abgeht - nur schwer zu realisieren sein. Die in der vorliegenden Arbeit skizzierten Ansätze bieten konkrete Anknüpfungspunkte für die Marketingpraxis, um einer derartigen Entwicklung entgegenwirken zu können.

# Literaturquellen

Acito, Franklin (1977): An Investigation of some Data Collection Issues in Conjoint Measurement. In: American Marketing Association (Hrsg.), Educators' Proceedings, Chicago, S. 82-85

Adam, Dietrich (1996): Planung und Entscheidung. Modelle – Ziele – Methoden. Mit Fallstudien und Lösungen. 4., vollständig überarbeitete und wesentlich erweiterte Auflage. Wiesbaden: Gabler

Agarwal, Manoj K.; Green, Paul E. (1991): Adaptive Conjoint Analysis Versus Self-Explicated Models: Some Empirical Results. In: International Journal of Research in Marketing, Vol. 8 (Juni), S. 141-146

Akaah, Ishamel P. (1991): Predictive Performance of Self-Explicated, Traditional Conjoint, and Hybrid Conjoint Models Under Alternative Data Collection Methods. In: Journal of the Acadamy of Marketing Science, Vol. 19 (Fall), S. 309-314

Akaah, Ishamel P.; Korgaonkar, Pradeep K. (1983): An Empirical Comparison of the Predicitve Validity of Self-Explicated, Huber-Hybrid, Traditional Conjoint, and Hybrid Conjoint Models. In: Journal of Marketing Research, Vol. 20 (May), S. 187-197

Albers, Sönke (1989): Gewinnorientierte Neuproduktpositionierung in einem Eigenschaftsraum. In: Schmalenbachs Zeitschrift für betriebswirtschaftliche Forschung – zfbf, Jg. 41, Heft 3, S. 186-209

Albers, Sönke (2000): Auswahl optimaler Produkteigenschaften. In: Albers, Sönke; Herrmann, Andreas (Hrsg.): Handbuch Produktmanagement. Strategieentwicklung – Produktplanung – Organisation – Kontrolle. Wiesbaden: Gabler, S. 355-384

Albers, Sönke; Brockhoff, Klaus (1985): Die Gültigkeit der Ergebnisse eines Testmarktsimulators bei unterschiedlichen Daten und Auswertungsmethoden. In: Schmalenbachs Zeitschrift für betriebswirtschaftliche Forschung – zfbf, Jg. 37, Heft 3, S. 191-217

Albrecht, Jens (2000): Präferenzstrukturmessung. Ein empirischer Vergleich der Conjoint-Analyse mit einer kompositionellen Methode. Frankfurt am Main [u.a.]: Lang

Allas, Tera; Leslie, Keith (2001): Sizing power. In: The McKinsey Quarterly 2001 Nr. 1, S. 138-145

Allenby, Greg M.; Ginter, James L. (1995): Using Extremes to Design Products and Segment Markets. In: Journal of Marketing Research, Vol. 32, (November), S. 392-403

Andrews, Craig J.; Durvasula, Srinivas; Akhter, Syed H. (1990): A Framework for Conceptualizing and Measuring the Involvement Construct in Advertising Research. In: Journal of Advertising, Vol. 19, No. 4, S. 27-40

Andrews, Rick L.; Ansari, Asim; Currim, Imran S. (2002): Hierarchical Bayes Versus Finite Mixture Conjoint Analysis Models: A Comparison of Fit, Prediction, and Part-worth Recovery. In: Journal of Marketing Research, Vol. 39, No. 1 (February), S. 87-98

Antil, John H. (1984): Conceptualization and Operationalization of Involvement. In: Kinnear, Thomas C. (Hrsg.): Advances in Consumer Research, Vol. 11, Provo, UT: Association for Consumer Research, S. 203-209

Assael, Henry (1983): Consumer Behaviour and Marketing Action. 2. ed., Boston, Mass.: PWS-Kent Publ. Co.

Atteslander, Peter (2000): Methoden der empirischen Sozialforschung. 9., neu bearb. Aufl. Berlin, New York: de Gruyter

Aust, Eberhard (1996): Simultane Conjointanalyse, Benefitsegmentierung, Produktlinien- und Preisgestaltung. Frankfurt a. M. [u.a.]: Lang

Auty, Susan (1995): Using Conjoint Analysis in Industrial Marketing. In: Industrial Marketing Management, Vol. 24 (June), S. 191-206

Backhaus, Klaus (2000): Deutschsprachige Marketingforschung. Bestandsaufnahme und Perspektiven. Hrsg. im Auftr. der Wissenschaftlichen Kommission Marketing im Verband der Hochschullehrer für Betriebswirtschaft e.V. Backhaus, Klaus (Hrsg.). Stuttgart: Schäffer-Poeschel

Backhaus, Klaus; Erichson, Bernd; Plinke, Wulff; Weiber, Rolf (2000): Multivariate Analysemethoden – Eine anwendungsorientierte Einführung. 9., überarb. u. erw. Auflage. Berlin [u.a.]: Springer

Bagozzi, Richard P (1979): Buyer Behavior: Toward a Theory of the Middle Range. In: Der Markt, Nr. 70, S. 177-182

Bagozzi, Richard P. (1980): Causal Models in Marketing. New York [u.a.]: Wiley

Bagozzi, Richard P.; Schnedlitz, Peter (1985): Social Contingencies in the Attitude Model: A Test of Certain Interaction Hypotheses. In: Social Psychology Quarterly, Vol. 48, No. 4, S. 366-373

Balderjahn, Ingo (1991): Ein Verfahren zur empirischen Bestimmung von Preisresponsefunktionen. In: Marketing ZFP, Heft 1, 1. Quartal, S. 33-42

Balzereit, Bernd; Kassebohm, Kristian (2000): Führung in EVU. Energiewirtschaft im Wandel – Der Weg in den Wettbewerb – Wertorientiertes Management. Frankfurt am Main: VWEW-Verlag

Bänsch, Axel (2002): Käuferverhalten. 9., durchges. u. erg. Aufl. München, Wien: Oldenbourg

Barmish, B. Ross (1984): A New Approach to the Incorporation of Attributes into Consumer Theory. In: Journal of Economic Theory, Vol. 32, S. 93-110

Bass, Frank M.; Talarzyk, Wayne W. (1972): An Attitude Model for the Study of Brand Preference. In: Journal of Marketing Research, Vol. 9 (February), S. 93-96

Bateson, John E.G.; Reibstein, David; Boulding, William (1987): Conjoint Analysis Reliability and Validity: A Framework for Future Research. In: Review of Marketing, Houston, Michael J. (Hrsg.), American Marketing Association, Chicago, S. 451-481

Bauer, Hans H. (1989): Marktabgrenzung: Konzeption und Problematik von Ansätzen und Methoden zur Abgrenzung und Strukturierung von Märkten unter besonderer Berück-sichtigung von marketingtheoretischen Verfahren. Berlin: Duncker & Humblot

Baur, Jürgen F. (1996): Die politische Einigung über die Elektrizitäts-Binnenmarkt-Richtlinie. In: Energiewirtschaftliche Tagesfragen, 8/1996, S. 474-476.

Bazeley, Patricia; Richards, Lyn (2000): The NVivo Qualitative Project Book. 1. publ. . - London [u.a.]: Sage Publ.

Becker, Jochen (1998): Marketing-Konzeption. Grundlagen des strategischen und operativen Marketing-Managements. 6. vollständig überarbeitete und erweiterte Auflage, München: Vahlen

Becker, Peter; Held, Christian; Riedel, Martin; Theobald, Christian (2001): Energiewirtschaft im Aufbruch. Analysen – Szenarien – Strategien. Köln: Dt. Wirtschaftsdienst

Beed, Clive; Beed, Cara (2000): Intellectual progress and academic economics: rational choice and game theory. In: Journal of Post Keynesian Economics, Vol. 12, S. 163-185

Behrens, Gerold (2000): Theoriegeleitetes vs. praxisorientiertes Marketing. In: Backhaus, Klaus (Hrsg.): Deutschsprachige Marketingforschung. Bestandsaufnahme und Perspektiven. Stuttgart: Schäffer-Poeschel, S. 41-53

Belk, Russell W. (1975): Situational Variables and Consumer Behaviour. In: Journal of Consumer Research, Vol. 2, No. 3 (Dec), S. 157-164

Belk, Russell W. (1981): Effects of Gift-Giving Involvement on Gift Selection Strategies. In: Mitchell, Andrew (Hrsg.): Advances in Consumer Research, Vol. 9, Provo, UT: Association for Consumer Research, S. 408-412

Belz, Christian (1996): Unternehmenspositionen mit integrierter Kommunikation besetzen. In: Tomczak, Torsten; Rudolph, Thomas; Roosdorp, Alexander (Hrsg.): Positionierung – Kernentscheidung des Marketing. St. Gallen: Verl. Thexis, S. 122-131

Bentler, Peter M. (1980): Multivariate Analysis with Latent Variables: Causal Modeling. In: Annual Review of Psychology, Vol. 31, S. 419-456

Berekoven, Ludwig (1974): Der Dienstleistungsbetrieb. Wesen, Struktur, Bedeutung. Wiesbaden: Gabler

Berekoven, Ludwig (1979): Die Bedeutung Wilhelm Vershofens für die Absatzwirtschaft. In: Jahrbuch der Absatz- und Verbrauchsforschung. 25. Jg, Nr. 1, Berlin: Duncker & Humblot, S. 2-10

Berekoven, Ludwig; Eckert, Werner; Ellenrieder, Peter (2001): Marktforschung. Methodische Grundlagen und praktische Anwendung. 9., überarbeitete Auflage. Wiesbaden: Gabler

Bergschneider, Claus; Karasz, Michael; Schumacher, Ralf (2001): Risikomanagement im Energiehandel: Grundlagen, Techniken und Absicherungsstrategien für den Einsatz von Derivaten. 2., überarb. und erw. Aufl. - Stuttgart: Schäffer-Poeschel Verlag

Bernoulli, Daniel (1738): Specimen Theoriae Novae de Mensura Sortis. In: Commentarii Academiae Scientiarum Imperialis Petropolitanae, Vol. 5, S. 175-192; übersetzt von: Sommer, Louise (1954): Exposition of a New Theory on the Measurement of Risk. In: Econometrica, Vol. 22, S. 23-36

Beutin, Nikolas; Paul, Andreas; Schröder, Nadine (2001): Marketing in Energieversorgungsunternehmen: Instrumente und Erfolgsfaktoren in Zeiten der Deregulierung. In: ZfE – Zeitschrift für Energiewirtschaft 25 (2001) 3, S. 171-188

Bitner, Mary J.; Obermiller, Carl (1985): The Elaboration Likelihood Model: Limitations and Extensions in Marketing. In: Hirschmann, Elizabeth C.; Holbrook, Morris B. (Hrsg.): Advances in Consumer Research, Vol. 12, Provo, UT: Association for Consumer Research, S. 420-425

Blackwell, Roger D.; Miniard, Paul W.; Engel, James F. (2001): Consumer behavior. 9th edition. Fort Worth [u.a.]: Harcourt College Publishers

Bloch, Peter H. (1981): An Exploration Into the Scaling of Consumers' Involvement With a Product Class. In: Monroe, Kent B. (Hrsg.): Advances in Consumer Research, Vol. 8, Provo, UT: Association for Consumer Research, S. 61-65

Bloch, Peter H.; Richins, Marsha L. (1983): A Theoretical Model for the Study of Product Importance Perceptions. In: Journal of Marketing, Vol. 47 (Summer), S. 69-81

Bloch, Peter H.; Sherrell, Daniel L.; Ridgway, Nancy M. (1986): Consumer Search: An Extended Framework. In: Journal of Consumer Research, Vol. 13 (June), S. 119-126

Bloemers, Ron; Magnani, Franco; Peters, Michiel (2001): Paying a green premium. In: The McKinsey Quarterly 2001 Nr. 3, S. 15-17

Böcker, Franz (1986a): Präferenzforschung als Mittel marktorientierter Unternehmensführung. In: Schmalenbachs Zeitschrift für betriebswirtschaftliche Forschung – zfbf, Jg. 38, Heft 7/8, S. 543-574

Böcker, Franz (1986b): Children's influence on their mothers' preferences. A new approach. In: International Journal of Research in Marketing, Vol. 3, No. 1, S. 39-52

Boenigk, Michael (2001): Umsetzung der Integrierten Kommunikation. Anreizsysteme zur Implementierung integrierter Kommunikationsarbeit. Wiesbaden: Gabler

Bohnsack, Ralf (2000): Gruppendiskussion. In: Flick, Uwe; von Kardoff, Ernst; Steinke, Ines (Hrsg.): Qualitative Forschung – Ein Handbuch. Hamburg: Rowohlt. S. 369-384

Bollen, Kenneth A. (1989): Structural equations with latent variables. New York [u.a.]: Wiley

Borg, Ingwer; Staufenbiel, Thomas (1997): Theorien und Methoden der Skalierung: Eine Einführung. 3., überarb. Auflage. Bern [u.a.]: Huber

Bortz, Jürgen (1999): Statistik für Sozialwissenschaftler. 5., vollständig überarbeitete und erweiterte Auflage. Berlin [u.a.]: Springer

Bortz, Jürgen; Döring, Nicola (2002): Forschungsmethoden und Evaluation für Human- und Sozialwissenschaftler. 3., überarbeitete Auflage. Berlin [u.a.]: Springer

Brauner, Günther (2002): Wandel der Elektrizitätsversorung im Wettbewerb. In: Fremuth, Walter; Parak, Christoph (Hrsg.): Regulierung der Deregulierung. Wien: Manz, S. 151-161

Bretton-Clark (1988): Bridger. User manual. Morristown, NJ: Bretton-Clark

Briggs, S.R.; Cheek, Jonathan M. (1986): The Role of Factor Analysis in the Development and Evaluation of Personality Scales. Journal of Personality and Social Psychology, Vol. 54 (1), S. 106-148

Brockhoff, Klaus (1999): Produktpolitik. 4., neubearb. und erw. Aufl. – Stuttgart: Lucius und Lucius

Brosius, Felix (2002): SPSS 11. 1. Aufl. . - Bonn: mitp-Verl.

Bruggemann, Agnes; Groskurth, Peter; Ulich, Eberhard (1975): Arbeitszufriedenheit. Bern [u.a.]: Verlag Hans Huber

Bruhn, Manfred (1992): Integrierte Unternehmenskommunikation. Ansatzpunkte für eine strategische und operative Umsetzung integrierter Kommunikationsarbeit. Stuttgart: Poeschel

Bruhn, Manfred (1997): Kommunikationspolitik. Bedeutung – Strategien – Instrumente. München: Vahlen

Bruhn, Manfred (1998): Kommunikationspolitik von Dienstleistungsunternehmen. In: Bruhn, Manfred; Meffert, Heribert (1998): Handbuch Dienstleistungsmanagement. Von der strategischen Konzeption zur praktischen Umsetzung. Wiesbaden: Gabler, S. 65-96

Bruhn, Manfred (2003): Kommunikationspolitik. Systematischer Einsatz der Kommunikation für Unternehmen. 2., völlig überarbeitete Auflage. München: Verlag Vahlen

Brunswick, Egon (1952): The Conceptual Framework of Psychology. Chicago: University of Chicago Press

Brüsemeister, Thomas (2000): Qualitative Forschung – Ein Überblick. Wiesbaden: Westdeutscher Verlag

Buck, Ross; Chaudhuri, Arjun; Georgson, Mats; Kowta, Srinivas (1995): Conceptualizing and Operationalizing Affect, Reason, and Involvement in Persuasion: The ARI Model and the CASC Scale. In: Kardes, Frank R.; Sujan, Mita (Hrsg.): Advances in Consumer Research, Vol. 22, Provo, UT: Association for Consumer Research, S. 440-447

Bühl, Achim; Zöfel, Peter (2000): SPSS Version 10. Einführung in die moderne Datenanalyse unter Windows. 7., überarb. und erw. Aufl.. - München [u.a.]: Addison-Wesley

Bundesministerium für wirtschaftliche Angelegenheiten – BMwA (1997): Der Rahmen für den Elektrizitätsbinnenmarkt der Europäischen Union. Sektion VIII – Energie (Hrsg.): Wien

Burnkrant, Robert E.; Sawyer, Allan G. (1983): Effects of Involvement and Message Content of Information-Processing Intensity. In: Harris, Richard J. (Hrsg.): Information Processing Research in Advertising. Hillsdale, NJ: Lawrence Erlbaum Association, S. 46-64

Büschken, Joachim (1994): Conjoint-Analyse: Methodische Grundlagen und Anwendungen in der Marktforschungspraxis. In: Tomczak, Torsten; Reinecke, Sven (Hrsg.): Marktforschung. St. Gallen: Verl. Thexis, S. 72-89

Butscher, Stephan (1998): Kundenbindungsprogramme & Kundenclubs. Ettlingen: IM Marketing Forum

Cacioppo, John T.; Petty, Richard E. (1984): The Elaboration Likelihood Model of Persuasion. In: Kinnear, Thomas C. (Hrsg.): Advances in Consumer Research, Vol. 11, Provo, UT: Association for Consumer Research, S. 673-675

Calder, Bobby Joe (1979): When attitudes follow behavior: A self-perception/dissonance interpretation of low involvement. In: Maloney, John C.; Silverman, Bernard (Hrsg.): Attitude Research Plays for High Stakes. Chicago: American Marketing Association, S. 25-36

Carmone, Frank (1987): ACA System for Adaptive Analysis. In: Journal of Marketing Research, Vol. 24 (August), S. 325-327

Carmone, Frank J.; Green, Paul E.; Jain, Kapil A. (1978): Robustness of Conjoint Analysis: Some Monté Carlo Results. In: Journal of Marketing Research, Vol. 15, No. 2 (May), S. 300-303

Carmone, Frank J.; Green, Paul. E. (1981): Model Misspecification in Multiattribute Parameter Estimation. In: Journal of Marketing Research, Vol. 18, S. 87-93

Carmone, Frank J.; Schaffer, Catherine M. (1995): Conjoint Designer – Version 3; Conjoint Analyzer – Version 3; Simgraf – Version 2; Conjoint Linmap; Conjoint Segmenter, Bridger; Consurv; Adaptive Conjoint Analysis System Version 4.0; Choice

Based Conjoint System; Conjoint Value Analysis System Version 1.1. In: Journal of Marketing Research, Vol. 32 (February), S. 113-121

Carroll, Douglas J. (1973): Models and Algorithms for Multidimensional Scaling, Conjoint Measurement and Relatied Techniques. In: Green, Paul E.; Wind, Yoram (Hrsg.): Multiattribute Decisions in Marketing. Hinsdale, Ill: Dryden Press, S. 335-337; S. 343-348

Carroll, Douglas J.; Green, Paul E. (1995): Psychometric Methods in Marketing Research: Part I, Conjoint Analysis. In: Journal of Marketing Research, Vol. 32 (November), S. 385-391

Cattin, Philippe; Gelfand, Alan E.; Danes, Jeffrey (1983): A Simple Bayesian Procedure for Estimation in a Conjoint Model. In: Journal of Marketing Research, Vol. 20, No. 1 (Feb), S. 29-35

Cattin, Philippe; Wittink, Dick R. (1982): Commercial Use of conjoint Analysis: A Survey. In: Journal of Marketing, Vol. 46 (Summer), S. 44-53

Celsi, Richard L.; Olson, Jerry C. (1988): The Role of Involvement in Attention and Comprehension Processes. In: Journal of Consumer Research, Vol. 15 (Sept), S. 210-224

Celuch, Kevin G.; Evans, Richard H. (1989): An Analysis of the Convergent and Discriminant Validity of the Personal Involvement Inventory an the Consumer Involvement Profile. In: Psychological Reports, Vol. 65, No. 3, Part 2 (December), S. 1291-1297

Chaudhuri, Arjun; Buck, Ross (1994): Are Advertisers Using Brain Theory? Introducing the CASC Scale. In: Park, Whan C.; Smith, Daniel C. (Hrsg.): Marketing Theory & Applications, Chicago, IL: American Marketing Association, S. 161-162

Chaudhuri, Arjun; Buck, Ross (1998): CASC – Eine Skala zur Messung emotionaler und rationaler Reaktionen auf Werbebotschaften. In: Zeitschrift für Sozialpsychologie, Vol. 29, Nr. 2, S. 194-206

Chmielewicz, Klaus (1994): Forschungskonzeptionen der Wirtschaftswissenschaft. 3. unveränd. Auflage. Stuttgart: Schäffer-Poeschel

Churchill, Gilbert A.; Iacobucci, Dawn (2002): Marketing Research: Methodological Foundations. 8. ed., Mason, Ohio: South Western

Cohen, Joel B. (1983): Involvement and you: 1000 Great Ideas. In: Bagozzi, Richard P.; Tybout, Alice M. (Hrsg.): Advances in Consumer Research, Vol. 10, Ann Arbor, MI: Association for Consumer Research, S. 325-328

Cooper, Robert G. (1981): The Dimensions of Industrial New Product Success and Failure. In: Journal of Marketing, Vol. 43, No. 3, S. 93-108

Corsten, Hans (1985): Die Produktion von Dienstleistungen. Grundzüge einer Produktionswirtschaftslehre des tertiären Sektors. Berlin: Schmidt

Corstjens, Marcel L.; Gautschi, David A. (1983): Formal Choice Models in Marketing. In: Marketing Science, Vol. 2, No. 1 (Winter), S. 19-56

Costley, Carolyn L. (1988): Meta analysis of involvement research. In: Houston, Michael J. (Hrsg.): Advances in Consumer Research, Vol. 15, Provo, UT: Association for Consumer Research, S. 554-562

Cronbach, Lee J. (1951): Coefficient Alpha and the Internal Structure of Tests. Psychometrika, Vol. 16, S. 297-334

Currim, Imran S.; Weinberg, Charles B.; Wittink, Dick R. (1981): The Design of Subscription Programs for a Performing Arts Series. In: Journal of Consumer Research, Vol. 8, No. 1 (June), S. 67-75

Dahl, Gerhard (1971): Zur Berechnung des Schwierigkeitsindex bei quantitativ abgestufter Aufgabenbewertung. Diagnostica, Vol. 17, Nr. 3, S. 139-142

Dammer, Ingo; Szymkowiak, Frank (1998): Die Gruppendiskussion in der Marktforschung. Grundlagen – Moderation – Auswertung. Ein Praxisleitfaden. Opladen/Wiesbaden: Westdeutscher Verlag

Darmon, René Y.; Rouziès, Dominique (1991): Internal Validity Assessment of Conjoint Estimated Attribute Importance Weights. In: Journal of the Academy of Marketing Science, Vol. 9, No. 4, S. 315-322

Darmon, René Y.; Rouziès, Dominique (1994): Reliability and internal validity of conjoint estimated utility functions under error-free versus error-full conditions. In: International Journal of Research in Marketing, Nr. 11, S. 465-476

Darmon, René Y; Rouziès, Dominique (1989): Assessing conjoint analysis internal validity: The effect of various continous attribute level spacings. In: International Journal of Research in Marketing, Nr. 6, S. 35-44

Davidson, Hugh J. (1976): Why Most New Consumer Brands Fail. In: Harvard Business Review, Vol. 81, S. 117-122

Day, George S.; Shocker, Allan D.; Srivastava, Rajendra K. (1979): Customer-Oriented Approaches to Identifying Product-Markets. In: Journal of Marketing, Vol. 43, Iss. 4 (Fall), S. 8-19

Deal, Ken (2002): Get your conjoint online, in several flavours. In: Marketing Research, Vol. 14, No. 4 (Winter), S. 44-45

Deaton, Angus; Muellbauer, John (1980): Economics and Consumer Behaviour. 1. publ., Cambridge [u.a.]: Cambridge Univ. Press

DeBrentani, Ulrike (1989): Success and Failure in New Industrial Services. In: Journal of Product Innovation Management, Vol. 6, No. 4, S. 239-258

Decker, Dominik (2001): Marktforschung mit dem Internet. Einsatzmöglichkeiten, Grenzen und Entwicklungspotenziale. Marburg: Wissenschaft im Tectum Verlag

Derler, Karl (2001): Bilanzgruppen und Zusammenarbeit mit den Marktpartnern im freien Strommarkt. In: Pauger, Dietmar (Hrsg.): Das Elektrizitätsrecht nach der ElWOG-Novelle. Wien: Manz, S. 81-86

DeSarbo, Wayne S.; Wedel, Michel; Vriens, Marco; Ramaswamy, Venkatram (1992): Latent Class Metric Conjoint Analysis. In: Marketing Letters, Vol. 3, S. 273-288

DeVellis, Robert F. (1991): Scale Development. Theory and Applications. Newbury Park, CA [u.a.]: Sage Publications

Diekmann, Andreas (2002): Empirische Sozialforschung. Grundlagen, Methoden, Anwendungen. 9. Auflage. Reinbeck bei Hamburg: Rowohlt Taschenbuch Verlag

Donthu, Naveen; Cherian, Joseph; Bhargava, Mukesh (1993): Factors Influencing Recall of Outdoor Advertising. In: Journal of Advertising Research, Vol. 33 (May/June), S. 64-72

Draxler, Peter (1997): Neuordnung der Elektrizitätswirtschaft. Wien: Verlag Österreich [u.a.]

Durach, Wolfgang (1996): Die Einführung kompetitiver Strukturen auf den Energiemärkten. Die Bedeutung des Europäischen Wettbewerbsrechts für die Liberalisierung der Energiemärkte unter der Berücksichtigung der Erfahrungen in Großbritannien. Frankfurt: Lang

Egger, Marcel (1997): Wettbewerbliche Organisation von Elektrizitätsmärkten: Ein Szenario für die Schweiz. Bern [u.a.]: Haupt

Elrod, Terry; Louviere, Jordan J.; Davey, Krishnakumar S. (1992): An Empirical Comparison of Ratings-Based and Choice-Based Conjoint Models. In: Journal of Marketing Research, Vol. 29 (August), S. 368-377

Engel, James F.; Roger D. Blackwell; Kollat; David T. (1978): Consumer Behavior. 3rd. ed., Hinsdale, IL: The Dryden Press

Ernst, Olaf; Sattler, Henrik (2000): Multimediale versus traditionelle Conjoint-Analysen. Ein empirischer Vergleich alternativer Produktpräsentationsformen. In: Marketing ZFP, Heft 2, 2. Quartal, S. 161-171

Fehl, Ulrich; Oberender, Peter (2002): Grundlagen der Mikroökonomie. Eine Einführung in die Produktions-, Nachfrage- und Markttheorie. 8., überarb. u. erw. Aufl.. Müchen: Vahlen

Felser, Georg (2001): Werbe- und Konsumentenpsychologie. 2. Aufl. . - Heidelberg [u.a.]: Schäffer-Poeschel

Fishbein, Martin; Ajzen, Icek (1975): Belief, Attitude, Intention and Behavior. An Introduction to Theory and Research. Reading, Mass [u.a.]: Addison-Wesley

Fishburn, Peter C. (1968): Utility Theory. In: Management Science, Vol. 14 (5), S. 335-378

Fishburn, Peter C. (1970): Utility Theory for Decision Making. New York, N.Y [u.a.]: Wiley

Flick, Uwe (1998): Qualitative Forschung – Theorien, Methoden, Anwendung in Psychologie und Sozialwissenschaften. 3. Auflage. Reinbek bei Hamburg: Rowohlt

Flick, Uwe; von Kardoff, Ernst; Steinke, Ines (2000) (Hrsg.): Qualitative Forschung – Ein Handbuch. Hamburg: Rowohlt

Flynn, Leisa Reinecke; Goldsmith, Ronald E. (1993): Application of the Personal Involvement Inventory in Marketing. Psychology & Marketing, Vol. 10, No. 4 (July/Aug), S. 357-366

Franke, Nikolaus (2000): Marketingwissenschaft: eine empirische Positionsbestimmmung. In: Backhaus, Klaus (Hrsg.): Deutschsprachige Marketingforschung. Bestandsaufnahme und Perspektiven. Stuttgart: Schäffer-Poeschel, S. 409-438

Franke, Nikolaus (2002): Realtheorie des Marketing. Gestalt und Erkenntnis. Tübingen: Mohr Siebeck

Fremuth, Walter; Parak, Christoph (2002): Regulierung der Deregulierung von Infrastrukturmärkten. Schiene - Elektrizität - Telekommunikation. Wien: Manz

Friebertshäuser, Barbara (1997). Interviewtechniken – ein Überblick. In: Friebertshäuser, Barbara; Prengel, Annedore (Hrsg.): Handbuch Qualitative Forschungsmethoden in der Erziehungswissenschaft, S. 371-395. Weinheim, München: Juventa

Friederes, Gereon (1997): Die Nutzung der Produktherkunft zum Aufbau starker Marken in Osteuropa. Ein empirisches Projekt. Diss., WU-Wien

Friedrichs, Jürgen (1985): Methoden empirischer Sozialforschung. 13. Auflage. Opladen: Westdeutscher Verlag

Fritz, Wolfgang; König, Siegfried (2000): Der liberalisierte Strommarkt – eine Einführung. In: Kahmann, Martin; König, Siegfried (Hrsg.): Wettbewerb im liberalisierten Strom-markt. Regeln und Techniken. Berlin [u.a].: Springer. S. 3-25

Fuchs-Seliger, Susanne (1976): Zur Theorie der Revealed Preference. Meisenheim am Glan: Hain

Gabler Wirtschaftslexikon (1997): 14. Auflage: Gabler – Citrix ICA-Client (CD-Rom)

Gaul, Wolfgang; Both, Martin (1990): Computergestütztes Marketing. Berlin [u.a.]: Springer-Verlag

Gerke, Wolfgang; Hennies, Marc; Schäffner, Daniel (2000): Der Stromhandel, Grundlagen, Profile, Perspektiven. Ein Wegweiser für Unternehmen, Marktteilnehmer an der Börse und den Endverbraucher. Frankfurt a. M.: F.A.Z.-Insitut

Girtler, Roland (2001): Methoden der Feldforschung. 4., völlig neu bearbeitete Auflage. Wien [u.a.]: Böhlau Verlag

Goldstein, Bruce E. (2002): Wahrnehmungspsychologie. 2., dt. Auflage. Heidelberg [u.a.]: Spektrum

Görs, Jens; Rein, Oliver; Reuter, Egon (2000): Stromwirtschaft im Wandel. 1. Aufl.. Wiesbaden: Dt. Univ.-Verl.

Green, Donald P.; Shapiro, Ian (1994): Pathologies of Rational Choice Theory. A Critique of Applications in Political Science. New Haven, Conn. [u.a.]: Yale Univ. Press

Green, Paul E. (1974): On The Design Of Choice Experiments Involving Multifactor Alternatives. In: Journal of Consumer Research, Vol. 1, No. 2 (Sept), S. 61-68

Green, Paul E. (1984): Hybrid Models for Conjoint Analysis: An Expository Review. In: Journal of Marketing Research, Vol. 21, No. 2 (May), S. 155-169

Green, Paul E. (2001): Foreword. In: Gustafsson, Anders; Herrmann, Andreas; Huber, Frank (Hrsg.): Conjoint Measurement: Methods and Applications. 2nd ed. Berlin [u.a]: Springer. S. 1-3

Green, Paul E.; Carmone, Frank J.; Wind, Yoram (1972): Subjective Evaluation Models and Conjoint Measurement. In: Behavioral Science, Vol. 17, S. 288-299

Green, Paul E.; Carroll, Douglas J.; Goldberg, Stephen M. (1981): A General Approach to Product Design Optimization via Conjoint Analysis. In: Journal of Marketing, Vol. 45 (Summer), S. 17-37

Green, Paul E.; DeSarbo, Wayne S. (1979): Componential Segmentation in the Analysis of Consumer Trade-Offs. In: Journal of Marketing, Vol. 43, No. 4 (Fall), S. 83-91

Green, Paul E.; Goldberg, Stephen M.; Montemayor, Mila (1981): A Hybrid Utility Estimation Model for Conjoint Analysis. In: Journal of Marketing (Winter 1981), Vol. 45, Iss. 1, S. 33-41

Green, Paul E.; Goldberg, Stephen M.; Wiley, Joseph B. (1982): A Cross Validation Test of Hybrid Conjoint Models. In: Advances in Consumer Research, Vol. 10, S. 147-150

Green, Paul E.; Helsen, Kristiaan (1989): Cross-Validation Assessment of Alternatives to Individual-Level Conjoint Analysis: A Case Study. In: Journal of Marketing Research, Vol. 26, (August), S. 346-350

Green, Paul E.; Helsen, Kristiaan; Shandler, Bruce (1988): Conjoint Internal Validity under Alternative Profile Presentations. In: Journal of Consumer Research, Vol. 15, No. 3, (December), S. 392-397

Green, Paul E.; Krieger, Abba M. (1987): A Consumer-Based Approach to Design Product Line Extensions. In: Journal of Product Innovation Managment, Vol. 4, S. 21-32

Green, Paul E.; Krieger, Abba M. (1989): Recent Contributions to Optimal Product Positioning and Buyer Segmentation. In: European Journal of Operational Research, Vol. 41, S. 127-141

Green, Paul E.; Krieger, Abba M. (1991): Segmenting Markets with Conjoint Analysis. In: Journal of Marketing, Vol. 55, (October); S. 20-31

Green, Paul E.; Krieger, Abba M. (1993): Conjoint-Analysis with Product-Positioning Applications. In: Eliashberg, Jehoshua; Lilien, Gary L. (Hrsg.): Marketing – Handbooks in Operations Research and Management Science, Vol. 5. Amsterdam: Elsevier Science Publishers B.V., S. 467-515

Green, Paul E.; Krieger, Abba M. (1996): Attribute importance weights modification in assessing a brand‘s competitive potential. In: Marketing Science, Vol. 14, No. 3, Part 1/2, (Summer), S. 253-270

Green, Paul E.; Krieger, Abba M. (1996): Individualized Hybrid Models for Conjoint Analysis. In: Management Science, Vol. 42, No. 6, S. 850-867

Green, Paul E.; Krieger, Abba M.; Agarwal, Manoj K. (1991): Adaptive Conjoint Analysis: Some Caveats and Suggestions. In: Journal of Marketing Research, Vol. 28 (May), S. 251-222

Green, Paul E.; Krieger, Abba M.; Agarwal, Manoj K. (1993): A cross validation test of four models for quantifying multiattribute preferences. In: Marketing Letters, Vol. 4, No. 4, S. 369-380

Green, Paul E.; Krieger, Abba M.; Bansal, Pradeep (1988): Completely Unacceptable Levels in Conjoint Analysis: A Cautionary Note. In: Journal of Marketing Research, Vol. 25 (August), S. 293-300

Green, Paul E.; Krieger, Abba M.; Wind, Yoram (2001): Thirty Years of Conjoint Analysis: Reflections and Prospects. In: Interfaces, Vol. 31, (May/June), S. 56-73

Green, Paul E.; Rao, Vithala R. (1971): Conjoint Measurement for Quantifying Judgmental Data. In: Journal of Marketing Research, Vol. 8, S. 355-363

Green, Paul E.; Srinivasan, V. (1978): Conjoint Analysis in Consumer Research: Issues and Outlook. In: Journal of Consumer Research, Vol. 5, (September), S. 103-123

Green, Paul E.; Srinivasan, V. (1990): Conjoint Analysis in Marketing: New Developments with Implications for Research and Practice. In: Journal of Marketing (October 1990), Vol. 54, No. 4, S. 3-19

Green, Paul E.; Wind, Yoram (1973): Multiattribute decisions in marketing: A measurement approach. Hinsdale, Ill.: Dryden Press

Green, Paul E.; Wind, Yoram (1975): New Ways to Measure Consumers‘ Judgments. In: Harvard Business Review, Vol. 53, Iss. 4, (July-August), S. 107-117

Greenwald, Anthony; Leavitt, Clark (1984): Audience involvement in advertising: Four levels. In: Journal of Consumer Research, Vol. 11, No. 2, (June), S. 581-592

Gustafsson, Anders; Erkdahl, Frederik; Bergman, Bo (1999): Conjoint analysis: a useful tool in the design process. In: Total Quality Management, Vol. 10, No. 3, S. 327-343

Gustafsson, Anders; Herrmann, Andreas; Huber, Frank (2000): Conjoint Analysis as an Instrument of Market Research Practice. In: Gustafsson, Anders; Herrmann, Andreas; Huber, Frank (Hrsg.): Conjoint Measurement: Methods and Applications. Berlin [u.a.]: Springer. S. 5-45

Gustafsson, Anders; Herrmann, Andreas; Huber, Frank (2001): Conjoint Measurement: Methods and Applications. 2. ed.. Berlin [u.a.]: Springer

Gutman, Jonathan (1982): A Means-End Chain Model Based on Consumer Categorization Processes. In: Journal of Marketing, Vol. 46 (Spring), S. 60-72

Gutman, Jonathan; Alden, Scott W. (1984): Adolescents' Cognitive Structures of Retail Stores and Fashion Consumption: A Means-End Analysis. In: Jacoby, Jacob; Olson, Jerry C. (Hrsg.): Perceived Quality of Products, Services and Stores. Lexington, MA: Lexington Books, S. 99-114

Gutman, Jonathan; Reynolds, Thomas J. (1979): An Investigation at the Levels of Cognitive Abstraction Utilized by the Consumers in Product Differentiation. In: Eighmey, John (Hrsg.): Attitude Research Under the Sun. Chicago: American Marketing Association

Gutsche, Jens (1995): Produktpräferenzanalyse: ein modelltheoretisches und methodisches Konzept zur Marktsimulation mittels Präferenzerfassungsmodellen. Berlin: Duncker und Humblot

Hagerty, Michael R. (1985): Improving the Predictive Power of Conjoint Analysis: The Use of Factor Analysis and Cluster Analysis. In: Journal of Marketing, Vol. 22 (May), S. 168-184

Hahn, Christian (1997): Conjoint- und Discrete Choice-Analyse als Verfahren zur Abbildung von Präferenzstrukturen und Produktauswahlentscheidungen: Ein theoretischer und computergestützter empirischer Vergleich. Münster: LIT Verlag

Hahn, Christian; Voeth, Markus (1997): Limit-Cards in der Conjoint-Analyse – eine Modifikation der traditionellen Conjoint-Analyse. In: Arbeitspapier Nr. 21 des Betriebswirtschaftlichen Instituts für Anlagen und Systemtechnologien der Westfälischen Wilhelms-Universität Münster: Münster

Hair, Joseph F. Jr.; Anderson, Rolph E.; Tatham, Ronald L.; Black, William C. (1998): Multivariate Data Analysis. 5th ed. New Jersey [u.a.]: Prentice-Hall International

Haley, Russel I. (1968): Benefit Segmentation: A Decision-oriented Research Tool. In: Journal of Marketing, Vol. 32 (July), S. 30-35

Haller, Thomas; Reutterer, Thomas (2001): Brand Equity - Bestimmung des Markenwertes. Wirtschaftsforum der Führungskräfte (WdF-Magazin), No. 3/2001, S. 11-16

Hammann, Peter; Erichson, Bernd (2000): Marktforschung. 4., überarb. und erw. Aufl., Stuttgart: Lucius & Lucius

Harnack, R. Victor; Fest, Thorrel B.; Schindler Jones, Barbara (1977): Group discussion. Theory and Technique. 2nd ed. Englewood Cliffs, NJ: Prentice-Hall

Hauser, John R.; Urban, Glen L. (1986): The Value Priority Hypotheses for Consumer Budget Plans. In: Journal of Consumer Research, Vol. 12, (March 1986), S. 446-462

Hayduk, Leslie A. (1987): Structural equation modeling with LISREL – Essentials and Advances. Baltimore and London: The Johns Hopkins University Press

Heeler, Roger M.; Okechuku, Chike; Reid, Stan (1979): Attribute Importance: Contrasting Measurements. In: Journal of Marketing Research, Vol. 16, No. 1, (February), S. 60-63

Heidinger, Markus; v. Wolf, Richard; Schneider, Robert (1998): Das neue Elektrizitätswirtschaftsrecht: ElWOG 1998; Elektrizitätswirtschafts- und –organisationsgesetz, Starkstromwegegesetz und Starkstromwegegrundsatzgesetz, Preistransparenzgesetz und Preistransparenz-VO, Energielenkungsgesetz, Elektrizitätsbinnenmarkt-Richtlinie, Investitionsmelde-VO. Wien: Linde

Heinemann, Wolf-Rainer (1996): Die Binnenmarkt-Richtlinie für Elektrizität im Lichte von Zustimmung und Kritik. In: VEÖ Journal 4/1996, S. 55-58.

Heinze, Thomas (2001): Qualitative Sozialforschung: Einführung, Methodologie und Forschungspraxis. München, Wien: Oldenbourg

Henard, David H.; Szymanski, David M. (2001): Why Some New Products Are More Successful Than Others. In: Journal of Marketing Research, Vol. 28 (August), S. 362-375

Hensel-Börner, Susanne (2000): Validität computergestützter hybrider Conjoint-Analysen. 1. Auflage. Wiesbaden: Gabler

Herdzina, Klaus (2002): Einführung in die Mikroökonomik. 8., verb. Aufl.. München: Vahlen

Hermann, Rüdiger (1997): Ein gemeinsamer Markt für Elektrizität in Europa: Optionen einer Wettbewerbsordnung zwischen Anspruch und Wirklichkeit. Frankfurt am Main [u.a.]: Lang

Herrmann, Andreas (1992): Produktwahlverhalten: Erläuterungen und Weiterentwicklung von Modellen zur Analyse des Produktwahlverhaltens aus marketingtheoretischer Sicht. Stuttgart: Poeschel

Herrmann, Andreas (1996): Nachfrageorientierte Produktgestaltung. Ein Ansatz auf Basis der „means end"-Theorie. Wiesbaden: Gabler

Herrmann, Andreas; Bauer, Hans; Huber, Frank (1997): Eine entscheidungstheoretische Interpretation der Nutzenlehre von Wilhelm Vershofen. In: WiSt – Wirtschaftswissenschaftliches Studium, Heft 6 (Juni), S. 279-283

Herrmann, Andreas; Gutsche, Jens (1994): Ein Modell zur Erfassung der individuellen Markenwechselneigung. In: Schmalenbachs Zeitschrift für betriebswirtschaftliche Forschung – zfbf, 48. Jg., Heft 1, S. 63-80

Herrmann, Andreas; Schmidt-Gallas, Dirk; Huber, Frank (2000): Adaptive Conjoint Analysis: Understanding the Methodology and Assessing Reliability and Validity. In: Gustafsson, Anders; Herrmann, Andreas; Huber, Frank (Hrsg.): Conjoint Measurement: Methods and Applications. Berlin [u.a.]: Springer. S. 253-277

Higie, Robin A.; Feick, Lawrence F. (1989): Enduring Involvement. Conceptual and measurement issues. In: Srull, Thomas K. (Hrsg.): Advances in Consumer Research, Vol. 16, Provo, UT: Association for Consumer Research, S. 690-696

Hilke, Wolfgang (1989): Dienstleistungs-Marketing. Banken und Versicherungen - freie Berufe - Handel und Transport - nicht-erwerbswirtschaftlich orientierte Organisationen. Wiesbaden: Gabler

Hofstede, Frenke Ter; Kim, Youngchan; Wedel, Michel (2002): Bayesian Predicition in Hybrid Conjoint Analysis. In: Journal of Marketing Research, Vol. 39, No. 2 (May), S. 253-261

Holbrook, Morris B.; Moore, William L. (1981): Feature Interactions in Consumer Judgements of Verbal Versus Pictorial Presentations. In: Journal of Consumer Research, Vol. 8, No. 1 (June), S. 103-113

Holoubek, Michael (2001): Organisation und Aufgaben der Elektrizitätsaufsicht. In: Pauger, Dietmar (Hrsg.): Das Elektrizitätsrecht nach der ElWOG-Novelle. Wien: Manz, S. 55-80.

Homburg, Christian; Baumgartner, Hans (1995): Die Kausalanalyse als Instrument der Marketingforschung – Eine Bestandsaufnahme. In: Zeitschrift für Betriebswirtschaft, 65. Jg., S. 1091-1108

Hopkins, David S.P.; Larréché, Jean-Claude; Massy, William F. (1977): Constrained Optimization of a University Administrator's Preference Function. In: Management Science, Vol. 24, No. 4, (December), S. 365-377

Horsky, Dan; Sen, Subrata (1982): Models of Choice: Perspectives from Psychology, Social Psychology, Economics and Marketing. In: McAlister, Leigh (Hrsg.): Research in Marketing: Choice Models for Buyer Behaviour. Greenwich, Conn. [u.a.]: JAI Press, Supplement 1, S. 335-349

Hossinger, Hans-Peter (1982): Prestest in der Marktforschung. Die Validität von Pretestverfahren der Marktforschung unter besonderer Berücksichtigung der Tachistoskopie. Würzburg, Wien: Physica-Verlag

Houston, Michael J.; Rothschild, Michael L. (1978): Conceptual and methodological perspectives in involvement. In: Jain, Subash C. (Hrsg.): Research frontiers in marketing. Dialogues and directions. AMA Educators' Proceedings, Chicago: American Marketing Association, S. 184-187

Howard, John A.; Sheth, Jagdish N. (1969): The theory of buyer behavior. New York, NY [u.a.]: Wiley

Huber, George P. (1974): Multiattribute Utility Models: A Review of Field and Field-like Studies. In: Management Science, Vo.l. 20 (June), S. 1393-1402

Huber, Joel; Wittink, Dick R.; Fiedler, John A.; Miller, Richard (1993): The Effectiveness of Alternative Preference Elicitation Procedures in Predicting Choice. In: Journal of Marketing Research, Vol. 30 (February), S. 105-114

Hujber, András (2002): Nationale und internationale Strukturen und Mechanismen des Elektrizitätsmarktes. In: Fremuth, Walter; Parak, Christoph (Hrsg.): Regulierung der Deregulierung. Wien: Manz, S. 163-182

Hüttner, Manfred; Schwarting, Ulf (2002): Grundzüge der Marktforschung. 7., überarb. Auflage. München, Wien: Oldenbourg

Hwang, Ching-Lai; Masud, Abu Syed Md. (1979): Multiple Objective Decision Making – Methods and Applications. A State-of-the-Art Survey. Berlin [u.a.]: Springer-Verlag

Inderst, Florian (2000): Nachfrageorientierte Produktgestaltung mittels Conjoint-Measurement am Fallbeispiel. München: FGM-Verlag

Irrgang, Bernhard (2001): Lehrbuch der evolutionären Erkenntnistheorie. Thesen, Konzeption und Kritik. 2., vollst. überarb. Auflage. München [u.a.]: E. Reinhardt

Jaccard, James; Brinberg, David; Ackermann, Lee J. (1986): Assessing Attribute Importance: A Comparison of Six Methods. In: Journal of Consumer Research, Vol. 12, No. 4 (March), S. 463-468

Jain, Arun K.; Acito, Franklin; Malhotra, Naresh K.; Mahajan, Vijay (1979): A Comparison of the Internal Validity of Alternative Parameter Estimation Methods in Decompositional Multiattribute Preference Models. In: Journal of Marketing Research, Vol. 16 (August), S. 313-322

Jain, Arun K.; Srinivasan, Narasimhan (1990): An Empirical Assessment of Mulitple Operationalizations of Involvement. In: Goldberg, Marvin; Gorn, Gerald; Pollay, Richard (Hrsg.): Andvances in Consumer Research, Vol. 17, S. 594-602. Provo, UT: Association for Consumer Research

Jarass, Hans D. (1996): Europäisches Energierecht. Bestand – Fortentwicklung - Umweltschutz. Berlin: Duncker & Humblot

Jeck-Schlottmann, Gabi (1988): Anzeigenbetrachtung bei geringem Involvement. In: Marketing ZFP, Heft 1 (Februar), S. 33-43

Johnson, Richard M. (1974): Trade-Off Analysis of Consumer Values. In: Journal of Marketing Research, Vol. 11 (May), S. 121-127

Johnson, Richard M. (1986): Commentary. In: Marketing Science, Vol. 5 (Fall), S. 322

Johnson, Richard M. (1987): Adaptive Conjoint Analysis. In: Sawtooth Software Conference on Perceptual Mapping, Conjoint Analysis, and Computer Interviewing. Ketchum, ID: Sawtooth Software, S. 253-265

Johnson, Richard M. (1989): Assessin the Validity of Conjoint Analysis. In: Sawtooth Software Inc. (Hrsg.), Proceedings of the Sawtooth Software Conference on Gaining a Competitive Advantage Through PC-based Interviewing and Analysis, Sun Valley, S. 273-280

Johnson, Richard M. (1991): Comment on „Adaptive Conjoint Analysis: Some Caveats and Suggestions“. In: Journal of Marketing Research, Vol. 28 (May), S. 223-225

Jöreskog, Karl G.; Sörbom, Dag. (1978): LISREL IV: Analysis Of Linear Structural Relationships By The Method Of Maximum Likelihood. Chicago: National Educational Resources

Kaas, Klaus P. (1987): Nachfragemodelle im Marketing. Ein kritischer Vergleich. In: Marketing ZFP, Heft 4, (November), S. 229-236

Kaas, Klaus P. (2000): Alternative Konzepte der Theorieverankerung. In: Backhaus, Klaus (Hrsg.) Deutschsprachige Marketingforschung. Bestandsaufnahme und Perspektiven. Stuttgart: Schäffer-Poeschel, S. 55-95

Kamakura, Wagner A. (1988): A Least Squares Procedure for Benefit Segmentation with Conjoint Experiments. In: Journal of Marketing Research, Vol. 25 (May), S. 157-167

Kapferer, Jean-Noël, Laurent, Gilles (1985): Consumers Involvement Profile: New Empirical Results. In: Hirschmann, Elizabeth C.; Holbrook, Morris B. (Hrsg.): Advances in Consumer Research, Vol. 12, Provo, UT: Association for Consumer Research, S. 290-295

Kapferer, Jean-Noël; Laurent, Gilles (1993): Further Evidence on the Consumer Involvement Profile: Five Antededents of Involvement. In: Psychology & Marketing, Vol. 10, No. 4 (July/August), S. 347-355

Kirchner, Gunda (2002): Der freie Stromhaushalt? In: Fremuth, Walter; Parak, Christoph (Hrsg.): Regulierung der Deregulierung. Wien: Manz, S. 217-228

Klecka, William R. (1993): Discriminant Analysis. 15. Auflage. Newbury Park, CA [u.a.]: Sage Publications

Kleinaltenkamp, Michael (1998): Begriffsabgrenzungen und Erscheinungsformen von Dienstleistungen. In: Bruhn, Manfred; Meffert, Heribert (Hrsg.): Handbuch Dienstleistungsmanagement. Von der strategischen Konzeption zur praktischen Umsetzung. Wiesbaden: Gabler. S. 31–52

Köcher, Wolfgang (1997): Die MaiK-Conjoint-Analyse. Ein neues Verfahren zur computergestützten Ermittlung von Kundenpräferenzen. In: Marketing ZFP, Heft 3, 3. Quartal, S. 141-152

Kohli, Rajeev; Krishnamurti, Ramesh (1987): A Heuristic Approach to Product Design. In: Managment Science, Vol. 33, No. 12 (December), S. 1523-1533

Kohli, Rajeev; Krishnamurti, Ramesh (1989): Optimal Product Design Using Conjoint Analysis: Computational Complexity and Algorithms. In: European Journal of Operational Research, Vol. 40, No. 2 (May), S. 186-195

Kohli, Rajeev; Mahajan, Vijay (1991): A Reservation-Price Model for Optimal Pricing of Multiattribute Products in Conjoint Analysis. In: Journal of Marketing Research, Vol. 28 (August), S. 347-354

Kohli, Rajeev; Sukumar, R. (1990): Heuristics for Product-Line Design Using Conjoint-Analysis. In: Managment Science, Vol. 36, No. 12 (December), S. 1464-1478

Kok, Franz (1991): Politik der Elektrizitätswirtschaft in Österreich – Vom Wachstumskonsens zur Krise. 1. Aufl., Baden-Baden: Nomos-Verl.-Ges.

Kolvenbach, Claus; Krieg, Stefanie; Felten, Claudio (2001): Evaluating Brand Value. A Conjoint Measurement Application for the Automotive Industry. In: Gustafsson, Anders; Herrmann, Andreas; Huber, Frank (Hrsg.): Conjoint Measurement: Methods and Applications. 2nd ed. Berlin [u.a]: Springer, S. 497-514

Koren, Stephan (1964): Sozialisierungsideologie und Verstaatlichungsrealität in Österreich. In: Weber, Wilhelm (Hrsg.): Die Verstaatlichung in Österreich. Berlin: Duncker & Humblot, S. 9-339

Kotler, Philip; Bliemel, Friedhelm (2001): Marketing-Management. Analyse, Planung, Umsetzung und Steuerung. 10., überarb. und aktualisierte Aufl., Stuttgart: Schäffer-Poeschel

Krantz, David H.; Tversky, Amos (1971): Conjoint Measurement Analysis of Composition Rules in Psychology. In: Pschological Review, Vol. 78, S. 151-169

Krishnamurthi, Lakshman; Wittink, Dick R. (1989): The Part-Worth Model and Its Applicability in Conjoint Analysis. Working Paper. College of Business Administration: University of Illinois

Kroeber-Riel, Werner (1987): Informationsüberlastung durch Massenmedien und Werbung in Deutschlang. In: Die Betriebswirtschaft, 47. Jg., Nr. 3, S. 257-264

Kroeber-Riel, Werner (1993): Strategie und Technik der Werbung. Verhaltenswissenschaftliche Ansätze. Stuttgart [u.a.]: Kohlhammer

Kroeber-Riel, Werner; Weinberg, Peter (2003): Konsumentenverhalten. 8., aktualisierte und ergänzte Auflage – München: Vahlen

Krueger, Richard A. (1998a): Moderating Focus Groups. Focus Group Kit 4. Thousand Oaks, Calif. [u.a.]: Sage

Krueger, Richard A. (1998b): Developing Questions for Focus Groups. Focus Group Kit 3. Thousand Oaks, Calif. [u.a.]: Sage

Krueger, Richard A. (1998c): Analyzing & Reporting Focus Group Results. Focus Group Kit 6. Thousand Oaks, Calif. [u.a.]: Sage

Krüger, Heidi (1983): Gruppendiskussionen. Überlegungen zur Rekonstruktion sozialer Wirklichkeit aus der Sicht der Betroffenen. In: Soziale Welt, 34. Jg., S. 90-109

Krugman, Herbert E. (1965): The impact of television advertising: Learning without involvement. In: Public Opinion Quarterly, Vol. 29 (Fall), S. 349-356

Kruskal, Joseph B. (1964a): Multidimensional Scaling by Optimizing Goodness of Fit to Nonmetric Hypothesis. In: Psychometrika, Vol. 29, No. 1, (March), S. 1-27

Kruskal, Joseph B. (1964b): Nonmetric Multidimensional Scaling: A Numerical Method. In: Psychometrika, Vol. 29, No. 2, (June), S. 115-129

Kruskal, Joseph B. (1965): Analysis of Factorial Experiments by Estimating Monotone Transformations of the Data. In: Journal of the Royal Statistical Society, Series B, Vol. 27, No. 2, (June), S. 251-263

Kucher, Eckhard; Simon, Hermann (1987): Conjoint-Measurement – Durchbruch bei der Preisentscheidung. In: Harvard manager, 9. Jg., Heft 3, S. 28-36

Kuhnt, Dietmar (1989): Strommarkt und Dienstleistungsfreiheit. In: Energiewirtschaftliche Tagesfragen, Nr. 4, S. 254-264

Kumkar, Lars (2000): Wettbewerbsorientierte Reformen der Stromwirtschaft. Eine institutionenökonomische Analyse. 1. Aufl.. Tübingen: Mohr Siebeck

Kürble, Peter (1994): Der Lancaster-Ansatz. Die Eigenschaften von Gütern. In: WiSt, 23. Jg., Heft 1, S. 25-28

Laaksonen, Pirjo (1994): Consumer Involvement. Concepts and Research. London [u.a.]: Routledge

Lacina, Ferdinand (2002): Einleitung. In: Fremuth, Walter; Parak, Christoph (Hrsg.): Regulierung der Deregulierung. Wien: Manz, S. V-VII

Laker, Michael (1992): Pricing im Maschinen- und Anlagenbau. In: Thexis, Heft 1, S. 41-46

Laker, Michael (2000): Zum Inhalt dieses Buches. In: Laker, Michael (Hrsg.): Marketing für Energieversorger: Kunden binden und gewinnen im Wettbewerb. Wien/Frankfurt: Wirtschaftsverlag Carl Ueberreuter, S. 11-14

Laker, Michael (2001a): Fusionen: Häufig nur Kon-Fusionen an der Marktfront? Erschienen als White Paper. In: Simon, Kucher & Partners (Hrsg.): Horizonte in Vertrieb und Marketing 4, S. 1-14

Laker, Michael (2001b): Marketing für Elektrizitätsversorgungsunternehmen. In: Tscheulin, Dieter. K; Helmig, Bernd (Hrsg.): Branchenspezifisches Marketing. Grundlagen – Besonderheiten – Gemeinsamkeiten. Wiesbaden: Gabler, S. 99-119

Laker, Michael; Herr, Stefan (2000a): Zehn Thesen zur Marktentwicklung. In: Laker, Michael Hrsg.: Marketing für Energieversorger: Kunden binden und gewinnen im Wettbewerb. Wien/Frankfurt: Wirtschaftsverlag Carl Ueberreuter, S. 17-28

Laker, Michael; Herr, Stefan (2000b): Produkt- und Dienstleistungsstrategien. In: Laker, Michael (Hrsg.): Marketing für Energieversorger: Kunden binden und gewinnen im Wettbewerb. Wien/Frankfurt: Wirtschaftsverlag Carl Ueberreuter, S. 115-129

Laker, Michael; Tillmann, Diether (2000): Wettbewerbsstrategien. In: Laker, Michael (Hrsg.): Marketing für Energieversorger: Kunden binden und gewinnen im Wettbewerb. Wien/Frankfurt: Wirtschaftsverlag Carl Ueberreuter, S. 65-91

Lamnek, Siegfried (1995): Qualitative Sozialforschung. Band 1.: Methodologie. Band 2.: Methoden und Techniken. 3., korrigierte Auflage. Weinheim: Beltz, Psychologie Verlags Union

Lamnek, Siegfried (1998): Gruppendiskussion – Theorie und Praxis. Weinheim: Psychologie Verlags Union

Lancaster, Kelvin (1966): A New Approach of Consumer Theory. In: Journal of Political Economy, Vol. 27, S. 132-157

Lancaster, Kelvin (1971): Consumer Damand. A new Approach. New York, NY: Columbia Univ. Press

Lancaster, Kelvin (1991): Moderne Mikroökonomie. 4. Aufl.. Frankfurt/Main; New York: Campus Verlag

Lastovicka, John L.; Gardner, David M. (1979): Components of Involvement. In: Maloney, John C.; Silverman, B. (Hrsg.): Attitude Research Plays for High Stakes. Chicago: American Marketing Association, S. 53-73

Laurent, Gilles; Kapferer, Jean-Noël (1985): Measuring Consumer Involvement Profiles. In: Journal of Marketing Research, Vol. 22 (February), S. 41-53

Lavidge, Robert J.; Steiner, Gary A. (1961): A Model for Predictive Measurements of Advertising Effectiveness. In: Journal of Marketing, Vol. 25 (October), S. 59-62

Lehmann, Donald R. (1971): Television Show Preference: Application of a Choice Model. In: Journal of Marketing Research, Vol. 8 (February), S. 47-55

Lehmann, Donald R.; Gupta, Sunil; Steckel, Joel H. (1997): Marketing Research. Reading, Mass. [u.a.]: Addison-Wesley

Lehmann, Donald R.; Winer, Russell S. (1997): Product Management. 2. ed. . - New York, NY [u.a.]: Irwin/McGraw-Hill

Leigh, Thomas W.; MacKay, David B.; Summers, John O. (1984): Reliability and Validity of Conjoint Analysis and Self-Explicated Weights: A Comparison. In: Journal of Marketing Research, Vol. 21, No. 4 (Novemeber), S. 456-462

Lenk, Peter J.; DeSarbo, Wayne S.; Green, Paul E.; Young, Martin R. (1996): Hierarchical Bayes Conjoint Analysis: Recovery of Partworth Heterogeneity from Reduced Experimental Designs. In: Marketing Science, Vol. 15, No. 2, S. 173-191

Lienert, Gustav A.; Raatz, Ulrich (1998): Testaufbau und Testanalyse. 6. Aufl., Weinheim: Psychologie-Verl.-Union

Lilien, Gary L.; Kotler, Philip; Moorthy, Sridhhar K. (1992): Marketing Models. Englewood Cliffs, NJ: Prentice-Hall

Lord, Kenneth R.; Burnkrant, Robert E. (1993): Attention Versus Distraction: The Interactive Effect of Program Involvement And Attentional Devices on Commercial Processing. In: Journal of Advertising, Vol. 22, No. 1, (March), S. 47-60

Louviere, Jordan J. (1974): Prediciting the Evaluation of Real Stimulus Objects form an Abstract Evaluation of their Attributes: The Case of Trout Streams. In: Journal of Applied Psychology, Vol. 59, No. 5, S. 572-577

Louviere, Jordan J. (1984): Hierarchical Information Integration: A New Method For The Design And Analysis Of Complex Multlattribute Judgment Problems. In: Kinnear, Thomas C. (Hrsg.): Advances in Consumer Research, Vol. 11, Provo, UT: Association for Consumer Research, S. 148-155

Louviere, Jordan J. (1988): Analyzing Decision Making: Metric Conjoint-Analysis. Beverly Hills, CA: Sage Publications

Louviere, Jordan J. (1992): Experimental Choice Analysis: Introduction and Overview. In: Journal of Business Research, Vol. 24, S. 89-95

Louviere, Jordan J. (1994): Conjoint Analysis. In: Bagozzi, Richard P. (Hrsg.): Advanced methods of marketing research. Cambridge, MA: Blackwell Publishers, S. 223-259

Louviere, Jordan J.; Gaeth, Gary J. (1987): Decomposing the Determinants of Retail Facility Choice Using the Method of Hierarchical Information Integration. A Supermarket Illustration. In: Journal of Retailing, Vol. 63, No. 1 (Spring), S. 25-49

Louviere, Jordan J.; Johnson, Richard D. (1991): Using Conjoint Analysis to Measure Retail Image. In: Gosh, Avijit; Ingene, Charles A. (Hrsg.): Research in Marketing: Spatial Analysis in Marketing: Theory, Methods, and Applications. Greenwich, Conn. [u.a.]: JAI Press, Supplement 5, S. 137-156

Luce, Duncan R. (1959): Choice Behaviour. A Theoretical Analysis. New York: John Wiley & Sons

Luce, Duncan R.; Tukey, John W. (1964): Simultaneous Conjoint Measurement: A New Type of Fundamental Measurement. In: Journal of Mathematical Psychology, Vol. 1, S. 1-27

Lunt, Peter; Livingstone, Sonia (1996): Rethinking the Focus Group in Media and Communications Research. In: Journal of Communication, 46 (2), S. 79-98

MacLean, Paul D. (1973): A Triune Concept of the Brain and Behaviour. Toronto: University of Toronto Press

Madlberger, Maria (2002): Internetbasierte Marketinginstrumente und Marktforschungsmethoden für Electronic Retailing. Dissertation: WU-Wien

Mahajan, Vijay; Green, Paul E.; Goldberg, Stephen M. (1982): A Conjoint Model for Measuring Self- and Cross-Price/Demand Relationship. In: Journal of Marketing Research, Vol. 19, (August), S. 334-342

Mahajan, Vijay; Wind, Jerry (1992): New Product Models: Practice, Shortcomings and Desired Improvements. In: Journal of Product Innovation Management (1992), Vol. 9, S. 128-139

Maidique, Modesto A.; Zirger, Billie Jo (1984): A Study of Success and Failure in Product Innovation: The Case of the U.S. Electronics Industry. In: IEEE Transactions on Engineering Management (1984), EM-31, S. 193-203

Maleri, Rudolf (2001): Grundlagen der Dienstleistungsproduktion. In: Bruhn, Manfred; Meffert, Heribert (Hrsg.): Handbuch Dienstleistungsmanagement. Von der strategischen Konzeption zur praktischen Umsetzung. 2., überarbeitete und erweiterte Auflage. Wiesbaden: Gabler. S. 125-148

Mangold, Werner (1960): Gegenstand und Methode des Gruppendiskussionsverfahrens. Frankfurt: Europäische Verlangsanstalt

Mangold, Werner (1962): Gruppendiskussion. In: König, René (Hrsg): Handbuch der empirischen Sozialforschung, Band I. Stuttgart: Enke

Mangold, Werner (1969): Empirische Sozialforschung – Grundlagen und Methoden. 2., durchgesehene Auflage. Heidelberg: Quelle & Meyer

Markowitz, Harry M. (1952): The Utility of Wealth. In: Journal of Political Economy, Vol. 60, S. 151-158

Marshall, Pablo; Bradlow, Eric (2002): A Unified Approach to Conjoint Analysis Models. In: Journal of the American Statistical Association, Vol. 97, No. 459 (September), S. 674-682

Mayer, Hans; Illmann Tanja (2000): Markt- und Werbepsychologie. 3. überarb. und erg. Auflage. Stuttgart: Schäffer-Poeschel

Mayer, Horst O. (2000): Einführung in die Wahrnehmungs-, Lern- und Werbe-Psychologie. München [u.a.]: Oldenbourg

Mazanec, Josef (1978): Strukturmodelle des Konsumverhaltens. Empirische Zugänglichkeit und praktischer Einsatz zur Vorbereitung absatzwirtschaftlicher Positionierungs- und Segmentierungsentscheidungen. Wien: Wirtschaftsverlag Dr. Anton Orac

Mazanec, Josef; Strasser, Helmut (2000): A Nonparametric Approach to Perceptions-Based Market Segmentation: Foundations. Interdisciplinary Studies in Economics and Management, Volume I. Berlin [u.a.]: Springer-Verlag

McBride, Richard D.; Zufryden, Fred S. (1988): An Integer Programming Approach to the Optimal Product Line Selection Problem. In: Marketing Science, Vol. 7, No. 2 (Spring), S. 126-141

McFadden, Daniel (1974): Conditional Logit Analysis and Qualitative Choice Behaviour. In: Zarembka, Paul (Hrsg.): Frontiers In Econometrics. Academic Press: New York, S. 105-142

McQuarrie, Edward F.; Munson, Michael J. (1987): The Zaichowsky Personal Involvement Inventory: Modification and Extension. In: Andersen, Paul; Wallendorf, Melanie (Hrsg.): Advances in Consumer Research, Vol. 14, Provo, UT: Association for Consumer Research, S. 36-40

McQuarrie, Edward F.; Munson, Michael J. (1992): A Revised Product Involvement Inventory: Improved Usability and Validity. In: Sherry, John F.; Sternthal, Brian (Hrsg.): Advances in Consumer Research, Vol. 19, Provo, UT: Association for Consumer Research, S. 108-115.

Meffert, Heribert (1971): Modelle des Käuferverhaltens und ihr Aussagewert für das Marketing. In: Zeitschrift für die gesamte Staatswissenschaft, 127 Jg., S. 326-333

Meffert, Heribert; Bruhn, Manfred (2003): Dienstleistungsmarketing. Grundlagen – Konzepte – Methoden; mit Fallstudien. 4., vollständig überarbeitete und erweiterte Auflage. Wiesbaden: Gabler

Meffert, Heribert; Schürmann, Uwe (1992): Erfolgsfaktoren der integrierten Marktkommunikation - neuere Erkenntnisse der Werbewirkungsforschung. In: Thexis, 9. Jg., Nr. 6, S. 2-8

Mehta, Raj; Moore, William L.; Pavia, Teresa M. (1992): An Examination of the Use of Unacceptable Levels in Conjoint Analysis. In: Journal of Consumer Research, Vol. 19 (December), S. 470-476

Mengen, Andreas (1993): Konzeptgestaltung von Dienstleistungsprodukten: Eine Conjoint-Analyse im Luftfrachtmarkt unter Berücksichtigung der Qualitätsunsicherheit beim Dienstleistungskauf. Stuttgart: Schäffer-Poeschel

Mengen, Andreas; Simon, Hermann (1996): Produkt- und Preisgestaltung mit Conjoint Measurement. In: WISU, Heft 3, S. 229-236

Mengen, Andreas; Tacke, Georg (1996): Methodengestütztes Automobil-Pricing mit Conjoint-Measurement. In: Bauer, Hans; Dichtl, Erwin; Herrmann, Andreas (Hrsg.): Automobilmarktforschung: Nutzenorientierung von Pkw-Herstellern. München: Vahlen. S. 33-52

Merton, Robert K. (1968): Social Theory and Social Structure. New York: Free Press

Meyer, Anton (1994): Dienstleistungs-Marketing. Erkenntnisse und praktische Beispiele. 6. unveränd. Auflage. Augsburg: FGM-Verl.

Mishra, Sanjay; Umesh, U.N.; Stem, Donald E. Jr. (1989): Attribute Importance Weights in Conjoint Analysis: Bias and Precision. In: Advances in Consumer Research, Vol. 16, S. 605-611

Mitchell, Andrew A. (1979): Involvement: A Potentially Important Mediator of Consumer Behaviour. In: Wilkie, William L. (Hrsg.): Advances in Consumer Research, Vol. 6, Ann Arbor, MI: Association for Consumer Research, S. 191-196

Mitchell, Andrew A. (1981): The Dimension of Advertising Involvement. In: In: Monroe, Kent B. (Hrsg.): Advances in Consumer Research, Vol. 8, Provo, UT: Association for Consumer Research, S. 25-30

Mittal, Banwari (1995): A Comparative Analysis of Four Scales of Consumer Involvement. In: Psychology & Marketing, Vol. 12, No. 7 (October), S. 663-682

Mittal, Banwari Lal (1989): A theoretical analysis of two recent measures of involvement. In: Srull, Thomas K. (Hrsg.): Advances in Consumer Research, Vol. 16, Provo, UT: As-sociation of Consumer Research, S. 697-702

Mittal, Banwari Lal; Lee, Myung-Soo (1989): A Causal Model of Consumer Involvement. In: Journal of Economic Psychology, Vol. 10, No. 3, S. 363-389

Mittal, Banwari; Lee, Myung-Soo (1988): Seperating Branc-Choice Involvement from Product Involvement via Consumer Profiles. In: Houston, Michael J. (Hrsg.): Advances in Consumer Research, Vol. 15, Provo, UT: Association for Consumer Research, S. 43-49

Montgomery, David B. (1986): Conjoint Calibration of the Customer/Competitor Interface in Industrial Markets. In: Backhaus, Klaus; Wilson, David T. (Hrsg.): A German-American Perspective. Berlin: Springer-Verlag, S. 297-319

Moore, William L. (1980): Levels of Aggregation in Conjoint Analysis: An Empirical Comparison. In: Journal of Marketing Research, Vol. 17 (November), S. 516-523

Moore, William L.; Pessemier, Edgar A. (1993): Product Planning and Management. Designing and Delivering Value. New York, NY [u.a.]: McGraw-Hill

Morgan, David L. (1998a): The Focus Group Guidebook. Focus Group Kit 1. Thousand Oaks, Calif. [u.a.]: Sage

Morgan, David L. (1998b): Planning Focus Groups. Focus Group Kit 2. Thousand Oaks, Calif. [u.a.]: Sage

Morgan, Robert M.; Hunt, Shelby D. (1994): The Commitment-Trust Theory of Relationship Marketing. In: Journal of Marketing, Vol. 58 (July), S. 20-38

Moritz, Karl-Heinz (1993): Mikroökonomische Theorie des Haushalts. München, Wien: Oldenbourg

Morse, Janice M.; Richards, Lyn (2002): Readme First for a User's Guide to Qualitative Methods. Thausand Oaks, CA [u.a.] : SAGE Publ.

Mühlbacher, Hans (1986): An Involvement Model of Advertising Information Acquisition and Processing Motivation. In: Möller, Kristian; Paltschik, Mikael (Hrsg.): Contemporary Research in Marketing, Proceedings of the XVth Annual Conference of the European Marketing Academy, June 3rd - 6th, Helsinki, S. 461-480

Mühlbacher, Hans (1988): Ein situatives Modell der Motivation zur Informationsaufnahme und –verarbeitung bei Werbekontakten. In: Marketing ZFP, Heft 2 (Mai), S. 85-94

Müller, Leonhard (1998): Handbuch der Elektrizitätswirtschaft. Technische, wirtschaftliche und rechtliche Grundlagen. Berlin [u.a.]: Springer

Müller-Hagedorn, Lothar; Sewing, Eva; Toporowski, Waldemar (1993): Zur Validiät von Conjoint-Analysen. In: Schmalenbachs Zeitschrift für betriebswirtschaftliche Forschng - zfbf, Jg. 45, Heft 2, S. 123-148

Mullet, Gary M.; Karson, Marvin J. (1986): Percentiles of LINMAP Conjoint Indices of Fit for Various Orthogonal Arrays: A Simulation Study. In: Journal of Marketing Research, Vol. 23, No. 3, (August), S. 286-290

Mulvey, Michael S.; Olson, Jerry C.; Celsi, Richard L.; Walker, Beth A. (1994): Exploring the Relationships Between Means-End Knowledge and Involvement. In: Allen, Chris T.; Roedder John, Deborah (Hrsg.): Advances in Consumer Research, Vol. 21, Provo, UT: Association for Consumer Research, S. 51-57

Natter, Martin; Feuerstein, Markus (2001): Correcting for CBC Model Bias: A Hybrid Scanner Data – Conjoint Model. In: SFB – Adaptive Information Systems and Modelling in Economics and Management Science, Report No. 57 (June), S. 1-7

Neibecker, Bruno (1990): Werbewirkungsanalyse und Expertensysteme. Heidelberg: Physica-Verlag

Neslin, Scott A. (1981): Linking Product Features to Perceptions: Self-Stated versus Statistically Revealed Importance Weights. In: Journal of Marketing Research, Vol. 18 (February), S. 80-86

Neumann, Lawrence W. (1997): Social Research Methods. Qualitative and Quantitative Approaches. 3. rd ed. Boston [u.a.]: Allyn & Bacon

Nicosia, Francesco M. (1974): Toward an Empirical Theory of Consumer Behaviour Based on the Economics of Goods-Characteristics, Review of „Consumer Demand: A New Approach" by Kelvin Lancaster. In: Journal of Marketing Research, Vol. 11, S. 115-120

Nieschlag, Robert; Dichtl, Erwin; Hörschgen, Hans (2002): Marketing. 19., überarb. und erg. Aufl.. Berlin: Duncker und Humblot

Nießen, Manfred (1977): Gruppendiskussion. Interpretative Methodologie, Methodenbegründung, Anwendung. München: Fink

Noelle-Neumann, Elisabeth; Petersen, Thomas (1996): Alle, nicht jeder. Einführung in die Methoden der Demoskopie. München: DTV

o.V. (1994): ACA System. Version 4.0. Metegrano, Margo (Hrsg.): Sawtooth Software, Inc. Evanston, IL: Sawtooth Software

o.V. (2000): Statistik kurz gefasst. In: Eurostat (Hrsg): Umwelt und Energie, Thema 8 – 3/2001 – Energie

o.V. (2001): Statistik kurz gefasst. In: Eurostat (Hrsg): Umwelt und Energie, Thema 8 – 24/2001 – Energie

o.V. (2002): Statistik kurz gefasst. In: Eurostat (Hrsg): Umwelt und Energie, Thema 8 – 16/2002 - Energie

o.V. (2002): Was bedeutet CIGRE? http://www.cigre.ch/d/1cig.htm [Stand 04.07.02], [Abfrage 04.07.02], [MEZ 21:05 Uhr]

o.V. (2003): http://www.gesundheit.de/roche/ [Stand 11.03.03], [Abfrage 11.03.03], [MEZ 14:42 Uhr]

o.V.o.J.: Sawtooth Software. Technical Paper Series – ACA 5.0 Technical Paper. http://www.sawtoothsoftware.com/download/techpap/acatech.pdf [Stand 05.03.2002], [Abfrage 05.03.2002], [MEZ 09:13 Uhr]

Otter, Thomas (1995): Der Einfluß des Herkunftslandes auf die Qualitätsbeurteilung von CD-Playern. Wien: Diplomarbeit

Otter, Thomas (2001): Conjointanalyse zur Messung und Erklärung von Markenwert. Wien: Service-Fachverl.

Page, Albert L.; Rosenbaum, Harold F. (1987): Redesigning Product Lines with Conjoint Analysis: How Sunbeam Does It. In: Journal of Product Innovation Management, Vol. 4 (June), S. 120-137

Palinkas, Peter (1989): Europäische Energiepolitik und der Binnenmarkt für Energie. In: Vorträge, Reden und Berichte aus dem Europa-Institut, Nr. 189.

Park, Jong-Won; Hastak, Manoj (1995): Effects of Involvement on On-line Brand Evaluations: A Stronger Test of the ELM. In: In: Kardes, Frank R.; Sujan, Mita (Hrsg.): Advances in Consumer Research, Vol. 22, Provo, UT: Association for Consumer Research, S. 435-439

Park, Whan C.; McClung, Gordon W. (1986): The Effect of TV Program Involvement on Involvement with Commercials. In: Lutz, Richard J. (Hrsg.): Advances in Consumer Research, Vol. 13, Provo, UT: Association for Consumer Research, S. 544-548

Park, Whan C.; Young, Mark S. (1983): Types and Levels of Involvement and Brand Attitude Formation. In: Bagozzi, Richard P.; Tybout, Alice M. (Hrsg.): Advances in Consumer Research, Vol. 10, Ann Arbor, MI: Association for Consumer Research, S. 320-324

Pauger, Dietmar (2001): Der zweite Liberalisierungsschub – rechtliche Gesamtbilanz. In: Pauger, Dietmar (Hrsg.): Ein Jahr ElWOG – Rückblick und Ausblick auf die Liberalisierung der österreichischen Elektrizitätswirtschaft. Wien: Manz. S. 3-26

Pauger, Dietmar; Pichler, Harald (2000): Das österreichische Elektrizitätsrecht. Kommentar zum ElWOG, Verordnungen, Ausführungsgesetze und europarechtliche Grundlagen. Graz, Leoben: Leykam

Pauger, Dietmar; Pichler, Harald (2002): Das österreichische Elektrizitätsrecht. 2., völlig neu bearbeitete Auflage. Kommentar zum ElWOG 2000, zum RegulierungsbehördenG und zum VerrechnungsstellenG. Graz: Leykam

Pekelman, Dov; Sen, Subrata K. (1979): Measurement and Estimation of Conjoint Utility Functions. In: Journal of Consumer Research, Vol. 5 (March), S. 263-271

Perrey, Jesko (1996): Erhebungsdesign-Effekte bei der Conjoint-Analyse. In: Marketing ZFP, Heft 2, 2. Quartal, S. 105-116

Perrey, Jesko (1998): Nutzenorientierte Marktsegmentierung: ein integrativer Ansatz zum Zielgruppenmarketing im Verkehrsdienstleistungsbereich. Wiesbaden: Gabler

Peter, Paul J. (1981): Construct Validity: A Review of Basic Issues and Marketing Practices. In: Journal of Marketing Research, Vol. 18 (May), S. 133-145

Peter, Paul J.; Churchill, Gilbert A. Jr. (1986): Relationships Among Research Design Choices and Psychometric Properties of Rating Scales: A Meta-Analysis. In: Journal of Marketing Research, Vol. 23 (February), S. 1-10

Peter, Paul J.; Olson, Jerry C.; Grunert, Klaus G. (1999): Consumer Behaviour and Marketing Strategy. London [u.a.]: McGraw-Hill

Petty, Richard E.; Cacioppo, John T. (1983): Central and Peripheral Routes to Persuasion: Application to Advertising. In: Percy, Larry; Olson, Jerry (Hrsg.): Advertising and Consumer Psychology. Lexington, MA [u.a.]: Lexington Books, S. 3-23

Petty, Richard E.; Cacioppo, John T. (1984): Source Factors and the Elaboration Likelihood Model of Persuasion. In: Kinnear, Thomas C. (Hrsg.): Advances in Consumer Research, Vol. 11, Provo, UT: Association for Consumer Research, S. 668-672

Petty, Richard E.; Cacioppo, John T. (1986): Communication and Persuasion. Central and Peripheral Routes to Attitude Change. Berlin [u.a.]: Springer

Petty, Richard E.; Cacioppo, John T.; Schumann, David (1983): Central and Peripheral Routes to Advertising Effectiveness: The Moderating Role of Involvement. In: Journal of Consumer Research, Vol. 10 (Sept), S. 135-146

Pfaffenberger, Wolfgang; Scheele, Ulrich; Salge, Katrin (1999): Energieversorgung nach der Deregulierung: Entwicklungen, Positionen, Folgen. Berlin: Ed. Sigma

Pichler, Harald (2001): Braucht die E-Wirtschaft einen Regulator? In: Pauger, Dietmar (Hrsg.): Ein Jahr ElWOG. Rückblick und Ausblick auf die Liberalisierung der österreichischen Elektrizitätswirtschaft. Wien: Manz, S. 121-138

Poiesz, Theo B.C.; de Bont, Cees J.P.M. (1995): Do We Need Involvement to Understand Consumer Behaviour? In: Kardes, Frank R.; Sujan, Mita (Hrsg.): Advances in Consumer Research, Vol. 22, Provo, UT: Association for Consumer Research, S. 448-452

Pollock, Friedrich (1955): Gruppenexperiment - Ein Studienbericht. Frankfurter Beiträge zur Soziologie, Band 2. Frankfurt am Main: Europäische Verlagsanstalt

Popper, Karl R. (1979): The Bucket and the Searchlight. Two Theories of Knowledge. In: Objective Knowledge. An Evolutionary Approach. rev. ed. Oxford: Clarendon Press

Popper, Karl R. (1989): Logik der Forschung. 9., verbesserte Auflage. Tübingen: Mohr

Popper, Karl R. (1993): Objektive Erkenntnis. Ein evolutionärer Entwurf. 1. Aufl. – Hamburg: Hoffmann und Campe

Purtscher, Victor (1999): Stranded Costs und Durchleitungsgebühren als Kernprobleme der Liberalisierung der österreichischen Elektrizitätswirtschaft. Dissertation: WU-Wien

Quandt, Richard E. (1968): Estimation of Modal Splits. In: Transportation Research, Vol. 2, S. 41-50

Rabl, Thomas; Thurnher, Victor (2001): Energielieferverträge: Zivilrecht - Wettbewerbsrecht – Vertragsgestaltung. Wien: Manz

Raffée, Hans (1993): Grundprobleme der Betriebswirtschaftslehre. 8. unveränd. Auflage. Göttingen: Vandenhoeck und Ruprecht

Rajeev, Kohli; Mahajan, Vijay (1991): A Reservation-Price Model for Optimal Pricing of Multiattribute Products in Conjoint Analysis. In: Journal of Marketing Research, Vol. 28 (August), S. 347-354

Raschauer, Bernhard (2001): Die Liberalisierung – rechtliche Gesamtbilanz. In: Pauger, Dietmar (Hrsg.): Ein Jahr ElWOG – Rückblick und Ausblick auf die Liberalisierung der österreichischen Elektrizitätswirtschaft. Wien: Manz, S. 3-31

Ratchford, Brian T. (1975): The new Economic Theory of Consumer Behavior: An Interpretive Essay. In: Journal of Consumer Research, Vol. 2 (September), S. 65-75

Ratchford, Brian T. (1978): Consumer Choice Behaviour: Review and Synthesis. Working Paper No. 78-9, European Institute for Advanced Studies in Management: Brüssel

Ratchford, Brian T. (1987): New Insights About the FCB Grid. In: Journal of Advertising Research, Vol. 27, S. 24-38

Ratchford, Brian T.; Vaughn, Richard (1989): On the relationship between motives and purchase decisions: Some empirical approches. In: Srull, Thomas K. (Hrsg.): Advances in Consumer Research, Vol. 16, Provo, UT: Association of Consumer Research, S. 293-299

Reibstein, David; Bateson, John E.G.; Boulding, William (1988): Conjoint Analysis Reliability: Empirical Findings. In: Marketing Science, Vol. 7 (Summer), S. 271-286

Reutterer, Thomas (1997): Analyse von Wettbewerbsstrukturen mit neuronalen Netzen. Ein Ansatz zur Kundensegmentierung auf Basis von Haushaltspaneldaten. Wien: Service-Fachverlag

Reutterer, Thomas (2003): Bestandsaufnahme und aktuelle Entwicklungen bei der Segmentierungsanalyse von Produktmärkten. Der Beitrag wurde zur Begutachtung beim Journal für Betriebswirtschaft eingereicht. Manuskript, S. 1-35

Reynolds, Thomas J.; Gutman, Jonathan (1988): Laddering Theory, Method, Analysis, and Interpretation. In: Journal of Advertising Research, Vol. 28 (February/March), S. 11-31

Richards, Lyn (1999): Using NVivo in qualitative research. 1. publ. . - London [u.a.]: SAGE Publ.

Richins, Marsha L.; Bloch, Peter H. (1986): After the New Wears Off: The Temporal of Product Involvement. In: Journal of Consumer Research, Vol. 13, No. 2 (Sept), S. 280-285

Riepe, Claudia (1984): Produkteigenschaften und das Nachfrageverhalten von Konsumenten. Eine vergleichende Analyse von Lancasters „Neuer Nachfragetheorie" und „Multi-Attribute Attitude"-Modellen. Thun [u.a.]: Deutsch

Rifon, Nora J.; Mavis, Brian E.; Tucker, Elizabeth; Stöffelmayr, Bertram E. (1992): Health Promotion Services Consumption: Involvement and Program Choice. In: Advances in Consumer Research, Vol. 19, Provo, UT: Association for Consumer Research, S. 679-687

Rodgers, William C.; Schneider, Kenneth C. (1993): An Empirical Evaluation of the Kapferer-Laurent Consumer Involvement Profile Scale. In: Psychology & Marketing, Vol. 10, No. 4, S. 333-345

Rohracher, Hubert (1988): Einführung in die Psychologie. 13. neu ausgestattete Auflage. München [u.a.]: Psychologie-Verl.-Union

Rohwer, Götz; Pötter, Ulrich (2002): Methoden sozialwissenschaftlicher Datenkonstruktion. Weinheim und München: Juventa Verlag

Rosen, Sherwin (1974): Hedonic Prices and Implicit Markets – Product Differentiation in Pure Competition. In: Journal of Political Economy, Vol. 82, (Jan-Feb), S. 34-55

Rosenberg, Milton J. (1956): Cognitive Structure and Attitudinal Affect. In: Journal of Abnormal and Social Psychology, Vol. 53, S. 367-372

Rosenstiel, Lutz von; Kirsch, Alexander (1996): Psychologie der Werbung. Überarb. Neuaufl.: Rosenheim: Komar-Verl.

Rosenstiel, Lutz von; Neumann, Peter (1991): Einführung in die Markt- und Werbepsychologie. 2., unveränd. Aufl. . - Darmstadt: Wiss. Buchges.

Safizadeh, Hossein M. (1989): The Internal Validity of the Trade-Off Method of Conjoint Analysis. In: Decision Sciences, Vol. 20, No. 3 (Summer), S. 451-461

Samuelson, Paul (1938): A Note on the Pure Theory of Consumers' Behaviour. In: Economica N.S., Vol. 5 (February), S. 61-71

Sattler, Henrik; Hensel-Börner, Susanne (2000): A Comparison of Conjoint Measurement with Self-Explicated Approaches. In: Gustafsson, Anders; Herrmann, Andreas; Huber, Frank (Hrsg.): Conjoint Measurement: Methods and Applications. Berlin [u.a.]: Springer. S. 121-133

Sattler, Henrik; Nitschke, Thomas (2003): Ein empirischer Vergleich von Instrumenten zur Erhebung von Zahlungsbereitschaften. In: Schmalenbachs Zeitschrift für betriebswirtschaftliche Forschung – zfbf, Jg. 55 (Juni), S. 364-381

Savage, Leonard J. (1954): The Foundations of Statistics. New York: Wiley

Schanda, Reinhard (2000): Energierecht: Praxiskommentar zum EnergieliberalsierungsG. Wien: Orac

Schanz, Günther (1975): Einführung in die Methodologie der Betriebswirtschaftslehre. Köln: Kiepenheuer & Witsch

Schanz, Günther (1988): Methodologie für Betriebswirte. 2., überarb. u. erw. Aufl. Stuttgart: Poeschel

Scharitzer, Dieter (1993): Das Dienstleistungs-Produkt. In: Der Markt, Jg. 32, Nr. 2, S. 94-107

Scheuch, Fritz (2002): Dienstleistungsmarketing. 2., völlig neugestaltete Auflage. München: Vahlen

Schnedlitz, Peter (1985): Einstellungen und soziale Beeinflussung als Bedingungen von Kaufabsichten. Frankfurt am Main [u.a.]: Lang

Schneider, Dieter (1981): Geschichte betriebswirtschaftlicher Theorie. München [u.a.]: Oldenbourg

Schneider, Kenneth C.; Rodgers, William C. (1996): An „Importance“ Subscale for the Consumer Involvement Profile. In: Corfman, Kim P.; Lynch, John G. (Hrsg.): Advances in Consumer Research, Vol. 23, Provo, UT: Association for Consumer Research, S. 249-254

Schnell, Rainer; Hill, Paul B.; Esser, Elke (1999): Methoden der empirischen Sozialforschung. 6., völlig überarb. u. erw. Aufl., München, Wien: Oldenbourg

Schönleitner, Georg (2003): Virtuelle und stationäre Einkaufsstättenwahl von Konsumenten. Dissertation, Wirtschaftsuniversität Wien: WU-Wien

Schub von Bossiazky, Gerhard (1992): Psychologische Marketingforschung. Qualitative Methoden und ihre Anwendung in der Markt-, Produkt- und Kommunikationsforschung. München: Vahlen

Schubert, Bernd (1991): Entwicklung von Konzepten für Produktinnovationen mittels Conjointanalyse. Stuttgart: Poeschel

Schulz, Roland (1972): Kaufentscheidungsprozesse des Konsumenten. Wiesbaden: Gabler

Schweiger, Günter; Schrattenecker, Gertraud (2001): Werbung: Eine Einführung. 5. neu bearb. Aufl. – Stuttgart: Lucius und Lucius

Schweikl, Herbert (1985): Computergestützte Präferenzanalyse mit individuell wichtigen Produktmerkmalen. Berlin: Duncker und Humblot

Sharma, Subash (1996): Applied Multivariate Techniques. New York [u.a.]: John Wiley & Sons, Inc.

Sheluga, David A.; Jaccard, James; Jacoby, Jacob (1979): Preference, Search and Choice: An Integrative Approach. In: Journal of Consumer Research, Vol. 6, No. 2, (September), S. 166-176

Sherrell, Daniel; Shimp, Terence A. (1982): Consumer Involvement In A Laboratory Setting. In: Walker, Bruce J. (Hrsg.): The assessment of marketing thought & practice. Educators' Conference proceedings. American Marketing Association. Chicago, Ill.: Assoc., S. 104-108

Shocker, Allan D. (1975): Linmap: Linear Programming Techniques for the Multidimensional Analysis of Preferences. In: Journal of Marketing Research, Vol. 12 (May), S. 214-215

Shocker, Allan D. (1977): LINMAP (Version II): A FORTRAN IV Computer Program for Analyzing ordinal Preference (Dominance) Judgements via Linear Programming Techniques and for CONJOINT Measurement. In: Journal of Marketing Research, Vol. 14 (February), S. 101-103

Shocker, Allan D.; Srinivasan, V. (1979): Multiattribute Approaches for Product Concept Evaluation and Generation: A Critical Review. In: Journal of Marketing Research, Vol. 16 (May), S. 159-180

Simon, Hermann (1988): Management strategischer Wettbewerbsvorteile. In: ZfB, 58. Jg., Heft Nr. 4, S. 461-480.

Simon, Hermann (1992): Preismanagement: Analyse – Strategie – Umsetzung. 2., vollst. überarb. und erw. Aufl., Wiesbaden: Gabler

Simon, Hermann (1992a): Pricing Opportunities – And How to Exploit Them. In: Sloan Management Review, Vol. 33 (Winter), S. 55-65

Simon, Hermann; Kucher, Eckhard (1988): Die Bestimmung empirischer Preisabsatzfunktionen. In: Zeitschrift für Betriebswirtschaft, 58 Jg., S. 171-183

Simon, Hermann; Wuebker, Georg (1999): Bundling – A Powerful Method to Better Exploit Profit Potential. In: Fuerderer, Ralph; Herrmann, Andreas; Wuebker, Georg (Hrsg.): Optimal Bundling. Marketing Strategies for Improving Economic Performance. Berlin [u.a.]: Springer, S. 7-28

Skyba, Karl; Grüneis, Robert (2002): Form, Inhalt und volkswirtschaftliche Rahmenbedingungen regulierter Energiemärkte. Erfahrungen und Erwartungen eines betroffenen Unternehmens. In: Fremuth, Walter; Parak, Christoph (Hrsg.): Regulierung der Deregulierung. Wien: Manz, S. 201-216

Slama, Mark E.; Tashchian, Armen (1985): Selected Socio-economic and Demographic Characteristics Associated With Purchasing Involvement. In: Journal of Marketing, Vol. 49 (Winter), S. 72-82

Smith, Scott M.; Beatty, Sharon E. (1984): Development of a Generalized Involvement Scale. In: Anderson, Paul F.; Ryan, Michael J. (Hrsg.): American Marketing Association, Winter Educators' Conference. Scientific Method in Marketing. Chicago: American Marketing Association, S. 229-232

Spöhring, Walter (1989): Qualitative Sozialforschung. Stuttgart: Teubner

Srinivasan, V. (1988): A Conjunctive-Compensatory Approach to the Self-Explication of Multiattributed Preferences. In: Decision Sciences, Vol. 19, No. 2 (Spring) S. 295-305

Srinivasan, V.; Jain, Arun K.; Malhotra, Naresh K. (1983): Improving Predicitve Power of Conjoint Analysis by Constrained Parameter Estimation. In: Journal of Marketing Research, Vol. 20 (November), S. 433-438

Srinivasan, V.; Park, Chan Su (1997): Surprising Robustness of the Self-Explicated Approach to Customer Preference Structure Measurement. In: Journal of Marketing Research, Vol. 34, (May), S. 286-291

Srinivasan, V.; Shocker, Allan D. (1973): Linear Programming Techniques for Multidimensional Analysis of Preferences. In: Psychometrika, Vol. 38, S. 337-369

Srinivasan, V.; Shocker, Allan D. (1982): LINMAP (Version IV): A FORTRAN IV Computer Program for Analyzing Ordinal Preference (Dominance) Judgments and for Conjoint and Tradeoff Analysis. In: Journal of Marketing Research, Vol. 19 (November), S. 601-602

Srinivasan, V.; Wyner, Gordon A. (1989): CASEMAP: Computer-Assisted Self-Explication of Multi-Attributed Preferences. In: Menasco, Henry M.; Takada, H. (Hrsg.): New Product Development and Testing. Lexington, MA: Lexington Books, S. 91-111

Stallmeier, Christian (1993): Die Bedeutung der Datenerhebungsmethode und des Untersuchungsdesigns für die Ergebnisstabilität der Conjoint-Analyse. Regensburg: Roderer

Steenkamp, Jan-Benedict E.M.; Wittink, Dick R. (1994): The metric quality of full-profile judgements and the number-of-attribute-levels effect in conjoint analysis. In: International Journal of Research in Marketing, Nr. 11, S. 275-286

Steffenhagen, Hartwig (1993): Werbeziele. In: Berndt, Ralph; Hermanns, Arnold (Hrsg.): Handbuch Marketing-Kommunikation. Wiesbaden: Gabler, S. 285-301

Stone, Robert N. (1984): The marketing characteristics of involvement. In: Kinnear, Thomas C. (Hrsg.): Advances in Consumer Research, Vol. 11, Provo, UT: Association for Consumer Research, S. 210-215

Strauss, Anselm L.; Corbin, Juliet (1996): Grounded Theory: Grundlagen Qualitativer Sozialforschung. Weinheim: Beltz, Psychologie Verlags Union

Strebinger, Andreas (2001): Der Marktführer-Effekt in der Markenbeurteilung. Vereinfachte Kaufentscheidungen in Abhängigkeit von Involvement, Markenbewußtsein und Produktwissen. Wien: Service-Fachverlag

Strebinger, Andreas; Hoffmann, Sabine; Schweiger, Günter; Otter, Thomas (2000): Zur Realitätsnähe der Conjointanalyse: Der Effekt von Präsentationsformat, Involvement und Hemisphärizität auf die subjektive Beurteilung der Aufgabe durch die Auskunftspersonen und die Vorhersagevalidität. In: Marketing Zeitschrift für Forschung und Praxis, Bd. 22, Heft 1, S. 55-74

Strotz, Robert H. (1957): The Empirical Implications of a Utility Tree. In: Econometrica, Vol. 25, S. 269-280

Tacke, Georg (1989): Nichtlineare Preisbildung. Höhere Gewinne durch Differenzierung. Wiesbaden: Gabler

Tacke, Georg; Heusener, Kornelia (2000): Nutzenorientierte Produktgestaltung am Beispiel von Pkw. In: Albers, Sönke; Herrmann, Andreas (Hrsg.): Handbuch Produktmanagement. Strategieentwicklung – Produktplanung – Organisation – Kontrolle. Wiesbaden: Gabler, S. 923-943

Tarpey, Lawrence X. (1973): Consumer Demand: A New Approach. In: Journal of Marketing, Vol. 37 (July), S. 108-109

Tatsuoka, Maurice M. (1970): Discriminant Analysis. The Study of Group Differences. Champaign, Ill: Inst. for Personality and Ability Testing

Teichert, Thorsten (1994): Zur Validität der in Conjoint-Analysen ermittelten Nutzenwerte. In: Schmalenbachs Zeitschrift für betriebswirtschaftliche Forschung – zfbf, 46. Jg.; Nr. 7/8, S. 610-629

Teichert, Thorsten (2000): Das Latent-Class Verfahren zur Segmentierung von wahlbasierten Conjoint-Daten. In: Marketing ZFP, Heft 3, 3. Quartal, S. 227-239

Teichert, Thorsten (2001): Nutzenschätzung in Conjoint-Analysen: Theoretische Fundierung und empirische Aussagekraft. 1. Aufl.. Wiesbaden: Gabler

Teufelsbauer, Werner (1997): Mehr Wettbewerb im Strommarkt – Zur Liberalisierung des österreichischen Elektrizitätsmarktes. In: Schneider, Friedrich (Hrsg.): Die Neuordnung des Wettbewerbs auf den Elektrizitäts- und Energiemärkten in der EU. Linz: Trauner Druck, S. 109-123

Theil, Henri (1970): On the Estimation of Relationships Involving Qualitative Variables. In: American Journal of Sociology, Vol. 76, S. 103-154

Theobald, Axel; Dreyer, Marcus; Starsetzki, Thomas (2001): Online-Marktforschung. Theoretische Grundlagen und praktische Erfahrungen. 1. Aufl., Wiesbaden: Gabler

Theuerkauf, Ingo (1989): Kundennutzenmessung mit Conjoint. In: ZfB, 59. Jg, Heft 11, S. 1179-1192

Thomas, Lutz (1979): Conjoint Measurement als Instrument der Absatzforschung. In: Marketing ZFP, Heft 3 (September), S. 199-211

Thurher, Victor (1997): Wettbewerb „im Strom". In: ecolex 7/1997, S. 508-513.

Thurnher, Viktor (1999): Elektrizitätswirtschafts- und –organisationsgesetz (ElWOG): Kurzkommentar mit europarechtlichen Grundlagen. Wien: Manz

Thurstone, Louis L. (1927): A Law of Comparative Judgement. In: Psychological Review, Vol. 34, S. 273-286

Tiberini, Antonio (1996): Europäischer Stromhandel – gestern und morgen. Vortrag anl. EUROFORUM/WirtschaftsWoche-Konferenz „Energiewirtschaft im Wettbewerb", vom 26. – 27. November 1996. Hotel Intercontinental: Wien

Tietz, Bruno (1982): Das Konzept des integrierten Kommunikations-Mix. In: Tietz, Bruno (Hrsg.): Die Werbung. Handbuch der Kommunikations- und Werbewirtschaft, Bd. 3. Landsberg am Lech: Verl. Moderne Industrie, S. 2267-2297

Tigert, Douglas J.; Ring, Lawrence R.; King, Charles W. (1976): Fashion Involvement and Buying Behavior: A Methodological Study. In: Anderson, Beverly B. (Hrsg.): Advances in Consumer Research, Vol. 3, Provo, UT: Association for Consumer Research, S. 46-52

Titscher, Stefan; Wodak, Ruth; Meyer, Michael; Vetter, Eva (1998): Methoden der Textanalyse: Leitfaden und Überblick. Opladen: Westdt. Verl.

Topritzhofer, Edgar (1974): Absatzwirtschaftliche Modelle des Kaufentscheidungsprozesses unter besonderer Berücksichtigung des Markenwahlaspektes. Wien: Verl. d. Österr. Akad. d. Wiss.

Traylor, Mark B.; Joseph, Benoy W. (1984): Measuring Consumer Involvement With Products: Developing a General Scale. In: Psychology & Marketing, Vol. 1, S. 65-77

Trommsdorff, Volker (1975): Die Messung von Produktimages für das Marketing: Grundlagen und Operationalisierung. Köln [u.a.]: Heymann

Trommsdorff, Volker (2002): Konsumentenverhalten. 4., überarb. und erw. Aufl.. Stuttgart: Kohlhammer

Trommsdorff, Volker; Bleicker, Ulrike; Hildebrandt, Lutz (1980): Nutzen und Einstellung. In: Wirtschaftswissenschaftliches Studium – WiSt, Heft 6 (Juni), S. 269-276

Tscheulin, Dieter K. (1991): Ein empirischer Vergleich der Eignung von Conjoint-Analyse und „Analytic Hierarchy Process" (AHP) zur Neuproduktplanung, in: Zeitschrift für Betriebswirtschaft, 61. Jg., S. 1267-1280

Tscheulin, Dieter K. (1992): Optimale Produktgestaltung. Erfolgsprognose mit Analytic Hierarchy Process und Conjoint-Analyse. Wiesbaden: Gabler

Tyebjee, Tyzoon T. (1979a): Refinement of the involvement concept. An advertising planning point of view. In: Maloney, John C.; Silverman, Bernard (Hrsg.): Attitude Research Plays for High Stakes. Chicago: American Marketing Association, S. 94-111

Tyebjee, Tyzoon T. (1979b): Response Time, Conflict, and Involvement in Brand Choice. In: Journal of Consumer Research, Vol. 6, No. 3, (Dec), S. 295-304

Urban, Glen L.; Hauser, John R. (1993): Design and Marketing of New Products. 2nd Edition. Engelwood Cliffs, NJ: Prentice Hall

van der Lans, Ivo A.; Heiser, Willem J. (1990): Constrained Part-Worth Estimation in Conjoint Analysis Using the Self-Explicated Utility Model. In: International Journal of Research in Marketing, Vol. 9, No. 4 (Dec), S. 325-344

Vaughn, Richard (1986): How Advertising Works: A Planning Model Revisited. In: Journal of Advertising Research, Vol. 27, S. 57-66

Vershofen, Wilhelm (1959): Die Marktentnahme als Kernstück der Wirtschaftsforschung. Neuausgabe des ersten Bandes des Handbuchs der Verbrauchsforschung. Berlin [u.a.]: Heymann

Voeth, Markus (2000): Nutzenmessung in der Kaufverhaltensforschung: Die Hierarchische Individualisierte Limit Conjoint-Analyse (HILCA). Wiesbaden: Gabler

Vollmer, Gerhard (2003): Wieso können wir die Welt erkennen? Neue Beiträge zur Wissenschaftstheorie. Stuttgart: Hirzel Verlag

von Böventer, Edwin; Illing, Gerhard; Knoll, Robert (2001): Mikroökonomie. Studien- und Arbeitsbuch. 6., durchges. Aufl.. München, Wien: Oldenbourg

von Neumann, John; Morgenstern, Oskar (1947): Theory of games and economic behaviour. 2. ed. Princeton, NJ: Princeton Univ. Press von Thaden, Christian (2002): Conjoint-Analyse mit vielen Merkmalen. Monte-Carlo-Untersuchung einer gebrückten Conjoint-Analyse. Frankfurt/Main, Wien [u.a.]: Lang

von Wichert-Nick, Dorothea (2003): Kundenclubs 2003. Überlegene Kundenbindung mit Refinanzierungspotential. München: Solon Management Consulting, http://www.solon.de/downloads/Solon_Kundenclubstudie_2003.pdf [Stand 11.06.2003], [Abfrage 11.06.20], [MEZ 14:26 Uhr]

Vriens, Marco; Wedel, Michel; Wilms, Tom (1996): Metric Conjoint Segmentation Methods: A Monte Carlo Comparison. In: Journal of Marketing Research, Vol. 33, No. 1 (February), S. 73-85

Weber, Manfred (1986): Der Markenwert von Produkteigenschaften. Berlin: Duncker & Humblot

Wedel, Michel; Kamakura, Wagner A. (1998): Market Segmentation. Conceptual and Methodological Foundations. Boston, Mass. [u.a.]: Kluwer Acad. Publ.

Weiber, Rolf; Rosendahl, Thomas (1997): Anwendungsprobleme der Conjoint-Analyse. Die Eignung conjointanalytischer Untersuchungsansätze zur Abbildung realer Entscheidungsprozesse. In: Marketing ZFP, Heft 2, S. 107-118

Weise, Georg (1975): Psychologische Leistungstests. Ein Handbuch für Studium und Praxis. Göttingen: Hogrefe

Weise, Peter; Brandes, Wolfgang; Eger, Thomas; Kraft, Manfred (2002): Neue Mikroökonomie. 4. Aufl.. Heidelberg: Physica-Verl.

Wiley, James B.; Low, James T. (1983): A Monté Carlo Simulation Study of Two Approaches for Aggregating Conjoint Data. In: Journal of Marketing Research, Vol. 20, (November), S. 405-416

Wind, Jerry; Mahajan, Vijay (1997): Issues and Opportunities in New Product Development: An Introduction to the Special Issue. In: Journal of Marketing Research, Vol. 34 (February), S. 1-12

Witte, Eberhard (1998): Entwicklungslinien der Betriebswirtschaftslehre: Was hat Bestand? In: Die Betriebswirtschaft – DBW, 58. Jg, Nr. 6 (Nov/Dez), S. 731-746

Wittink, Dick R.; Cattin, Philippe (1981): Alternative Estimation Methods for Conjoint Analysis: A Monté Carlo Study. In: Journal of Marketing Research, Vol. 18, No. 1 (February), S. 101-106

Wittink, Dick R.; Cattin, Philippe (1989): Commercial Use of Conjoint Analysis: An Update. In: Journal of Marketing, Vol. 53, (July), S. 91-96

Wittink, Dick R.; Krishnamurthi, Lakshman; Reibstein, D. J. (1989): The Effect of differences in the Number of Attribute Levels on Conjoint Results. In: Marketing Letters, Vol. 1, S. 113-123

Wittink, Dick R.; Reibstein, David J.; Boulding, William; Bateson, John E. G.; Walsh, John W. (1989): Conjoint Reliability Measures. In: Marketing Science, Vol. 8 (Fall), S. 371-374

Wittink, Dick R.; Vriens, Marco; Burhenne, Wim (1994): Commercial use of conjoint analysis in Europe: Results and critical reflections. In: International Journal of Research in Marketing, Nr. 11, S. 41-52

Wittink, Dick R.; Walsh, John W. (1988): Conjoint Analysis: Its Reliability, Validity, and Usefulness. In: Proceedings of the Sawtooth Software Conference on Perceptual Mapping, Conjoint Analysis and Computer Interviewing. Sun Valley, ID: Sawtooth Software, S. 1-23

Wübker, Georg (1998): Preisbündelung. Formen, Theorie, Messung und Umsetzung. Wiesbaden: Gabler

Zaichkowsky, Judith Lynne (1985): Measuring the Involvement Construct. In: Journal of Consumer Research, Vol. 12, S. 341-352

Zaichkowsky, Judith Lynne (1994): The Personal Involvement Inventory: Reduction, Revision, and Application to Advertising. In: Journal of Advertising, Vol. 23, No. 4 (Dec), S. 59-70

Zerr, Konrad (2001): Online-Marktforschung – Erscheinungsformen und Nutzenpotenziale. In: Theobald, Axel; Dreyer, Marcus; Starsetzki, Thomas (Hrsg.): Online-Marktforschung. Theoretische Grundlagen und praktische Erfahrungen. 1. Aufl., Wiesbaden: Gabler, S. 7-26

Zimbardo, Philip G.; Gerrig, Richard J. (1999): Psychologie. 7. neu übers. u. bearb. Auflage. Berlin [u.a.]: Springer

Zufryden, Fred S. (1982): Product Line Optimization by Integer Programming. In: Proceedings of the Annual Meeting of ORSA/TIMS, San Diego 1982. Green, Paul E.; Krieger, Abba M. (1989): Recent Contributions to Optimal Product Positioning and Buyer Segmentation. In: European Journal of Operational Research, Vol. 41, S. 127-141

# Rechtsquellen

BGBl. Nr. 81/1947, Bundesgesetz vom 26. März 1947 über die Verstaatlichung der Elektrizitätswirtschaft (2. Versaatlichtungsgesetz)

BGBl. 131/1979, Bundesgesetz über die Elektrizitätswirtschaft (Elektrizitätswirtschaftsgesetz)

BGBl. 174/1995, Bundesgesetz vom 9. März 1995 mit dem das Preistransparenzgesetz geändert wird

BGBl. 231/1995, Verordnung des Bundesministers für wirtschaftliche Angelegenheiten vom 31. März 1995 betreffend Mitteilung und Meldung der Gas- und Strompreise der Gas- und Elektrizitätsversorgungsunternehmen der industriellen Endverbraucher und zugehöriger sonstiger Angaben nach dem Preistransparenzgesetz

BGBl. 260/1975, Bundesgesetz vom 11. April 1975 über die Elektrizitätswirtschaft (Elektrizitätswirtschaftsgesetz)

BGBl. 321/1987, Bundesverfassungsgesetz vom 2. Juli 1987, mit dem das 2. Verstaatlichungsgesetz geändert wird und organisationsrechtliche Bestimmungen für die vom 2. Verstaatlichungsgesetz betroffenen Unternehmungen erlassen werden

BGBl. 761/1992, Bundesgesetz vom 4. Dezember 1992 über die Transparenz von Preisen für Erdöl, Mineralölerzeugnisse, Gas, Strom und Arzneimittel sowie der Preisauszeichnungsvorschriften (Preistransparenzgesetz)

BGBl. 762/1992, Bundesgesetz vom 4. Dezember 1992 mit dem das 2. Verstaatlichungsgesetz geändert wird

BGBl. 917/1993, Kundmachung des Bundeskanzlers vom 29. Dezember 1993 betreffend die Rechtsvorschriften, die gleichzeitig mit dem „Abkommen über den Europäischen Wirtschaftsraum" in Kraft treten

BGBl. I 121/2000, Bundesgesetz vom 1. Dezember 2000 mit dem Neuregelungen auf dem Gebiet der Erdgaswirtschaft erlassen werden (Gaswirtschaftsgesetz - GWG), das Bundesgesetz betreffend den stufenweisen Übergang zu der im Gaswirtschaftsgesetz vorgesehenen Marktorganisation erlassen wird, das Preisgesetz 1992, die Gewerbeordnung 1994, das Rohrleitungsgesetz, das Reichshaftpflichtgesetz, das Elektrizitätswirtschafts- und -organisationsgesetz geändert werden und das Bundesgesetz über die Aufgaben der Regulierungsbehörden im Elektrizitätsbereich und die Errichtung der Elektrizitäts-Control GmbH und der Elektrizitäts-Control Kommission sowie das Bundesgesetz, mit dem die Ausübungsvoraussetzungen, die Aufgaben und die Befugnisse der Verrechnungsstellen für Transaktionen und Preisbildung für die Ausgleichsenergie geregelt werden, erlassen werden (Energieliberalisierungsgesetz)

BGBl. I 143/1998, Bundesgesetz, mit dem die Organisation auf dem Gebiet der Elektrizitätswirtschaft neu geregelt wird (Elektrizitätswirtschafts- und -organisationsgesetz -

ElWOG), das Bundesverfassungsgesetz, mit dem die Eigentumsverhältnisse an den Unternehmen der österreichischen Elektrizitätswirtschaft geregelt werden, erlassen wird und das Kartellgesetz 1988 und das Preisgesetz 1992 geändert werden

KOM/85/310, Vollendung Des Binnenmarktes: Weissbuch der Kommission an den Europaeischen Rat

KOM/88/238, Der Binnenmarkt für Energie (Arbeitsdokument Der Kommission)

KOM/89/336, vorschlag für eine Richtlinie des Rates über den Transit von Elektrizitätslieferungen über die grossen Netze, Amtsblatt Nr. C 008 vom 13/01/1990 S. 4

KOM/91/548, Vorschlag für eine Richtlinie des Rates betreffend gemeinsame Vorschriften für den Elektrizitaetsbinnenmarkt, Amtsblatt Nr. C 065 vom 14/03/1992 S. 4

KOM/91/548, Vorschlag für eine Richtlinie des Rates betreffend gemeinsame Vorschriften für den Elektrizitaetsbinnenmarkt, Amtsblatt Nr. C 065 vom 14/03/1992 S. 4

KOM/95/162, Mitteilung der Kommission an den Rat und das Europäische Parlament über die Bedeutung von Sanktionen für die Anwendung des Gemeinschaftsrechts im Binnenmarkt

KOM/01/438, Entwurf des Gemeinsamen Beschäftigungsberichts 2001 [SEC (2001) 1398].

Richtlinie 90/377/EWG, des Rates vom 29. Juni 1990 zur Einführung eines gemeinschaftlichen Verfahrens zur Gewährleistung der Transparenz der vom industriellen Endverbraucher zu zahlenden Gas- und Strompreise, Amtsblatt Nr. L 185 vom 17/07/1990 S. 16 - 24

Richtlinie 90/547/EWG des Rates vom 29. Oktober 1990 über den Transit von Elektrizitätslieferungen über große Netze, Amtsblatt Nr. L 313 vom 13/11/1990 S. 30 - 33

Richtlinie 91/296/EWG des Rates vom 31. Mai 1991 über den Transit von Erdgas über große Netze, Amtsblatt Nr. L 147 vom 12/06/1991 S. 37 - 40

Richtlinie 96/92/EG des Europäischen Parlaments und des Rates vom 19. Dezember 1996 betreffend gemeinsame Vorschriften für den Elektrizitätsbinnenmarkt, Amtsblatt Nr. L 027 vom 30/01/1997 S. 20 - 29

Vertrag zur Gründung der Europäischen Gemeinschaft - (Konsolidierte Fassung), Amtsblatt Nr. C 325 vom 24. Dezember 2002

# Anhang

## I. Einfaktorielle ANOVA

Abhängige Variable: Involvement (gesamt)
Faktor: Alterskategorien

**Deskriptive Statistik**

PTI_SUMMENSCORE

| | N | Mittelwert | Standardabweichung | Standardfehler | 95%-Konfidenzintervall für den Mittelwert | | Minimum | Maximum |
|---|---|---|---|---|---|---|---|---|
| | | | | | Untergrenze | Obergrenze | | |
| 18 - 25 Jahre | 114 | 2,3263 | ,6385 | 5,980E-02 | 2,2078 | 2,4448 | 1,13 | 4,38 |
| 26 - 35 Jahre | 98 | 2,2447 | ,6159 | 6,222E-02 | 2,1212 | 2,3682 | 1,00 | 3,63 |
| 36 - 45 Jahre | 40 | 2,5828 | ,6484 | ,1025 | 2,3754 | 2,7901 | 1,00 | 3,88 |
| 46 - 60 Jahre | 65 | 2,6449 | ,7201 | 8,932E-02 | 2,4665 | 2,8234 | 1,25 | 4,25 |
| über 60 Jahre | 20 | 2,5465 | ,8287 | ,1853 | 2,1587 | 2,9343 | 1,38 | 3,88 |
| Gesamt | 337 | 2,4075 | ,6773 | 3,689E-02 | 2,3350 | 2,4801 | 1,00 | 4,38 |

**Test der Homogenität der Varianzen**

PTI_SUMMENSCORE

| Levene-Statistik | df1 | df2 | Signifikanz |
|---|---|---|---|
| 1,950 | 4 | 332 | ,102 |

**ANOVA**

PTI_SUMMENSCORE

| | Quadratsumme | df | Mittel der Quadrate | F | Signifikanz |
|---|---|---|---|---|---|
| Zwischen den Gruppen | 8,628 | 4 | 2,157 | 4,922 | ,001 |
| Innerhalb der Gruppen | 145,505 | 332 | ,438 | | |
| Gesamt | 154,132 | 336 | | | |

# Homogene Untergruppen

**PTI_SUMMENSCORE**

| | Alter | N | Untergruppe für Alpha = .05. | | |
|---|---|---|---|---|---|
| | | | 1 | 2 | 3 |
| Duncan[a,b] | 26 - 35 Jahre | 98 | 2,2447 | | |
| | 18 - 25 Jahre | 114 | 2,3263 | 2,3263 | |
| | über 60 Jahre | 20 | | 2,5465 | 2,5465 |
| | 36 - 45 Jahre | 40 | | 2,5828 | 2,5828 |
| | 46 - 60 Jahre | 65 | | | 2,6449 |
| | Signifikanz | | ,556 | ,080 | ,507 |
| Scheffé-Prozedur[a,b] | 26 - 35 Jahre | 98 | 2,2447 | | |
| | 18 - 25 Jahre | 114 | 2,3263 | | |
| | über 60 Jahre | 20 | 2,5465 | | |
| | 36 - 45 Jahre | 40 | 2,5828 | | |
| | 46 - 60 Jahre | 65 | 2,6449 | | |
| | Signifikanz | | ,082 | | |

Die Mittelwerte für die in homogenen Untergruppen befindlichen Gruppen werden angezeigt.

a. Verwendet ein harmonisches Mittel für Stichprobengröße = 45,720.

b. Die Gruppengrößen sind nicht identisch. Es wird das harmonische Mittel der Gruppengrößen verwendet. Fehlerniveaus des Typs I sind nicht garantiert.

## Post-Hoc-Tests

**Mehrfachvergleiche**

Abhängige Variable: PTI_SUMMENSCORE

| | (I) Alter | (J) Alter | Mittlere Differenz (I-J) | Standardfehler | Signifikanz | 95%-Konfidenzintervall Untergrenze | Obergrenze |
|---|---|---|---|---|---|---|---|
| Scheffé-Prozedur | 18 - 25 Jahre | 18 - 25 Jahre | | | | | |
| | | 26 - 35 Jahre | 8,162E-02 | 9,120E-02 | ,938 | -,2009 | ,3641 |
| | | 36 - 45 Jahre | -,2564 | ,1217 | ,351 | -,6333 | ,1204 |
| | | 46 - 60 Jahre | -,3186 | ,1029 | ,050 | -,6373 | 1,192E-04 |
| | | über 60 Jahre | -,2202 | ,1605 | ,757 | -,7173 | ,2770 |
| | 26 - 35 Jahre | 18 - 25 Jahre | -8,1622E-02 | 9,120E-02 | ,938 | -,3641 | ,2009 |
| | | 26 - 35 Jahre | | | | | |
| | | 36 - 45 Jahre | -,3381 | ,1242 | ,119 | -,7228 | 4,671E-02 |
| | | 46 - 60 Jahre | -,4002* | ,1059 | ,007 | -,7283 | -7,2191E-02 |
| | | über 60 Jahre | -,3018 | ,1624 | ,486 | -,8050 | ,2014 |
| | 36 - 45 Jahre | 18 - 25 Jahre | ,2564 | ,1217 | ,351 | -,1204 | ,6333 |
| | | 26 - 35 Jahre | ,3381 | ,1242 | ,119 | -4,6710E-02 | ,7228 |
| | | 36 - 45 Jahre | | | | | |
| | | 46 - 60 Jahre | -6,2173E-02 | ,1330 | ,994 | -,4743 | ,3499 |
| | | über 60 Jahre | 3,625E-02 | ,1813 | 1,000 | -,5254 | ,5979 |
| | 46 - 60 Jahre | 18 - 25 Jahre | ,3186 | ,1029 | ,050 | -1,1916E-04 | ,6373 |
| | | 26 - 35 Jahre | ,4002* | ,1059 | ,007 | 7,219E-02 | ,7283 |
| | | 36 - 45 Jahre | 6,217E-02 | ,1330 | ,994 | -,3499 | ,4743 |
| | | 46 - 60 Jahre | | | | | |
| | | über 60 Jahre | 9,842E-02 | ,1693 | ,987 | -,4259 | ,6228 |
| | über 60 Jahre | 18 - 25 Jahre | ,2202 | ,1605 | ,757 | -,2770 | ,7173 |
| | | 26 - 35 Jahre | ,3018 | ,1624 | ,486 | -,2014 | ,8050 |
| | | 36 - 45 Jahre | -3,6250E-02 | ,1813 | 1,000 | -,5979 | ,5254 |
| | | 46 - 60 Jahre | -9,8423E-02 | ,1693 | ,987 | -,6228 | ,4259 |
| | | über 60 Jahre | | | | | |

*. Die mittlere Differenz ist auf der Stufe .05 signifikant.

## H-Test nach Kruskal und Wallis

Abhängige Variable: Involvement (gesamt)

Faktor: Alterskategorien

**Ränge**

| | Alter | N | Mittlerer Rang |
|---|---|---|---|
| PTI_SUMMENSCORE | 18 - 25 Jahre | 114 | 156,32 |
| | 26 - 35 Jahre | 98 | 148,02 |
| | 36 - 45 Jahre | 40 | 197,51 |
| | 46 - 60 Jahre | 65 | 200,52 |
| | über 60 Jahre | 20 | 184,65 |
| | Gesamt | 337 | |

**Statistik für Test[a,b]**

| | PTI_SUMMENSCORE |
|---|---|
| Chi-Quadrat | 17,281 |
| df | 4 |
| Asymptotische Signifikanz | ,002 |

a. Kruskal-Wallis-Test

b. Gruppenvariable: Alter

## U-Test nach Mann und Whitney

Testvariable: Involvement (gesamt)
Gruppenvariable: Alterskategorien

**Ränge**

| | Alter | N | Mittlerer Rang | Rangsumme |
|---|---|---|---|---|
| PTI_SUMMENSCORE | 18 - 25 Jahre | 114 | 109,05 | 12431,50 |
| | 26 - 35 Jahre | 98 | 103,54 | 10146,50 |
| | Gesamt | 212 | | |

**Statistik für Test[a]**

| | PTI_SUMMENSCORE |
|---|---|
| Mann-Whitney-U | 5295,500 |
| Wilcoxon-W | 10146,500 |
| Z | -,654 |
| Asymptotische Signifikanz (2-seitig) | ,513 |

a. Gruppenvariable: Alter

**Ränge**

| | Alter | N | Mittlerer Rang | Rangsumme |
|---|---|---|---|---|
| PTI_SUMMENSCORE | 18 - 25 Jahre | 114 | 72,50 | 8265,00 |
| | 36 - 45 Jahre | 40 | 91,75 | 3670,00 |
| | Gesamt | 154 | | |

**Statistik für Test[a]**

| | PTI_SUMMENSCORE |
|---|---|
| Mann-Whitney-U | 1710,000 |
| Wilcoxon-W | 8265,000 |
| Z | -2,353 |
| Asymptotische Signifikanz (2-seitig) | ,019 |

a. Gruppenvariable: Alter

**Ränge**

| | Alter | N | Mittlerer Rang | Rangsumme |
|---|---|---|---|---|
| PTI_SUMMENSCORE | 18 - 25 Jahre | 114 | 81,24 | 9261,00 |
| | 46 - 60 Jahre | 65 | 105,37 | 6849,00 |
| | Gesamt | 179 | | |

**Statistik für Test[a]**

| | PTI_SUMMENSCORE |
|---|---|
| Mann-Whitney-U | 2706,000 |
| Wilcoxon-W | 9261,000 |
| Z | -3,003 |
| Asymptotische Signifikanz (2-seitig) | ,003 |

a. Gruppenvariable: Alter

**Ränge**

| | Alter | N | Mittlerer Rang | Rangsumme |
|---|---|---|---|---|
| PTI_SUMMENSCORE | 18 - 25 Jahre | 114 | 66,03 | 7527,50 |
| | über 60 Jahre | 20 | 75,88 | 1517,50 |
| | Gesamt | 134 | | |

**Statistik für Test[a]**

| | PTI_SUMMENSCORE |
|---|---|
| Mann-Whitney-U | 972,500 |
| Wilcoxon-W | 7527,500 |
| Z | -1,048 |
| Asymptotische Signifikanz (2-seitig) | ,295 |

a. Gruppenvariable: Alter

**Ränge**

| | Alter | N | Mittlerer Rang | Rangsumme |
|---|---|---|---|---|
| PTI_SUMMENSCORE | 26 - 35 Jahre | 98 | 63,53 | 6226,00 |
| | 36 - 45 Jahre | 40 | 84,13 | 3365,00 |
| | Gesamt | 138 | | |

**Statistik für Test[a]**

| | PTI_SUMMENSCORE |
|---|---|
| Mann-Whitney-U | 1375,000 |
| Wilcoxon-W | 6226,000 |
| Z | -2,751 |
| Asymptotische Signifikanz (2-seitig) | ,006 |

a. Gruppenvariable: Alter

**Ränge**

| | Alter | N | Mittlerer Rang | Rangsumme |
|---|---|---|---|---|
| PTI_SUMMENSCORE | 26 - 35 Jahre | 98 | 72,01 | 7056,50 |
| | 46 - 60 Jahre | 65 | 97,07 | 6309,50 |
| | Gesamt | 163 | | |

**Statistik für Test[a]**

| | PTI_SUMMENSCORE |
|---|---|
| Mann-Whitney-U | 2205,500 |
| Wilcoxon-W | 7056,500 |
| Z | -3,326 |
| Asymptotische Signifikanz (2-seitig) | ,001 |

a. Gruppenvariable: Alter

**Ränge**

| | Alter | N | Mittlerer Rang | Rangsumme |
|---|---|---|---|---|
| PTI_SUMMENSCORE | 26 - 35 Jahre | 98 | 57,44 | 5629,50 |
| | über 60 Jahre | 20 | 69,57 | 1391,50 |
| | Gesamt | 118 | | |

**Statistik für Test[a]**

| | PTI_SUMMENSCORE |
|---|---|
| Mann-Whitney-U | 778,500 |
| Wilcoxon-W | 5629,500 |
| Z | -1,448 |
| Asymptotische Signifikanz (2-seitig) | ,148 |

a. Gruppenvariable: Alter

**Ränge**

| | Alter | N | Mittlerer Rang | Rangsumme |
|---|---|---|---|---|
| PTI_SUMMENSCORE | 36 - 45 Jahre | 40 | 52,36 | 2094,50 |
| | 46 - 60 Jahre | 65 | 53,39 | 3470,50 |
| | Gesamt | 105 | | |

**Statistik für Test[a]**

| | PTI_SUMMENSCORE |
|---|---|
| Mann-Whitney-U | 1274,500 |
| Wilcoxon-W | 2094,500 |
| Z | -,169 |
| Asymptotische Signifikanz (2-seitig) | ,866 |

a. Gruppenvariable: Alter

**Ränge**

| | Alter | N | Mittlerer Rang | Rangsumme |
|---|---|---|---|---|
| PTI_SUMMENSCORE | 36 - 45 Jahre | 40 | 30,77 | 1231,00 |
| | über 60 Jahre | 20 | 29,95 | 599,00 |
| | Gesamt | 60 | | |

**Statistik für Test[a]**

| | PTI_SUMMENSCORE |
|---|---|
| Mann-Whitney-U | 389,000 |
| Wilcoxon-W | 599,000 |
| Z | -,173 |
| Asymptotische Signifikanz (2-seitig) | ,863 |

a. Gruppenvariable: Alter

**Ränge**

| | Alter | N | Mittlerer Rang | Rangsumme |
|---|---|---|---|---|
| PTI_SUMMENSCORE | 46 - 60 Jahre | 65 | 43,69 | 2840,00 |
| | über 60 Jahre | 20 | 40,75 | 815,00 |
| | Gesamt | 85 | | |

**Statistik für Test[a]**

| | PTI_SUMMENSCORE |
|---|---|
| Mann-Whitney-U | 605,000 |
| Wilcoxon-W | 815,000 |
| Z | -,467 |
| Asymptotische Signifikanz (2-seitig) | ,640 |

a. Gruppenvariable: Alter

## II. Einfaktorielle ANOVA

Abhängige Variable: Involvement (Gruppe der gering involvierten APN)
Faktor: Alterskategorien

**Deskriptive Statistik**

PTI_SUMMENSCORE

| | N | Mittelwert | Standardabweichung | Standardfehler | 95%-Konfidenzintervall für den Mittelwert Untergrenze | Obergrenze | Minimum | Maximum |
|---|---|---|---|---|---|---|---|---|
| 18 - 25 Jahre | 38 | 1,6513 | ,2136 | 3,464E-02 | 1,5811 | 1,7215 | 1,13 | 1,88 |
| 26 - 35 Jahre | 27 | 1,4885 | ,2654 | 5,107E-02 | 1,3835 | 1,5935 | 1,00 | 1,88 |
| 36 - 45 Jahre | 6 | 1,5217 | ,2790 | ,1139 | 1,2289 | 1,8144 | 1,00 | 1,75 |
| 46 - 60 Jahre | 12 | 1,6592 | ,2521 | 7,279E-02 | 1,4990 | 1,8194 | 1,25 | 1,88 |
| über 60 Jahre | 7 | 1,6286 | ,2165 | 8,184E-02 | 1,4283 | 1,8288 | 1,38 | 1,88 |
| Gesamt | 90 | 1,5931 | ,2464 | 2,597E-02 | 1,5415 | 1,6447 | 1,00 | 1,88 |

**Test der Homogenität der Varianzen**

PTI_SUMMENSCORE

| Levene-Statistik | df1 | df2 | Signifikanz |
|---|---|---|---|
| ,600 | 4 | 85 | ,664 |

**ANOVA**

PTI_SUMMENSCORE

| | Quadratsumme | df | Mittel der Quadrate | F | Signifikanz |
|---|---|---|---|---|---|
| Zwischen den Gruppen | ,516 | 4 | ,129 | 2,243 | ,071 |
| Innerhalb der Gruppen | 4,888 | 85 | 5,751E-02 | | |
| Gesamt | 5,404 | 89 | | | |

# Homogene Untergruppen

**PTI_SUMMENSCORE**

| | Alter | N | Untergruppe für Alpha = .05. 1 |
|---|---|---|---|
| Duncan[a,b] | 26 - 35 Jahre | 27 | 1,4885 |
| | 36 - 45 Jahre | 6 | 1,5217 |
| | über 60 Jahre | 7 | 1,6286 |
| | 18 - 25 Jahre | 38 | 1,6513 |
| | 46 - 60 Jahre | 12 | 1,6592 |
| | Signifikanz | | ,143 |
| Scheffé-Prozedur[a,b] | 26 - 35 Jahre | 27 | 1,4885 |
| | 36 - 45 Jahre | 6 | 1,5217 |
| | über 60 Jahre | 7 | 1,6286 |
| | 18 - 25 Jahre | 38 | 1,6513 |
| | 46 - 60 Jahre | 12 | 1,6592 |
| | Signifikanz | | ,598 |

Die Mittelwerte für die in homogenen Untergruppen befindlichen Gruppen werden angezeigt.

a. Verwendet ein harmonisches Mittel für Stichprobengröße = 10,960.

b. Die Gruppengrößen sind nicht identisch. Es wird das harmonische Mittel der Gruppengrößen verwendet. Fehlerniveaus des Typs I sind nicht garantiert.

## Post-Hoc-Tests

**Mehrfachvergleiche**

Abhängige Variable: PTI_SUMMENSCORE

| | (I) Alter | (J) Alter | Mittlere Differenz (I-J) | Standardfehler | Signifikanz | 95%-Konfidenzintervall Untergrenze | Obergrenze |
|---|---|---|---|---|---|---|---|
| Scheffé-Prozedur | 18 - 25 Jahre | 18 - 25 Jahre | | | | | |
| | | 26 - 35 Jahre | ,1628 | 6,036E-02 | ,133 | -2,7275E-02 | ,3529 |
| | | 36 - 45 Jahre | ,1296 | ,1053 | ,823 | -,2021 | ,4614 |
| | | 46 - 60 Jahre | -7,8509E-03 | 7,941E-02 | 1,000 | -,2579 | ,2422 |
| | | über 60 Jahre | 2,274E-02 | 9,864E-02 | 1,000 | -,2879 | ,3333 |
| | 26 - 35 Jahre | 18 - 25 Jahre | -,1628 | 6,036E-02 | ,133 | -,3529 | 2,728E-02 |
| | | 26 - 35 Jahre | | | | | |
| | | 36 - 45 Jahre | -3,3148E-02 | ,1082 | ,999 | -,3740 | ,3077 |
| | | 46 - 60 Jahre | -,1706 | 8,320E-02 | ,386 | -,4326 | 9,135E-02 |
| | | über 60 Jahre | -,1401 | ,1017 | ,755 | -,4603 | ,1802 |
| | 36 - 45 Jahre | 18 - 25 Jahre | -,1296 | ,1053 | ,823 | -,4614 | ,2021 |
| | | 26 - 35 Jahre | 3,315E-02 | ,1082 | ,999 | -,3077 | ,3740 |
| | | 36 - 45 Jahre | | | | | |
| | | 46 - 60 Jahre | -,1375 | ,1199 | ,858 | -,5151 | ,2401 |
| | | über 60 Jahre | -,1069 | ,1334 | ,958 | -,5270 | ,3132 |
| | 46 - 60 Jahre | 18 - 25 Jahre | 7,851E-03 | 7,941E-02 | 1,000 | -,2422 | ,2579 |
| | | 26 - 35 Jahre | ,1706 | 8,320E-02 | ,386 | -9,1349E-02 | ,4326 |
| | | 36 - 45 Jahre | ,1375 | ,1199 | ,858 | -,2401 | ,5151 |
| | | 46 - 60 Jahre | | | | | |
| | | über 60 Jahre | 3,060E-02 | ,1141 | ,999 | -,3286 | ,3897 |
| | über 60 Jahre | 18 - 25 Jahre | -2,2744E-02 | 9,864E-02 | 1,000 | -,3333 | ,2879 |
| | | 26 - 35 Jahre | ,1401 | ,1017 | ,755 | -,1802 | ,4603 |
| | | 36 - 45 Jahre | ,1069 | ,1334 | ,958 | -,3132 | ,5270 |
| | | 46 - 60 Jahre | -3,0595E-02 | ,1141 | ,999 | -,3897 | ,3286 |
| | | über 60 Jahre | | | | | |

## H-Test nach Kruskal und Wallis

Testvariable: Involvement (Gruppe der gering involvierten APN)
Gruppenvariable: Alterskategorien

**Ränge**

| | Alter | N | Mittlerer Rang |
|---|---|---|---|
| PTI_SUMMENSCORE | 18 - 25 Jahre | 38 | 51,16 |
| | 26 - 35 Jahre | 27 | 35,00 |
| | 36 - 45 Jahre | 6 | 38,42 |
| | 46 - 60 Jahre | 12 | 53,29 |
| | über 60 Jahre | 7 | 48,00 |
| | Gesamt | 90 | |

**Statistik für Test[a,b]**

| | PTI_SUMMENSCORE |
|---|---|
| Chi-Quadrat | 7,954 |
| df | 4 |
| Asymptotische Signifikanz | ,093 |

a. Kruskal-Wallis-Test

b. Gruppenvariable: Alter

## Einfaktorielle ANOVA

Abhängige Variable: Involvement (Gruppe der mittelmäßig involvierten APN)

Faktor: Alterskategorien

**Deskriptive Statistik**

PTI_SUMMENSCORE

| | N | Mittelwert | Standardabweichung | Standardfehler | 95%-Konfidenzintervall für den Mittelwert Untergrenze | Obergrenze | Minimum | Maximum |
|---|---|---|---|---|---|---|---|---|
| 18 - 25 Jahre | 47 | 2,3349 | ,2075 | 3,026E-02 | 2,2740 | 2,3958 | 2,00 | 3,00 |
| 26 - 35 Jahre | 52 | 2,3169 | ,2704 | 3,750E-02 | 2,2416 | 2,3922 | 2,00 | 2,75 |
| 36 - 45 Jahre | 22 | 2,4723 | ,2513 | 5,359E-02 | 2,3608 | 2,5837 | 2,00 | 2,86 |
| 46 - 60 Jahre | 26 | 2,3846 | ,1939 | 3,802E-02 | 2,3063 | 2,4629 | 2,00 | 2,75 |
| über 60 Jahre | 4 | 2,3475 | ,2142 | ,1071 | 2,0066 | 2,6884 | 2,13 | 2,63 |
| Gesamt | 151 | 2,3576 | ,2385 | 1,941E-02 | 2,3193 | 2,3960 | 2,00 | 3,00 |

**Test der Homogenität der Varianzen**

PTI_SUMMENSCORE

| Levene-Statistik | df1 | df2 | Signifikanz |
|---|---|---|---|
| 3,253 | 4 | 146 | ,014 |

**ANOVA**

PTI_SUMMENSCORE

| | Quadratsumme | df | Mittel der Quadrate | F | Signifikanz |
|---|---|---|---|---|---|
| Zwischen den Gruppen | ,419 | 4 | ,105 | 1,885 | ,116 |
| Innerhalb der Gruppen | 8,113 | 146 | 5,557E-02 | | |
| Gesamt | 8,532 | 150 | | | |

## Homogene Untergruppen

**PTI_SUMMENSCORE**

| | Alter | N | Untergruppe für Alpha = .05. 1 |
|---|---|---|---|
| Duncan[a,b] | 26 - 35 Jahre | 52 | 2,3169 |
| | 18 - 25 Jahre | 47 | 2,3349 |
| | über 60 Jahre | 4 | 2,3475 |
| | 46 - 60 Jahre | 26 | 2,3846 |
| | 36 - 45 Jahre | 22 | 2,4723 |
| | Signifikanz | | ,132 |
| Scheffé-Prozedur[a,b] | 26 - 35 Jahre | 52 | 2,3169 |
| | 18 - 25 Jahre | 47 | 2,3349 |
| | über 60 Jahre | 4 | 2,3475 |
| | 46 - 60 Jahre | 26 | 2,3846 |
| | 36 - 45 Jahre | 22 | 2,4723 |
| | Signifikanz | | ,576 |

Die Mittelwerte für die in homogenen Untergruppen befindlichen Gruppen werden angezeigt.

a. Verwendet ein harmonisches Mittel für Stichprobengröße = 13,354.

b. Die Gruppengrößen sind nicht identisch. Es wird das harmonische Mittel der Gruppengrößen verwendet. Fehlerniveaus des Typs I sind nicht garantiert.

## Post-Hoc-Tests

**Mehrfachvergleiche**

Abhängige Variable: PTI_SUMMENSCORE

| | (I) Alter | (J) Alter | Mittlere Differenz (I-J) | Standardfehler | Signifikanz | 95%-Konfidenzintervall Untergrenze | Obergrenze |
|---|---|---|---|---|---|---|---|
| Scheffé-Prozedur | 18 - 25 Jahre | 18 - 25 Jahre | | | | | |
| | | 26 - 35 Jahre | 1,797E-02 | 4,745E-02 | ,998 | -,1301 | ,1660 |
| | | 36 - 45 Jahre | -,1374 | 6,090E-02 | ,284 | -,3274 | 5,262E-02 |
| | | 46 - 60 Jahre | -4,9722E-02 | 5,762E-02 | ,945 | -,2295 | ,1300 |
| | | über 60 Jahre | -1,2606E-02 | ,1228 | 1,000 | -,3957 | ,3705 |
| | 26 - 35 Jahre | 18 - 25 Jahre | -1,7971E-02 | 4,745E-02 | ,998 | -,1660 | ,1301 |
| | | 26 - 35 Jahre | | | | | |
| | | 36 - 45 Jahre | -,1553 | 5,996E-02 | ,158 | -,3424 | 3,171E-02 |
| | | 46 - 60 Jahre | -6,7692E-02 | 5,662E-02 | ,839 | -,2444 | ,1090 |
| | | über 60 Jahre | -3,0577E-02 | ,1223 | 1,000 | -,4122 | ,3511 |
| | 36 - 45 Jahre | 18 - 25 Jahre | ,1374 | 6,090E-02 | ,284 | -5,2618E-02 | ,3274 |
| | | 26 - 35 Jahre | ,1553 | 5,996E-02 | ,158 | -3,1712E-02 | ,3424 |
| | | 36 - 45 Jahre | | | | | |
| | | 46 - 60 Jahre | 8,766E-02 | 6,829E-02 | ,800 | -,1254 | ,3007 |
| | | über 60 Jahre | ,1248 | ,1281 | ,917 | -,2750 | ,5246 |
| | 46 - 60 Jahre | 18 - 25 Jahre | 4,972E-02 | 5,762E-02 | ,945 | -,1300 | ,2295 |
| | | 26 - 35 Jahre | 6,769E-02 | 5,662E-02 | ,839 | -,1090 | ,2444 |
| | | 36 - 45 Jahre | -8,7657E-02 | 6,829E-02 | ,800 | -,3007 | ,1254 |
| | | 46 - 60 Jahre | | | | | |
| | | über 60 Jahre | 3,712E-02 | ,1266 | ,999 | -,3579 | ,4321 |
| | über 60 Jahre | 18 - 25 Jahre | 1,261E-02 | ,1228 | 1,000 | -,3705 | ,3957 |
| | | 26 - 35 Jahre | 3,058E-02 | ,1223 | 1,000 | -,3511 | ,4122 |
| | | 36 - 45 Jahre | -,1248 | ,1281 | ,917 | -,5246 | ,2750 |
| | | 46 - 60 Jahre | -3,7115E-02 | ,1266 | ,999 | -,4321 | ,3579 |
| | | über 60 Jahre | | | | | |

## H-Test nach Kruskal und Wallis

Testvariable: Involvement (Gruppe der mittelmäßig involvierten APN)
Gruppenvariable: Alterskategorien

**Ränge**

| | Alter | N | Mittlerer Rang |
|---|---|---|---|
| PTI_SUMMENSCORE | 18 - 25 Jahre | 47 | 71,49 |
| | 26 - 35 Jahre | 52 | 68,19 |
| | 36 - 45 Jahre | 22 | 96,32 |
| | 46 - 60 Jahre | 26 | 82,88 |
| | über 60 Jahre | 4 | 74,00 |
| | Gesamt | 151 | |

**Statistik für Test[a,b]**

| | PTI_SUMMENSCORE |
|---|---|
| Chi-Quadrat | 7,738 |
| df | 4 |
| Asymptotische Signifikanz | ,102 |

a. Kruskal-Wallis-Test

b. Gruppenvariable: Alter

## Einfaktorielle ANOVA

Abhängige Variable: Involvement (Gruppe der hoch involvierten APN)
Faktor: Alterskategorien

**Deskriptive Statistik**

PTI_SUMMENSCORE

| | N | Mittelwert | Standardabweichung | Standardfehler | 95%-Konfidenzintervall für den Mittelwert Untergrenze | Obergrenze | Minimum | Maximum |
|---|---|---|---|---|---|---|---|---|
| 18 - 25 Jahre | 29 | 3,1969 | ,3332 | 6,187E-02 | 3,0702 | 3,3236 | 2,88 | 4,38 |
| 26 - 35 Jahre | 19 | 3,1216 | ,2260 | 5,185E-02 | 3,0126 | 3,2305 | 2,88 | 3,63 |
| 36 - 45 Jahre | 12 | 3,3158 | ,3311 | 9,557E-02 | 3,1055 | 3,5262 | 2,88 | 3,88 |
| 46 - 60 Jahre | 27 | 3,3337 | ,4524 | 8,706E-02 | 3,1548 | 3,5127 | 2,38 | 4,25 |
| über 60 Jahre | 9 | 3,3489 | ,3118 | ,1039 | 3,1092 | 3,5885 | 3,00 | 3,88 |
| Gesamt | 96 | 3,2496 | ,3562 | 3,636E-02 | 3,1774 | 3,3218 | 2,38 | 4,38 |

**Test der Homogenität der Varianzen**

PTI_SUMMENSCORE

| Levene-Statistik | df1 | df2 | Signifikanz |
|---|---|---|---|
| 2,853 | 4 | 91 | ,028 |

**ANOVA**

PTI_SUMMENSCORE

| | Quadratsumme | df | Mittel der Quadrate | F | Signifikanz |
|---|---|---|---|---|---|
| Zwischen den Gruppen | ,724 | 4 | ,181 | 1,454 | ,223 |
| Innerhalb der Gruppen | 11,331 | 91 | ,125 | | |
| Gesamt | 12,056 | 95 | | | |

## Homogene Untergruppen

**PTI_SUMMENSCORE**

| | Alter | N | Untergruppe für Alpha = .05. 1 |
|---|---|---|---|
| Duncan[a,b] | 26 - 35 Jahre | 19 | 3,1216 |
| | 18 - 25 Jahre | 29 | 3,1969 |
| | 36 - 45 Jahre | 12 | 3,3158 |
| | 46 - 60 Jahre | 27 | 3,3337 |
| | über 60 Jahre | 9 | 3,3489 |
| | Signifikanz | | ,112 |
| Scheffé-Prozedur[a,b] | 26 - 35 Jahre | 19 | 3,1216 |
| | 18 - 25 Jahre | 29 | 3,1969 |
| | 36 - 45 Jahre | 12 | 3,3158 |
| | 46 - 60 Jahre | 27 | 3,3337 |
| | über 60 Jahre | 9 | 3,3489 |
| | Signifikanz | | ,519 |

Die Mittelwerte für die in homogenen Untergruppen befindlichen Gruppen werden angezeigt.

a. Verwendet ein harmonisches Mittel für Stichprobengröße = 15,694.

b. Die Gruppengrößen sind nicht identisch. Es wird das harmonische Mittel der Gruppengrößen verwendet. Fehlerniveaus des Typs I sind nicht garantiert.

## Post-Hoc-Tests

**Mehrfachvergleiche**

Abhängige Variable: PTI_SUMMENSCORE

| | (I) Alter | (J) Alter | Mittlere Differenz (I-J) | Standardfehler | Signifikanz | 95%-Konfidenzintervall Untergrenze | Obergrenze |
|---|---|---|---|---|---|---|---|
| Scheffé-Prozedur | 18 - 25 Jahre | 18 - 25 Jahre | | | | | |
| | | 26 - 35 Jahre | 7,532E-02 | ,1042 | ,971 | -,2522 | ,4028 |
| | | 36 - 45 Jahre | -,1189 | ,1211 | ,914 | -,4998 | ,2619 |
| | | 46 - 60 Jahre | -,1368 | 9,437E-02 | ,717 | -,4335 | ,1599 |
| | | über 60 Jahre | -,1520 | ,1346 | ,865 | -,5754 | ,2714 |
| | 26 - 35 Jahre | 18 - 25 Jahre | -7,5318E-02 | ,1042 | ,971 | -,4028 | ,2522 |
| | | 26 - 35 Jahre | | | | | |
| | | 36 - 45 Jahre | -,1943 | ,1301 | ,694 | -,6034 | ,2149 |
| | | 46 - 60 Jahre | -,2121 | ,1057 | ,408 | -,5444 | ,1201 |
| | | über 60 Jahre | -,2273 | ,1428 | ,640 | -,6763 | ,2217 |
| | 36 - 45 Jahre | 18 - 25 Jahre | ,1189 | ,1211 | ,914 | -,2619 | ,4998 |
| | | 26 - 35 Jahre | ,1943 | ,1301 | ,694 | -,2149 | ,6034 |
| | | 36 - 45 Jahre | | | | | |
| | | 46 - 60 Jahre | -1,7870E-02 | ,1224 | 1,000 | -,4028 | ,3671 |
| | | über 60 Jahre | -3,3056E-02 | ,1556 | 1,000 | -,5223 | ,4562 |
| | 46 - 60 Jahre | 18 - 25 Jahre | ,1368 | 9,437E-02 | ,717 | -,1599 | ,4335 |
| | | 26 - 35 Jahre | ,2121 | ,1057 | ,408 | -,1201 | ,5444 |
| | | 36 - 45 Jahre | 1,787E-02 | ,1224 | 1,000 | -,3671 | ,4028 |
| | | 46 - 60 Jahre | | | | | |
| | | über 60 Jahre | -1,5185E-02 | ,1358 | 1,000 | -,4423 | ,4119 |
| | über 60 Jahre | 18 - 25 Jahre | ,1520 | ,1346 | ,865 | -,2714 | ,5754 |
| | | 26 - 35 Jahre | ,2273 | ,1428 | ,640 | -,2217 | ,6763 |
| | | 36 - 45 Jahre | 3,306E-02 | ,1556 | 1,000 | -,4562 | ,5223 |
| | | 46 - 60 Jahre | 1,519E-02 | ,1358 | 1,000 | -,4119 | ,4423 |
| | | über 60 Jahre | | | | | |

## H-Test nach Kruskal und Wallis

Testvariable: Involvement (Gruppe der hoch involvierten APN)
Gruppenvariable: Alterskategorien

**Ränge**

| | Alter | N | Mittlerer Rang |
|---|---|---|---|
| PTI_SUMMENSCORE | 18 - 25 Jahre | 29 | 43,50 |
| | 26 - 35 Jahre | 19 | 39,03 |
| | 36 - 45 Jahre | 12 | 55,54 |
| | 46 - 60 Jahre | 27 | 53,89 |
| | über 60 Jahre | 9 | 59,06 |
| | Gesamt | 96 | |

**Statistik für Test[a,b]**

| | PTI_SUMMENSCORE |
|---|---|
| Chi-Quadrat | 6,326 |
| df | 4 |
| Asymptotische Signifikanz | ,176 |

a. Kruskal-Wallis-Test

b. Gruppenvariable: Alter

## III. H-Test nach Kruskal und Wallis

Testvariable: Involvement (gesamt)
Gruppenvariable: Höchste abgeschlossene Schulbildung

**Ränge**

| | Höchste abgeschlossene Schulbildung | N | Mittlerer Rang |
|---|---|---|---|
| PTI_SUMMENSCORE | Volksschule | 7 | 197,57 |
| | Hauptschule | 11 | 220,14 |
| | Berufsschule | 57 | 202,17 |
| | Fachschule | 24 | 151,65 |
| | AHS | 91 | 157,88 |
| | BHS | 66 | 167,95 |
| | FH | 10 | 171,45 |
| | UNI | 49 | 145,63 |
| | In Ausbildung | 10 | 195,90 |
| | Sonstiges | 13 | 158,58 |
| | Gesamt | 338 | |

**Statistik für Test[a,b]**

| | PTI_SUMMENSCORE |
|---|---|
| Chi-Quadrat | 15,876 |
| df | 9 |
| Asymptotische Signifikanz | ,070 |

a. Kruskal-Wallis-Test

b. Gruppenvariable: Höchste abgeschlossene Schulbildung

## H-Test nach Kruskal und Wallis

Testvariable: Involvement (Gruppe der gering involvierten APN)
Gruppenvariable: Höchste abgeschlossene Schulbildung

**Ränge**

| | Höchste abgeschlossene Schulbildung | N | Mittlerer Rang |
|---|---|---|---|
| PTI_SUMMENSCORE | Volksschule | 1 | 19,50 |
| | Hauptschule | 1 | 62,50 |
| | Berufsschule | 10 | 51,85 |
| | Fachschule | 7 | 40,36 |
| | AHS | 27 | 42,89 |
| | BHS | 18 | 54,86 |
| | FH | 2 | 72,00 |
| | UNI | 19 | 38,92 |
| | In Ausbildung | 2 | 63,00 |
| | Sonstiges | 4 | 37,00 |
| | Gesamt | 91 | |

**Statistik für Test[a,b]**

| | PTI_SUMMENSCORE |
|---|---|
| Chi-Quadrat | 9,489 |
| df | 9 |
| Asymptotische Signifikanz | ,393 |

a. Kruskal-Wallis-Test

b. Gruppenvariable: Höchste abgeschlossene Schulbildung

## H-Test nach Kruskal und Wallis

Testvariable: Involvement (Gruppe der mittelmäßig involvierten APN)
Gruppenvariable: Höchste abgeschlossene Schulbildung

**Ränge**

| | Höchste abgeschlossene Schulbildung | N | Mittlerer Rang |
|---|---|---|---|
| PTI_SUMMENSCORE | Volksschule | 3 | 73,83 |
| | Hauptschule | 6 | 94,08 |
| | Berufsschule | 27 | 99,54 |
| | Fachschule | 12 | 65,46 |
| | AHS | 40 | 63,83 |
| | BHS | 28 | 69,14 |
| | FH | 7 | 90,21 |
| | UNI | 19 | 75,03 |
| | In Ausbildung | 3 | 66,67 |
| | Sonstiges | 6 | 78,50 |
| | Gesamt | 151 | |

**Statistik für Test[a,b]**

| | PTI_SUMMENSCORE |
|---|---|
| Chi-Quadrat | 14,583 |
| df | 9 |
| Asymptotische Signifikanz | ,103 |

a. Kruskal-Wallis-Test

b. Gruppenvariable: Höchste abgeschlossene Schulbildung

## H-Test nach Kruskal und Wallis

Testvariable: Involvement (Gruppe der hoch involvierten APN)
Gruppenvariable: Höchste abgeschlossene Schulbildung

**Ränge**

| | Höchste abgeschlossene Schulbildung | N | Mittlerer Rang |
|---|---|---|---|
| PTI_SUMMENSCORE | Volksschule | 3 | 47,50 |
| | Hauptschule | 4 | 69,13 |
| | Berufsschule | 20 | 48,97 |
| | Fachschule | 5 | 53,30 |
| | AHS | 24 | 50,04 |
| | BHS | 20 | 42,00 |
| | FH | 1 | 55,50 |
| | UNI | 11 | 52,18 |
| | In Ausbildung | 5 | 30,30 |
| | Sonstiges | 3 | 56,33 |
| | Gesamt | 96 | |

**Statistik für Test[a,b]**

| | PTI_SUMMENSCORE |
|---|---|
| Chi-Quadrat | 6,264 |
| df | 9 |
| Asymptotische Signifikanz | ,713 |

a. Kruskal-Wallis-Test

b. Gruppenvariable: Höchste abgeschlossene Schulbildung

## IV. H-Test nach Kruskal und Wallis

Testvariable: Involvement (gesamt)
Gruppenvariable: Haushaltsnettoeinkommen in €/Monat

**Ränge**

| | Nettohaushaltseinkommen | N | Mittlerer Rang |
|---|---|---|---|
| PTI_SUMMENSCORE | < 1.000 Euro | 78 | 158,36 |
| | 1.000 - 1.500 Euro | 70 | 189,26 |
| | 1.501 - 2.000 Euro | 61 | 184,30 |
| | 2.001 - 2.500 Euro | 21 | 187,93 |
| | 2.501 - 3.000 Euro | 9 | 131,22 |
| | 3.001 - 3.500 Euro | 12 | 176,04 |
| | > 3.500 Euro | 18 | 140,17 |
| | k.A. | 69 | 154,86 |
| | Gesamt | 338 | |

**Statistik für Test[a,b]**

| | PTI_SUMMENSCORE |
|---|---|
| Chi-Quadrat | 10,665 |
| df | 7 |
| Asymptotische Signifikanz | ,154 |

a. Kruskal-Wallis-Test

b. Gruppenvariable: Nettohaushaltseinkommen

## H-Test nach Kruskal und Wallis

Testvariable: Involvement (Gruppe der gering involvierten APN)
Gruppenvariable: Haushaltsnettoeinkommen in €/Monat

**Ränge**

| | Nettohaushaltseinkommen | N | Mittlerer Rang |
|---|---|---|---|
| PTI_SUMMENSCORE | < 1.000 Euro | 27 | 55,74 |
| | 1.000 - 1.500 Euro | 16 | 38,28 |
| | 1.501 - 2.000 Euro | 12 | 45,46 |
| | 2.001 - 2.500 Euro | 3 | 33,83 |
| | 2.501 - 3.000 Euro | 5 | 44,30 |
| | 3.001 - 3.500 Euro | 2 | 53,50 |
| | > 3.500 Euro | 6 | 40,25 |
| | k.A. | 20 | 42,58 |
| | Gesamt | 91 | |

**Statistik für Test[a,b]**

| | PTI_SUMMENSCORE |
|---|---|
| Chi-Quadrat | 6,684 |
| df | 7 |
| Asymptotische Signifikanz | ,463 |

a. Kruskal-Wallis-Test

b. Gruppenvariable: Nettohaushaltseinkommen

## H-Test nach Kruskal und Wallis

Testvariable: Involvement (Gruppe der mittelmäßig involvierten APN)
Gruppenvariable: Haushaltsnettoeinkommen in €/Monat

**Ränge**

| | Nettohaushaltseinkommen | N | Mittlerer Rang |
|---|---|---|---|
| PTI_SUMMENSCORE | < 1.000 Euro | 32 | 75,02 |
| | 1.000 - 1.500 Euro | 28 | 83,63 |
| | 1.501 - 2.000 Euro | 28 | 73,84 |
| | 2.001 - 2.500 Euro | 11 | 68,59 |
| | 2.501 - 3.000 Euro | 3 | 117,00 |
| | 3.001 - 3.500 Euro | 7 | 72,79 |
| | > 3.500 Euro | 10 | 79,05 |
| | k.A. | 32 | 70,66 |
| | Gesamt | 151 | |

**Statistik für Test[a,b]**

| | PTI_SUMMENSCORE |
|---|---|
| Chi-Quadrat | 4,558 |
| df | 7 |
| Asymptotische Signifikanz | ,714 |

a. Kruskal-Wallis-Test

b. Gruppenvariable: Nettohaushaltseinkommen

## H-Test nach Kruskal und Wallis

Testvariable: Involvement (Gruppe der hoch involvierten APN)
Gruppenvariable: Haushaltsnettoeinkommen in €/Monat

**Ränge**

| | Nettohaushaltseinkommen | N | Mittlerer Rang |
|---|---|---|---|
| PTI_SUMMENSCORE | < 1.000 Euro | 19 | 47,39 |
| | 1.000 - 1.500 Euro | 26 | 55,58 |
| | 1.501 - 2.000 Euro | 21 | 47,26 |
| | 2.001 - 2.500 Euro | 7 | 56,00 |
| | 2.501 - 3.000 Euro | 1 | 91,00 |
| | 3.001 - 3.500 Euro | 3 | 43,67 |
| | > 3.500 Euro | 2 | 46,50 |
| | k.A. | 17 | 35,94 |
| | Gesamt | 96 | |

**Statistik für Test[a,b]**

| | PTI_SUMMENSCORE |
|---|---|
| Chi-Quadrat | 8,304 |
| df | 7 |
| Asymptotische Signifikanz | ,307 |

a. Kruskal-Wallis-Test

b. Gruppenvariable: Nettohaushaltseinkommen

## V. H-Test nach Kruskal und Wallis

Testvariable: Involvement (gesamt)
Gruppenvariable: Haushaltsgröße

**Ränge**

| | Haushaltsgröße | N | Mittlerer Rang |
|---|---|---|---|
| PTI_SUMMENSCORE | eine Person | 107 | 157,39 |
| | zwei Personen | 111 | 178,09 |
| | drei Personen | 74 | 179,85 |
| | vier Personen | 32 | 150,23 |
| | fünf Personen | 10 | 189,15 |
| | sechs Personen | 1 | 44,50 |
| | sieben Personen | 1 | 234,00 |
| | mehr als sieben Personen | 2 | 198,25 |
| | Gesamt | 338 | |

**Statistik für Test[a,b]**

| | PTI_SUMMENSCORE |
|---|---|
| Chi-Quadrat | 7,248 |
| df | 7 |
| Asymptotische Signifikanz | ,404 |

a. Kruskal-Wallis-Test

b. Gruppenvariable: Wie viele Personen leben regelmäßig in Ihrem Haushalt, Sie selbst miteingeschlossen?

## H-Test nach Kruskal und Wallis

Testvariable: Involvement (Gruppe der niedrig involvierten APN)
Gruppenvariable: Haushaltsgröße

**Ränge**

| | Personen im Haushalt | N | Mittlerer Rang |
|---|---|---|---|
| PTI_SUMMENSCORE | eine Person | 35 | 49,03 |
| | zwei Personen | 26 | 34,65 |
| | drei Personen | 18 | 50,06 |
| | vier Personen | 10 | 54,20 |
| | fünf Personen | 1 | 81,50 |
| | sechs Personen | 1 | 44,50 |
| | Gesamt | 91 | |

**Statistik für Test[a,b]**

| | PTI_SUMMENSCORE |
|---|---|
| Chi-Quadrat | 8,718 |
| df | 5 |
| Asymptotische Signifikanz | ,121 |

a. Kruskal-Wallis-Test

b. Gruppenvariable: Wie viele Personen leben regelmäßig in Ihrem Haushalt, Sie selbst miteingeschlossen?

## H-Test nach Kruskal und Wallis

Testvariable: Involvement (Gruppe der mittelmäßig involvierten APN)
Gruppenvariable: Haushaltsgröße

**Ränge**

| | Personen im Haushalt | N | Mittlerer Rang |
|---|---|---|---|
| PTI_SUMMENSCORE | eine Person | 43 | 64,84 |
| | zwei Personen | 49 | 79,61 |
| | drei Personen | 33 | 84,41 |
| | vier Personen | 18 | 80,31 |
| | fünf Personen | 6 | 59,92 |
| | sieben Personen | 1 | 142,00 |
| | mehr als sieben Personen | 1 | 54,50 |
| | Gesamt | 151 | |

**Statistik für Test[a,b]**

| | PTI_SUMMENSCORE |
|---|---|
| Chi-Quadrat | 8,048 |
| df | 6 |
| Asymptotische Signifikanz | ,235 |

a. Kruskal-Wallis-Test

b. Gruppenvariable: Wie viele Personen leben regelmäßig in Ihrem Haushalt, Sie selbst miteingeschlossen?

## H-Test nach Kruskal und Wallis

Testvariable: Involvement (Gruppe der hoch involvierten APN)
Gruppenvariable: Haushaltsgröße

**Ränge**

| | Personen im Haushalt | N | Mittlerer Rang |
|---|---|---|---|
| PTI_SUMMENSCORE | eine Person | 29 | 50,60 |
| | zwei Personen | 36 | 48,72 |
| | drei Personen | 23 | 45,30 |
| | vier Personen | 4 | 51,38 |
| | fünf Personen | 3 | 59,00 |
| | mehr als sieben Personen | 1 | 10,00 |
| | Gesamt | 96 | |

**Statistik für Test[a,b]**

| | PTI_SUMMENSCORE |
|---|---|
| Chi-Quadrat | 2,907 |
| df | 5 |
| Asymptotische Signifikanz | ,714 |

a. Kruskal-Wallis-Test

b. Gruppenvariable: Wie viele Personen leben regelmäßig in Ihrem Haushalt, Sie selbst miteingeschlossen?

# VI. Einfaktorielle ANOVA

Abhängige Variable: Involvement (gesamt)

Faktor: Bundesländer

**Deskriptive Statistik**

PTI_SUMMENSCORE

| | N | Mittelwert | Standardabweichung | Standardfehler | 95%-Konfidenzintervall für den Mittelwert Untergrenze | Obergrenze | Minimum | Maximum |
|---|---|---|---|---|---|---|---|---|
| WIEN | 129 | 2,2392 | ,7166 | 6,309E-02 | 2,1144 | 2,3641 | 1,00 | 4,38 |
| NÖ | 51 | 2,4120 | ,6940 | 9,718E-02 | 2,2168 | 2,6072 | 1,38 | 3,88 |
| BGLD | 36 | 2,5097 | ,5070 | 8,450E-02 | 2,3382 | 2,6813 | 1,25 | 3,50 |
| STMK | 39 | 2,4510 | ,5915 | 9,471E-02 | 2,2593 | 2,6428 | 1,38 | 4,25 |
| OÖ | 42 | 2,6888 | ,5068 | 7,819E-02 | 2,5309 | 2,8467 | 1,75 | 3,63 |
| SBG | 41 | 2,4934 | ,7806 | ,1219 | 2,2470 | 2,7398 | 1,38 | 4,13 |
| Gesamt | 338 | 2,4052 | ,6776 | 3,686E-02 | 2,3327 | 2,4777 | 1,00 | 4,38 |

**Test der Homogenität der Varianzen**

PTI_SUMMENSCORE

| Levene-Statistik | df1 | df2 | Signifikanz |
|---|---|---|---|
| 3,147 | 5 | 332 | ,009 |

**ANOVA**

PTI_SUMMENSCORE

| | Quadratsumme | df | Mittel der Quadrate | F | Signifikanz |
|---|---|---|---|---|---|
| Zwischen den Gruppen | 7,728 | 5 | 1,546 | 3,491 | ,004 |
| Innerhalb der Gruppen | 147,007 | 332 | ,443 | | |
| Gesamt | 154,735 | 337 | | | |

# Homogene Untergruppen

**PTI_SUMMENSCORE**

| | Region/Land/Stadt | N | Untergruppe für Alpha = .05. 1 | 2 |
|---|---|---|---|---|
| Duncan[a,b] | WIEN | 129 | 2,2392 | |
| | NÖ | 51 | 2,4120 | 2,4120 |
| | STMK | 39 | 2,4510 | 2,4510 |
| | SBG | 41 | 2,4934 | 2,4934 |
| | BGLD | 36 | 2,5097 | 2,5097 |
| | OÖ | 42 | | 2,6888 |
| | Signifikanz | | ,081 | ,073 |
| Scheffé-Prozedur[a] | WIEN | 129 | 2,2392 | |
| | NÖ | 51 | 2,4120 | |
| | STMK | 39 | 2,4510 | |
| | SBG | 41 | 2,4934 | |
| | BGLD | 36 | 2,5097 | |
| | OÖ | 42 | 2,6888 | |
| | Signifikanz | | ,062 | |

Die Mittelwerte für die in homogenen Untergruppen befindlichen Gruppen werden angezeigt.

a. Verwendet ein harmonisches Mittel für Stichprobengröße = 46,519.

b. Die Gruppengrößen sind nicht identisch. Es wird das harmonische Mittel der Gruppengrößen verwendet. Fehlerniveaus des Typs I sind nicht garantiert.

# Post-Hoc-Tests

**Mehrfachvergleiche**

Abhängige Variable: PTI_SUMMENSCORE

| | (I) Region/Land/Stadt | (J) Region/Land/Stadt | Mittlere Differenz (I-J) | Standardfehler | Signifikanz | 95%-Konfidenzintervall Untergrenze | 95%-Konfidenzintervall Obergrenze |
|---|---|---|---|---|---|---|---|
| Scheffé-Prozedur | WIEN | WIEN | | | | | |
| | | NÖ | -,1727 | ,1101 | ,782 | -,5412 | ,1957 |
| | | BGLD | -,2705 | ,1254 | ,461 | -,6904 | ,1494 |
| | | STMK | -,2118 | ,1216 | ,695 | -,6189 | ,1953 |
| | | OÖ | -,4496* | ,1182 | ,014 | -,8453 | -5,3853E-02 |
| | | SBG | -,2542 | ,1193 | ,476 | -,6535 | ,1452 |
| | NÖ | WIEN | ,1727 | ,1101 | ,782 | -,1957 | ,5412 |
| | | NÖ | | | | | |
| | | BGLD | -9,7761E-02 | ,1449 | ,994 | -,5827 | ,3871 |
| | | STMK | -3,9065E-02 | ,1415 | 1,000 | -,5129 | ,4348 |
| | | OÖ | -,2768 | ,1387 | ,552 | -,7410 | ,1873 |
| | | SBG | -8,1454E-02 | ,1396 | ,997 | -,5487 | ,3858 |
| | BGLD | WIEN | ,2705 | ,1254 | ,461 | -,1494 | ,6904 |
| | | NÖ | 9,776E-02 | ,1449 | ,994 | -,3871 | ,5827 |
| | | BGLD | | | | | |
| | | STMK | 5,870E-02 | ,1538 | 1,000 | -,4561 | ,5735 |
| | | OÖ | -,1791 | ,1511 | ,923 | -,6850 | ,3268 |
| | | SBG | 1,631E-02 | ,1520 | 1,000 | -,4925 | ,5251 |
| | STMK | WIEN | ,2118 | ,1216 | ,695 | -,1953 | ,6189 |
| | | NÖ | 3,906E-02 | ,1415 | 1,000 | -,4348 | ,5129 |
| | | BGLD | -5,8697E-02 | ,1538 | 1,000 | -,5735 | ,4561 |
| | | STMK | | | | | |
| | | OÖ | -,2378 | ,1480 | ,764 | -,7331 | ,2576 |
| | | SBG | -4,2389E-02 | ,1488 | 1,000 | -,5406 | ,4559 |
| | OÖ | WIEN | ,4496* | ,1182 | ,014 | 5,385E-02 | ,8453 |
| | | NÖ | ,2768 | ,1387 | ,552 | -,1873 | ,7410 |
| | | BGLD | ,1791 | ,1511 | ,923 | -,3268 | ,6850 |
| | | STMK | ,2378 | ,1480 | ,764 | -,2576 | ,7331 |
| | | OÖ | | | | | |
| | | SBG | ,1954 | ,1461 | ,877 | -,2936 | ,6844 |
| | SBG | WIEN | ,2542 | ,1193 | ,476 | -,1452 | ,6535 |
| | | NÖ | 8,145E-02 | ,1396 | ,997 | -,3858 | ,5487 |
| | | BGLD | -1,6308E-02 | ,1520 | 1,000 | -,5251 | ,4925 |
| | | STMK | 4,239E-02 | ,1488 | 1,000 | -,4559 | ,5406 |
| | | OÖ | -,1954 | ,1461 | ,877 | -,6844 | ,2936 |
| | | SBG | | | | | |

*. Die mittlere Differenz ist auf der Stufe .05 signifikant.

# Einfaktorielle ANOVA

Abhängige Variable: Involvement (Gruppe der gering involvierten APN)
Faktor: Bundesländer

**Deskriptive Statistik**

PTI_SUMMENSCORE

| | N | Mittelwert | Standardabweichung | Standardfehler | 95%-Konfidenzintervall für den Mittelwert Untergrenze | Obergrenze | Minimum | Maximum |
|---|---|---|---|---|---|---|---|---|
| WIEN | 48 | 1,5262 | ,2819 | 4,069E-02 | 1,4444 | 1,6081 | 1,00 | 1,88 |
| NÖ | 18 | 1,6767 | ,1488 | 3,508E-02 | 1,6027 | 1,7507 | 1,38 | 1,88 |
| BGLD | 4 | 1,5975 | ,3305 | ,1652 | 1,0716 | 2,1234 | 1,25 | 1,88 |
| STMK | 8 | 1,6438 | ,1829 | 6,467E-02 | 1,4908 | 1,7967 | 1,38 | 1,88 |
| OÖ | 3 | 1,7500 | ,0000 | ,0000 | 1,7500 | 1,7500 | 1,75 | 1,75 |
| SBG | 10 | 1,6780 | ,1580 | 4,995E-02 | 1,5650 | 1,7910 | 1,38 | 1,88 |
| Gesamt | 91 | 1,5935 | ,2451 | 2,569E-02 | 1,5425 | 1,6446 | 1,00 | 1,88 |

**Test der Homogenität der Varianzen**

PTI_SUMMENSCORE

| Levene-Statistik | df1 | df2 | Signifikanz |
|---|---|---|---|
| 5,539 | 5 | 85 | ,000 |

**ANOVA**

PTI_SUMMENSCORE

| | Quadratsumme | df | Mittel der Quadrate | F | Signifikanz |
|---|---|---|---|---|---|
| Zwischen den Gruppen | ,507 | 5 | ,101 | 1,758 | ,130 |
| Innerhalb der Gruppen | 4,899 | 85 | 5,763E-02 | | |
| Gesamt | 5,405 | 90 | | | |

# Homogene Untergruppen

**PTI_SUMMENSCORE**

| | Region/Land/Stadt | N | Untergruppe für Alpha = .05. 1 |
|---|---|---|---|
| Duncan[a,b] | WIEN | 48 | 1,5262 |
| | BGLD | 4 | 1,5975 |
| | STMK | 8 | 1,6438 |
| | NÖ | 18 | 1,6767 |
| | SBG | 10 | 1,6780 |
| | OÖ | 3 | 1,7500 |
| | Signifikanz | | ,138 |
| Scheffé-Prozedur[a,b] | WIEN | 48 | 1,5262 |
| | BGLD | 4 | 1,5975 |
| | STMK | 8 | 1,6438 |
| | NÖ | 18 | 1,6767 |
| | SBG | 10 | 1,6780 |
| | OÖ | 3 | 1,7500 |
| | Signifikanz | | ,708 |

Die Mittelwerte für die in homogenen Untergruppen befindlichen Gruppen werden angezeigt.

a. Verwendet ein harmonisches Mittel für Stichprobengröße = 6,782.

b. Die Gruppengrößen sind nicht identisch. Es wird das harmonische Mittel der Gruppengrößen verwendet. Fehlerniveaus des Typs I sind nicht garantiert.

# Post-Hoc-Tests

**Mehrfachvergleiche**

Abhängige Variable: PTI_SUMMENSCORE

| | (I) Region/Land/Stadt | (J) Region/Land/Stadt | Mittlere Differenz (I-J) | Standardfehler | Signifikanz | 95%-Konfidenzintervall Untergrenze | Obergrenze |
|---|---|---|---|---|---|---|---|
| Scheffé-Prozedur | WIEN | WIEN | | | | | |
| | | NÖ | -,1504 | 6,635E-02 | ,407 | -,3765 | 7,566E-02 |
| | | BGLD | -7,1250E-02 | ,1249 | ,997 | -,4969 | ,3544 |
| | | STMK | -,1175 | 9,168E-02 | ,894 | -,4299 | ,1949 |
| | | OÖ | -,2238 | ,1429 | ,782 | -,7105 | ,2630 |
| | | SBG | -,1517 | 8,345E-02 | ,654 | -,4361 | ,1326 |
| | NÖ | WIEN | ,1504 | 6,635E-02 | ,407 | -7,5655E-02 | ,3765 |
| | | NÖ | | | | | |
| | | BGLD | 7,917E-02 | ,1327 | ,996 | -,3730 | ,5313 |
| | | STMK | 3,292E-02 | ,1020 | 1,000 | -,3146 | ,3805 |
| | | OÖ | -7,3333E-02 | ,1497 | ,999 | -,5834 | ,4368 |
| | | SBG | -1,3333E-03 | 9,468E-02 | 1,000 | -,3239 | ,3213 |
| | BGLD | WIEN | 7,125E-02 | ,1249 | ,997 | -,3544 | ,4969 |
| | | NÖ | -7,9167E-02 | ,1327 | ,996 | -,5313 | ,3730 |
| | | BGLD | | | | | |
| | | STMK | -4,6250E-02 | ,1470 | 1,000 | -,5471 | ,4546 |
| | | OÖ | -,1525 | ,1834 | ,983 | -,7772 | ,4722 |
| | | SBG | -8,0500E-02 | ,1420 | ,997 | -,5644 | ,4034 |
| | STMK | WIEN | ,1175 | 9,168E-02 | ,894 | -,1949 | ,4299 |
| | | NÖ | -3,2917E-02 | ,1020 | 1,000 | -,3805 | ,3146 |
| | | BGLD | 4,625E-02 | ,1470 | 1,000 | -,4546 | ,5471 |
| | | STMK | | | | | |
| | | OÖ | -,1063 | ,1625 | ,994 | -,6600 | ,4475 |
| | | SBG | -3,4250E-02 | ,1139 | 1,000 | -,4222 | ,3537 |
| | OÖ | WIEN | ,2238 | ,1429 | ,782 | -,2630 | ,7105 |
| | | NÖ | 7,333E-02 | ,1497 | ,999 | -,4368 | ,5834 |
| | | BGLD | ,1525 | ,1834 | ,983 | -,4722 | ,7772 |
| | | STMK | ,1063 | ,1625 | ,994 | -,4475 | ,6600 |
| | | OÖ | | | | | |
| | | SBG | 7,200E-02 | ,1580 | ,999 | -,4664 | ,6104 |
| | SBG | WIEN | ,1517 | 8,345E-02 | ,654 | -,1326 | ,4361 |
| | | NÖ | 1,333E-03 | 9,468E-02 | 1,000 | -,3213 | ,3239 |
| | | BGLD | 8,050E-02 | ,1420 | ,997 | -,4034 | ,5644 |
| | | STMK | 3,425E-02 | ,1139 | 1,000 | -,3537 | ,4222 |
| | | OÖ | -7,2000E-02 | ,1580 | ,999 | -,6104 | ,4664 |
| | | SBG | | | | | |

## H-Test nach Kruskal und Wallis

Testvariable: Involvement (Gruppe der gering involvierten APN)
Gruppenvariable: Bundesländer

**Ränge**

| | Region/Land/Stadt | N | Mittlerer Rang |
|---|---|---|---|
| PTI_SUMMENSCORE | WIEN | 48 | 40,02 |
| | NÖ | 18 | 53,11 |
| | BGLD | 4 | 48,13 |
| | STMK | 8 | 49,38 |
| | OÖ | 3 | 62,50 |
| | SBG | 10 | 53,40 |
| | Gesamt | 91 | |

**Statistik für Test[a,b]**

| | PTI_SUMMENSCORE |
|---|---|
| Chi-Quadrat | 6,059 |
| df | 5 |
| Asymptotische Signifikanz | ,301 |

a. Kruskal-Wallis-Test

b. Gruppenvariable: Region/Land/Stadt

## Einfaktorielle ANOVA

Abhängige Variable: Involvement (Gruppe der mittelmäßig involvierten APN)
Faktor: Bundesländer

**Deskriptive Statistik**

PTI_SUMMENSCORE

| | N | Mittelwert | Standardabweichung | Standardfehler | 95%-Konfidenzintervall für den Mittelwert Untergrenze | Obergrenze | Minimum | Maximum |
|---|---|---|---|---|---|---|---|---|
| WIEN | 50 | 2,2974 | ,2155 | 3,048E-02 | 2,2362 | 2,3586 | 2,00 | 2,75 |
| NÖ | 18 | 2,4122 | ,2312 | 5,449E-02 | 2,2972 | 2,5272 | 2,13 | 2,86 |
| BGLD | 21 | 2,3952 | ,2538 | 5,539E-02 | 2,2797 | 2,5108 | 2,00 | 2,75 |
| STMK | 21 | 2,4362 | ,2455 | 5,357E-02 | 2,3244 | 2,5479 | 2,00 | 3,00 |
| OÖ | 22 | 2,4386 | ,2490 | 5,308E-02 | 2,3283 | 2,5490 | 2,00 | 2,75 |
| SBG | 19 | 2,2421 | ,2055 | 4,714E-02 | 2,1431 | 2,3412 | 2,00 | 2,57 |
| Gesamt | 151 | 2,3576 | ,2385 | 1,941E-02 | 2,3193 | 2,3960 | 2,00 | 3,00 |

**Test der Homogenität der Varianzen**

PTI_SUMMENSCORE

| Levene-Statistik | df1 | df2 | Signifikanz |
|---|---|---|---|
| ,247 | 5 | 145 | ,941 |

**ANOVA**

PTI_SUMMENSCORE

| | Quadratsumme | df | Mittel der Quadrate | F | Signifikanz |
|---|---|---|---|---|---|
| Zwischen den Gruppen | ,792 | 5 | ,158 | 2,968 | ,014 |
| Innerhalb der Gruppen | 7,740 | 145 | 5,338E-02 | | |
| Gesamt | 8,532 | 150 | | | |

## Homogene Untergruppen

**PTI_SUMMENSCORE**

| | Region/Land/Stadt | N | Untergruppe für Alpha = .05. 1 | 2 |
|---|---|---|---|---|
| Duncan[a,b] | SBG | 19 | 2,2421 | |
| | WIEN | 50 | 2,2974 | 2,2974 |
| | BGLD | 21 | | 2,3952 |
| | NÖ | 18 | | 2,4122 |
| | STMK | 21 | | 2,4362 |
| | OÖ | 22 | | 2,4386 |
| | Signifikanz | | ,424 | ,068 |
| Scheffé-Prozedur[a,b] | SBG | 19 | 2,2421 | |
| | WIEN | 50 | 2,2974 | |
| | BGLD | 21 | 2,3952 | |
| | NÖ | 18 | 2,4122 | |
| | STMK | 21 | 2,4362 | |
| | OÖ | 22 | 2,4386 | |
| | Signifikanz | | ,160 | |

Die Mittelwerte für die in homogenen Untergruppen befindlichen Gruppen werden angezeigt.

a. Verwendet ein harmonisches Mittel für Stichprobengröße = 22,315.

b. Die Gruppengrößen sind nicht identisch. Es wird das harmonische Mittel der Gruppengrößen verwendet. Fehlerniveaus des Typs I sind nicht garantiert.

# Post-Hoc-Tests

**Mehrfachvergleiche**

Abhängige Variable: PTI_SUMMENSCORE

| | (I) Region/Land/Stadt | (J) Region/Land/Stadt | Mittlere Differenz (I-J) | Standardfehler | Signifikanz | 95%-Konfidenzintervall Untergrenze | Obergrenze |
|---|---|---|---|---|---|---|---|
| Scheffé-Prozedur | WIEN | WIEN | | | | | |
| | | NÖ | -,1148 | 6,351E-02 | ,659 | -,3291 | 9,944E-02 |
| | | BGLD | -9,7838E-02 | 6,008E-02 | ,753 | -,3005 | ,1049 |
| | | STMK | -,1388 | 6,008E-02 | ,381 | -,3415 | 6,391E-02 |
| | | OÖ | -,1412 | 5,911E-02 | ,341 | -,3407 | 5,819E-02 |
| | | SBG | 5,529E-02 | 6,227E-02 | ,977 | -,1548 | ,2654 |
| | NÖ | WIEN | ,1148 | 6,351E-02 | ,659 | -9,9442E-02 | ,3291 |
| | | NÖ | | | | | |
| | | BGLD | 1,698E-02 | 7,421E-02 | 1,000 | -,2334 | ,2674 |
| | | STMK | -2,3968E-02 | 7,421E-02 | 1,000 | -,2744 | ,2264 |
| | | OÖ | -2,6414E-02 | 7,343E-02 | 1,000 | -,2742 | ,2213 |
| | | SBG | ,1701 | 7,599E-02 | ,419 | -8,6275E-02 | ,4265 |
| | BGLD | WIEN | 9,784E-02 | 6,008E-02 | ,753 | -,1049 | ,3005 |
| | | NÖ | -1,6984E-02 | 7,421E-02 | 1,000 | -,2674 | ,2334 |
| | | BGLD | | | | | |
| | | STMK | -4,0952E-02 | 7,130E-02 | ,997 | -,2815 | ,1996 |
| | | OÖ | -4,3398E-02 | 7,049E-02 | ,996 | -,2812 | ,1944 |
| | | SBG | ,1531 | 7,315E-02 | ,499 | -9,3676E-02 | ,3999 |
| | STMK | WIEN | ,1388 | 6,008E-02 | ,381 | -6,3909E-02 | ,3415 |
| | | NÖ | 2,397E-02 | 7,421E-02 | 1,000 | -,2264 | ,2744 |
| | | BGLD | 4,095E-02 | 7,130E-02 | ,997 | -,1996 | ,2815 |
| | | STMK | | | | | |
| | | OÖ | -2,4459E-03 | 7,049E-02 | 1,000 | -,2403 | ,2354 |
| | | SBG | ,1941 | 7,315E-02 | ,225 | -5,2724E-02 | ,4409 |
| | OÖ | WIEN | ,1412 | 5,911E-02 | ,341 | -5,8192E-02 | ,3407 |
| | | NÖ | 2,641E-02 | 7,343E-02 | 1,000 | -,2213 | ,2742 |
| | | BGLD | 4,340E-02 | 7,049E-02 | ,996 | -,1944 | ,2812 |
| | | STMK | 2,446E-03 | 7,049E-02 | 1,000 | -,2354 | ,2403 |
| | | OÖ | | | | | |
| | | SBG | ,1965 | 7,236E-02 | ,201 | -4,7599E-02 | ,4407 |
| | SBG | WIEN | -5,5295E-02 | 6,227E-02 | ,977 | -,2654 | ,1548 |
| | | NÖ | -,1701 | 7,599E-02 | ,419 | -,4265 | 8,628E-02 |
| | | BGLD | -,1531 | 7,315E-02 | ,499 | -,3999 | 9,368E-02 |
| | | STMK | -,1941 | 7,315E-02 | ,225 | -,4409 | 5,272E-02 |
| | | OÖ | -,1965 | 7,236E-02 | ,201 | -,4407 | 4,760E-02 |
| | | SBG | | | | | |

## H-Test nach Kruskal und Wallis

Testvariable: Involvement (Gruppe der mittelmäßig involvierten APN)
Gruppenvariable: Bundesländer

**Ränge**

| | Region/Land/Stadt | N | Mittlerer Rang |
|---|---|---|---|
| PTI_SUMMENSCORE | WIEN | 50 | 65,65 |
| | NÖ | 18 | 84,53 |
| | BGLD | 21 | 81,98 |
| | STMK | 21 | 89,17 |
| | OÖ | 22 | 91,55 |
| | SBG | 19 | 56,00 |
| | Gesamt | 151 | |

**Statistik für Test[a,b]**

| | PTI_SUMMENSCORE |
|---|---|
| Chi-Quadrat | 12,832 |
| df | 5 |
| Asymptotische Signifikanz | ,025 |

a. Kruskal-Wallis-Test
b. Gruppenvariable: Region/Land/Stadt

## U-Test nach Mann und Whitney

Testvariable: Involvement (Gruppe der mittelmäßig involvierten APN)
Gruppenvariable: Bundesländer

**Ränge**

| | Region/Land/Stadt | N | Mittlerer Rang | Rangsumme |
|---|---|---|---|---|
| PTI_SUMMENSCORE | WIEN | 50 | 32,21 | 1610,50 |
| | NÖ | 18 | 40,86 | 735,50 |
| | Gesamt | 68 | | |

**Statistik für Test[a]**

| | PTI_SUMMENSCORE |
|---|---|
| Mann-Whitney-U | 335,500 |
| Wilcoxon-W | 1610,500 |
| Z | -1,618 |
| Asymptotische Signifikanz (2-seitig) | ,106 |

a. Gruppenvariable: Region/Land/Stadt

## U-Test nach Mann und Whitney

Testvariable: Involvement (Gruppe der mittelmäßig involvierten APN)
Gruppenvariable: Bundesländer

**Ränge**

| | Region/Land/Stadt | N | Mittlerer Rang | Rangsumme |
|---|---|---|---|---|
| PTI_SUMMENSCORE | WIEN | 50 | 33,76 | 1688,00 |
| | BGLD | 21 | 41,33 | 868,00 |
| | Gesamt | 71 | | |

**Statistik für Test[a]**

| | PTI_SUMMENSCORE |
|---|---|
| Mann-Whitney-U | 413,000 |
| Wilcoxon-W | 1688,000 |
| Z | -1,430 |
| Asymptotische Signifikanz (2-seitig) | ,153 |

a. Gruppenvariable: Region/Land/Stadt

## U-Test nach Mann und Whitney

Testvariable: Involvement (Gruppe der mittelmäßig involvierten APN)
Gruppenvariable: Bundesländer

**Ränge**

| | Region/Land/Stadt | N | Mittlerer Rang | Rangsumme |
|---|---|---|---|---|
| PTI_SUMMENSCORE | WIEN | 50 | 32,63 | 1631,50 |
| | STMK | 21 | 44,02 | 924,50 |
| | Gesamt | 71 | | |

**Statistik für Test[a]**

| | PTI_SUMMENSCORE |
|---|---|
| Mann-Whitney-U | 356,500 |
| Wilcoxon-W | 1631,500 |
| Z | -2,151 |
| Asymptotische Signifikanz (2-seitig) | ,031 |

a. Gruppenvariable: Region/Land/Stadt

## U-Test nach Mann und Whitney

Testvariable: Involvement (Gruppe der mittelmäßig involvierten APN)
Gruppenvariable: Bundesländer

**Ränge**

| | Region/Land/Stadt | N | Mittlerer Rang | Rangsumme |
|---|---|---|---|---|
| PTI_SUMMENSCORE | WIEN | 50 | 32,74 | 1637,00 |
| | OÖ | 22 | 45,05 | 991,00 |
| | Gesamt | 72 | | |

**Statistik für Test**[a]

| | PTI_SUMMENSCORE |
|---|---|
| Mann-Whitney-U | 362,000 |
| Wilcoxon-W | 1637,000 |
| Z | -2,332 |
| Asymptotische Signifikanz (2-seitig) | ,020 |

a. Gruppenvariable: Region/Land/Stadt

## U-Test nach Mann und Whitney

Testvariable: Involvement (Gruppe der mittelmäßig involvierten APN)
Gruppenvariable: Bundesländer

**Ränge**

| | Region/Land/Stadt | N | Mittlerer Rang | Rangsumme |
|---|---|---|---|---|
| PTI_SUMMENSCORE | WIEN | 50 | 36,31 | 1815,50 |
| | SBG | 19 | 31,55 | 599,50 |
| | Gesamt | 69 | | |

**Statistik für Test**[a]

| | PTI_SUMMENSCORE |
|---|---|
| Mann-Whitney-U | 409,500 |
| Wilcoxon-W | 599,500 |
| Z | -,895 |
| Asymptotische Signifikanz (2-seitig) | ,371 |

a. Gruppenvariable: Region/Land/Stadt

## U-Test nach Mann und Whitney

Testvariable: Involvement (Gruppe der mittelmäßig involvierten APN)
Gruppenvariable: Bundesländer

**Ränge**

| | Region/Land/Stadt | N | Mittlerer Rang | Rangsumme |
|---|---|---|---|---|
| PTI_SUMMENSCORE | NÖ | 18 | 22,64 | 407,50 |
| | SBG | 19 | 15,55 | 295,50 |
| | Gesamt | 37 | | |

**Statistik für Test[b]**

| | PTI_SUMMENSCORE |
|---|---|
| Mann-Whitney-U | 105,500 |
| Wilcoxon-W | 295,500 |
| Z | -2,023 |
| Asymptotische Signifikanz (2-seitig) | ,043 |
| Exakte Signifikanz [2*(1-seitig Sig.)] | ,046[a] |

a. Nicht für Bindungen korrigiert.

b. Gruppenvariable: Region/Land/Stadt

## U-Test nach Mann und Whitney

Testvariable: Involvement (Gruppe der mittelmäßig involvierten APN)
Gruppenvariable: Bundesländer

**Ränge**

| | Region/Land/Stadt | N | Mittlerer Rang | Rangsumme |
|---|---|---|---|---|
| PTI_SUMMENSCORE | BGLD | 21 | 23,69 | 497,50 |
| | SBG | 19 | 16,97 | 322,50 |
| | Gesamt | 40 | | |

**Statistik für Test[b]**

| | PTI_SUMMENSCORE |
|---|---|
| Mann-Whitney-U | 132,500 |
| Wilcoxon-W | 322,500 |
| Z | -1,838 |
| Asymptotische Signifikanz (2-seitig) | ,066 |
| Exakte Signifikanz [2*(1-seitig Sig.)] | ,069[a] |

a. Nicht für Bindungen korrigiert.

b. Gruppenvariable: Region/Land/Stadt

## U-Test nach Mann und Whitney

Testvariable: Involvement (Gruppe der mittelmäßig involvierten APN)
Gruppenvariable: Bundesländer

**Ränge**

| | Region/Land/Stadt | N | Mittlerer Rang | Rangsumme |
|---|---|---|---|---|
| PTI_SUMMENSCORE | STMK | 21 | 24,67 | 518,00 |
| | SBG | 19 | 15,89 | 302,00 |
| | Gesamt | 40 | | |

**Statistik für Test[b]**

| | PTI_SUMMENSCORE |
|---|---|
| Mann-Whitney-U | 112,000 |
| Wilcoxon-W | 302,000 |
| Z | -2,401 |
| Asymptotische Signifikanz (2-seitig) | ,016 |
| Exakte Signifikanz [2*(1-seitig Sig.)] | ,017[a] |

a. Nicht für Bindungen korrigiert.
b. Gruppenvariable: Region/Land/Stadt

## U-Test nach Mann und Whitney

Testvariable: Involvement (Gruppe der mittelmäßig involvierten APN)
Gruppenvariable: Bundesländer

**Ränge**

| | Region/Land/Stadt | N | Mittlerer Rang | Rangsumme |
|---|---|---|---|---|
| PTI_SUMMENSCORE | OÖ | 22 | 25,30 | 556,50 |
| | SBG | 19 | 16,03 | 304,50 |
| | Gesamt | 41 | | |

**Statistik für Test[a]**

| | PTI_SUMMENSCORE |
|---|---|
| Mann-Whitney-U | 114,500 |
| Wilcoxon-W | 304,500 |
| Z | -2,513 |
| Asymptotische Signifikanz (2-seitig) | ,012 |

a. Gruppenvariable: Region/Land/Stadt

## Einfaktorielle ANOVA

Abhängige Variable: Involvement (Gruppe der hoch involvierten APN)
Faktor: Bundesländer

**Deskriptive Statistik**

PTI_SUMMENSCORE

| | N | Mittelwert | Standardabweichung | Standardfehler | 95%-Konfidenzintervall für den Mittelwert Untergrenze | Obergrenze | Minimum | Maximum |
|---|---|---|---|---|---|---|---|---|
| WIEN | 31 | 3,2494 | ,3424 | 6,150E-02 | 3,1238 | 3,3750 | 2,88 | 4,38 |
| NÖ | 15 | 3,2940 | ,3159 | 8,156E-02 | 3,1191 | 3,4689 | 2,88 | 3,88 |
| BGLD | 11 | 3,0600 | ,2112 | 6,369E-02 | 2,9181 | 3,2019 | 2,88 | 3,50 |
| STMK | 10 | 3,1280 | ,4776 | ,1510 | 2,7864 | 3,4696 | 2,38 | 4,25 |
| OÖ | 17 | 3,1782 | ,2662 | 6,456E-02 | 3,0414 | 3,3151 | 2,88 | 3,63 |
| SBG | 12 | 3,5708 | ,3827 | ,1105 | 3,3277 | 3,8140 | 3,00 | 4,13 |
| Gesamt | 96 | 3,2496 | ,3562 | 3,636E-02 | 3,1774 | 3,3218 | 2,38 | 4,38 |

**Test der Homogenität der Varianzen**

PTI_SUMMENSCORE

| Levene-Statistik | df1 | df2 | Signifikanz |
|---|---|---|---|
| ,727 | 5 | 90 | ,605 |

**ANOVA**

PTI_SUMMENSCORE

| | Quadratsumme | df | Mittel der Quadrate | F | Signifikanz |
|---|---|---|---|---|---|
| Zwischen den Gruppen | 1,898 | 5 | ,380 | 3,363 | ,008 |
| Innerhalb der Gruppen | 10,158 | 90 | ,113 | | |
| Gesamt | 12,056 | 95 | | | |

## Homogene Untergruppen

**PTI_SUMMENSCORE**

| | Region/Land/Stadt | N | Untergruppe für Alpha = .05. 1 | 2 |
|---|---|---|---|---|
| Duncan[a,b] | BGLD | 11 | 3,0600 | |
| | STMK | 10 | 3,1280 | |
| | OÖ | 17 | 3,1782 | |
| | WIEN | 31 | 3,2494 | |
| | NÖ | 15 | 3,2940 | |
| | SBG | 12 | | 3,5708 |
| | Signifikanz | | ,106 | 1,000 |
| Scheffé-Prozedur[a,b] | BGLD | 11 | 3,0600 | |
| | STMK | 10 | 3,1280 | |
| | OÖ | 17 | 3,1782 | 3,1782 |
| | WIEN | 31 | 3,2494 | 3,2494 |
| | NÖ | 15 | 3,2940 | 3,2940 |
| | SBG | 12 | | 3,5708 |
| | Signifikanz | | ,644 | ,103 |

Die Mittelwerte für die in homogenen Untergruppen befindlichen Gruppen werden angezeigt.

a. Verwendet ein harmonisches Mittel für Stichprobengröße = 13,889.

b. Die Gruppengrößen sind nicht identisch. Es wird das harmonische Mittel der Gruppengrößen verwendet. Fehlerniveaus des Typs I sind nicht garantiert.

# Post-Hoc-Tests

**Mehrfachvergleiche**

Abhängige Variable: PTI_SUMMENSCORE

| | (I) Region/Land/Stadt | (J) Region/Land/Stadt | Mittlere Differenz (I-J) | Standardfehler | Signifikanz | 95%-Konfidenzintervall Untergrenze | 95%-Konfidenzintervall Obergrenze |
|---|---|---|---|---|---|---|---|
| Scheffé-Prozedur | WIEN | WIEN | | | | | |
| | | NÖ | -4,4645E-02 | ,1057 | ,999 | -,4042 | ,3149 |
| | | BGLD | ,1894 | ,1179 | ,764 | -,2118 | ,5905 |
| | | STMK | ,1214 | ,1222 | ,963 | -,2944 | ,5371 |
| | | OÖ | 7,112E-02 | ,1014 | ,992 | -,2739 | ,4161 |
| | | SBG | -,3215 | ,1142 | ,173 | -,7101 | 6,718E-02 |
| | NÖ | WIEN | 4,465E-02 | ,1057 | ,999 | -,3149 | ,4042 |
| | | NÖ | | | | | |
| | | BGLD | ,2340 | ,1334 | ,688 | -,2198 | ,6878 |
| | | STMK | ,1660 | ,1372 | ,916 | -,3007 | ,6327 |
| | | OÖ | ,1158 | ,1190 | ,966 | -,2892 | ,5207 |
| | | SBG | -,2768 | ,1301 | ,481 | -,7196 | ,1659 |
| | BGLD | WIEN | -,1894 | ,1179 | ,764 | -,5905 | ,2118 |
| | | NÖ | -,2340 | ,1334 | ,688 | -,6878 | ,2198 |
| | | BGLD | | | | | |
| | | STMK | -6,8000E-02 | ,1468 | ,999 | -,5675 | ,4315 |
| | | OÖ | -,1182 | ,1300 | ,975 | -,5606 | ,3241 |
| | | SBG | -,5108* | ,1402 | ,028 | -,9880 | -3,3654E-02 |
| | STMK | WIEN | -,1214 | ,1222 | ,963 | -,5371 | ,2944 |
| | | NÖ | -,1660 | ,1372 | ,916 | -,6327 | ,3007 |
| | | BGLD | 6,800E-02 | ,1468 | ,999 | -,4315 | ,5675 |
| | | STMK | | | | | |
| | | OÖ | -5,0235E-02 | ,1339 | 1,000 | -,5058 | ,4053 |
| | | SBG | -,4428 | ,1438 | ,103 | -,9323 | 4,664E-02 |
| | OÖ | WIEN | -7,1120E-02 | ,1014 | ,992 | -,4161 | ,2739 |
| | | NÖ | -,1158 | ,1190 | ,966 | -,5207 | ,2892 |
| | | BGLD | ,1182 | ,1300 | ,975 | -,3241 | ,5606 |
| | | STMK | 5,024E-02 | ,1339 | 1,000 | -,4053 | ,5058 |
| | | OÖ | | | | | |
| | | SBG | -,3926 | ,1267 | ,098 | -,8236 | 3,841E-02 |
| | SBG | WIEN | ,3215 | ,1142 | ,173 | -6,7179E-02 | ,7101 |
| | | NÖ | ,2768 | ,1301 | ,481 | -,1659 | ,7196 |
| | | BGLD | ,5108* | ,1402 | ,028 | 3,365E-02 | ,9880 |
| | | STMK | ,4428 | ,1438 | ,103 | -4,6636E-02 | ,9323 |
| | | OÖ | ,3926 | ,1267 | ,098 | -3,8413E-02 | ,8236 |
| | | SBG | | | | | |

*. Die mittlere Differenz ist auf der Stufe .05 signifikant.

## H-Test nach Kruskal und Wallis

Testvariable: Involvement (Gruppe der hoch involvierten APN)
Gruppenvariable: Bundesländer

**Ränge**

| | Region/Land/Stadt | N | Mittlerer Rang |
|---|---|---|---|
| PTI_SUMMENSCORE | WIEN | 31 | 48,32 |
| | NÖ | 15 | 53,83 |
| | BGLD | 11 | 32,23 |
| | STMK | 10 | 38,30 |
| | OÖ | 17 | 44,09 |
| | SBG | 12 | 71,96 |
| | Gesamt | 96 | |

**Statistik für Test[a,b]**

| | PTI_SUMMENSCORE |
|---|---|
| Chi-Quadrat | 14,875 |
| df | 5 |
| Asymptotische Signifikanz | ,011 |

a. Kruskal-Wallis-Test
b. Gruppenvariable: Region/Land/Stadt

## U-Test nach Mann und Whitney

Testvariable: Involvement (Gruppe der hoch involvierten APN)
Gruppenvariable: Bundesländer

**Ränge**

| | Region/Land/Stadt | N | Mittlerer Rang | Rangsumme |
|---|---|---|---|---|
| PTI_SUMMENSCORE | WIEN | 31 | 18,98 | 588,50 |
| | SBG | 12 | 29,79 | 357,50 |
| | Gesamt | 43 | | |

**Statistik für Test[b]**

| | PTI_SUMMENSCORE |
|---|---|
| Mann-Whitney-U | 92,500 |
| Wilcoxon-W | 588,500 |
| Z | -2,548 |
| Asymptotische Signifikanz (2-seitig) | ,011 |
| Exakte Signifikanz [2*(1-seitig Sig.)] | ,010[a] |

a. Nicht für Bindungen korrigiert.
b. Gruppenvariable: Region/Land/Stadt

## U-Test nach Mann und Whitney

Testvariable: Involvement (Gruppe der hoch involvierten APN)
Gruppenvariable: Bundesländer

**Ränge**

| | Region/Land/Stadt | N | Mittlerer Rang | Rangsumme |
|---|---|---|---|---|
| PTI_SUMMENSCORE | NÖ | 15 | 11,60 | 174,00 |
| | SBG | 12 | 17,00 | 204,00 |
| | Gesamt | 27 | | |

**Statistik für Test**[b]

| | PTI_SUMMENSCORE |
|---|---|
| Mann-Whitney-U | 54,000 |
| Wilcoxon-W | 174,000 |
| Z | -1,769 |
| Asymptotische Signifikanz (2-seitig) | ,077 |
| Exakte Signifikanz [2*(1-seitig Sig.)] | ,083[a] |

a. Nicht für Bindungen korrigiert.

b. Gruppenvariable: Region/Land/Stadt

## U-Test nach Mann und Whitney

Testvariable: Involvement (Gruppe der hoch involvierten APN)
Gruppenvariable: Bundesländer

**Ränge**

| | Region/Land/Stadt | N | Mittlerer Rang | Rangsumme |
|---|---|---|---|---|
| PTI_SUMMENSCORE | BGLD | 11 | 7,27 | 80,00 |
| | SBG | 12 | 16,33 | 196,00 |
| | Gesamt | 23 | | |

**Statistik für Test**[b]

| | PTI_SUMMENSCORE |
|---|---|
| Mann-Whitney-U | 14,000 |
| Wilcoxon-W | 80,000 |
| Z | -3,227 |
| Asymptotische Signifikanz (2-seitig) | ,001 |
| Exakte Signifikanz [2*(1-seitig Sig.)] | ,001[a] |

a. Nicht für Bindungen korrigiert.

b. Gruppenvariable: Region/Land/Stadt

## U-Test nach Mann und Whitney

Testvariable: Involvement (Gruppe der hoch involvierten APN)
Gruppenvariable: Bundesländer

**Ränge**

| | Region/Land/Stadt | N | Mittlerer Rang | Rangsumme |
|---|---|---|---|---|
| PTI_SUMMENSCORE | STMK | 10 | 7,95 | 79,50 |
| | SBG | 12 | 14,46 | 173,50 |
| | Gesamt | 22 | | |

**Statistik für Test[b]**

| | PTI_SUMMENSCORE |
|---|---|
| Mann-Whitney-U | 24,500 |
| Wilcoxon-W | 79,500 |
| Z | -2,353 |
| Asymptotische Signifikanz (2-seitig) | ,019 |
| Exakte Signifikanz [2*(1-seitig Sig.)] | ,017[a] |

a. Nicht für Bindungen korrigiert.
b. Gruppenvariable: Region/Land/Stadt

## U-Test nach Mann und Whitney

Testvariable: Involvement (Gruppe der hoch involvierten APN)
Gruppenvariable: Bundesländer

**Ränge**

| | Region/Land/Stadt | N | Mittlerer Rang | Rangsumme |
|---|---|---|---|---|
| PTI_SUMMENSCORE | OÖ | 17 | 11,21 | 190,50 |
| | SBG | 12 | 20,38 | 244,50 |
| | Gesamt | 29 | | |

**Statistik für Test[b]**

| | PTI_SUMMENSCORE |
|---|---|
| Mann-Whitney-U | 37,500 |
| Wilcoxon-W | 190,500 |
| Z | -2,904 |
| Asymptotische Signifikanz (2-seitig) | ,004 |
| Exakte Signifikanz [2*(1-seitig Sig.)] | ,003[a] |

a. Nicht für Bindungen korrigiert.
b. Gruppenvariable: Region/Land/Stadt

## VII. H-Test nach Kruskal und Wallis

Testvariable: Zufriedenheit mit Produkt- und Angebotspalette
Gruppenvariable: Involvement-Gruppen

**Ränge**

| | INVOLVEM | N | Mittlerer Rang |
|---|---|---|---|
| Wie zufrieden sind Sie insgesamt mit der Produkt- bzw. Angebotspalette Ihres Energieversorgers? | geringes Involvement | 91 | 164,79 |
| | mittleres Involvement | 151 | 181,85 |
| | hohes Involvement | 96 | 154,53 |
| | Gesamt | 338 | |

**Statistik für Test[a,b]**

| | Wie zufrieden sind Sie insgesamt mit der Produkt- bzw. Angebotspalette Ihres Energieversorgers? |
|---|---|
| Chi-Quadrat | 6,797 |
| df | 2 |
| Asymptotische Signifikanz | ,033 |

a. Kruskal-Wallis-Test

b. Gruppenvariable: INVOLVEM

## U-Test nach Mann und Whitney

Testvariable: Zufriedenheit mit Produkt- und Angebotspalette
Gruppenvariable: Involvement-Gruppen

**Ränge**

| | INVOLVEM | N | Mittlerer Rang | Rangsumme |
|---|---|---|---|---|
| Wie zufrieden sind Sie insgesamt mit der Produkt- bzw. Angebotspalette Ihres Energieversorgers? | geringes Involvement | 91 | 113,61 | 10338,50 |
| | mittleres Involvement | 151 | 126,25 | 19064,50 |
| | Gesamt | 242 | | |

**Statistik für Test[a]**

| | Wie zufrieden sind Sie insgesamt mit der Produkt- bzw. Angebotspalette Ihres Energieversorgers? |
|---|---|
| Mann-Whitney-U | 6152,500 |
| Wilcoxon-W | 10338,500 |
| Z | -1,656 |
| Asymptotische Signifikanz (2-seitig) | ,098 |

a. Gruppenvariable: INVOLVEM

## U-Test nach Mann und Whitney

Testvariable: Zufriedenheit mit Produkt- und Angebotspalette
Gruppenvariable: Involvement-Gruppen

**Ränge**

| | INVOLVEM | N | Mittlerer Rang | Rangsumme |
|---|---|---|---|---|
| Wie zufrieden sind Sie insgesamt mit der Produkt- bzw. Angebotspalette Ihres Energieversorgers? | geringes Involvement | 91 | 97,18 | 8843,50 |
| | hohes Involvement | 96 | 90,98 | 8734,50 |
| | Gesamt | 187 | | |

**Statistik für Test[a]**

| | Wie zufrieden sind Sie insgesamt mit der Produkt- bzw. Angebotspalette Ihres Energieversorgers? |
|---|---|
| Mann-Whitney-U | 4078,500 |
| Wilcoxon-W | 8734,500 |
| Z | -,928 |
| Asymptotische Signifikanz (2-seitig) | ,353 |

a. Gruppenvariable: INVOLVEM

## U-Test nach Mann und Whitney

Testvariable: Zufriedenheit mit Produkt- und Angebotspalette
Gruppenvariable: Involvement-Gruppen

**Ränge**

| | INVOLVEM | N | Mittlerer Rang | Rangsumme |
|---|---|---|---|---|
| Wie zufrieden sind Sie insgesamt mit der Produkt- bzw. Angebotspalette Ihres Energieversorgers? | mittleres Involvement | 151 | 131,60 | 19871,50 |
| | hohes Involvement | 96 | 112,05 | 10756,50 |
| | Gesamt | 247 | | |

**Statistik für Test[a]**

| | Wie zufrieden sind Sie insgesamt mit der Produkt- bzw. Angebotspalette Ihres Energieversorgers? |
|---|---|
| Mann-Whitney-U | 6100,500 |
| Wilcoxon-W | 10756,500 |
| Z | -2,408 |
| Asymptotische Signifikanz (2-seitig) | ,016 |

a. Gruppenvariable: INVOLVEM

## VIII. H-Test nach Kruskal und Wallis

Testvariable: Zufriedenheit mit dem Service
Gruppenvariable: Involvement-Gruppen

**Ränge**

| | INVOLVEM | N | Mittlerer Rang |
|---|---|---|---|
| Wie zufrieden sind Sie insgesamt mti dem Service Ihres derzeitigen Energieanbieters? | geringes Involvement | 91 | 167,58 |
| | mittleres Involvement | 151 | 176,65 |
| | hohes Involvement | 96 | 160,08 |
| | Gesamt | 338 | |

**Statistik für Test[a,b]**

| | Wie zufrieden sind Sie insgesamt mti dem Service Ihres derzeitigen Energieanbieters? |
|---|---|
| Chi-Quadrat | 2,238 |
| df | 2 |
| Asymptotische Signifikanz | ,327 |

a. Kruskal-Wallis-Test

b. Gruppenvariable: INVOLVEM

# IX. H-Test nach Kruskal und Wallis

Testvariable: Weiterempfehlung
Gruppenvariable: Involvement-Gruppen

**Ränge**

| | INVOLVEM | N | Mittlerer Rang |
|---|---|---|---|
| Würden Sie Ihren Freunden und Bekannten die Tarife und Produkte Ihres Energieversorgers weiterempfehlen? | geringes Involvement | 91 | 180,23 |
| | mittleres Involvement | 148 | 161,25 |
| | hohes Involvement | 94 | 163,25 |
| | Gesamt | 333 | |

**Statistik für Test[a,b]**

| | Würden Sie Ihren Freunden und Bekannten die Tarife und Produkte Ihres Energieversorgers weiterempfehlen? |
|---|---|
| Chi-Quadrat | 2,838 |
| df | 2 |
| Asymptotische Signifikanz | ,242 |

a. Kruskal-Wallis-Test

b. Gruppenvariable: INVOLVEM

**Würden Sie Ihren Freunden und Bekannten die Tarife und Produkte Ihres *Energieversorgers weiterempfehlen?***

| | | Häufigkeit | Prozent | Gültige Prozente | Kumulierte Prozente |
|---|---|---|---|---|---|
| Gültig | Selbstverständlich, weil ich bislang immer voll zufrieden wa | 72 | 21,2 | 21,6 | 21,6 |
| | Ich würde sie eingeschränkt weiter empfehlen | 172 | 50,7 | 51,5 | 73,1 |
| | Ich würde sie eher nicht weiter empfehlen | 73 | 21,5 | 21,9 | 94,9 |
| | Nein, auf keinen Fall. Ich würde jedem abraten dort hin zu w | 17 | 5,0 | 5,1 | 100,0 |
| | Gesamt | 334 | 98,5 | 100,0 | |
| Fehlend | System | 5 | 1,5 | | |
| Gesamt | | 339 | 100,0 | | |

# X. H-Test nach Kruskal und Wallis

Testvariable: Anbieterwechsel
Gruppenvariable: Involvement-Gruppen

**Ränge**

| | INVOLVEM | N | Mittlerer Rang |
|---|---|---|---|
| Haben Sie schon einmal daran gedacht von Ihrem derzeitigen Energieversorger zu einem anderen Anbieter zu wechseln? | geringes Involvement | 91 | 159,34 |
| | mittleres Involvement | 151 | 162,11 |
| | hohes Involvement | 96 | 190,75 |
| | Gesamt | 338 | |

**Statistik für Test[a,b]**

| | Haben Sie schon einmal daran gedacht von Ihrem derzeitigen Energieversorger zu einem anderen Anbieter zu wechseln? |
|---|---|
| Chi-Quadrat | 8,634 |
| df | 2 |
| Asymptotische Signifikanz | ,013 |

a. Kruskal-Wallis-Test

b. Gruppenvariable: INVOLVEM

# U-Test nach Mann und Whitney

Testvariable: Anbieterwechsel
Gruppenvariable: Involvement-Gruppen

**Ränge**

| | INVOLVEM | N | Mittlerer Rang | Rangsumme |
|---|---|---|---|---|
| Haben Sie schon einmal daran gedacht von Ihrem derzeitigen Energieversorger zu einem anderen Anbieter zu wechseln? | geringes Involvement | 91 | 120,42 | 10958,50 |
| | mittleres Involvement | 151 | 122,15 | 18444,50 |
| | Gesamt | 242 | | |

**Statistik für Test[a]**

| | Haben Sie schon einmal daran gedacht von Ihrem derzeitigen Energieversorger zu einem anderen Anbieter zu wechseln? |
|---|---|
| Mann-Whitney-U | 6772,500 |
| Wilcoxon-W | 10958,500 |
| Z | -,223 |
| Asymptotische Signifikanz (2-seitig) | ,824 |

a. Gruppenvariable: INVOLVEM

## U-Test nach Mann und Whitney

Testvariable: Anbieterwechsel
Gruppenvariable: Involvement-Gruppen

**Ränge**

| | INVOLVEM | N | Mittlerer Rang | Rangsumme |
|---|---|---|---|---|
| Haben Sie schon einmal daran gedacht von Ihrem derzeitigen Energieversorger zu einem anderen Anbieter zu wechseln? | geringes Involvement | 91 | 84,92 | 7727,50 |
| | hohes Involvement | 96 | 102,61 | 9850,50 |
| | Gesamt | 187 | | |

**Statistik für Test[a]**

| | Haben Sie schon einmal daran gedacht von Ihrem derzeitigen Energieversorger zu einem anderen Anbieter zu wechseln? |
|---|---|
| Mann-Whitney-U | 3541,500 |
| Wilcoxon-W | 7727,500 |
| Z | -2,561 |
| Asymptotische Signifikanz (2-seitig) | ,010 |

a. Gruppenvariable: INVOLVEM

## U-Test nach Mann und Whitney

Testvariable: Anbieterwechsel
Gruppenvariable: Involvement-Gruppen

**Ränge**

| | INVOLVEM | N | Mittlerer Rang | Rangsumme |
|---|---|---|---|---|
| Haben Sie schon einmal daran gedacht von Ihrem derzeitigen Energieversorger zu einem anderen Anbieter zu wechseln? | mittleres Involvement | 151 | 115,96 | 17510,50 |
| | hohes Involvement | 96 | 136,64 | 13117,50 |
| | Gesamt | 247 | | |

**Statistik für Test[a]**

| | Haben Sie schon einmal daran gedacht von Ihrem derzeitigen Energieversorger zu einem anderen Anbieter zu wechseln? |
|---|---|
| Mann-Whitney-U | 6034,500 |
| Wilcoxon-W | 17510,500 |
| Z | -2,549 |
| Asymptotische Signifikanz (2-seitig) | ,011 |

a. Gruppenvariable: INVOLVEM

# XI. ACA Output – Base Case

SCENARIO: Base Case

SPECIFICATIONS FOR THIS SIMULATION
Number of Products = 4
Number of Attributes = 7
Correlation Cutoff = 0.000
Simulation Mode = SIMULATION
Respondent Weighting = NONE
Respondent Segment = NONE
Model: Share of Preference
Adjustment for Product Similarity: No
Exponent = 1.50

PRODUCT SPECIFICATIONS

| Product | Attributes 1 | 2 | 3 | 4 | 5 | 6 | 7 |
|---|---|---|---|---|---|---|---|
| 1 Easy Power | 3.000 | 3.000 | 1.000 | 3.000 | 1.000 | 1.000 | 1.000 |
| 2 Classic Power | 1.000 | 1.000 | 2.000 | 2.000 | 1.000 | 1.000 | 3.000 |
| 3 Best Power | 2.000 | 2.000 | 1.000 | 1.000 | 2.000 | 2.000 | 2.000 |
| 4 Atomic Power | 2.000 | 1.000 | 2.000 | 1.000 | 3.000 | 2.000 | 1.000 |

AVERAGE UTILITY VALUES

| | Average Utility | Percent Unaccep | |
|---|---|---|---|
| Tarifsystematik | | | |
| | 37 | 0 | Grundgeb hr plus Preis pro kWh (meist heutiges Tarifmodell) |
| | 46 | 0 | Fixpreis pro kWh (Grundgeb hr entf„llt) |
| | 17 | 0 | Pauschalpreis f r bestimmte Strommenge pro Jahr |
| Zusatzangebote (Add-ons) | | | |
| | 47 | 0 | Zusatzservice: Individuelles Verbraucherprofil |
| | 49 | 0 | Zusatzservice: Internet ber Stromnetz (PLC) |
| | 14 | 0 | Zusatzservice: |
| Haushaltsversicherung | | | |
| Bonusprogramm (Treupunkte) | | | |
| | 41 | 0 | Vertrag beinhaltet Treueprogramm (wie z.B. MobilPoints, M„xchen) |
| | 11 | 0 | Vertrag beinhaltet KEIN Treueprogramm |
| Preisniveau | | | |
| | 88 | 0 | 95% des heutigen Preisniveaus |
| | 45 | 0 | heutiges Preisniveau (100%) |
| | 1 | 0 | 105% des heutigen Preisniveaus |
| Art der Stromerzeugung | | | |
| | 79 | 0 | Strom aus Energietr„germix (ohne Atomstrom) |
| | 92 | 0 | ™kostrom (nur aus regenerativen Energiequellen) |
| | 4 | 0 | Strom unbekannter Erzeugung (auch Atomstrom) |
| Zahlungsbedingungen | | | |
| | 11 | 0 | Zahlungsart: Abschlagszahlungen mit Jahresendabrechnung |
| | 40 | 0 | Zahlungsart: Jede Zahlung nach tats„chlichem Verbrauch |
| Erstvertragslaufzeit | | | |
| | 33 | 0 | Erstvertragslaufzeit: 3 Monate |
| | 35 | 0 | Erstvertragslaufzeit: 6 Monate |
| | 12 | 0 | Erstvertragslaufzeit: 12 Monate |

SIMULATION RESULTS

(Respondents Included = 338)

| Product | Share of Preference | Standard Error |
|---|---|---|
| 1 Easy Power | 5.20 | 0.62 |
| 2 Classic Power | 12.82 | 1.16 |
| 3 Best Power | 69.31 | 1.57 |
| 4 Atomic Power | 12.67 | 0.93 |

## XII. SPSS Syntax –relative Wichtigkeiten

Aus Platzgründen können nicht alle Datensätze abgedruckt werden; beispielhaft seien hier neben der notwendigen Programm-Syntax die Datensätze von zwei Probanden mit den Respondent-Nummern: 1188003 und 1188002 abgedruckt.

```
DATA LIST FREE /RESPNUM CORR TIMEM
IMP1 IMP2 IMP3 IMP4 IMP5 IMP6 IMP7
ACA11 ACA12 ACA13
ACA21 ACA22 ACA23
ACA31 ACA32
ACA41 ACA42 ACA43
ACA51 ACA52 ACA53
ACA61 ACA62
ACA71 ACA72 ACA73
RELIMP1 RELIMP2 RELIMP3 RELIMP4 RELIMP5 RELIMP6 RELIMP7
UTIL11 UTIL12 UTIL13
UTIL21 UTIL22 UTIL23
UTIL31 UTIL32
UTIL41 UTIL42 UTIL43
UTIL51 UTIL52 UTIL53
UTIL61 UTIL62
UTIL71 UTIL72 UTIL73.
BEGIN DATA.

   1188002     -1     9
    5    4    5    5    2    4    5
   3  2  1
   2  3  1
   1  2
   3  2  1
   3  2  1
   2  1
   2  3  1
   5.99  22.47   5.98  18.61  23.17   5.40  18.37
    0.368  -0.099  -0.009
   -0.573   1.178  -0.344
   -0.146   0.320
    0.829   0.052  -0.621
    0.171   0.947  -0.858
    0.297  -0.124
   -0.224   0.958  -0.473

   1188003     -1     7
    4    5    3    5    3    3    3
   1  3  2
   2  3  1
   2  1
   3  2  1
   3  1  2
   2  1
   2  3  1
  22.51  29.51   2.00  20.91   8.24   6.78  10.06
   -0.356   0.783  -0.260
   -0.092   0.876  -0.617
    0.106   0.005
    0.737  -0.250  -0.321
    0.321  -0.059  -0.096
    0.227  -0.116
    0.322  -0.187   0.032

END DATA.
COMPUTE NCI3= 0.
COMPUTE UANZ=19.
FORMATS UTIL11 UTIL12 UTIL13
UTIL21 UTIL22 UTIL23
UTIL31 UTIL32
UTIL41 UTIL42 UTIL43
UTIL51 UTIL52 UTIL53
UTIL61 UTIL62
UTIL71 UTIL72 UTIL73
(F8.3).
FORMATS RESPNUM (F9.0) CORR NCI3 UANZ TIMEM (F6.0).
EXECUTE.

*****************RELIMP*************************

desc relimp1 to relimp7.
exec.
```

# XIII. Test auf Multikollinearität der relativen Wichtigkeiten

**Korrelationen**

| | | RELIMP1 | RELIMP2 | RELIMP3 | RELIMP4 | RELIMP5 | RELIMP6 | RELIMP7 |
|---|---|---|---|---|---|---|---|---|
| RELIMP1 | Korrelation nach Pearson | 1,000 | -,135* | -,155** | -,055 | -,185** | -,117* | -,256** |
| | Signifikanz (2-seitig) | , | ,013 | ,004 | ,311 | ,001 | ,032 | ,000 |
| | N | 338 | 338 | 338 | 338 | 338 | 338 | 338 |
| RELIMP2 | Korrelation nach Pearson | -,135* | 1,000 | -,050 | -,075 | -,349** | -,185** | -,136* |
| | Signifikanz (2-seitig) | ,013 | , | ,358 | ,167 | ,000 | ,001 | ,013 |
| | N | 338 | 338 | 338 | 338 | 338 | 338 | 338 |
| RELIMP3 | Korrelation nach Pearson | -,155** | -,050 | 1,000 | -,233** | -,250** | -,154** | -,053 |
| | Signifikanz (2-seitig) | ,004 | ,358 | , | ,000 | ,000 | ,005 | ,334 |
| | N | 338 | 338 | 338 | 338 | 338 | 338 | 338 |
| RELIMP4 | Korrelation nach Pearson | -,055 | -,075 | -,233** | 1,000 | -,275** | -,279** | -,175** |
| | Signifikanz (2-seitig) | ,311 | ,167 | ,000 | , | ,000 | ,000 | ,001 |
| | N | 338 | 338 | 338 | 338 | 338 | 338 | 338 |
| RELIMP5 | Korrelation nach Pearson | -,185** | -,349** | -,250** | -,275** | 1,000 | -,034 | -,194** |
| | Signifikanz (2-seitig) | ,001 | ,000 | ,000 | ,000 | , | ,532 | ,000 |
| | N | 338 | 338 | 338 | 338 | 338 | 338 | 338 |
| RELIMP6 | Korrelation nach Pearson | -,117* | -,185** | -,154** | -,279** | -,034 | 1,000 | -,094 |
| | Signifikanz (2-seitig) | ,032 | ,001 | ,005 | ,000 | ,532 | , | ,084 |
| | N | 338 | 338 | 338 | 338 | 338 | 338 | 338 |
| RELIMP7 | Korrelation nach Pearson | -,256** | -,136* | -,053 | -,175** | -,194** | -,094 | 1,000 |
| | Signifikanz (2-seitig) | ,000 | ,013 | ,334 | ,001 | ,000 | ,084 | , |
| | N | 338 | 338 | 338 | 338 | 338 | 338 | 338 |

*. Die Korrelation ist auf dem Niveau von 0,05 (2-seitig) signifikant.

**. Die Korrelation ist auf dem Niveau von 0,01 (2-seitig) signifikant.

# XIV. Agglomerationsschritte bei Clusterung der relativen Wichtigkeiten nach dem Ward-Verfahren

## Cluster

**Verarbeitete Fälle[a,b]**

| Fälle | | | | | |
|---|---|---|---|---|---|
| Gültig | | Fehlend | | Gesamt | |
| N | Prozent | N | Prozent | N | Prozent |
| 338 | 100,0 | 0 | ,0 | 338 | 100,0 |

a. Quadriertes euklidisches Distanzmaß wurde verwendet

b. Ward-Linkage

## Ward-Linkage

## Zuordnungsübersicht

| Schritt | Zusammengeführte Cluster | | Koeffizienten | Erstes Vorkommen des Clusters | | Nächster Schritt |
|---|---|---|---|---|---|---|
| | Cluster 1 | Cluster 2 | | Cluster 1 | Cluster 2 | |
| 1 | 76 | 259 | 3,339 | 0 | 0 | 154 |
| 2 | 50 | 102 | 8,457 | 0 | 0 | 125 |
| 3 | 56 | 158 | 14,164 | 0 | 0 | 161 |
| 4 | 32 | 114 | 19,964 | 0 | 0 | 14 |
| 5 | 10 | 302 | 26,586 | 0 | 0 | 60 |
| 6 | 15 | 320 | 34,158 | 0 | 0 | 124 |
| 7 | 48 | 87 | 42,229 | 0 | 0 | 147 |
| 8 | 106 | 182 | 50,462 | 0 | 0 | 40 |
| 9 | 61 | 328 | 58,912 | 0 | 0 | 99 |
| 10 | 234 | 282 | 67,401 | 0 | 0 | 197 |
| 11 | 150 | 337 | 76,895 | 0 | 0 | 125 |
| 12 | 34 | 78 | 87,346 | 0 | 0 | 149 |
| 13 | 80 | 235 | 97,962 | 0 | 0 | 163 |
| 14 | 32 | 249 | 108,904 | 4 | 0 | 219 |
| 15 | 16 | 275 | 120,111 | 0 | 0 | 253 |
| 16 | 17 | 134 | 131,495 | 0 | 0 | 27 |
| 17 | 172 | 202 | 143,491 | 0 | 0 | 129 |
| 18 | 100 | 300 | 155,535 | 0 | 0 | 199 |
| 19 | 53 | 176 | 168,037 | 0 | 0 | 44 |
| 20 | 280 | 329 | 180,774 | 0 | 0 | 89 |
| 21 | 63 | 246 | 193,794 | 0 | 0 | 145 |
| 22 | 216 | 306 | 206,990 | 0 | 0 | 83 |
| 23 | 73 | 173 | 220,213 | 0 | 0 | 91 |
| 24 | 204 | 253 | 233,734 | 0 | 0 | 172 |
| 25 | 29 | 333 | 247,382 | 0 | 0 | 195 |
| 26 | 81 | 96 | 261,071 | 0 | 0 | 119 |
| 27 | 17 | 248 | 275,002 | 16 | 0 | 238 |
| 28 | 163 | 254 | 289,516 | 0 | 0 | 189 |
| 29 | 104 | 273 | 304,198 | 0 | 0 | 38 |
| 30 | 12 | 270 | 318,949 | 0 | 0 | 51 |
| 31 | 95 | 231 | 333,797 | 0 | 0 | 141 |
| 32 | 27 | 285 | 348,945 | 0 | 0 | 162 |
| 33 | 162 | 308 | 364,432 | 0 | 0 | 225 |
| 34 | 2 | 323 | 380,144 | 0 | 0 | 118 |
| 35 | 62 | 322 | 395,903 | 0 | 0 | 133 |
| 36 | 145 | 292 | 412,045 | 0 | 0 | 194 |
| 37 | 135 | 258 | 428,238 | 0 | 0 | 116 |

| | | | | | | |
|---|---|---|---|---|---|---|
| 38 | 104 | 159 | 444,657 | 29 | 0 | 95 |
| 39 | 193 | 251 | 461,107 | 0 | 0 | 145 |
| 40 | 106 | 200 | 477,586 | 8 | 0 | 181 |
| 41 | 187 | 332 | 494,067 | 0 | 0 | 102 |
| 42 | 64 | 335 | 510,563 | 0 | 0 | 77 |
| 43 | 69 | 123 | 527,078 | 0 | 0 | 219 |
| 44 | 33 | 53 | 543,863 | 0 | 19 | 187 |
| 45 | 155 | 293 | 560,710 | 0 | 0 | 86 |
| 46 | 161 | 207 | 577,748 | 0 | 0 | 85 |
| 47 | 52 | 277 | 594,839 | 0 | 0 | 111 |
| 48 | 175 | 281 | 611,949 | 0 | 0 | 224 |
| 49 | 151 | 164 | 629,060 | 0 | 0 | 141 |
| 50 | 237 | 272 | 646,291 | 0 | 0 | 169 |
| 51 | 12 | 257 | 663,662 | 30 | 0 | 159 |
| 52 | 21 | 178 | 681,318 | 0 | 0 | 183 |
| 53 | 66 | 199 | 699,355 | 0 | 0 | 234 |
| 54 | 190 | 304 | 717,730 | 0 | 0 | 160 |
| 55 | 117 | 264 | 736,348 | 0 | 0 | 151 |
| 56 | 31 | 167 | 755,339 | 0 | 0 | 215 |
| 57 | 97 | 188 | 774,385 | 0 | 0 | 193 |
| 58 | 25 | 238 | 793,655 | 0 | 0 | 244 |
| 59 | 109 | 260 | 813,727 | 0 | 0 | 144 |
| 60 | 10 | 250 | 833,865 | 5 | 0 | 122 |
| 61 | 139 | 334 | 854,349 | 0 | 0 | 168 |
| 62 | 19 | 286 | 874,984 | 0 | 0 | 156 |
| 63 | 35 | 55 | 895,729 | 0 | 0 | 186 |
| 64 | 185 | 247 | 916,598 | 0 | 0 | 196 |
| 65 | 179 | 268 | 937,781 | 0 | 0 | 119 |
| 66 | 170 | 192 | 959,013 | 0 | 0 | 106 |
| 67 | 83 | 220 | 980,621 | 0 | 0 | 175 |
| 68 | 94 | 321 | 1002,307 | 0 | 0 | 133 |
| 69 | 103 | 177 | 1024,312 | 0 | 0 | 149 |
| 70 | 23 | 208 | 1046,621 | 0 | 0 | 246 |
| 71 | 28 | 47 | 1069,226 | 0 | 0 | 100 |
| 72 | 168 | 186 | 1092,117 | 0 | 0 | 210 |
| 73 | 219 | 289 | 1115,208 | 0 | 0 | 130 |
| 74 | 59 | 107 | 1138,946 | 0 | 0 | 187 |
| 75 | 133 | 336 | 1162,738 | 0 | 0 | 131 |
| 76 | 146 | 166 | 1186,687 | 0 | 0 | 136 |
| 77 | 64 | 140 | 1210,866 | 42 | 0 | 151 |
| 78 | 181 | 242 | 1235,071 | 0 | 0 | 83 |
| 79 | 295 | 318 | 1259,471 | 0 | 0 | 84 |
| 80 | 71 | 75 | 1283,961 | 0 | 0 | 260 |
| 81 | 180 | 303 | 1308,487 | 0 | 0 | 190 |
| 82 | 128 | 129 | 1333,282 | 0 | 0 | 142 |
| 83 | 181 | 216 | 1358,312 | 78 | 22 | 87 |
| 84 | 189 | 295 | 1383,808 | 0 | 79 | 211 |
| 85 | 161 | 296 | 1409,492 | 46 | 0 | 225 |
| 86 | 155 | 297 | 1435,339 | 45 | 0 | 251 |
| 87 | 115 | 181 | 1461,217 | 0 | 83 | 258 |
| 88 | 13 | 241 | 1487,164 | 0 | 0 | 173 |
| 89 | 156 | 280 | 1513,718 | 0 | 20 | 270 |
| 90 | 244 | 326 | 1540,738 | 0 | 0 | 174 |
| 91 | 73 | 228 | 1568,416 | 23 | 0 | 165 |
| 92 | 195 | 196 | 1596,289 | 0 | 0 | 138 |
| 93 | 122 | 331 | 1624,436 | 0 | 0 | 230 |
| 94 | 88 | 224 | 1652,939 | 0 | 0 | 221 |

| | | | | | | |
|---|---|---|---|---|---|---|
| 95 | 40 | 104 | 1681,697 | 0 | 38 | 244 |
| 96 | 232 | 243 | 1710,921 | 0 | 0 | 182 |
| 97 | 169 | 174 | 1740,248 | 0 | 0 | 204 |
| 98 | 20 | 274 | 1769,765 | 0 | 0 | 186 |
| 99 | 61 | 319 | 1799,336 | 9 | 0 | 216 |
| 100 | 28 | 225 | 1828,935 | 71 | 0 | 242 |
| 101 | 67 | 291 | 1859,143 | 0 | 0 | 222 |
| 102 | 4 | 187 | 1889,593 | 0 | 41 | 227 |
| 103 | 197 | 212 | 1920,383 | 0 | 0 | 201 |
| 104 | 301 | 324 | 1951,245 | 0 | 0 | 210 |
| 105 | 294 | 299 | 1982,260 | 0 | 0 | 128 |
| 106 | 116 | 170 | 2013,631 | 0 | 66 | 263 |
| 107 | 74 | 287 | 2045,201 | 0 | 0 | 289 |
| 108 | 24 | 152 | 2076,866 | 0 | 0 | 250 |
| 109 | 236 | 240 | 2108,834 | 0 | 0 | 240 |
| 110 | 82 | 93 | 2140,888 | 0 | 0 | 235 |
| 111 | 52 | 120 | 2172,973 | 47 | 0 | 192 |
| 112 | 267 | 276 | 2205,263 | 0 | 0 | 223 |
| 113 | 99 | 338 | 2237,831 | 0 | 0 | 160 |
| 114 | 45 | 214 | 2270,438 | 0 | 0 | 212 |
| 115 | 49 | 283 | 2303,051 | 0 | 0 | 202 |
| 116 | 135 | 138 | 2335,838 | 37 | 0 | 268 |
| 117 | 11 | 79 | 2368,833 | 0 | 0 | 152 |
| 118 | 2 | 266 | 2401,887 | 34 | 0 | 280 |
| 119 | 81 | 179 | 2434,961 | 26 | 65 | 232 |
| 120 | 36 | 101 | 2468,047 | 0 | 0 | 199 |
| 121 | 8 | 9 | 2501,210 | 0 | 0 | 191 |
| 122 | 10 | 60 | 2534,590 | 60 | 0 | 154 |
| 123 | 229 | 314 | 2568,576 | 0 | 0 | 259 |
| 124 | 15 | 149 | 2602,601 | 6 | 0 | 271 |
| 125 | 50 | 150 | 2636,848 | 2 | 11 | 204 |
| 126 | 226 | 315 | 2671,225 | 0 | 0 | 248 |
| 127 | 57 | 154 | 2705,638 | 0 | 0 | 156 |
| 128 | 121 | 294 | 2740,422 | 0 | 105 | 251 |
| 129 | 172 | 201 | 2775,544 | 17 | 0 | 276 |
| 130 | 219 | 222 | 2810,834 | 73 | 0 | 153 |
| 131 | 125 | 133 | 2846,839 | 0 | 75 | 213 |
| 132 | 130 | 132 | 2884,197 | 0 | 0 | 254 |
| 133 | 62 | 94 | 2921,642 | 35 | 68 | 275 |
| 134 | 165 | 313 | 2959,113 | 0 | 0 | 148 |
| 135 | 85 | 98 | 2996,600 | 0 | 0 | 226 |
| 136 | 30 | 146 | 3034,128 | 0 | 76 | 247 |
| 137 | 198 | 203 | 3072,760 | 0 | 0 | 229 |
| 138 | 195 | 311 | 3111,462 | 92 | 0 | 250 |
| 139 | 90 | 118 | 3150,300 | 0 | 0 | 220 |
| 140 | 39 | 252 | 3189,919 | 0 | 0 | 202 |
| 141 | 95 | 151 | 3231,166 | 31 | 49 | 189 |
| 142 | 112 | 128 | 3272,445 | 0 | 82 | 170 |
| 143 | 131 | 239 | 3314,660 | 0 | 0 | 209 |
| 144 | 109 | 144 | 3357,833 | 59 | 0 | 214 |
| 145 | 63 | 193 | 3401,314 | 21 | 39 | 243 |
| 146 | 126 | 298 | 3444,953 | 0 | 0 | 194 |
| 147 | 5 | 48 | 3488,658 | 0 | 7 | 277 |
| 148 | 165 | 330 | 3532,993 | 134 | 0 | 247 |
| 149 | 34 | 103 | 3577,612 | 12 | 69 | 241 |
| 150 | 18 | 327 | 3623,079 | 0 | 0 | 253 |
| 151 | 64 | 117 | 3668,572 | 77 | 55 | 197 |

| | | | | | | |
|---|---|---|---|---|---|---|
| 152 | 11 | 210 | 3714,191 | 117 | 0 | 237 |
| 153 | 43 | 219 | 3760,981 | 0 | 130 | 274 |
| 154 | 10 | 76 | 3807,855 | 122 | 1 | 183 |
| 155 | 84 | 279 | 3854,957 | 0 | 0 | 206 |
| 156 | 19 | 57 | 3902,084 | 62 | 127 | 257 |
| 157 | 160 | 217 | 3949,230 | 0 | 0 | 218 |
| 158 | 26 | 206 | 3996,430 | 0 | 0 | 214 |
| 159 | 12 | 46 | 4043,994 | 51 | 0 | 256 |
| 160 | 99 | 190 | 4091,741 | 113 | 54 | 211 |
| 161 | 56 | 171 | 4139,690 | 3 | 0 | 262 |
| 162 | 27 | 265 | 4188,046 | 32 | 0 | 200 |
| 163 | 58 | 80 | 4236,516 | 0 | 13 | 258 |
| 164 | 54 | 194 | 4285,838 | 0 | 0 | 243 |
| 165 | 73 | 119 | 4335,502 | 91 | 0 | 241 |
| 166 | 89 | 205 | 4387,329 | 0 | 0 | 265 |
| 167 | 44 | 51 | 4439,642 | 0 | 0 | 235 |
| 168 | 137 | 139 | 4491,971 | 0 | 61 | 229 |
| 169 | 157 | 237 | 4544,590 | 0 | 50 | 228 |
| 170 | 112 | 262 | 4597,369 | 142 | 0 | 257 |
| 171 | 136 | 309 | 4650,269 | 0 | 0 | 198 |
| 172 | 105 | 204 | 4704,089 | 0 | 24 | 233 |
| 173 | 13 | 245 | 4758,116 | 88 | 0 | 282 |
| 174 | 227 | 244 | 4812,549 | 0 | 90 | 207 |
| 175 | 1 | 83 | 4867,302 | 0 | 67 | 227 |
| 176 | 41 | 325 | 4922,668 | 0 | 0 | 293 |
| 177 | 153 | 184 | 4978,415 | 0 | 0 | 248 |
| 178 | 42 | 147 | 5034,450 | 0 | 0 | 238 |
| 179 | 65 | 209 | 5090,486 | 0 | 0 | 249 |
| 180 | 72 | 312 | 5146,922 | 0 | 0 | 281 |
| 181 | 106 | 191 | 5203,702 | 40 | 0 | 212 |
| 182 | 232 | 316 | 5260,681 | 96 | 0 | 232 |
| 183 | 10 | 21 | 5318,063 | 154 | 52 | 303 |
| 184 | 68 | 218 | 5375,635 | 0 | 0 | 230 |
| 185 | 124 | 127 | 5435,791 | 0 | 0 | 261 |
| 186 | 20 | 35 | 5496,266 | 98 | 63 | 260 |
| 187 | 33 | 59 | 5556,914 | 44 | 74 | 308 |
| 188 | 148 | 233 | 5617,852 | 0 | 0 | 245 |
| 189 | 95 | 163 | 5679,233 | 141 | 28 | 221 |
| 190 | 142 | 180 | 5741,140 | 0 | 81 | 216 |
| 191 | 8 | 14 | 5804,349 | 121 | 0 | 237 |
| 192 | 52 | 70 | 5868,668 | 111 | 0 | 294 |
| 193 | 86 | 97 | 5933,821 | 0 | 57 | 233 |
| 194 | 126 | 145 | 5999,315 | 146 | 36 | 261 |
| 195 | 29 | 38 | 6065,093 | 25 | 0 | 245 |
| 196 | 185 | 261 | 6131,045 | 64 | 0 | 269 |
| 197 | 64 | 234 | 6197,185 | 151 | 10 | 215 |
| 198 | 136 | 317 | 6263,767 | 171 | 0 | 296 |
| 199 | 36 | 100 | 6330,546 | 120 | 18 | 273 |
| 200 | 27 | 213 | 6398,660 | 162 | 0 | 217 |
| 201 | 197 | 221 | 6466,948 | 103 | 0 | 255 |
| 202 | 39 | 49 | 6536,219 | 140 | 115 | 291 |
| 203 | 92 | 305 | 6606,178 | 0 | 0 | 284 |
| 204 | 50 | 169 | 6676,547 | 125 | 97 | 224 |
| 205 | 6 | 91 | 6747,221 | 0 | 0 | 220 |
| 206 | 77 | 84 | 6819,458 | 0 | 155 | 281 |
| 207 | 223 | 227 | 6893,330 | 0 | 174 | 280 |
| 208 | 271 | 284 | 6967,815 | 0 | 0 | 268 |

| | | | | | | |
|---|---|---|---|---|---|---|
| 209 | 131 | 269 | 7042,837 | 143 | 0 | 239 |
| 210 | 168 | 301 | 7118,259 | 72 | 104 | 231 |
| 211 | 99 | 189 | 7193,856 | 160 | 84 | 302 |
| 212 | 45 | 106 | 7269,582 | 114 | 181 | 298 |
| 213 | 125 | 307 | 7345,335 | 131 | 0 | 264 |
| 214 | 26 | 109 | 7423,388 | 158 | 144 | 305 |
| 215 | 31 | 64 | 7503,045 | 56 | 197 | 272 |
| 216 | 61 | 142 | 7583,447 | 99 | 190 | 279 |
| 217 | 27 | 255 | 7664,937 | 200 | 0 | 252 |
| 218 | 108 | 160 | 7748,001 | 0 | 157 | 267 |
| 219 | 32 | 69 | 7833,884 | 14 | 43 | 272 |
| 220 | 6 | 90 | 7921,337 | 205 | 139 | 293 |
| 221 | 88 | 95 | 8009,090 | 94 | 189 | 228 |
| 222 | 67 | 215 | 8096,846 | 101 | 0 | 262 |
| 223 | 267 | 278 | 8185,398 | 112 | 0 | 242 |
| 224 | 50 | 175 | 8280,136 | 204 | 48 | 286 |
| 225 | 161 | 162 | 8375,756 | 85 | 33 | 249 |
| 226 | 37 | 85 | 8471,471 | 0 | 135 | 279 |
| 227 | 1 | 4 | 8567,903 | 175 | 102 | 290 |
| 228 | 88 | 157 | 8665,244 | 221 | 169 | 312 |
| 229 | 137 | 198 | 8764,507 | 168 | 137 | 246 |
| 230 | 68 | 122 | 8864,462 | 184 | 93 | 300 |
| 231 | 168 | 230 | 8965,934 | 210 | 0 | 269 |
| 232 | 81 | 232 | 9068,490 | 119 | 182 | 287 |
| 233 | 86 | 105 | 9171,618 | 193 | 172 | 263 |
| 234 | 66 | 290 | 9275,031 | 53 | 0 | 273 |
| 235 | 44 | 82 | 9380,213 | 167 | 110 | 307 |
| 236 | 110 | 256 | 9488,002 | 0 | 0 | 285 |
| 237 | 8 | 11 | 9595,826 | 191 | 152 | 278 |
| 238 | 17 | 42 | 9704,153 | 27 | 178 | 264 |
| 239 | 22 | 131 | 9814,316 | 0 | 209 | 292 |
| 240 | 7 | 236 | 9925,957 | 0 | 109 | 271 |
| 241 | 34 | 73 | 10038,353 | 149 | 165 | 275 |
| 242 | 28 | 267 | 10150,929 | 100 | 223 | 299 |
| 243 | 54 | 63 | 10263,537 | 164 | 145 | 276 |
| 244 | 25 | 40 | 10376,478 | 58 | 95 | 277 |
| 245 | 29 | 148 | 10492,341 | 195 | 188 | 304 |
| 246 | 23 | 137 | 10619,979 | 70 | 229 | 299 |
| 247 | 30 | 165 | 10749,876 | 136 | 148 | 270 |
| 248 | 153 | 226 | 10881,306 | 177 | 126 | 291 |
| 249 | 65 | 161 | 11012,934 | 179 | 225 | 259 |
| 250 | 24 | 195 | 11146,157 | 108 | 138 | 255 |
| 251 | 121 | 155 | 11279,781 | 128 | 86 | 301 |
| 252 | 27 | 288 | 11418,167 | 217 | 0 | 297 |
| 253 | 16 | 18 | 11556,565 | 15 | 150 | 278 |
| 254 | 113 | 130 | 11697,569 | 0 | 132 | 283 |
| 255 | 24 | 197 | 11840,297 | 250 | 201 | 298 |
| 256 | 12 | 183 | 11985,355 | 159 | 0 | 282 |
| 257 | 19 | 112 | 12130,536 | 156 | 170 | 319 |
| 258 | 58 | 115 | 12277,533 | 163 | 87 | 286 |
| 259 | 65 | 229 | 12424,565 | 249 | 123 | 311 |
| 260 | 20 | 71 | 12572,825 | 186 | 80 | 288 |
| 261 | 124 | 126 | 12722,974 | 185 | 194 | 289 |
| 262 | 56 | 67 | 12875,032 | 161 | 222 | 290 |
| 263 | 86 | 116 | 13037,414 | 233 | 106 | 313 |
| 264 | 17 | 125 | 13200,468 | 238 | 213 | 296 |
| 265 | 89 | 111 | 13363,959 | 166 | 0 | 304 |

| | | | | | | |
|---|---|---|---|---|---|---|
| 266 | 3 | 310 | 13529,173 | 0 | 0 | 284 |
| 267 | 108 | 141 | 13695,286 | 218 | 0 | 314 |
| 268 | 135 | 271 | 13862,801 | 116 | 208 | 283 |
| 269 | 168 | 185 | 14033,068 | 231 | 196 | 310 |
| 270 | 30 | 156 | 14210,059 | 247 | 89 | 312 |
| 271 | 7 | 15 | 14389,672 | 240 | 124 | 323 |
| 272 | 31 | 32 | 14569,384 | 215 | 219 | 300 |
| 273 | 36 | 66 | 14752,272 | 199 | 234 | 301 |
| 274 | 43 | 211 | 14947,996 | 153 | 0 | 297 |
| 275 | 34 | 62 | 15146,582 | 241 | 133 | 303 |
| 276 | 54 | 172 | 15346,212 | 243 | 129 | 287 |
| 277 | 5 | 25 | 15546,529 | 147 | 244 | 294 |
| 278 | 8 | 16 | 15748,168 | 237 | 253 | 309 |
| 279 | 37 | 61 | 15956,780 | 226 | 216 | 285 |
| 280 | 2 | 223 | 16171,185 | 118 | 207 | 317 |
| 281 | 72 | 77 | 16394,729 | 180 | 206 | 302 |
| 282 | 12 | 13 | 16629,066 | 256 | 173 | 295 |
| 283 | 113 | 135 | 16864,721 | 254 | 268 | 292 |
| 284 | 3 | 92 | 17105,043 | 266 | 203 | 305 |
| 285 | 37 | 110 | 17349,191 | 279 | 236 | 307 |
| 286 | 50 | 58 | 17594,031 | 224 | 258 | 318 |
| 287 | 54 | 81 | 17838,977 | 276 | 232 | 313 |
| 288 | 20 | 143 | 18105,855 | 260 | 0 | 308 |
| 289 | 74 | 124 | 18376,221 | 107 | 261 | 306 |
| 290 | 1 | 56 | 18648,340 | 227 | 262 | 316 |
| 291 | 39 | 153 | 18931,352 | 202 | 248 | 310 |
| 292 | 22 | 113 | 19216,662 | 239 | 283 | 329 |
| 293 | 6 | 41 | 19514,273 | 220 | 176 | 317 |
| 294 | 5 | 52 | 19822,260 | 277 | 192 | 315 |
| 295 | 12 | 263 | 20153,082 | 282 | 0 | 309 |
| 296 | 17 | 136 | 20492,570 | 264 | 198 | 314 |
| 297 | 27 | 43 | 20841,563 | 252 | 274 | 311 |
| 298 | 24 | 45 | 21223,256 | 255 | 212 | 318 |
| 299 | 23 | 28 | 21616,332 | 246 | 242 | 322 |
| 300 | 31 | 68 | 22015,328 | 272 | 230 | 316 |
| 301 | 36 | 121 | 22429,289 | 273 | 251 | 306 |
| 302 | 72 | 99 | 22848,086 | 281 | 211 | 321 |
| 303 | 10 | 34 | 23273,133 | 183 | 275 | 319 |
| 304 | 29 | 89 | 23709,963 | 245 | 265 | 320 |
| 305 | 3 | 26 | 24156,311 | 284 | 214 | 324 |
| 306 | 36 | 74 | 24610,848 | 301 | 289 | 327 |
| 307 | 37 | 44 | 25080,502 | 285 | 235 | 323 |
| 308 | 20 | 33 | 25579,955 | 288 | 187 | 315 |
| 309 | 8 | 12 | 26105,668 | 278 | 295 | 331 |
| 310 | 39 | 168 | 26671,230 | 291 | 269 | 326 |
| 311 | 27 | 65 | 27266,166 | 297 | 259 | 321 |
| 312 | 30 | 88 | 27907,633 | 270 | 228 | 326 |
| 313 | 54 | 86 | 28552,611 | 287 | 263 | 322 |
| 314 | 17 | 108 | 29200,619 | 296 | 267 | 324 |
| 315 | 5 | 20 | 29864,732 | 294 | 308 | 328 |
| 316 | 1 | 31 | 30543,973 | 290 | 300 | 325 |
| 317 | 2 | 6 | 31241,715 | 280 | 293 | 320 |
| 318 | 24 | 50 | 31974,268 | 298 | 286 | 328 |
| 319 | 10 | 19 | 32815,973 | 303 | 257 | 325 |
| 320 | 2 | 29 | 33872,090 | 317 | 304 | 331 |
| 321 | 27 | 72 | 34949,574 | 311 | 302 | 327 |
| 322 | 23 | 54 | 36070,824 | 299 | 313 | 332 |

| | | | | | | |
|---|---|---|---|---|---|---|
| 323 | 7 | 37 | 37196,227 | 271 | 307 | 330 |
| 324 | 3 | 17 | 38386,867 | 305 | 314 | 330 |
| 325 | 1 | 10 | 39602,234 | 316 | 319 | 329 |
| 326 | 30 | 39 | 41052,883 | 312 | 310 | 332 |
| 327 | 27 | 36 | 42569,816 | 321 | 306 | 336 |
| 328 | 5 | 24 | 44138,020 | 315 | 318 | 333 |
| 329 | 1 | 22 | 46244,191 | 325 | 292 | 333 |
| 330 | 3 | 7 | 48531,570 | 324 | 323 | 335 |
| 331 | 2 | 8 | 50843,531 | 320 | 309 | 334 |
| 332 | 23 | 30 | 53296,703 | 322 | 326 | 336 |
| 333 | 1 | 5 | 56788,203 | 329 | 328 | 334 |
| 334 | 1 | 2 | 61661,828 | 333 | 331 | 335 |
| 335 | 1 | 3 | 67549,047 | 334 | 330 | 337 |
| 336 | 23 | 27 | 73463,969 | 332 | 327 | 337 |
| 337 | 1 | 23 | 84434,523 | 335 | 336 | 0 |

# XV. Mittelwertvergleich – identifizierte Cluster

**Deskriptive Statistik**

| | | N | Mittelwert | Standardabweichung | Standardfehler | 95%-Konfidenzintervall für den Mittelwert | | Minimum | Maximum |
|---|---|---|---|---|---|---|---|---|---|
| | | | | | | Untergrenze | Obergrenze | | |
| RELIMP5 | 1 | 165 | 17,7646 | 6,0577 | ,4716 | 16,8334 | 18,6958 | 3,66 | 29,40 |
| | 2 | 46 | 19,3800 | 6,5642 | ,9678 | 17,4307 | 21,3293 | 4,83 | 33,22 |
| | 3 | 74 | 25,2141 | 5,0612 | ,5884 | 24,0415 | 26,3866 | 13,52 | 38,14 |
| | 4 | 53 | 30,8442 | 4,1303 | ,5673 | 29,7057 | 31,9826 | 18,71 | 40,24 |
| | Gesamt | 338 | 21,6663 | 7,4814 | ,4069 | 20,8659 | 22,4668 | 3,66 | 40,24 |
| RELIMP4 | 1 | 165 | 19,2169 | 5,4223 | ,4221 | 18,3834 | 20,0504 | 3,08 | 38,62 |
| | 2 | 46 | 16,8811 | 7,4504 | 1,0985 | 14,6686 | 19,0936 | 1,67 | 30,76 |
| | 3 | 74 | 22,2220 | 4,9981 | ,5810 | 21,0641 | 23,3800 | 12,51 | 36,24 |
| | 4 | 53 | 11,0308 | 4,3711 | ,6004 | 9,8259 | 12,2356 | 2,43 | 19,47 |
| | Gesamt | 338 | 18,2733 | 6,5156 | ,3544 | 17,5762 | 18,9704 | 1,67 | 38,62 |
| RELIMP2 | 1 | 165 | 18,4803 | 4,6854 | ,3648 | 17,7601 | 19,2005 | 6,87 | 33,80 |
| | 2 | 46 | 13,4522 | 4,5346 | ,6686 | 12,1056 | 14,7988 | 4,93 | 27,42 |
| | 3 | 74 | 9,2976 | 3,4132 | ,3968 | 8,5068 | 10,0883 | 3,22 | 16,91 |
| | 4 | 53 | 13,7662 | 5,2615 | ,7227 | 12,3160 | 15,2165 | 4,32 | 26,01 |
| | Gesamt | 338 | 15,0464 | 5,8189 | ,3165 | 14,4238 | 15,6690 | 3,22 | 33,80 |
| RELIMP1 | 1 | 165 | 13,9239 | 5,3660 | ,4177 | 13,0991 | 14,7488 | 1,14 | 29,45 |
| | 2 | 46 | 11,5998 | 5,4834 | ,8085 | 9,9714 | 13,2282 | 1,48 | 23,97 |
| | 3 | 74 | 14,7393 | 5,4527 | ,6339 | 13,4760 | 16,0026 | 3,78 | 27,95 |
| | 4 | 53 | 12,9304 | 5,0524 | ,6940 | 11,5378 | 14,3230 | 1,87 | 26,30 |
| | Gesamt | 338 | 13,6304 | 5,4184 | ,2947 | 13,0506 | 14,2101 | 1,14 | 29,45 |
| RELIMP7 | 1 | 165 | 9,4613 | 4,1077 | ,3198 | 8,8299 | 10,0928 | ,81 | 18,79 |
| | 2 | 46 | 20,2854 | 4,2104 | ,6208 | 19,0351 | 21,5358 | 11,61 | 29,37 |
| | 3 | 74 | 9,0746 | 3,9500 | ,4592 | 8,1595 | 9,9897 | 1,01 | 17,99 |
| | 4 | 53 | 9,8881 | 4,2961 | ,5901 | 8,7040 | 11,0723 | 3,08 | 20,48 |
| | Gesamt | 338 | 10,9167 | 5,5440 | ,3016 | 10,3235 | 11,5098 | ,81 | 29,37 |
| RELIMP3 | 1 | 165 | 11,4383 | 5,9477 | ,4630 | 10,5240 | 12,3526 | ,40 | 27,85 |
| | 2 | 46 | 8,6541 | 5,2601 | ,7756 | 7,0921 | 10,2162 | ,09 | 19,66 |
| | 3 | 74 | 9,9281 | 5,3444 | ,6213 | 8,6899 | 11,1663 | ,44 | 22,59 |
| | 4 | 53 | 8,9092 | 4,4491 | ,6111 | 7,6829 | 10,1356 | ,67 | 17,99 |
| | Gesamt | 338 | 10,3322 | 5,6115 | ,3052 | 9,7318 | 10,9326 | ,09 | 27,85 |
| RELIMP6 | 1 | 165 | 9,7150 | 5,5533 | ,4323 | 8,8613 | 10,5686 | ,21 | 25,76 |
| | 2 | 46 | 9,7478 | 4,1364 | ,6099 | 8,5195 | 10,9762 | ,12 | 21,92 |
| | 3 | 74 | 9,5243 | 4,5128 | ,5246 | 8,4788 | 10,5699 | ,40 | 20,88 |
| | 4 | 53 | 12,6308 | 4,9677 | ,6824 | 11,2615 | 14,0000 | 1,75 | 21,28 |
| | Gesamt | 338 | 10,1349 | 5,1653 | ,2810 | 9,5823 | 10,6876 | ,12 | 25,76 |

**Test der Homogenität der Varianzen**

| | Levene-Statistik | df1 | df2 | Signifikanz |
|---|---|---|---|---|
| RELIMP5 | 4,961 | 3 | 334 | ,002 |
| RELIMP4 | 6,310 | 3 | 334 | ,000 |
| RELIMP2 | 2,838 | 3 | 334 | ,038 |
| RELIMP1 | ,154 | 3 | 334 | ,927 |
| RELIMP7 | ,318 | 3 | 334 | ,812 |
| RELIMP3 | 1,992 | 3 | 334 | ,115 |
| RELIMP6 | 4,221 | 3 | 334 | ,006 |

**ANOVA**

| | | Quadratsumme | df | Mittel der Quadrate | F | Signifikanz |
|---|---|---|---|---|---|---|
| RELIMP5 | Zwischen den Gruppen | 8148,032 | 3 | 2716,011 | 84,669 | ,000 |
| | Innerhalb der Gruppen | 10714,091 | 334 | 32,078 | | |
| | Gesamt | 18862,123 | 337 | | | |
| RELIMP4 | Zwischen den Gruppen | 4170,003 | 3 | 1390,001 | 45,799 | ,000 |
| | Innerhalb der Gruppen | 10136,861 | 334 | 30,350 | | |
| | Gesamt | 14306,863 | 337 | | | |
| RELIMP2 | Zwischen den Gruppen | 4595,031 | 3 | 1531,677 | 75,060 | ,000 |
| | Innerhalb der Gruppen | 6815,649 | 334 | 20,406 | | |
| | Gesamt | 11410,680 | 337 | | | |
| RELIMP1 | Zwischen den Gruppen | 320,864 | 3 | 106,955 | 3,732 | ,012 |
| | Innerhalb der Gruppen | 9573,104 | 334 | 28,662 | | |
| | Gesamt | 9893,968 | 337 | | | |
| RELIMP7 | Zwischen den Gruppen | 4694,234 | 3 | 1564,745 | 92,278 | ,000 |
| | Innerhalb der Gruppen | 5663,599 | 334 | 16,957 | | |
| | Gesamt | 10357,833 | 337 | | | |
| RELIMP3 | Zwischen den Gruppen | 450,802 | 3 | 150,267 | 4,939 | ,002 |
| | Innerhalb der Gruppen | 10160,972 | 334 | 30,422 | | |
| | Gesamt | 10611,774 | 337 | | | |
| RELIMP6 | Zwischen den Gruppen | 393,728 | 3 | 131,243 | 5,099 | ,002 |
| | Innerhalb der Gruppen | 8597,554 | 334 | 25,741 | | |
| | Gesamt | 8991,282 | 337 | | | |

# Homogene Untergruppen

**RELIMP5**

| | | | Untergruppe für Alpha = .05. | | |
|---|---|---|---|---|---|
| | Ward Method | N | 1 | 2 | 3 |
| Duncan[a,b] | 1 | 165 | 17,7646 | | |
| | 2 | 46 | 19,3800 | | |
| | 3 | 74 | | 25,2141 | |
| | 4 | 53 | | | 30,8442 |
| | Signifikanz | | ,100 | 1,000 | 1,000 |
| Scheffé-Prozedur[a,b] | 1 | 165 | 17,7646 | | |
| | 2 | 46 | 19,3800 | | |
| | 3 | 74 | | 25,2141 | |
| | 4 | 53 | | | 30,8442 |
| | Signifikanz | | ,441 | 1,000 | 1,000 |

Die Mittelwerte für die in homogenen Untergruppen befindlichen Gruppen werden angezeigt.

a. Verwendet ein harmonisches Mittel für Stichprobengröße = 66,466.

b. Die Gruppengrößen sind nicht identisch. Es wird das harmonische Mittel der Gruppengrößen verwendet. Fehlerniveaus des Typs I sind nicht garantiert.

**RELIMP4**

| | Ward Method | N | Untergruppe für Alpha = .05. 1 | 2 | 3 | 4 |
|---|---|---|---|---|---|---|
| Duncan[a,b] | 4 | 53 | 11,0308 | | | |
| | 2 | 46 | | 16,8811 | | |
| | 1 | 165 | | | 19,2169 | |
| | 3 | 74 | | | | 22,2220 |
| | Signifikanz | | 1,000 | 1,000 | 1,000 | 1,000 |
| Scheffé-Prozedur[a] | 4 | 53 | 11,0308 | | | |
| | 2 | 46 | | 16,8811 | | |
| | 1 | 165 | | 19,2169 | | |
| | 3 | 74 | | | 22,2220 | |
| | Signifikanz | | 1,000 | ,115 | 1,000 | |

Die Mittelwerte für die in homogenen Untergruppen befindlichen Gruppen werden angezeigt.

a. Verwendet ein harmonisches Mittel für Stichprobengröße = 66,466.

b. Die Gruppengrößen sind nicht identisch. Es wird das harmonische Mittel der Gruppengrößen verwendet. Fehlerniveaus des Typs I sind nicht garantiert.

**RELIMP2**

| | Ward Method | N | Untergruppe für Alpha = .05. 1 | 2 | 3 |
|---|---|---|---|---|---|
| Duncan[a,b] | 3 | 74 | 9,2976 | | |
| | 2 | 46 | | 13,4522 | |
| | 4 | 53 | | 13,7662 | |
| | 1 | 165 | | | 18,4803 |
| | Signifikanz | | 1,000 | ,689 | 1,000 |
| Scheffé-Prozedur[a] | 3 | 74 | 9,2976 | | |
| | 2 | 46 | | 13,4522 | |
| | 4 | 53 | | 13,7662 | |
| | 1 | 165 | | | 18,4803 |
| | Signifikanz | | 1,000 | ,984 | 1,000 |

Die Mittelwerte für die in homogenen Untergruppen befindlichen Gruppen werden angezeigt.

a. Verwendet ein harmonisches Mittel für Stichprobengröße = 66,466.

b. Die Gruppengrößen sind nicht identisch. Es wird das harmonische Mittel der Gruppengrößen verwendet. Fehlerniveaus des Typs I sind nicht garantiert.

**RELIMP1**

| | Ward Method | N | Untergruppe für Alpha = .05. 1 | 2 |
|---|---|---|---|---|
| Duncan[a,b] | 2 | 46 | 11,5998 | |
| | 4 | 53 | 12,9304 | 12,9304 |
| | 1 | 165 | | 13,9239 |
| | 3 | 74 | | 14,7393 |
| | Signifikanz | | ,152 | ,065 |
| Scheffé-Prozedur[a] | 2 | 46 | 11,5998 | |
| | 4 | 53 | 12,9304 | 12,9304 |
| | 1 | 165 | 13,9239 | 13,9239 |
| | 3 | 74 | | 14,7393 |
| | Signifikanz | | ,102 | ,286 |

Die Mittelwerte für die in homogenen Untergruppen befindlichen Gruppen werden angezeigt.

a. Verwendet ein harmonisches Mittel für Stichprobengröße = 66,466.

b. Die Gruppengrößen sind nicht identisch. Es wird das harmonische Mittel der Gruppengrößen verwendet. Fehlerniveaus des Typs I sind nicht garantiert.

**RELIMP7**

| | Ward Method | N | Untergruppe für Alpha = .05. 1 | 2 |
|---|---|---|---|---|
| Duncan[a,b] | 3 | 74 | 9,0746 | |
| | 1 | 165 | 9,4613 | |
| | 4 | 53 | 9,8881 | |
| | 2 | 46 | | 20,2854 |
| | Signifikanz | | ,286 | 1,000 |
| Scheffé-Prozedur[a,b] | 3 | 74 | 9,0746 | |
| | 1 | 165 | 9,4613 | |
| | 4 | 53 | 9,8881 | |
| | 2 | 46 | | 20,2854 |
| | Signifikanz | | ,730 | 1,000 |

Die Mittelwerte für die in homogenen Untergruppen befindlichen Gruppen werden angezeigt.

a. Verwendet ein harmonisches Mittel für Stichprobengröße = 66,466.

b. Die Gruppengrößen sind nicht identisch. Es wird das harmonische Mittel der Gruppengrößen verwendet. Fehlerniveaus des Typs I sind nicht garantiert.

**RELIMP3**

| | Ward Method | N | Untergruppe für Alpha = .05. 1 | 2 |
|---|---|---|---|---|
| Duncan[a,b] | 2 | 46 | 8,6541 | |
| | 4 | 53 | 8,9092 | |
| | 3 | 74 | 9,9281 | 9,9281 |
| | 1 | 165 | | 11,4383 |
| | Signifikanz | | ,211 | ,114 |
| Scheffé-Prozedur[a,b] | 2 | 46 | 8,6541 | |
| | 4 | 53 | 8,9092 | 8,9092 |
| | 3 | 74 | 9,9281 | 9,9281 |
| | 1 | 165 | | 11,4383 |
| | Signifikanz | | ,621 | ,074 |

Die Mittelwerte für die in homogenen Untergruppen befindlichen Gruppen werden angezeigt.

a. Verwendet ein harmonisches Mittel für Stichprobengröße = 66,466.

b. Die Gruppengrößen sind nicht identisch. Es wird das harmonische Mittel der Gruppengrößen verwendet. Fehlerniveaus des Typs I sind nicht garantiert.

**RELIMP6**

| | Ward Method | N | Untergruppe für Alpha = .05. 1 | 2 |
|---|---|---|---|---|
| Duncan[a,b] | 3 | 74 | 9,5243 | |
| | 1 | 165 | 9,7150 | |
| | 2 | 46 | 9,7478 | |
| | 4 | 53 | | 12,6308 |
| | Signifikanz | | ,813 | 1,000 |
| Scheffé-Prozedur[a,b] | 3 | 74 | 9,5243 | |
| | 1 | 165 | 9,7150 | |
| | 2 | 46 | 9,7478 | |
| | 4 | 53 | | 12,6308 |
| | Signifikanz | | ,996 | 1,000 |

Die Mittelwerte für die in homogenen Untergruppen befindlichen Gruppen werden angezeigt.

a. Verwendet ein harmonisches Mittel für Stichprobengröße = 66,466.

b. Die Gruppengrößen sind nicht identisch. Es wird das harmonische Mittel der Gruppengrößen verwendet. Fehlerniveaus des Typs I sind nicht garantiert.

# XVI. Diskriminanzanalyse

**Analyse der verarbeiteten Fälle.**

| Ungewichtete Fälle | | N | Prozent |
|---|---|---|---|
| Gültig | | 338 | 100,0 |
| Ausgeschlossen | Gruppencodes fehlend oder außerhalb des Bereichs | 0 | ,0 |
| | Mindestens eine fehlende Diskriminanz-Variable | 0 | ,0 |
| | Beide fehlenden oder außerhalb des Bereichs liegenden Gruppencodes und mindestens eine fehlende Diskriminanz-Variable | 0 | ,0 |
| | Gesamtzahl der ausgeschlossenen | 0 | ,0 |
| Gesamtzahl der Fälle | | 338 | 100,0 |

**Gruppenstatistik**

| Ward Method | | Mittelwert | Standardabweichung | Gültige Werte (listenweise) Ungewichtet | Gültige Werte (listenweise) Gewichtet |
|---|---|---|---|---|---|
| Verwöhnte | RELIMP1 | 13,9239 | 5,3660 | 165 | 165,000 |
| | RELIMP2 | 18,4803 | 4,6854 | 165 | 165,000 |
| | RELIMP3 | 11,4383 | 5,9477 | 165 | 165,000 |
| | RELIMP4 | 19,2169 | 5,4223 | 165 | 165,000 |
| | RELIMP5 | 17,7646 | 6,0577 | 165 | 165,000 |
| | RELIMP6 | 9,7150 | 5,5533 | 165 | 165,000 |
| | RELIMP7 | 9,4613 | 4,1077 | 165 | 165,000 |
| Bindungsunwillige | RELIMP1 | 11,5998 | 5,4834 | 46 | 46,000 |
| | RELIMP2 | 13,4522 | 4,5346 | 46 | 46,000 |
| | RELIMP3 | 8,6541 | 5,2601 | 46 | 46,000 |
| | RELIMP4 | 16,8811 | 7,4504 | 46 | 46,000 |
| | RELIMP5 | 19,3800 | 6,5642 | 46 | 46,000 |
| | RELIMP6 | 9,7478 | 4,1364 | 46 | 46,000 |
| | RELIMP7 | 20,2854 | 4,2104 | 46 | 46,000 |
| Preissensible | RELIMP1 | 14,7393 | 5,4527 | 74 | 74,000 |
| | RELIMP2 | 9,2976 | 3,4132 | 74 | 74,000 |
| | RELIMP3 | 9,9281 | 5,3444 | 74 | 74,000 |
| | RELIMP4 | 22,2220 | 4,9981 | 74 | 74,000 |
| | RELIMP5 | 25,2141 | 5,0612 | 74 | 74,000 |
| | RELIMP6 | 9,5243 | 4,5128 | 74 | 74,000 |
| | RELIMP7 | 9,0746 | 3,9500 | 74 | 74,000 |
| Umweltbewusste | RELIMP1 | 12,9304 | 5,0524 | 53 | 53,000 |
| | RELIMP2 | 13,7662 | 5,2615 | 53 | 53,000 |
| | RELIMP3 | 8,9092 | 4,4491 | 53 | 53,000 |
| | RELIMP4 | 11,0308 | 4,3711 | 53 | 53,000 |
| | RELIMP5 | 30,8442 | 4,1303 | 53 | 53,000 |
| | RELIMP6 | 12,6308 | 4,9677 | 53 | 53,000 |
| | RELIMP7 | 9,8881 | 4,2961 | 53 | 53,000 |
| Gesamt | RELIMP1 | 13,6304 | 5,4184 | 338 | 338,000 |
| | RELIMP2 | 15,0464 | 5,8189 | 338 | 338,000 |
| | RELIMP3 | 10,3322 | 5,6115 | 338 | 338,000 |
| | RELIMP4 | 18,2733 | 6,5156 | 338 | 338,000 |
| | RELIMP5 | 21,6663 | 7,4814 | 338 | 338,000 |
| | RELIMP6 | 10,1349 | 5,1653 | 338 | 338,000 |
| | RELIMP7 | 10,9167 | 5,5440 | 338 | 338,000 |

**Gleichheitstest der Gruppenmittelwerte**

| | Wilks-Lambda | F | df1 | df2 | Signifikanz |
|---|---|---|---|---|---|
| RELIMP1 | ,968 | 3,732 | 3 | 334 | ,012 |
| RELIMP2 | ,597 | 75,060 | 3 | 334 | ,000 |
| RELIMP3 | ,958 | 4,939 | 3 | 334 | ,002 |
| RELIMP4 | ,709 | 45,799 | 3 | 334 | ,000 |
| RELIMP5 | ,568 | 84,669 | 3 | 334 | ,000 |
| RELIMP6 | ,956 | 5,099 | 3 | 334 | ,002 |
| RELIMP7 | ,547 | 92,278 | 3 | 334 | ,000 |

# Box-Test auf Gleichheit der Kovarianz-Matrizen

**Log-Determinanten**

| Ward Method | Rang | Log-Determinante |
|---|---|---|
| Verwöhnte | 5 | 15,801 |
| Bindungsunwillige | 5 | 16,179 |
| Preissensible | 5 | 14,354 |
| Umweltbewusste | 5 | 14,228 |
| Gemeinsam innerhalb der Gruppen | 5 | 15,671 |

Die Ränge und natürlichen Logarithmen der ausgegebenen Determinanten sind die der Gruppen-Kovarianz-Matrizen.

**Textergebnisse**

| | | |
|---|---|---|
| Box-M | | 127,166 |
| F | Näherungswert | 2,727 |
| | df1 | 45 |
| | df2 | 96408,090 |
| | Signifikanz | ,000 |

Testet die Null-Hypothese der Kovarianz-Matrizen gleicher Grundgesamtheit.

# Schrittweise Statistik

**Aufgenommene/Entfernte Variablen[a,b,c,d]**

| | | | Wilks-Lambda | | | | | | | | | | | |
|---|---|---|---|---|---|---|---|---|---|---|---|---|---|---|
| | | | | | | | Exaktes F | | | | Näherungsweises F | | | |
| Schritt | Aufgenommen | Entfernt | Statistik | df1 | df2 | df3 | Statistik | df1 | df2 | Signifikanz | Statistik | df1 | df2 | Signifikanz |
| 1 | RELIMP7 | | ,547 | 1 | 3 | 334,000 | 92,278 | 3 | 334,000 | ,000 | | | | |
| 2 | RELIMP5 | | ,308 | 2 | 3 | 334,000 | 89,089 | 6 | 666,000 | ,000 | | | | |
| 3 | RELIMP2 | | ,212 | 3 | 3 | 334,000 | | | | | 80,107 | 9 | 808,151 | ,000 |
| 4 | RELIMP4 | | ,172 | 4 | 3 | 334,000 | | | | | 68,968 | 12 | 876,035 | ,000 |
| 5 | RELIMP3 | | ,165 | 5 | 3 | 334,000 | | | | | 55,991 | 15 | 911,386 | ,000 |

Bei jedem Schritt wird die Variable aufgenommen, die das gesamte Wilks-Lambda minimiert.

a. Maximale Anzahl der Schritte ist 14.

b. Minimaler partieller F-Wert für die Aufnahme ist 3.84.

c. Maximaler partieller F-Wert für den Ausschluß ist 2.71.

d. F-Niveau, Toleranz oder VIN sind für eine weitere Berechnung unzureichend.

# Zusammenfassung der kanonischen Diskriminanzfunktionen

**Eigenwerte**

| Funktion | Eigenwert | % der Varianz | Kumulierte % | Kanonische Korrelation |
|---|---|---|---|---|
| 1 | 1,156[a] | 45,7 | 45,7 | ,732 |
| 2 | ,846[a] | 33,5 | 79,2 | ,677 |
| 3 | ,525[a] | 20,8 | 100,0 | ,587 |

a. Die ersten 3 kanonischen Diskriminanzfunktionen werden in dieser Analyse verwendet.

**Wilks' Lambda**

| Test der Funktion(en) | Wilks-Lambda | Chi-Quadrat | df | Signifikanz |
|---|---|---|---|---|
| 1 bis 3 | ,165 | 599,490 | 15 | ,000 |
| 2 bis 3 | ,355 | 344,073 | 8 | ,000 |
| 3 | ,656 | 140,246 | 3 | ,000 |

Territorien
(Annahme: alle Funktionen außer der ersten zwei sind gleich null.)
Kanonische Diskriminanz-
funktion 2

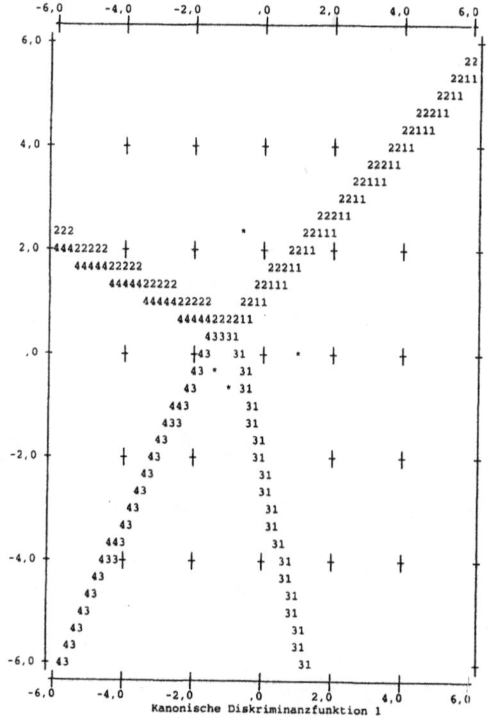


Symbole für Territorien

Symbol Grp. Label
------ ---- ------------------

```
1        1  Verwöhnte
2        2  Bindungsunwillige
3        3  Preissensible
4        4  Umweltbewusste
*           Markiert Gruppenzentroide
```

# Klassifizierungsstatistiken

**Klassifizierungsergebnisse[a]**

| | | | Vorhergesagte Gruppenzugehörigkeit | | | | |
|---|---|---|---|---|---|---|---|
| | | Ward Method | Verwöhnte | Bindungs unwillige | Preissensible | Umweltbe wusste | Gesamt |
| Original | Anzahl | Verwöhnte | 148 | 4 | 7 | 6 | 165 |
| | | Bindungsunwillige | 5 | 38 | 3 | 0 | 46 |
| | | Preissensible | 8 | 2 | 64 | 0 | 74 |
| | | Umweltbewusste | 4 | 1 | 4 | 44 | 53 |
| | % | Verwöhnte | 89,7 | 2,4 | 4,2 | 3,6 | 100,0 |
| | | Bindungsunwillige | 10,9 | 82,6 | 6,5 | ,0 | 100,0 |
| | | Preissensible | 10,8 | 2,7 | 86,5 | ,0 | 100,0 |
| | | Umweltbewusste | 7,5 | 1,9 | 7,5 | 83,0 | 100,0 |

a. 87,0% der ursprünglich gruppierten Fälle wurden korrekt klassifiziert.

# XVII. Chi-Quadrat-Test – Soziodemografika Nutzensegmente

**Verarbeitete Fälle**

| | Fälle | | | | | |
|---|---|---|---|---|---|---|
| | Gültig | | Fehlend | | Gesamt | |
| | N | Prozent | N | Prozent | N | Prozent |
| Geschlecht * Ward Method | 338 | 99,7% | 1 | ,3% | 339 | 100,0% |
| Alter * Ward Method | 337 | 99,4% | 2 | ,6% | 339 | 100,0% |
| BERUF * Ward Method | 338 | 99,7% | 1 | ,3% | 339 | 100,0% |
| BILDUNG * Ward Method | 338 | 99,7% | 1 | ,3% | 339 | 100,0% |
| EINKOMME * Ward Method | 338 | 99,7% | 1 | ,3% | 339 | 100,0% |

**Kreuztabelle**

| | | | Ward Method | | | | |
|---|---|---|---|---|---|---|---|
| | | | Verwöhnte | Bindungs unwillige | Preissensible | Umweltbe wusste | Gesamt |
| Geschlecht | weiblich | Anzahl | 62 | 20 | 35 | 22 | 139 |
| | | % von Geschlecht | 44,6% | 14,4% | 25,2% | 15,8% | 100,0% |
| | | % von Ward Method | 37,6% | 43,5% | 47,3% | 41,5% | 41,1% |
| | | % der Gesamtzahl | 18,3% | 5,9% | 10,4% | 6,5% | 41,1% |
| | | Standardisierte Residuen | -,7 | ,2 | ,8 | ,0 | |
| | männlich | Anzahl | 103 | 26 | 39 | 31 | 199 |
| | | % von Geschlecht | 51,8% | 13,1% | 19,6% | 15,6% | 100,0% |
| | | % von Ward Method | 62,4% | 56,5% | 52,7% | 58,5% | 58,9% |
| | | % der Gesamtzahl | 30,5% | 7,7% | 11,5% | 9,2% | 58,9% |
| | | Standardisierte Residuen | ,6 | -,2 | -,7 | ,0 | |
| Gesamt | | Anzahl | 165 | 46 | 74 | 53 | 338 |
| | | % von Geschlecht | 48,8% | 13,6% | 21,9% | 15,7% | 100,0% |
| | | % von Ward Method | 100,0% | 100,0% | 100,0% | 100,0% | 100,0% |
| | | % der Gesamtzahl | 48,8% | 13,6% | 21,9% | 15,7% | 100,0% |
| | | Standardisierte Residuen | | | | | |

**Chi-Quadrat-Tests**

| | Wert | df | Asymptotische Signifikanz (2-seitig) |
|---|---|---|---|
| Chi-Quadrat nach Pearson | 2,131[a] | 3 | ,546 |
| Kontinuitätskorrektur | | | |
| Likelihood-Quotient | 2,125 | 3 | ,547 |
| Zusammenhang linear-mit-linear | 1,073 | 1 | ,300 |
| Anzahl der gültigen Fälle | 338 | | |

a. 0 Zellen (,0%) haben eine erwartete Häufigkeit kleiner 5. Die minimale erwartete Häufigkeit ist 18,92.

**Kreuztabelle**

| | | | Ward Method | | | | |
|---|---|---|---|---|---|---|---|
| | | | Verwöhnte | Bindungs unwillige | Preissensible | Umweltbe wusste | Gesamt |
| Alter | 18 - 25 Jahre | Anzahl | 44 | 21 | 31 | 18 | 114 |
| | | % von Alter | 38,6% | 18,4% | 27,2% | 15,8% | 100,0% |
| | | % von Ward Method | 26,7% | 45,7% | 41,9% | 34,6% | 33,8% |
| | | % der Gesamtzahl | 13,1% | 6,2% | 9,2% | 5,3% | 33,8% |
| | | Standardisierte Residuen | -1,6 | 1,4 | 1,2 | ,1 | |
| | 26 - 35 Jahre | Anzahl | 50 | 10 | 25 | 13 | 98 |
| | | % von Alter | 51,0% | 10,2% | 25,5% | 13,3% | 100,0% |
| | | % von Ward Method | 30,3% | 21,7% | 33,8% | 25,0% | 29,1% |
| | | % der Gesamtzahl | 14,8% | 3,0% | 7,4% | 3,9% | 29,1% |
| | | Standardisierte Residuen | ,3 | -,9 | ,8 | -,5 | |
| | 36 - 45 Jahre | Anzahl | 23 | 5 | 5 | 7 | 40 |
| | | % von Alter | 57,5% | 12,5% | 12,5% | 17,5% | 100,0% |
| | | % von Ward Method | 13,9% | 10,9% | 6,8% | 13,5% | 11,9% |
| | | % der Gesamtzahl | 6,8% | 1,5% | 1,5% | 2,1% | 11,9% |
| | | Standardisierte Residuen | ,8 | -,2 | -1,3 | ,3 | |
| | 46 - 60 Jahre | Anzahl | 40 | 7 | 7 | 11 | 65 |
| | | % von Alter | 61,5% | 10,8% | 10,8% | 16,9% | 100,0% |
| | | % von Ward Method | 24,2% | 15,2% | 9,5% | 21,2% | 19,3% |
| | | % der Gesamtzahl | 11,9% | 2,1% | 2,1% | 3,3% | 19,3% |
| | | Standardisierte Residuen | 1,4 | -,6 | -1,9 | ,3 | |
| | über 60 Jahre | Anzahl | 8 | 3 | 6 | 3 | 20 |
| | | % von Alter | 40,0% | 15,0% | 30,0% | 15,0% | 100,0% |
| | | % von Ward Method | 4,8% | 6,5% | 8,1% | 5,8% | 5,9% |
| | | % der Gesamtzahl | 2,4% | ,9% | 1,8% | ,9% | 5,9% |
| | | Standardisierte Residuen | -,6 | ,2 | ,8 | ,0 | |
| Gesamt | | Anzahl | 165 | 46 | 74 | 52 | 337 |
| | | % von Alter | 49,0% | 13,6% | 22,0% | 15,4% | 100,0% |
| | | % von Ward Method | 100,0% | 100,0% | 100,0% | 100,0% | 100,0% |
| | | % der Gesamtzahl | 49,0% | 13,6% | 22,0% | 15,4% | 100,0% |
| | | Standardisierte Residuen | | | | | |

**Chi-Quadrat-Tests**

| | Wert | df | Asymptotische Signifikanz (2-seitig) |
|---|---|---|---|
| Chi-Quadrat nach Pearson | 17,249[a] | 12 | ,140 |
| Kontinuitätskorrektur | | | |
| Likelihood-Quotient | 18,186 | 12 | ,110 |
| Zusammenhang linear-mit-linear | 2,336 | 1 | ,126 |
| Anzahl der gültigen Fälle | 337 | | |

a. 3 Zellen (15,0%) haben eine erwartete Häufigkeit kleiner 5. Die minimale erwartete Häufigkeit ist 2,73.

**Kreuztabelle**

| | | | Ward Method | | | | |
|---|---|---|---|---|---|---|---|
| | | | Verwöhnte | Bindungs unwillige | Preissensible | Umweltbe wusste | Gesamt |
| BERUF | Selbständige | Anzahl | 24 | 2 | 6 | 6 | 38 |
| | | % von BERUF | 63,2% | 5,3% | 15,8% | 15,8% | 100,0% |
| | | % von Ward Method | 14,5% | 4,3% | 8,1% | 11,3% | 11,2% |
| | | % der Gesamtzahl | 7,1% | ,6% | 1,8% | 1,8% | 11,2% |
| | | Standardisierte Residuen | 1,3 | -1,4 | -,8 | ,0 | |
| | Angestellter | Anzahl | 66 | 20 | 30 | 21 | 137 |
| | | % von BERUF | 48,2% | 14,6% | 21,9% | 15,3% | 100,0% |
| | | % von Ward Method | 40,0% | 43,5% | 40,5% | 39,6% | 40,5% |
| | | % der Gesamtzahl | 19,5% | 5,9% | 8,9% | 6,2% | 40,5% |
| | | Standardisierte Residuen | -,1 | ,3 | ,0 | -,1 | |
| | Arbeiter | Anzahl | 11 | 3 | 3 | 2 | 19 |
| | | % von BERUF | 57,9% | 15,8% | 15,8% | 10,5% | 100,0% |
| | | % von Ward Method | 6,7% | 6,5% | 4,1% | 3,8% | 5,6% |
| | | % der Gesamtzahl | 3,3% | ,9% | ,9% | ,6% | 5,6% |
| | | Standardisierte Residuen | ,6 | ,3 | -,6 | -,6 | |
| | Sonstiges | Anzahl | 64 | 21 | 35 | 24 | 144 |
| | | % von BERUF | 44,4% | 14,6% | 24,3% | 16,7% | 100,0% |
| | | % von Ward Method | 38,8% | 45,7% | 47,3% | 45,3% | 42,6% |
| | | % der Gesamtzahl | 18,9% | 6,2% | 10,4% | 7,1% | 42,6% |
| | | Standardisierte Residuen | -,8 | ,3 | ,6 | ,3 | |
| Gesamt | | Anzahl | 165 | 46 | 74 | 53 | 338 |
| | | % von BERUF | 48,8% | 13,6% | 21,9% | 15,7% | 100,0% |
| | | % von Ward Method | 100,0% | 100,0% | 100,0% | 100,0% | 100,0% |
| | | % der Gesamtzahl | 48,8% | 13,6% | 21,9% | 15,7% | 100,0% |
| | | Standardisierte Residuen | | | | | |

**Chi-Quadrat-Tests**

| | Wert | df | Asymptotische Signifikanz (2-seitig) |
|---|---|---|---|
| Chi-Quadrat nach Pearson | 6,482[a] | 9 | ,691 |
| Kontinuitätskorrektur | | | |
| Likelihood-Quotient | 7,068 | 9 | ,630 |
| Zusammenhang linear-mit-linear | 1,665 | 1 | ,197 |
| Anzahl der gültigen Fälle | 338 | | |

a. 3 Zellen (18,8%) haben eine erwartete Häufigkeit kleiner 5. Die minimale erwartete Häufigkeit ist 2,59.

**Kreuztabelle**

| | | | Ward Method | | | | |
|---|---|---|---|---|---|---|---|
| | | | Verwöhnte | Bindungs unwillige | Preissensible | Umweltbe wusste | Gesamt |
| BILDUNG | ohne Matura | Anzahl | 57 | 12 | 15 | 15 | 99 |
| | | % von BILDUNG | 57,6% | 12,1% | 15,2% | 15,2% | 100,0% |
| | | % von Ward Method | 34,5% | 26,1% | 20,3% | 28,3% | 29,3% |
| | | % der Gesamtzahl | 16,9% | 3,6% | 4,4% | 4,4% | 29,3% |
| | | Standardisierte Residuen | 1,2 | -,4 | -1,4 | -,1 | |
| | mit Matura | Anzahl | 65 | 25 | 40 | 27 | 157 |
| | | % von BILDUNG | 41,4% | 15,9% | 25,5% | 17,2% | 100,0% |
| | | % von Ward Method | 39,4% | 54,3% | 54,1% | 50,9% | 46,4% |
| | | % der Gesamtzahl | 19,2% | 7,4% | 11,8% | 8,0% | 46,4% |
| | | Standardisierte Residuen | -1,3 | ,8 | 1,0 | ,5 | |
| | Studium | Anzahl | 29 | 6 | 13 | 11 | 59 |
| | | % von BILDUNG | 49,2% | 10,2% | 22,0% | 18,6% | 100,0% |
| | | % von Ward Method | 17,6% | 13,0% | 17,6% | 20,8% | 17,5% |
| | | % der Gesamtzahl | 8,6% | 1,8% | 3,8% | 3,3% | 17,5% |
| | | Standardisierte Residuen | ,0 | -,7 | ,0 | ,6 | |
| | Sonstiges | Anzahl | 14 | 3 | 6 | 0 | 23 |
| | | % von BILDUNG | 60,9% | 13,0% | 26,1% | ,0% | 100,0% |
| | | % von Ward Method | 8,5% | 6,5% | 8,1% | ,0% | 6,8% |
| | | % der Gesamtzahl | 4,1% | ,9% | 1,8% | ,0% | 6,8% |
| | | Standardisierte Residuen | ,8 | -,1 | ,4 | -1,9 | |
| Gesamt | | Anzahl | 165 | 46 | 74 | 53 | 338 |
| | | % von BILDUNG | 48,8% | 13,6% | 21,9% | 15,7% | 100,0% |
| | | % von Ward Method | 100,0% | 100,0% | 100,0% | 100,0% | 100,0% |
| | | % der Gesamtzahl | 48,8% | 13,6% | 21,9% | 15,7% | 100,0% |
| | | Standardisierte Residuen | | | | | |

**Chi-Quadrat-Tests**

| | Wert | df | Asymptotische Signifikanz (2-seitig) |
|---|---|---|---|
| Chi-Quadrat nach Pearson | 12,654[a] | 9 | ,179 |
| Kontinuitätskorrektur | | | |
| Likelihood-Quotient | 16,414 | 9 | ,059 |
| Zusammenhang linear-mit-linear | ,472 | 1 | ,492 |
| Anzahl der gültigen Fälle | 338 | | |

a. 2 Zellen (12,5%) haben eine erwartete Häufigkeit kleiner 5. Die minimale erwartete Häufigkeit ist 3,13.

**Kreuztabelle**

| | | | Ward Method | | | | |
|---|---|---|---|---|---|---|---|
| | | | Verwöhnte | Bindungs unwillige | Preissensible | Umweltbe wusste | Gesamt |
| EINKOMME | < 1.000 Euro | Anzahl | 31 | 8 | 24 | 15 | 78 |
| | | % von EINKOMME | 39,7% | 10,3% | 30,8% | 19,2% | 100,0% |
| | | % von Ward Method | 18,8% | 17,4% | 32,4% | 28,3% | 23,1% |
| | | % der Gesamtzahl | 9,2% | 2,4% | 7,1% | 4,4% | 23,1% |
| | | Standardisierte Residuen | -1,1 | -,8 | 1,7 | ,8 | |
| | 1.000 bis 2.000 Euro | Anzahl | 62 | 22 | 28 | 19 | 131 |
| | | % von EINKOMME | 47,3% | 16,8% | 21,4% | 14,5% | 100,0% |
| | | % von Ward Method | 37,6% | 47,8% | 37,8% | 35,8% | 38,8% |
| | | % der Gesamtzahl | 18,3% | 6,5% | 8,3% | 5,6% | 38,8% |
| | | Standardisierte Residuen | -,2 | 1,0 | -,1 | -,3 | |
| | 2.000 bis 3.000 Euro | Anzahl | 19 | 4 | 5 | 2 | 30 |
| | | % von EINKOMME | 63,3% | 13,3% | 16,7% | 6,7% | 100,0% |
| | | % von Ward Method | 11,5% | 8,7% | 6,8% | 3,8% | 8,9% |
| | | % der Gesamtzahl | 5,6% | 1,2% | 1,5% | ,6% | 8,9% |
| | | Standardisierte Residuen | 1,1 | ,0 | -,6 | -1,2 | |
| | über 3.000 Euro | Anzahl | 21 | 3 | 3 | 3 | 30 |
| | | % von EINKOMME | 70,0% | 10,0% | 10,0% | 10,0% | 100,0% |
| | | % von Ward Method | 12,7% | 6,5% | 4,1% | 5,7% | 8,9% |
| | | % der Gesamtzahl | 6,2% | ,9% | ,9% | ,9% | 8,9% |
| | | Standardisierte Residuen | 1,7 | -,5 | -1,4 | -,8 | |
| | k.A. | Anzahl | 32 | 9 | 14 | 14 | 69 |
| | | % von EINKOMME | 46,4% | 13,0% | 20,3% | 20,3% | 100,0% |
| | | % von Ward Method | 19,4% | 19,6% | 18,9% | 26,4% | 20,4% |
| | | % der Gesamtzahl | 9,5% | 2,7% | 4,1% | 4,1% | 20,4% |
| | | Standardisierte Residuen | -,3 | -,1 | -,3 | 1,0 | |
| Gesamt | | Anzahl | 165 | 46 | 74 | 53 | 338 |
| | | % von EINKOMME | 48,8% | 13,6% | 21,9% | 15,7% | 100,0% |
| | | % von Ward Method | 100,0% | 100,0% | 100,0% | 100,0% | 100,0% |
| | | % der Gesamtzahl | 48,8% | 13,6% | 21,9% | 15,7% | 100,0% |
| | | Standardisierte Residuen | | | | | |

**Chi-Quadrat-Tests**

| | Wert | df | Asymptotische Signifikanz (2-seitig) |
|---|---|---|---|
| Chi-Quadrat nach Pearson | 16,503[a] | 12 | ,169 |
| Kontinuitätskorrektur | | | |
| Likelihood-Quotient | 16,795 | 12 | ,157 |
| Zusammenhang linear-mit-linear | ,916 | 1 | ,339 |
| Anzahl der gültigen Fälle | 338 | | |

a. 4 Zellen (20,0%) haben eine erwartete Häufigkeit kleiner 5. Die minimale erwartete Häufigkeit ist 4,08.

**Forschungsergebnisse der Wirtschaftsuniversität Wien**

Herausgeber: Wirtschaftsuniversität Wien –
vertreten durch a.o. Univ. Prof. Dr. Barbara Sporn

Band 1 Stefan Felder: Frequenzallokation in der Telekommunikation. Ökonomische Analyse der Vergabe von Frequenzen unter besonderer Berücksichtigung der UMTS-Auktionen. 2004.

Band 2 Thomas Haller: Marketing im liberalisierten Strommarkt. Kommunikation und Produktplanung im Privatkundenmarkt. 2005.

www.peterlang.de

Kolibri 360 GmbH
Ferdinand-Jühlke-Straße 7
99095 Erfurt, Deutschland
produktsicherheit@kolibri360.de

Druck:
CPI Druckdienstleistungen GmbH
im Auftrag der
Kolibri 360 GmbH
Ferdinand-Jühlke-Str. 7
99095 Erfurt